直感的統計学

INTUITIVE BUSINESS STATISTICS

吉田耕作

青山学院大学大学院教授 カリフォルニア州立大学名誉教授

日経BP社

まえがき

再び、数学で平均以下の人たちへ

　本書は大学の経済学部、経営学部、及び商学部等で1年（2学期）かけて学ぶ入門統計学の教科書として書かれている。前著『経営のための直感的統計学』をベースにし、新たに5章を追加し、また、各章で合計12セクションを追加した。練習問題をほとんどすべての章に追加し、解答も巻末に収録した。したがって、ページ数でいうと、倍以上になっている。前著と性格的にかなり変わってきたので、前著の改訂版とする代わりに別の本とした。

　微積分や行列式の知識は必要ないので、高等学校までの数学を学んだ人なら、まず困難なく読める。また、本書は、企業やそのほかの組織体で、従業員に統計学の訓練をするときの教材としても用いることができる。本書を習熟した読者は、実際の統計資料を理解するだけではなく、自分で統計資料を作成することができるようになることを目標にしている。したがって、本書では数多くの例題を用いて一歩ずつ解いていくプロセスを示してある。内容は現実のビジネスの現場で用いられる基礎統計学を大体網羅していると考えている。

　本書の目的は、統計学をできるだけ直感的に理解していただくことである。私は、以前に統計学を勉強したことがある人や、仕事で統計処理に携わっている人にお聞きしたい。あなたは、元のデータや度数分布表やヒストグラムが与えられているときに計算せずに標準偏差の概算値を出したり、散布図が与えられているときに計算せずに大体の回帰直線がすぐだせるだろうか。分散分析でもテーブルやグラフを見て、計算せずに、F値が高いか低いか見当がつくだろうか。そんなことは考えたこともないって？　それなら統計学は身についているとは言えないし、日常の業務に役に立っていないはずだ。本書は、あなたが概算を出す能力をつけるために書かれている。

　私は小学校では算数は好きだったのだが、中学、高校になるにしたがって数

学がわからなくなり、大学受験では数学を取らずに入学できる早大商学部に入った。大学を出てから3年半ほど日本の会社で経理や財務等をやったが、あまりおもしろくなかった。それで、アメリカに留学した。日本では英語には自信があったのだが、MBA（経営学修士）のクラスでは毎週数百ページの宿題を読まされ、死ぬような思いをした。大学も何回か変わった。MBAが終わる頃、博士課程に進むことを決めたが、ビジネススクールでまともに博士課程に行ったら、読まされる本の量はMBAどころの騒ぎではない。唯一可能な道は、読書量が比較的少なくて済む数学的な科目をできるだけ多く取れる大学で計量的な専門分野を専攻して卒業することである。そういうわけで、いわば消去法によって、私はニューヨーク大学の経営学大学院で統計を専攻することになった。

では、なぜ、日本で数学ができなかった人間が、アメリカで統計学で博士号までとることができたのか。それは、アメリカの数学の本が実にやさしく懇切丁寧に書いてあるし、いろいろと例も多く、非常にわかり易いからだ。一般にアメリカの教科書が非常に分厚いのはそのためである。私は、1975年に学位をとってカリフォルニア州立大学の経営学部で24年間統計を教えることになるのだが、「平均以下」の学生が私の講義を理解しなければ、私は教えたことにならないということに気が付いた。ここでは、私が日本で数学ができなかったという体験が非常に役に立った。私には多くの場合、学生がなぜわからないのかということがよく理解できた。したがって、私のクラスの評判は上がり、定員待ちができるようになり、学生から本を書くべきだと言われるようになった。本書の元となったものは英語で書かれたものであり、金額等も円ではなくドルがよく出て来るのはそのためである。

そして、1985年には経営学部では初めての最優秀教授賞をもらった。これは大学からもらうものだが、学生の評価が一番の要因となるので、私は学生にもらったと思っている。1999年から青山学院大学で教えている。ここでも、統計のクラスで「吉田を囲む会」等ができたし、私の学生の取り持つ縁で前著『経営のための直感的統計学』が2003年に出版されたし、続編の本書もが出版されようとしている。良い学生に恵まれ、教師冥利に尽きる。

幸運にも、私はアメリカで偉大な先生と出会った。皆さんのなかには映画

まえがき

「ビューティフル・マインド」で描かれたゲーム理論でノーベル賞をとったジョン・ナッシュを知っている方もおられるだろう。そのゲームの理論を最初に打ち立てたのは、オスカー・モルゲンシュタインとフォン・ノイマンである。私の学位論文の審査委員の1人が、オスカー・モルゲンシュタイン博士だった。

私が出会ったもう1人の偉大な先生は、日本でもデミング賞で高名な、品質管理の世界的権威者、W・エドワーズ・デミング博士である。デミング博士には、在学中も卒業後も非常にお世話になり、1980年代から90年代の初めまで、アメリカの国際競争力回復に決定的役割を演じた「デミング・セミナー」では先生の助手をさせていただいた。数多くの立派な先生に恵まれたことと、よい学生に恵まれたことが本書の原点である。

以上からもおわかりのように、数学が嫌いで文科系に行った人や、大学で統計学を勉強したけれど、さっぱりわからなかった人、何をやっても自分は平均以下だと思う人や、大学の統計学でAを取ったが統計が嫌いになったり、なんの役にも立たないくだらない学問だと思っている人たちに、数学が平均以下だった統計学者が書いた本を是非読んで頂きたいと思い、本書を執筆した。今までと全く違う統計学が浮かび上がって来るはずである。私は、ゆくゆくは平均以下の人びとの世界同盟を作りたいと日ごろから考えている。

ここまで読んでくると、読者は本書は少々レベルが低すぎて自分には向かないと考え始めるかもしれないので、もう少し付け加えたい。

現在、私は青山学院大学の大学院でMBAの学生に統計を教えるばかりでなく、いろいろな会社の業務改善活動を指導している。NECやNTTコムウエア、NTTデータでこの本に書いてあるようなことを実践している。私は日常、統計学を最も使用する人間の1人かもしれない。これらの会社では、一流のエンジニアが今までに学んできた非常に難解な数理統計学ではなく、直感的に全体をつかむというやり方をできるだけ社内で広めようとしている。本書で書かれているような統計学が、実際には最も使い勝手がよいといえる。

デミング先生がアメリカの統計学会の基調講演で「現実には（微積分を必要とするような）連続型確率分布など、ほとんど存在しない」と喝破し、大喝采を浴びていたのを記憶している。大会社では、その一部の業務改善といっても

全体の利益が増えることにはつながりにくい。しかし、中小企業の場合は、本書の内容を実践すると利益がすぐに何倍にもなるので実に面白い。私が関わった中小企業の2社の事例では、会社が儲かりすぎて年2回のボーナスを3回にしたことが2、3年続いたという。読者の中から、そういうことができる人をたくさん輩出し、多くの企業の活性化につなげていきたい。

本書を教科書として採用される統計の先生方に申し上げたい。私は学生のとき、授業のノートを取るのに忙しくて、家に帰ってじっくり考えてみるまで講義の内容が理解できないことがよくあった。その問題を解決するため、本書の講義ノートをCDに入れて使えるようにした。授業ではそれをPCで投影すればよく、また講義ノートは印刷して大学の購買会で学生が買えるようにすればよい。学生は授業でノートを取る必要がなく、講義を聴くのに集中できるようになっている。これは、いずれ統計の先生方が出版社から入手できるようにしたいと思っている。

本書を教科書として用いている統計のクラスの学生に、私が有効だと考えるこの本の使い方について少々述べたい。まず授業に出る前に、ひと通り次の授業でカバーする章は必ず読んでもらいたい。授業中は先生の方針にもよるが、わからないときにはあまり時間を置かず、すぐ質問するのがよい。そして、授業の後は必ず紙とペンと簡単な計算機を使って練習問題を何題か解くこと。ほとんどの場合、練習問題と似たような例題はまず見つかるはずである。

統計学は決して難しい科目ではない。ただ少々地道な努力が必要である。読者がひと通りこの本を理解して、日本の多くの企業の競争力を向上させることができるなら、著者の本懐とするところである。

最後に、この本の土台となった『経営のための直感的統計学』を書くきっかけとなった私が教えた学生で、現在、日経BP社で働く小路夏子さん及び編集第二部長の黒沢正俊氏には大変お世話になったことを記し、ご両人に心から感謝する次第である。

2006年2月8日

青山学院大学大学院教授　吉田耕作

CONTENTS 目次

まえがき	再び、数学で平均以下の人たちへ	1

第1章 はじめに　11

統計学とは何か	11
不確定要因とリスク	12
全体像をつかむ	13
ばらつきと確定数	14
まとめとして	15

第2章 アクションのための統計学　19

1 ブレーン・ストーミング	20
2 チェックシート（データ記録表）	23
3 パレート図	25
●練習問題	28

第3章 グラフはかくも雄弁なり　31

1 ヒストグラム	31
2 度数折れ線グラフ	34
3 累積度数分布	35
●練習問題	40

第4章 全体を一言で表すには——代表値（中心値）の諸指標　45

1 算術平均	45
度数分布表を用いた平均値の求め方	47
平均の直感的理解	49
"当たり"を使った計算方法	50
平均値の長所と短所	52
2 中央値(中位値・メディアン)	53
度数分布表を用いた中央値の求め方	54
中央値(メディアン)の長所と短所	55
3 モード(最頻値、並み数)	56

	モードの長所と短所	57
4	加重平均	58
●	練習問題	62

第5章 リスクを理解しよう──ばらつき度の諸指標　67

1 範囲　67
2 標準偏差　68
3 度数分布表を用いた平均及び標準偏差の計算方法　74
4 平均値(μ)と標準偏差(σ)のショートカット計算方法　77
5 変動係数　84
6 応用　86
● 練習問題　92

第6章 不確かな世界を取り仕切る法則──確率　97

1 標本空間　98
2 ベン図　99
3 確率の概念　104
　（a）理論的確率　104
　（b）実験的確率　105
　（c）主観的確率　107
4 確率の前提条件及び法則(公式)　107
　1）確率の前提条件　107
　2）確率の法則(公式)　110
5 ベイズの定理　114
6 ツリー・ダイアグラム　115
7 ツリー・ダイアグラムを用いたベイズの定理　117
8 可能な全事象の数え方　121
　a）独立事象の可能性　121
　b）順列(permutation)　123
　c）組み合わせ(combination)　126
9 確率変数と確率分布　128
10 期待値　129
11 分散　130
● 練習問題　134

第7章 最も典型的なばらつきのタイプ──正規分布　139

1 正規分布とは何か　139
2 Zテーブルの使い方　141
3 Zテーブルの応用例　149
● 練習問題　153

第8章 よく見かけるもう1つの分布──二項分布　157

1 ベルヌーイ試行　157
2 二項展開　160
3 二項分布　163
4 二項分布の期待値、標準偏差、及び変動係数　169
● 練習問題　173

第9章 1を聞いて10を知る方法──サンプリング論　177

1 サンプル、ユニバース、フレーム　177
 サンプリング論　177
 ユニバース（母集団）　177
 フレーム（枠）　178
2 列挙的調査と分析的調査　179
3 ランダム・サンプリング(無作為抽出法)　179
4 サンプル平均とサンプル標準偏差　181
5 標本平均の分布(サンプリング分布)　185
6 中心極限定理　188
7 中心極限定理の応用　190
8 t 分布　196
 自由度　197
9 t 分布と正規分布の比較　200
10 チェビシェフの不等式　200
11 どの公式をいつ用いるか？　203
● 練習問題　205

第10章 未知のものに当たりを付ける方法──推定　211

1 点推定　211
2 区間推定　211

3　信頼度　　　　　　　　　　　　　　　　　　　　　　　216
　　　4　信頼区間の推定　　　　　　　　　　　　　　　　　　218
　　　　　ユニバース・サイズが大で、σxが既知の場合　　　218
　　　　　ユニバース・サイズ大、σxは未知、サンプルサイズ大の時　219
　　　　　Nが大きくなく、σxが未知の時　　　　　　　　　220
　　　　　元の分布が正規分布でない時　　　　　　　　　　221
　　　5　所定の信頼区間のためのサンプル・サイズ決定方法　222
　　　　　サンプル・サイズを決定するための一般式　　　　223
　　　6　t-分布を用いた区間推定　　　　　　　　　　　　　228
　　　●練習問題　　　　　　　　　　　　　　　　　　　　　230

第11章　却下すべきか、せざるべきか、それが問題だ——検定　235

　　　1　はじめに　　　　　　　　　　　　　　　　　　　　235
　　　2　統計的仮説　　　　　　　　　　　　　　　　　　　236
　　　3　有意水準　　　　　　　　　　　　　　　　　　　　236
　　　4　仮説の検定　　　　　　　　　　　　　　　　　　　238
　　　5　二種の過ち　　　　　　　　　　　　　　　　　　　239
　　　6　片側検定と両側検定　　　　　　　　　　　　　　　244
　　　7　サンプル・サイズが小さい時の検定　　　　　　　　248
　　　●練習問題　　　　　　　　　　　　　　　　　　　　　252

第12章　マネジメントに求められる統計学——管理図の手法　259

　　　1　管理図とは何か　　　　　　　　　　　　　　　　　259
　　　2　単一数字による管理の問題点　　　　　　　　　　　262
　　　　　(1) スローガン及び目標　　　　　　　　　　　　262
　　　　　(2) 無欠点（Zero Defect）　　　　　　　　　　　263
　　　　　(3) 標準（ノルマ）　　　　　　　　　　　　　　264
　　　　　(4) 数量のみによる管理から質の管理へ　　　　　266
　　　3　管理図のバランスト・スコア・カードへの応用　　　267
　　　4　人事評価制度への応用　　　　　　　　　　　　　　271
　　　●練習問題　　　　　　　　　　　　　　　　　　　　　277

第13章　分布がわからない時の検定——χ^2（カイ二乗）分布　281

　　　1　χ^2分布の応用例　　　　　　　　　　　　　　　281

2 χ²分布の定義	283
3 χ²分布の性格	283
4 χ²テーブル	284
5 適合度(あてはまりの良さ)テスト	285
6 独立性のテスト——連関表	290
●練習問題	297

第14章 複数のグループを比較するには——F分布と分散分布　305

1 はじめに	305
２つの分散の比較	305
多くの平均値の比較	306
2 F分布	307
3 記号	310
4 １元配置の分散分析	311
5 ショートカット計算法	316
6 ２元配置の分散分析法	318
7 ２元配置分散分析法のショートカット計算法	321
直感と計算結果の突合せ	322
●練習問題	328

第15章 風が吹いたら桶屋はもうかるか——回帰直線　335

1 はじめに	335
2 散布図	337
3 回帰方程式	340
(1) 最小二乗法	340
(2) 正規方程式	342
4 回帰線のまわりの標準誤差(標準偏差)(Se)	343
5 相関	347
●練習問題	362

第16章 売上の予測をするには——需要予測　371

1 予測の正確性の測定	371
2 予測手法——延長法	375
不規則な波動を除去する効果	383

	季節性を除去する効果	383
	●練習問題	397

第17章 一般的な経済時系列予測法——時系列の分解予測法　401

1	はじめに	401
2	時系列の4つの部分	402
3	分解法による予測	405
4	季節性の除去	406
5	長期傾向要因の除去	412
6	予測	414
	●練習問題	419

練習問題解答		422
付録	1・正規分布表	457
	2・乱数表	458
	3・t分布表	462
	4・χ^2分布表	463
	5・F分布表	464
	6・二項分布表	468
索引		472

第1章 はじめに

統計学とは何か

　統計学は、入手したデータから最大量の意味や有用な情報を得るために、量的データを要約する方法を学ぶ学問である。表やグラフの形式でデータを示したり、代表値やばらつき度（データの散らばり具合を測る尺度）を数値で表したりする。また、限られた量の情報から普遍的な状況を推論し、将来を予測する。———以前に統計学を勉強したことのある人にとっては、これはなじみのある統計学の定義であろう。

　私は、ここで、長年かかって理解した私流の定義を付け加えたい。ビジネスにおける統計学とは、ビジネスの現状把握のために、色々な現実のデータを集めて、代表値やばらつき度を計算することにより、その調査対象の全体像を得るための手法なのである。現状把握は、ほとんどの場合において、データを取ることによってのみ可能である。極言するならば、現実はデータをとるまでは存在しないのと同じである。データは個々に皆、異なる場合が多いが、個々のデータにとらわれず、それを代表値やばらつき度にまとめることにより、全体としてどうなっているのかという全体観が得られるのである。

　ビジネスにおいて、統計学と同じように数字を扱う学問として会計学がある。会計学は最後の桁まであわせなくてはならない。つまり、詳細的見地を取り、マイクロ指向といえる。一方、統計学は、グループとしての全体像をつかむことが主たる目的であり、マクロ指向であるので政策決定に用いられる。

現状を代表値やばらつき度で表した後、それらの数値は予測や推論に用いられる。しかし、予測は過去のデータに基づいている。不確定要因に満ちあふれた現実社会において、過去のデータから計算された1つの予測値がぴったりと的中することは、偶然でしかない。つまり、予測値を1つの確定数で得ることは、現在の科学では為しえないのである。統計学で計算された予測値は、『80％の確率で、1500億円から2000億円の売上高になる』といった、ばらつきのある数字でしか表すことができない。つまり、予測値は確率のある、ばらつきのある数字でしか表せないのだ。

　ばらつきは、言いかえれば、不確定要因によって生じるリスクである。ばらつきやリスクという統計学の基本概念を国のリーダーたちが真に理解していたなら、皆が土地や株が上がり続けると信じた横並び指向でバブル経済に踊った愚は避けられたはずである。

　統計モデルで得られた予測値は、ばらつきやリスクなしには考えられない。しかし、統計学は不確定要因から起こるリスクに対処する理論的フレームワークを与える。たとえば、新製品がどれ位売れるかは、将来の経済環境、社会情勢、天候などによって大きく変わるだろう。それらの不確定要因は、予想売上高のばらつきとして表される。そこで、将来の顧客層からサンプルを取ってその新製品を使ってもらい、評判はどうか、改善すべき点は何かなどを確かめて、予測売上高のばらつきを少しでも減らし、リスクを減らすことが可能である。

不確定要因とリスク

　1980年代の終わりにバブルがはじけて以来、日本は長いあいだ閉塞感から解放されず、新聞やテレビ、その他のメディアから入って来る情報は悲観的なものばかりだった。日本の景気が上向きにならなかった1つの原因に、新たにベンチャー・ビジネスを始める人の数が、米国と比べて圧倒的に少ないという点が挙げられる。暗いニュースばかりで、だれも展望が抱けず踏み出せなかったのも無理はないが、失敗した後の受け皿が整っていなかったことが大きな原因であろう。規制が実に多いのも問題である。米国ではクリントン政権の時、1万6千ページの企業及び消費者に関する規則を削除し、その外にも諸官庁の64

万ページの内部規則を削除したといわれる。

　統計学者としての私は、ベンチャー・ビジネスが日本で勢いを増さない理由として、文科系の大学を出たサラリーマンが、リスクや不確定要因に対する訓練をほとんど受けていないという事実を挙げたい。つまり未知のビジネスに乗り出すとき、起こり得るリスクを適切に評価することができないので、新しいビジネスに乗り出せないということがあると思う。

　32年間アメリカに住んだ経験から、私は、日本人は一般的に不確定要因やリスクに対する感覚が外国人に比べて劣っているのではないかと懸念している。同一民族であり価値観を共有しやすいということが1つの原因であろう。その上、島国だということも手伝って、外国の影響を受けずに為政者達の権力が異常に強く、長続きする傾向があり、日本人は極めて不確定要因の少ない安定した社会で生活をしてきた。一方、日本人の地理的、歴史的環境と正反対におかれたのがユダヤ人である。彼らは長年にわたり国を持たず、流浪の旅人としての歴史の中で、きわめて不確定要因の大きな環境の中で生きてきた。したがって、ユダヤ人は不確定要因に対する本能的とも言える感覚をもっている。風説によると、1997年の東南アジアの金融危機のとき、莫大な利益を得たのはユダヤ人で、莫大な損をしたのは日本人であるともいわれている。

　グローバル経済が進展し、世界中の色々なできごとが、瞬時に直接ビジネスのパフォーマンスに影響を及ぼすようになり、不確定要因がますます増える傾向にある。ビジネスマンにとってこれまで以上に困難な状況になっている。統計学は、ばらつきや不確定要因から生じるリスクを評価する方法を学び、不確実な状況下で決断や行動を可能にする学問である。

全体像をつかむ

　ボールベアリングメーカーが直径2mmちょうどのボールベアリングを作りたいと仮定しよう。一般に、管理者は少しのばらつきが見つかるごとに、生産工程を止めたり、機械を調整したりはしない。もしそうすれば、経験から、もっと大きなばらつきを生じさせることがわかっている。どんな精巧な機械であろうと、それによって作られた製品には小さなばらつきが常に存在する。ボー

ルベアリングの直径の平均が管理下にあると見なすには大きすぎたり小さすぎたりして、プロセスがコントロールされていると信じることができない場合だけ、生産工程を止める。つまり、大きなばらつきと、小さく、受け入れ可能なばらつきを識別し、大きく重要と思われるばらつきのときだけ行動をとる。そうすることによって、大きなばらつきが改善され、全体が向上する。

小さなばらつきにとらわれず、全体がうまくいっているかどうかに最大の注意を払うことによって、プロセスを管理することができる。この統計の概念は品質管理で使用されている。品質管理で成功した理論は、さらに一歩進め、工場の現場だけでなくあらゆる組織に応用可能である。

10人の営業マンがいる営業部があるとする。営業マン1人1人の成績は毎月、良い人も、あまり良くなかった人もいる。同じ人でも毎月、良かったり悪かったりする。大事なことは、大きなばらつきがないか、あるとするとその原因を突き止め、改善策を求めることである。小さいばらつきに神経をとがらせているマネージャーが多いが、個々のデータの上がり下がりにとらわれるのではなく、全体の向上に努めるのがかれらの仕事である。

ばらつきと確定数

理科系の人びとの扱う対象は機械であり、自然であり、それに対応した実験であり、常に、ばらつきがつきものである。ばらつきを度外視して物事の解決を図ることはほとんど不可能であり、統計的考え方は常に日常の仕事の一部である。これに対し、文科系の人びとにとって、これまで重要だったのは、法律その他の規則の遵守や、ラインとスタッフ、命令系統といった組織の問題であり、それをつなぐ共通の言語は、貸借対照表や損益計算書に代表される会計学的考え方であった。

会計学は企業及びその他の組織体の運営に欠かせない重要なものであるが、これは確定数の世界である。しかし、現実の世界は不確定要因にみちたばらつきの世界であるわけだから、確定数のアプローチをしている会計学だけでは対処できない局面が増えてくる。

たとえば、政府の諸官庁や大企業をはじめ多くの組織体では毎年、予算を各

部門ごとに割り当てる。予算は確定数の世界であり、多くの場合、予算を超過することはできない。したがって、年度末になってお金が足りず、非常に有益で大事な計画でも中断しなくてはならないときも出てくる。これとは逆に、実際の支出が予算より少ないとき、なんとしても、たとえそれが全くのムダ使いであっても、使っていない部分を年度内に支出しようとする。年度内に支出しないと、来年度の予算割当てが減らされるからである。これらは、現実の世界が不確定要因が多いばらつきの世界であるにもかかわらず、確定数のフレームワークの中に閉じこめようとすることから生じる問題である。

　だいぶ前の新聞に、厚生省が大蔵省から借りた金を期限がくる前に返そうとしたとき、大蔵省がそれは困ると言って拒絶したという類の記事があった。これに関連して思い出すのは、私がロサンゼルスのProductivity Commissioner（生産性委員会委員）をしていた時、会計年度末に各部門で起きる予算の消化の過不足を各部門間で融通したり、同じ部門で、罰則なしに、次年度に繰り越しができる制度を導入したことである。日本全国の組織体でこういうムダや非効率が排除されたなら、日本の国際競争力が多少は向上するのではないかと思われる。

　"売り上げを10％増加！！"とか"20％コストダウン！！"とか、よくこういったスローガンを仕事場で見かける。しかしながら、こういうスローガンは、多くの場合、全く意味がないし、こういう数字自体、全く意味がない。平均値や予定売上高といった単一数字にしばられた管理であって、将来起こりうる数値にはばらつきはつきものである、という現実からかけ離れたものである。

　どんなに掛け声が元気よくとも、もし我々が今までと同じやり方、同じ予算、同じ設備でやっていたなら、いままでと違う結果を期待することはできない。もし、向上する方法が与えられず、しかも目標値に達したなら、それは単に運が良かったに過ぎない。つまり、1つのばらつきにすぎない。

まとめとして

　新聞やテレビといったメディアでは日本の国際競争力という問題になると、製造業の話しか出てこないが、国際競争力がないのは非製造業である。そして、

競争力のない非製造業が日本のGDPの約75％を占めているのである。製造業がどんなに競争力があっても、その関係取引先としてビジネスに大きな影響を与える官庁、銀行、保険会社、証券会社、商社、物流会社等に競争力がなく、非効率的な運営をしているなら、製造業に必要以上の手数料や料金が課せられ、製造業の競争力がなくなっていく。しかもその非製造業の組織体の経営及び運営をしているのは主として文科系出身者である。これは、私のように文科系学部で教鞭を執る者としては深刻な問題である。

　統計学は文科系の人びとの間では敬遠されがちである。しかし、ビジネスや政府で働く人びとは、統計学を数学として勉強するだけでなく、ばらつきやリスクを理解するというアプローチで学んでいただきたい。そうすることによって身に付いた統計的感覚は、日常の業務の遂行や組織を運営する上で、これまでにない新しい見方を可能にする。

　今までの文科系の人を対象とした統計の本は、ほとんど皆、非常に難しく書かれているように思える。大学の文科系の学部で統計というと、公式に数字をあてはめて、答えを出すという作業で終わっていないだろうか。それが何を意味しているのかという点には、あまり時間をさいてこなかったようだ。したがって、この本ではできるだけ直感的理解を重視した。個々の公式は覚えても、いずれ忘れるであろう。しかし、それがどういうものを測ろうとしているのか、そして大体どういう数字が出てくるべきであるか、計算する前にある程度つかめるような理解が得られたなら、一生、統計を仕事や生活に使うことができるだろう。

　コンピュータの普及によって、大量の情報が利用可能となり、多くのビジネスマン、ビジネスウーマンは日常、多くのデータにうずもれるようになった。しかし、すべてのデータが同じように大事なわけではない。データから直感的に全体感を捉え、全体像と特定の問題を区別し、些細なものと重要なものを識別する能力は、統計学を学ぶことによって得られる。直感的な統計学の能力を得ると、次に要求されるのは、行動を取るべきか否か、そして取るべきならいつ行動を取るべきか見分け、行動に移る決断力である。この本は、リスクに満ちた現実の世界で、決断に向けての一押しになることを1つの大きな目的とし

ている。
　どんなにやさしく書かれた本であっても、統計学は数学を多く用いる学問である。じっくり腰を落ち着けて、紙と鉛筆を使って繰り返し読んでいただきたい。

第2章
アクションのための統計学

　この章の目的は、一般のビジネスマンが日常業務の中で何か問題がある時、基本的統計が現状を的確に把握し改善するのにいかに役立つかを示すものである。職場に存在している問題をまず確定して、現状を観察して、データを収集し、整理し、表やグラフを作成する。そして、その結果を使い、改善する。最終的な行動を取るのはデータを集める人、または人にデータを集めさせる人の責任である。もしあなたが上司や他の誰かのためにデータを集めるのであれば、そのデータが何のために使われるのかをよく知らなくてはならない。データを集め加工する人と、それを用い現状を改善する人とは、地位的にも距離的にも近いほうがいい。できれば同じ人、または同じグループがいい。

　ここで私がビジネスマンと言う場合、それはかならずしも企業で働く人びとに限らない。いかなる組織体であっても、その組織体の目的をより効率的に達成するのに、あなたの統計の知識は偉大な力を発揮する。

吉田の法則 2-1　データは改善のための道具であり、目的ではない。データの結果を見て行動を取る予定がないなら、データを集めてはならない。使いもしないデータを集めたり加工するのに長時間使って、仕事をした気になっているビジネスマンがあまりにも多い。こういう企業は衰退する。

1 ブレーン・ストーミング

　まず5、6人のグループを形成する。同じ職場の仲間、同じ職種の人びと、あるいは専門家集団や、トップマネジメントが各々のグループを作る。部門間の問題を扱う時は各部門から1人ずつ代表が集まる場合もある。そして何が問題なのかを決定するためのブレーン・ストーミングをする。

　私の経験上最も効果的と思われるのは親和図法（KJ法）と呼ばれる方法を用いることである。先ず壁に大きな模造紙（縦1m、横2mぐらい）を貼る。グループの各人に3インチ（約7.5cm）四方のポストイットを5、6枚ずつ渡し、1枚に1つずつ問題を書き、それを各自勝手にでたらめな場所に散らばせて模造紙に貼る。1枚のポストイットには1つのことだけ書く。各人のユニークなアイデアが他の人の意見に影響されないため、各人が問題を書いている間はお互いに話し合ってはいけない。

現在当事業所が抱えている問題

在庫管理
- 在庫数が合わない
- 棚が不足している
- 欠品が多い
- 出庫伝票が遅い
- 棚卸の数え違い
- 臨時に置いた商品の場所忘れ
- デッドストックが多い

納期関係
- 納期に遅れる
- 特注品の納期の見積もりが困難
- 納期回答がない場合がある

時間
- 時間が足りない
- 掛かってくる電話が多すぎる
- 仕事が多すぎる
- 残業が多すぎる
- 考える時間がない

不良品
- 仕入れ先が多すぎる
- 仕入れ先対応の窓口が複数ある
- 規格が明確でない
- 機械が老朽化している
- プロトタイプからの生産移行が明確でない
- 仕損じが多い
- やり直しが多い

コミュニケーション
- 部門間のコミュニケーションがわるい
- 競争意識が強い
- 目的を共有していない
- 書類の回覧ルートが一定していない
- 職務分担が明確でない

図 2-1　親和図

全員が模造紙にポストイットを貼り終わったら、模造紙の前に全員が集まり、似たような内容のポストイットを一箇所に集め、みんなでよく話し合いながら、ポストイットのグループ分けをする。通常、30から40あったポストイットは5、6のグループに分けられる。各グループの内容を最も的確に表わすグループタイトルをつけ、ポストイットに書き、グループの上に貼る。この場合グループタイトルは赤ペンで書いたり、二重の線で囲んだりして他のポストイットとは違うことをハッキリさせておく。また、1つのグループに属するポストイットは全部線で囲んで、それが1グループだということを明確にするといい。議論の途中で他の人の発言に触発されて新しいポストイットを追加することもできる。完成したら1枚の紙に整頓して書く。

　図2-1は、ある会社の一事業部で現在当事業部が抱えている問題は何かに関してブレーン・ストーミングした時に作成した親和図である。多くの問題が親和図に一通り出そろったら、そのうちのどの問題を自分たちのグループが解決すべきか決める。この場合、次の諸点に気をつけよう。

1) あまり難しい問題や大きすぎる問題を取り上げてはいけない。大きすぎる問題はそれを要因別に細かく分けて、その一部の問題に焦点をあわせ

何故不良品が発生するのか

方法
・指示書の誤り
・不完全なハンダ付け
・部品喪失

人事・労務
・訓練不足
・勤労意欲の欠乏
・無断欠勤

原材料
・欠陥部品
・新しい下請け
・破損

経営
・チームワークの欠如
・フィードバックの欠如

保全
・器具の欠陥
・定期的注油の欠如
・劣悪な在庫管理

測定
・超精度要求

機械設備
・機械破損
・老朽機械
・劣悪な道具

図 2-2　親和図

て解決していくのがよい。
2) 比較的短期間（大体長くて半年以内）に解決できる問題を選ぶ。
3) 自分たちの権限や能力の範囲内で解決できる問題を取り上げる。
4) なるべくbeforeとafterが明確に比較できるような問題の方がやる気が出る。

以上のようにして解決すべき問題が決まったら、もう一度模造紙を用いてブレーン・ストーミングをする。今回は前の作業で決まった問題を模造紙の中央の上のほうに書き、その問題はどういう根本原因によって起きるのかに関して前と同じようなプロセスで親和図を作成する。このグループは図2－1の中の不良品の問題を取り上げることになったので、「なぜ不良品が発生するのか」という題でブレーン・ストーミングをして、**図2－2**を得た。

親和図に基づいて特性要因図（魚の骨図）が作成される。魚の頭になる所に問題を書き、親和図のグループタイトルが枝骨のタイトルになる。そして個々のポストイットが枝骨にそれぞれ出てくる根本要因として記入される。それぞれの枝骨に当たる要因（原因）を1つずつ改善すれば、最終的には大きな問題（不良品）が解決されるという訳である。（**図2－3参照**）

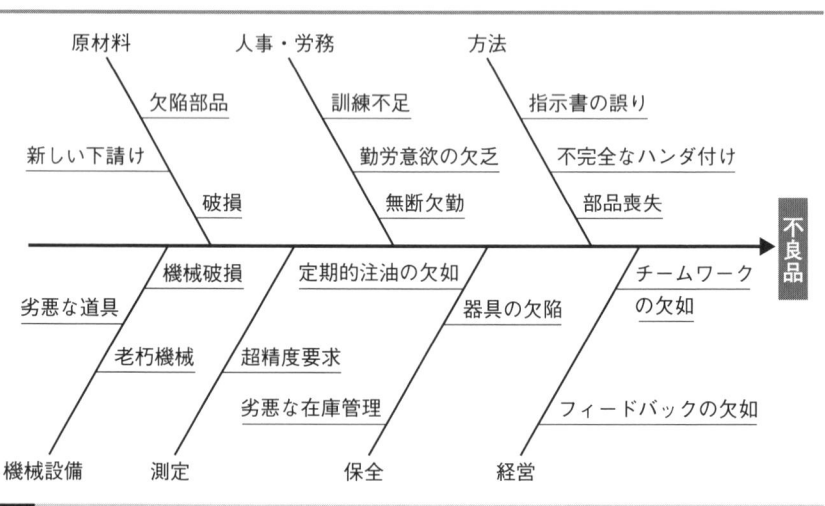

図 2-3 特性要因図

2 チェックシート（データ記録表）

親和図及び特性要因図によって現在の問題を生じさせていると思われる要因を突き止めることができた。次のプロセスは、それらの要因が実際にどの位ひんぱんに起こっているかを確定するために、データをとることだ。データは要因の中でも重要と思われるもので、日常業務の中で比較的簡単に取りやすいものから手がけていく。図2－4のようなチェックシートを用いるとよい。チェックシートにはあらかじめ斜線5本毎に線が入っているようなフォームを作っておくと、後で集計する時に数えやすい。また、斜線は慣例的に〝と〟〟〟〟いうように数えていたが、5本同じように/////と並べたほうが良い。旧来のやり方だとグラフにした場合4本と5本では同じ高さになってしまう。/////式だとデータの記入が終わった時にはグラフができている。

チェックシートには斜線に限らず色々な記号やマークを入れることもある。

在庫差異

日付 ＿＿＿＿＿＿＿＿＿＿＿＿
時間 ＿＿＿＿＿＿＿＿＿＿＿＿　　注記：定期サイクル棚卸し
倉庫名 ＿＿＿＿＿＿＿＿＿＿＿＿
検査員名 ＿＿＿＿＿＿＿＿＿＿＿＿

誤りのタイプ	5	10	15	20	度数小計
書類紛失	/////	/////	///		13
最終棚卸の誤り	/////	////			9
場所の誤り	/////	/////	/////	//	17
修正の誤り	/////	///			8
受入数量の数え違い	/////	/			6
時差による誤り	///				3
パーツ番号の変更	/////	/			6
誤測定	/////	/////	/////		15
その他	/////	/////	/		11
計					88

図 2-4　チェックシート

また、何種類もの異なるデータがある時、それぞれのデータに1枚の紙を使うと何枚もの紙が必要になり収拾がつかなくなるが、1枚のチェックシートに何種類もの異なるデータを記録すれば、紙が1枚あればすべてのデータが得られる。その場合にはどういうタイプのデータにどういう記号を用いるかを予め決めておく。

データをとる時、一般に10種類以上のデータを集めてはいけない。10種類以外のトラブルはその他としてひとまとめで示す（**図2-5チェックシートを参照**）。この場合、1週間のデータが集まったら、図2-4のようなシートを用い、どの種類のトラブルが何回起きたのかを集計するとよい。

製品番号 _____　　　工程名 _____
製品名 _____　　　作業員 _____

不良原因チェックシート

機械	月	火	水	木	金
A	○××△● ×◎□	○○×●× ×△○	△×○◎□ ×△○	△△○○○ ×◎	○○××× □●×
B	◎●△×× ×○	●●×○○ ○○○	○○○×○ □	●●○○○	◎○×
C	◎××○	○○○○× ◎××	○○××□ ○×●	×△△○○ ◎×○	○○○×× ×◎
D	○○○×× ○×○	●●●×	△×××× ○×	○○△×× ×	○×△△×
E	×○○△× ◎	○○○○◎	○○××○ ×△	○×◎×● ○×	××△△○ ○×
F	×××○× △	△××◎● △●	○×◎×× □	××○○● ××	○×□●● ◎×

○　指示書の誤り　　　△　不完全なハンダ付け　　　◎　部品喪失
×　誤りのパーツ　　　●　破損　　　　　　　　　　　□　その他

図 2-5　チェックシート

> **吉田の法則 2-2**　チェックシートでデータを集める時、10種類以上のデータを集めてはいけない。神様が我々に10本の指を与えてくれたのは、同時に11個以上の問題を考えたり、悩んだりできないという意味である。10種類以外の問題は全て当面存在しないと見なし、忘れるべきである。世の中には、これもしなければならない、あれもしなければならない、とあまりにも多すぎる問題を同時に悩んだり考えたりして、何も行動できない人がいるが、そういう人は早死にする。この法則は吉田の両手の法則という。

3 パレート図

　チェックシートでデータを集めたら、各項目別に集計し、その発生回数の高い順に並べ、**表2-1**のような度数順位表を作成する。ここでは「指示書の誤り」が93回起きて一番頻度が高いので1番目、「誤りのパーツ」は24回で2番目に高いので2番目、というように頻度の高い順に並べてある。それから、各頻度を総合計の頻度で割って、相対度数を得る。1行目に関しては93を150で割って0.62を得る。「指示書の誤り」は全体の問題（不良品発生）の原因のうち62％を占めていて、この問題を解決したら全体の62％の問題が解決したことになる。つまりこの問題から解決するのが最も効果的である。相対度数のトータルは常

表 2-1　度数順位表

不合格の原因

不合格原因項目	度数	相対度数	累積相対度数
指示書の誤り	93	62.0％	62.0％
誤りのパーツ	24	16.0	78.0
不完全なハンダ付け	12	8.0	86.0
破損	8	5.3	91.3
部品損失	6	4.0	95.3
その他	7	4.7	100.0
計	150	100.0	100.0

に100%である。最後に累積相対度数を計算する。これは相対度数を上から順に加算して出していく。1行目の累積相対度数は1行目の相対度数をそのまま持ってくる。即ち、62.0%。2行目の累積相対度数は1行目と2行目の相対度数を加えたもので62.0＋16.0=78.0である。以下同様に加算していく。したがって、最後の数字は必ず100%になる。また、度数順位表では一般に上位5項目だけを載せ、6番目以降は全部「その他」にまとめて載せるのが良い。このような度数分布表をグラフにしたのがパレート図（図2－6）である。

　パレート図では一般に第一の項目から対応していくことが求められている。いわば、これは行動の優先順位をつけるための道具なのである。パレート原理というのは、もしも100項目要因があるならば、頻度の高い順に図2－6のように横軸に沿って並べた場合、上位20項目でトラブルの全頻度の80%を占めるということである。つまり上位20項目（全体の5分の1）の種類のトラブルを解決すると全体の80%の悩みは解決される。経営戦略で著名なハーバード大学のマイケル・ポーター教授は「戦略とは何をやるかではなく、何をやらないかである」という趣旨のことを言っている。つまり大事なのは選択と集中であり、取り上げると共に何を切り捨てるかが非常に重要である。パレート図はそ

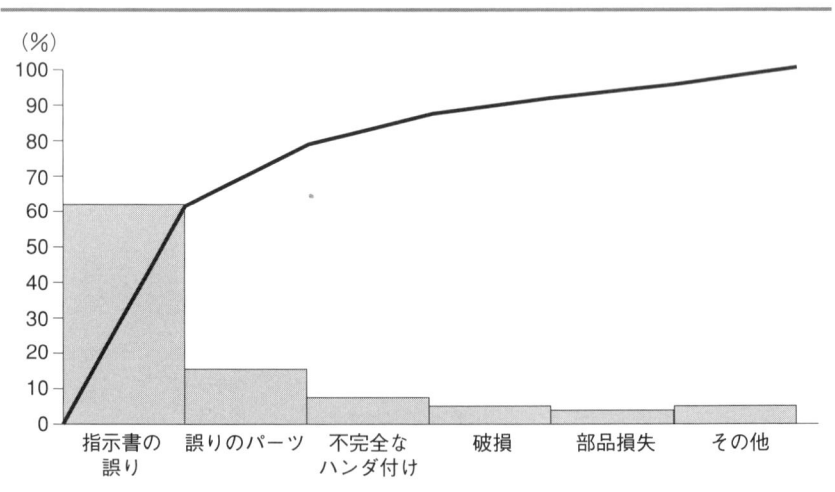

図 2-6　パレート図

のよりどころを与えてくれる。実際上はあまりたくさんのトラブルや行動予定を載せると気が減入るので、パレート図には上位5項目だけ載せて、残りはその他としてまとめて挙げたい。

> **吉田の法則 2-3** 戦略とは何が何より大事か、何が何より効果があるか、等に関して優先順位をつけ、その順序に応じて精力を集中することである。したがって、パレート図では上位5つだけの項目を挙げ、そこに精力を集中する、そして6位以下は「その他」としてまとめて挙げる。上位5つの内1つが解決されると第6位の項目が上位5つに入ってくる。これを吉田の片手の法則という。

　セブン−イレブンが日本で1号店を東京湾沿いの埋立地に開いた時は、なかなか客が集まらず、苦戦したそうだ。その時どういう商品がよく売れてどういう商品が売れないのかに関して、データを取り、ランク付けし、あまり売れない物を減らし、売れる物を増やすことにより、業績をあげ、生き延びて、今日の大をなす発端となったそうだ。

　時にはパレート図を拡大解釈して、頻度の低い順に並べて、ある一定のレベル以下の物は切り捨てる、というように使うこともできる。要は順位をつけるということである。

練習問題

（この章の問題は、現在、職業についている読者を対象としている。職場を持たない読者は問題を一読し、統計は職場でどう使われるのかを理解していただければ十分である。）

問題◆1

あなたの職場にはどういう問題がありますか？
このトピックに関して、あなたのグループでブレーンストーミングをして親和図を作成しなさい。この親和図が完成したら、タイプに打ち、それを維持しなさい。

問題◆2

上記の問題1で出てきた問題のうち、あなたがたの権限の範囲内で期間内に解決できそうな問題を選びなさい。それを解決すべき問題として、その問題がでてくる根本原因に関し、ブレーンストーミングをし、もう一つの親和図を作成しなさい。この後、この親和図のポストイットをはがして並べ替えて特性要因図をつくるので、ポストイットをはがす前に、現在の親和図をタイプに打って記録しておきなさい。

問題◆3

上記の親和図を特性要因図（魚の骨図）に書きかえなさい。このとき、魚の頭には問題がきて、個々のグループのタイトルカードが枝骨のタイトルとなる。そして個々のカードが枝骨の個々の根本原因として記入される。

問題◆4

特性要因図が完成したら、各項目の前に、記号を用いてそれが重要か否か、また比較的容易に解けるか否か、データを集めることができるか否かによって分類しなさい。

問題◆5

現状を把握するために、データを収集し始めなさい。
データ収集にはチェックシート、ヒストグラム、ランチャート（時系列データをプロットしたもの）などを用いること。

問題◆6

「金をかけずにすぐに改善できるもの」はすぐに改善しなさい。「すぐに改善可能だが、少々金がかかるもの」に関しては上司の許可を取ってすぐに改善すること。

問題◆7

チェックシートのデータにもとづいてパレート図を作成しなさい。

問題◆8

原則としてパレート図の優先順位の高い順に解決に取り組みなさい。もし複雑な問題の場合はさらにその項目を課題として、特性要因図を作成し、その主たる原因をとりのぞくように努めなさい。

問題◆9

改善が進んだならば、改善前と改善後を比較して、何がどれだけ良くなったかを確定しなさい。できるだけ数値で比較できるほうがよい。

問題◆10

これまでの活動を振り返り、よくできたこと、また、なかなかうまくいかなかったことなどを話し合い、以上の個々の各段階で、みんなどういう感情をもっていたのかを記録しておき、後のレポート作成の準備をしなさい。

問題 11

実践上うまくいってない場合は、その原因の究明と対策の検討をしなさい。比較的うまくいっている場合は、さらなる改善の可能性を検討すること。ほかのチームでうまくいっているところがあったら、なぜかを詳しく学び、助けを必要としているときは助けを求めなさい。

問題 12

最後の総まとめの発表の準備をすること。発表ではbeforeとafterを必ず比較すること。何がどうなったかを明確にすること。これは今回の小集団活動で行ったことの総まとめに当たるので、始めから、終わりまで含めること。

問題 13

最後の総まとめの発表の準備をすること（これは問題11と全く同じ）。この場合はうまくいったことと、うまくいかなかったことを確認し、反省を記録にとどめ、次回では何を題材に取り上げるべきか討論すること。

問題 14

小集団活動の終了から1ヶ月以内にレポートを提出すること。レポートではbefore とafterの比較は必ず行うこと。各チーム・メンバーの率直な感想を入れること。できるだけ上司の感想も入れるのがよい。事務局が編集しやすいようにハード・コピーのほかにディスクも提出するのがよい。

第3章

グラフはかくも雄弁なり

1 ヒストグラム

　前章では、仕事の現場で実際の業務改善や業績を上げるために役立つデータの集め方、要約の仕方等、簡単な統計的手法を学んだ。それらのデータは要因をカテゴリーに分け、各カテゴリーに属する事柄が何回起きたのかを集計した。

　この章から以降では、もっと一般的なデータを扱う。つまり、何か共通の尺度でデータを計測し、そのデータを記録し、テーブルを作成したり、グラフを作成することを学ぶ。

　データは次の手順で収集、要約される。まずデータを集める時、何のために集めるのかという目的をはっきりさせよう。目的によって集めるデータが異なるかもしれないからだ。目的が明確になったなら、どういうデータがその目的に一番良いかを決定する。たとえば、日本人の豊かさに関してデータが必要な時、年収、所有している総資産、銀行預金の金額などのうち、どれが最も目的に沿っているのか。また、データは共通の尺度で、この場合は"金額"で、測らなければならない。そして、金額で測る場合、千円単位まで記録するのか、百万円単位まで記録するのか、その単位以下は四捨五入か切り捨てかなどについて決める。つまり、大事なことは、実際にデータを集める前に決めておくことである。

　集めたデータを分類する場合、まず最大のデータと最小のデータを確認する。それから、データを何階級かに分類する。何階級にするかを決める時、階級値

（階級の中央の数字）が切りのいい数字であるように選ぶ。また、階級と階級の間には隙間がないと同時に、階級と階級が重なっていないことも必要である。それから、データを各階級に分類していく。この場合チェックシートのやり方でデータを記録していくと良い。最後に各階級に分類されたデータの数を数え、度数分布表やヒストグラム（一種の棒グラフ）を作成する。以上のプロセスは次の表に要約されている。

1．データの収集
（1）データを収集する目的をはっきりさせる
（2）データに関して明確な実務上の定義が必要である
1）明確な特性を選ぶ
2）一定の測定の尺度を選ぶ
3）誰が何をどうやって測るのか決める
2．データの分類
（1）データの範囲を決める。範囲とは最小値と最大値の距離である
（2）データを何階級に分けるかを決める
1）階級と階級の間に隙間がないようにする
2）階級と階級が重なっていないようにする
3）階級値はなるべく簡単な数字を選ぶ
3．データを階級に分類する
4．各階級に分類されたデータの数を数える
5．度数分布表に要約する
6．ヒストグラムやラン・チャートなどのグラフに表わす

例題 1

ある小さな町で、各家族の世帯主の2002年における年収は次の通りであった。数字は、千円表示で千円未満の数字は切り捨てたものである。

1,258、13,674、21,946、8,763、3,673、4,935、18,730、19,421、11,624、12,936、7,836、16,403、29,361、10,381、5,364、17,422、14,652、8,753、

18,637、8,996、11,232、13,682、3,795、21,632、 8,206、9,342、13,836、16,743、9,384、14,312、23,543、4,328、17,239、13,367

このデータを適切な階級に分け、度数分布表及びヒストグラムを作成しなさい。

解答

このデータの最小値は1,258で最大値は29,361である。もっと切りのいい数字を使うと0から30,000の間に全部のデータが入ることがわかる。問題は何区間（階級）に分けるかなのだが、データ数が多ければ区間も多くなるが、一般に5から15区間に分けるのが通常である。この場合、5,000（5百万円）を1区間とすると切りがいいようである。ここで、区間は$5,000 \leq x < 10,000$であって、$5,000 < x < 10,000$ではないことに注意。このようにして、区間が決まったら、チェックシートのやり方でデータを各階級に分類していく。たとえば、1,258は第1階級に入ることがわかれば、その階級に斜線/を1本入れる。そして、数え終わった数字の上にも斜線を鉛筆で入れて、2回同じデータを数えるのを防ぐようにする。そして、全部数え終わったら、各階級の斜線の数を数え、その数を頻度の欄に記入する。そして頻度の総合計も記入し、データの総数と一致するかを確認する。完成した度数分布表は**表3−1**の通り。

表3−1を横にして見るとすでにグラフになっていることに気が付くが、この表に基づいて作成したヒストグラムは**図3−1**となる。この図は横軸に収入、縦軸に頻度（この場合は世帯数）を取ったグラフである。

表 3-1　度数分布表

年間収入	階級	階級値	データ		頻度
0以上— 5,000未満	$0 \leq X < 5,000$	2,500	/////		5
5,000以上—10,000未満	$5,000 \leq X < 10,000$	7,500	/////	///	8
10,000以上—15,000未満	$10,000 \leq X < 15,000$	12,500	/////	/////	10
15,000以上—20,000未満	$15,000 \leq X < 20,000$	17,500	/////	//	7
20,000以上—25,000未満	$20,000 \leq X < 25,000$	22,500	///		3
25,000以上—30,000未満	$25,000 \leq X < 30,000$	27,500	/		1
					34

ヒストグラムを作成すると、元のデータではできない次のような問いに答えることができる。

1. 大体の中心はどこか？
2. 範囲はどのくらいか？
3. どんな形の分布か？　左右対称的かまたはどちらかに偏っているか？
4. ピークは幾つあるか？
5. 両端は極端に切り取られたようになっているか？　または、なだらかか？
6. 異常値はないか？

2 度数折れ線グラフ

度数折れ線グラフはヒストグラムの各柱のてっぺんの中心を直線でつないだものである。図3－2のように分布の両端の度数はゼロになっていて、この外側にはデータがないことを示している。非常にデータの数が多い時、多数の階級に分類され各階級の幅が極端に狭くなると、この度数折れ線グラフはスムーズな左右対称の釣鐘型をした分布となる場合が多い。これを正規分布と呼ぶ。所得の分布では必ずしも左右対称にならないが、たとえば、数百万人の成人男性の背の高さとか、全国的な大学入試の共通試験の点数等は正規分布になる。

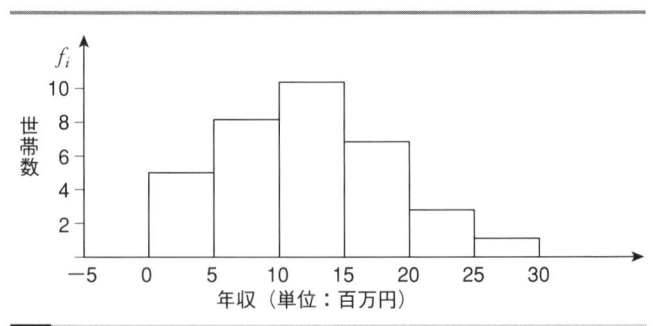

図 3-1　ヒストグラム

第3章 ● グラフはかくも雄弁なり

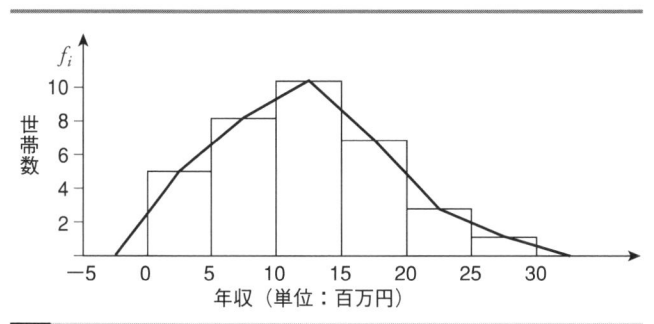

図 3-2 度数折れ線グラフ

3 ● 累積度数分布

累積度数分布は年収がいくら以上、または未満の家庭はどの位あるかを知るのに役立つ。先ず**表3−2**の2列目の"頻度"は表3−1から来たものである。ここで、累積度数の"未満"の列（表3−2の3列目）は2列目の頻度を上から加算して得られる。1行目の数字5は頻度の1行目の数字をそのまま持ってきたものである。2行目の数字は頻度の1行目と2行目の和で、0以上10,000未満を表わす。即ち、5＋8＝13。3行目は「頻度」の1行目、2行目、3行目をたして0以上15,000未満で5＋8＋10＝23。以下同様である。4列目の累積度数の"以上"の列は表の一番下の行から上の行に行くにしたがって加えていく。たとえば

表 3-2 累積度数分布表

(1)	(2)	(3)	(4)
		累積度数	
階級	頻度	未満	以上
0≦X＜ 5,000	5	5	34
5,000≦X＜10,000	8	13 （=5+8）	29
10,000≦X＜15,000	10	23 （=5+8+10）	21 （=1+3+7+10）
15,000≦X＜20,000	7	30 （=5+8+10+7）	11 （=1+3+7）
20,000≦X＜25,000	3	33	4 （=1+3）
25,000≦X＜30,000	1	34	1
	34		

15,000千円（1,500万円）以上の収入の世帯数は1＋3＋7＝11世帯である。こういうようにしてできたのが累積度数分布表である。

表3-2に基づいて作成したのが、**図3-3**に示された累積度数折れ線グラフである。上から数えても下から数えても50％になる点は、累積度数折れ線グラフが交差する点である。このグラフでいうと約1,250万円になる。

累積度数分布は政策的及び戦略的に分布の一部に焦点をあわせて、特別の重点を置いた行動をとる時に重要となる。たとえば政府や地方行政府が年収300万円以下の低所得者を対象に生活保護をあたえる時、一定の地域で何世帯がこれに該当しているかを知らなくてはならない。また、大口の投資家を探している証券会社は年収が1,000万円以上の家庭が何軒あるか知りたいだろう。あるいは、いかなる販売会社も焦げ付き売掛金を最小限にするために、特約店のうち支払い期日を越えた滞留売掛金がたとえば1,000万円を超える特約店を選び、滞留売掛金の多い順に並べて多い所から優先順位をつけ、重点的に集金努力をする必要があるだろう。累積度数分布はこのように使われる。

例題 2

ある消費市場調査会社が代表的な三つの中型乗用車の耐用距離を調べたところ、次のようなデータを得た。なお、数字は四捨五入して千キロメートル単位

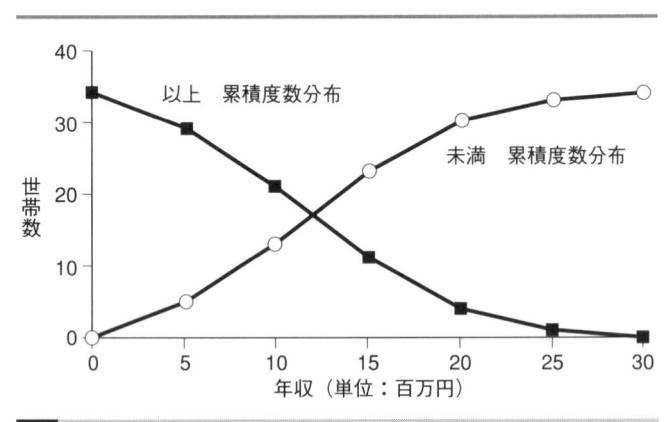

図 3-3 累積度数分布図

にしてある。

タイプA：120、110、130、120、110、110、120、130、120、110、120、130、110、110、130、120、130、120、130、110、120、110、120、130、120

タイプB：120、130、150、120、110、100、140、120、120、130、110、100、140、110、110、120、90、140、80、130、100、120、150、90、130

タイプC：90、120、90、100、80、130、90、80、110、80、100、90、110、70、80、70、110、60、100、70、50、120、90、100、60

a) それぞれのタイプにつき度数分布表を作成しなさい。

b) ヒストグラムを作成しなさい。

c) どのタイプの車が一番良いと思うか。その理由は何か。

解答

a) **表3－3**を参照

b) **図3－4**を参照

c) AとBを比較して見ると、中心値（平均値は次章で説明）は大体同じだが、ばらつき度はBのほうがAよりも大きい。Bを買えば15万キロ走るかもしれないが、8万キロしかもたない可能性も十分にある。つまりBのほうがリスクが

表 3-3 度数分布表

タイプA			タイプB			タイプC		
キロ数	度数		キロ数	度数		キロ数	度数	
110	///// ///	8	80	/	1	50	/	1
120	///// /////	10	90	//	2	60	//	2
130	///// //	7	100	///	3	70	///	3
		25	110	////	4	80	////	4
			120	///// /	6	90	/////	5
			130	////	4	100	////	4
			140	///	3	110	///	3
			150	//	2	120	//	2
					25	130	/	1
								25

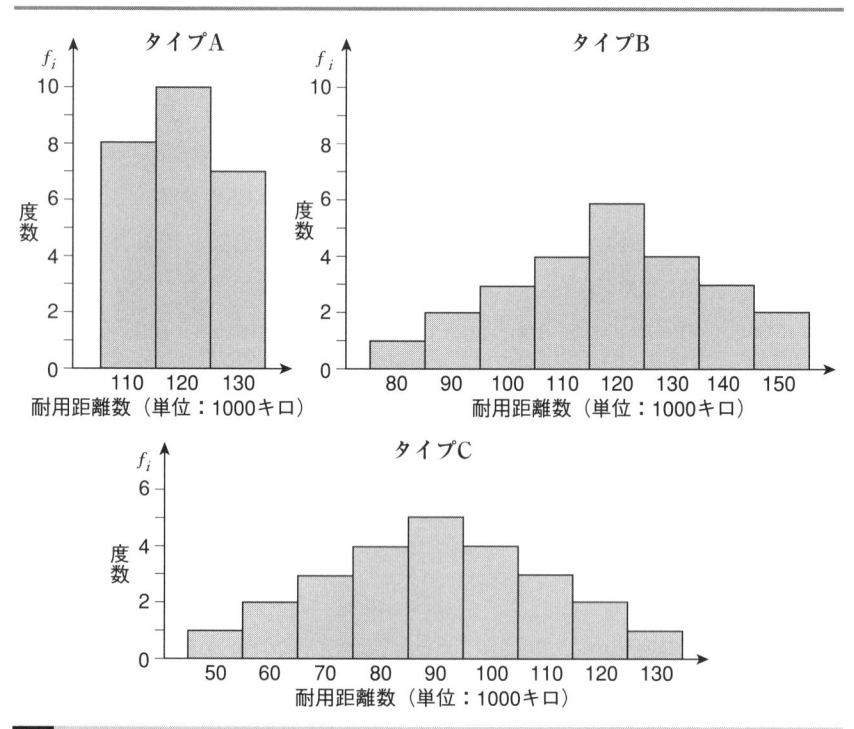

図 3-4　ヒストグラム

高いのでAの方がBより良い。BとCを比べると、ばらつきは両方大体同じだが、BのほうがCより中心値は良い。だからBはCよりも良い。つまりAが一番良く、Bは二番目に良く、Cは三番目である。

　これは非常に簡単な例にみえるが、統計の真髄である。つまり、統計の知識とは中心とばらつきを理解することによって極めて高度の判断を下すことである。それは、度数分布表やヒストグラムを作成することによってできるのだが、実際には大まかな数字とヒストグラムが頭に浮かぶようになればしめたもので、あなたにとって統計学が強力な武器となる訳である。この本を通して、あなたがその訓練を積み、ばらつきに対して直感を働かすことができるようになれば、この本の目的は達成されたことになる。

| 吉田の法則 3-1 | 直感的統計学の基本は、中心とばらつきを理解することである。 |

練習問題

問題◆1

例題1で階級幅2,500千円（250万円）を用いたと想定し、

(a) 表3−1のような表を作成しなさい。
(b) ヒストグラムを作成しなさい。
(c) 度数折れ線グラフを作成しなさい。
(d) 累積度数分布表を作成しなさい。
(e) どちらの階級幅がより適切か述べなさい。

問題◆2

次のデータはある市内のスーパーマーケットで調べた、銘柄Aの10個の卵の値段と銘柄Bの1リットルのミルクの値段と銘柄Cの1リットルのオレンジジュースの値段である。

卵： 57、58、56、57、60、58、59、56、57、59、58、56、58、57、59、58、59、60、58、59.

ミルク： 65、64、66、65、67、65、63、64、65、63、66、65、64、67、65、65、66、64、65、68.

オレンジジュース： 111、114、116、113、111、115、113、111、110、113、116、114、115、112、113、114、112、111、113、117.

(単位：セント)

それぞれの商品につき、

(a) ヒストグラムを作成しなさい。
(b) 度数折れ線グラフを作成しなさい。
(c) 累積度数分布図を作成しなさい。

問題◆3

ある自動車会社が3つのモデル車、A，B，Cを25台ずつテストして、次のようなガス・マイレージ（1リットル当たり何キロ走るか）を得た。

A：22、20、18、19、21、20、21、20、20、19、18、22、21、19、20、21、
　　19、20、18、22、20、20、21、19、19.

B：27、29、30、24、26、27、28、27、29、28、24、23、26、29、28、23、
　　26、25、28、25、30、28、25、27、29.

C：26、27、26、25、26、27、26、27、26、26、25、26、27、25、26、
　　25、26、27、26、26、27、26、26、26.

(a) ヒストグラムを作成しなさい。

(b) 度数折れ線グラフを作成しなさい。

(c) 累積度数分布図を作成しなさい。

(d) 消費者にとってどの車が一番良いか。そしてそれはなぜか。

問題◆4

ある化粧品会社には、個別訪問で高級な化粧品を売る3人のセールスマンがいた。彼等の販売実績（22日間）は次の通りであった。

セールスマンA：9、10、7、7、8、6、8、9、8、7、8、10、9、6、8、6、8、
　　　　　　　10、7、6、7、9.

セールスマンB：7、10、12、0、3、10、0、12、12、6、0、12、8、9、4、
　　　　　　　12、5、12、0、9、10、0.

セールスマンC：9、6、7、10、8、4、5、9、10、8、3、5、6、7、9、10、4、
　　　　　　　10、8、9、10、7.

(単位：個数)

(a) ヒストグラムを作成しなさい。

(b) 度数折れ線グラフを作成しなさい。

(c) 累積度数分布図を作成しなさい。

(d) どのセールスマンが一番良いか。そしてそれはなぜか。

問題 5

ある投資信託のファンドマネジャーは前年の50の普通株の利益率（rate of return）を要約しようとしている。元のデータは次のとおり。

16.8　6.3　7.8　20.2　3.6　5.3　27.4　－3.2　4.8　31.6　－2.5　12.3　3.0
31.6　8.3　2.3　9.2　7.1　19.7　9.8　17.0　4.1　9.5　－3.3　0.2　6.8　2.1
6.9　13.2　7.9　26.3　6.6　13.7　16.4　9.1　14.8　－1.4　22.6　13.3　33.8
11.2　28.9　－4.5　11.6　2.7　24.1　12.5　7.2　17.3　12.9

(単位：パーセント)

(a) $-5 \leq x < 0$、$0 \leq x < 5$、$5 \leq x < 10$という階級で始まる8階級にデータを分類し、度数分布表及び累積度数分布表を作成しなさい。
(b) ヒストグラムを作成しなさい。
(c) 度数折れ線グラフを作成しなさい。
(d) 累積度数分布図を作成しなさい。

問題 6

次のデータは15世帯主の週給である。80、325、143、223、290、356、215、375、122、314、236、368、65、183、329

(単位：ドル)

(a) これらのデータを次の4階級に分類し、度数分布表を作成しなさい。
　　$0 \leq x < 100$、$100 \leq x < 200$、$200 \leq x < 300$、and $300 \leq x < 400$.
(b) ヒストグラムを作成しなさい。
(c) 度数折れ線グラフを作成しなさい。
(d) 累積度数分布図を作成しなさい。

問題 7

次のデータは3つの普通株の過去25年間の利益率のデータである。

普通株A：11.3、14.4、17.7、5.9、7.0、15.7、13.7、10.2、16.9、6.8、16.3、18.1、7.7、9.6、14.1、5.3、8.1、12.4、6.4、13.5、19.8、11.7、14.7、6.1、12.1

普通株B：5.9、9.1、13.8、18.3、24.4、26.3、28.6、−3.1、4.7、7.2、12.6、13.3、14.9、16.3、−1.4、3.6、23.3、0.8、21.7、19.2、6.1、11.2、18.8、15.2、17.7

普通株C：7.8、−1.1、2.1、3.8、4.3、5.2、9.2、−4.3、−4.0、13.4、1.5、6.7、12.3、−3.7、1.2、3.3、2.9、10.9、14.8、−2.1、8.0、2.4、6.9、−3.4、−2.7

(単位：パーセント)

(a) $-5 \leq x < 0$、$0 \leq x < 5$、$5 \leq x < 10$、‑‑‑‑‑、$25 \leq x < 30$という階級にデータを分類し、度数分布表及び累積度数分布表を作成しなさい。

(b) ヒストグラムを作成しなさい。

(c) 度数折れ線グラフを作成しなさい。

(d) 累積度数分布図を作成しなさい。

(e) 投資するのにはどの株が一番よいか。 そしてそれはなぜか。

問題 ◆ 8

フィラデルフィアとダラスを比較して、どちらが貧困世帯の割合が多いか調べてみるために次のようなデータを得た。

階級	頻度	
	フィラデルフィア	ダラス
$\$0 \leq x < \$10{,}000$	35	26
$\$10{,}000 \leq x < \$20{,}000$	78	62
$\$20{,}000 \leq x < \$30{,}000$	124	108
$\$30{,}000 \leq x < \$40{,}000$	110	90
$\$40{,}000 \leq x < \$50{,}000$	64	53
$\$50{,}000 \leq x$	89	61
	500	400

(単位：1000世帯)

(a) 両市の相対度数表を作成しなさい。

(b) $\$10{,}000$以下の収入を貧困家庭とみなした時、どちらの市の方が貧困家庭の割合は多いか。

（c）$50,000以上の所得を高所得世帯と見なした時、どちらの市の方が高所得世帯の割合は多いか。

第4章
全体を一言で表すには
——代表値(中心値)の諸指標

　この章では分布の全体像を単一の数字で表わす方法を学ぶ。調査の対象全体をユニバースとか母集団という。前章ではユニバースからデータを集めて、テーブルやグラフにしてまとめることを学んだ。集めたデータから、その全体像を一つの数字で表わすような代表値を求める。たとえばフランスとドイツとはどちらが豊かかというような問題を考えよう。もちろん、豊かさには色々な尺度があるのだが、所得を比較するのは一般的な方法である。当然ながら、フランスにもドイツにも高所得者もいれば低所得者もいる。こういう場合、ドイツ人とフランス人のそれぞれの代表的な所得の比較をすることになる。代表値にはいくつかあるが、一般に最もよく使われるのは国民1人当たりの平均所得だろう。そこで、まず平均とは何かから考えてみよう。

1 算術平均

　算術平均（一般にただ平均と言われるもの）とは共通の尺度で測られた複数のデータがある時、個々のデータの数値の総和をデータの総数で割ったものである。たとえば、5人の年収が、それぞれ、100万円、300万円、600万円、900万円、1200万円の時、この5人の平均年収は

$$\frac{100+300+600+900+1200}{5} = 620$$

これから、この5人の平均年収は620万円だということがわかる。統計では

数多くのデータを加えることが多いので、それを記号で表わすのが便利である。ここでギリシャ文字のΣ（シグマと読む）という記号を使う。これはデータ等を連続的に足すという意味である。一般的に一番目のデータをX_1と表わし、二番目のデータをX_2と表わし、以下同様にX_3、X_4、X_5・・・・と表わす。上記の例では$X_1=100$、$X_2=300$、$X_3=600$、$X_4=900$、$X_5=1200$となる。したがって上記の分子の足し算は一般的には$X_1+X_2+X_3+X_4+X_5$となる。これをさっきのΣを使って表わすと、

$$\sum_{i=1}^{5} X_i$$

となる。X_iはi番目のデータの値ということであり、iが1から5までかわる時それぞれの値を皆加えるということである。Σの下に$i=1$とあるのは1番目のデータから足しはじめるということであり、Σの上にある5は、5番目のデータまで足すということである。即ち、

$$\sum_{i=1}^{5} X_i = X_1+X_2+X_3+X_4+X_5$$

この場合には、

$$\sum_{i=1}^{5} X_i = X_1+X_2+X_3+X_4+X_5 = 100+300+600+900+1200 = 3100$$

となる。

また、平均値はギリシャ文字のμ（ミューと読む）で表わすのが慣例である。平均はデータの数値の総和を総データ数で割って得られるから、上記の場合、平均値は次のように計算される。

$$\mu = \frac{\sum_{i=1}^{5} X_i}{5} = \frac{X_1+X_2+X_3+X_4+X_5}{5}$$
$$= \frac{100+300+600+900+1200}{5} = 620$$

さらに、一般的にN個のデータの平均を求める時の公式は次のようになる。

$$\mu = \frac{\sum_{i=1}^{N} X_i}{N} \qquad (4-1)$$

すなわち、N個のデータを足してNで割るということである。

$$\mu = \frac{\sum_{i=1}^{N} X_i}{N} = \frac{X_1 + X_2 + X_3 + \cdots + X_{N-1} + X_N}{N}$$

度数分布表を用いた平均値の求め方

まず度数分布表を作成し、観測値の総合計をデータの総数でわる。

例題 1

次の度数分布表を用いて平均値を求めなさい。

表 4-1　度数分布表

(1) 光熱費	(2) 階級値 X_i	(3) 度数 f_i	(4) 累積度数 Σf_i	(5) 階級合計 $X_i f_i$
$50 ≤ x < 100	75	23	23	1,725
100 ≤ x < 150	125	85	108	10,625
150 ≤ x < 200	175	197	305	34,475
200 ≤ x < 250	225	238	543	53,550
250 ≤ x < 300	275	163	706	44,825
300 ≤ x < 350	325	129	835	41,925
350 ≤ x < 400	375	60	895	22,500
		895		209,625

ガーデナ市における4人家族の月間光熱費：1986年7月

解答

表4-1の度数分布表は、表3-1の度数分布表と表3-2の累積度数分布表とを合わせたものとほとんど同じタイプの表である。ここで度数というのは頻度である。つまり第1行目では月間の光熱費が50ドル以上100ドル未満の間の家族は皆75ドルと見なし、その家族数は23家族あるので、この階級での光熱費

の合計は、75 × 23 = 1725となる。また、これを記号で表わすとi番目の階級の階級値がX_iでその階級の度数がf_i（fはfrequencyを表わす）で表わされるので、その階級の合計は$X_i f_i$である。この場合1行目の階級合計は$X_1 f_1 = 1,725$となり、2行目の階級合計は$X_2 f_2 = 10,625$となる。以下同様である。4列目の累積度数は度数を上から加算していくことによって得られる。

たとえば、累積度数の3行目は度数を上から3行目まで加算したものである。すなわち、23 + 85 + 197 = 305であり、50ドル以上200ドル未満の家庭は305軒ある。ここで3列目の度数と5列目の階級合計は縦に全部足して総合計を求める。度数の総合計は総家族数（データの総数）でもあるのでNで表わされる。これをΣを使って表わすと全部で7階級あるから、

$$N = \sum_{i=1}^{7} f_i = 895$$

となる。

光熱費の階級合計を縦に全部加えたものが光熱費の総合計であるから、Σを使って表わすと、

$$\sum_{i=1}^{7} X_i f_i$$
$$= X_1 f_1 + X_2 f_2 + X_3 f_3 + X_4 f_4 + X_5 f_5 + X_6 f_6 + X_7 f_7$$
$$= 209,625$$

となる。

ここで家族の平均光熱費は光熱費の総合計を総家族数で割ったものであるから、

$$\mu = \frac{\sum_{i=1}^{7} X_i f_i}{N} = \frac{209,625}{895} = 234.21788 \approx 234.22$$

となる。

一般に度数分布表を用いた場合の平均を求める公式は、

$$\mu = \frac{\sum_{i=1}^{k} X_i f_i}{N} \qquad (4-2)$$

である。

ここで、総データ数はN個であるがk階級のクラス合計を集計することに注意すること。

平均の直感的理解

　一般に平均値とは何を意味するのかを理解することは、データ処理をして全体像を得るうえで非常に大事である。データをグラフ化したヒストグラムは、薄くて細長い板の上にブロックを積み重ねた状態だと考えると良い。平均値というのは、その下に支点を置いて左右がうまくバランスする点であることを頭に入れて置くのは直感的統計学の基本である。

　たとえば、図3-1をここに**図4-1**として再掲してみる。図をながめてみると、左右でバランスする点はおおざっぱに言ってだいたい1,250万円ぐらいになりそうである。したがって、実際に計算した値がこれと非常に違った場合、何かがおかしいと考えて見るべきである。何かとはほとんどの場合、計算がまちがっていたということは大抵の読者が経験済みであろう。

　平均値は表4-1のような度数分布表を用いても見当をつけることができる。3列目の度数をながめてみると、上からのデータ数と下からのデータ数がバラ

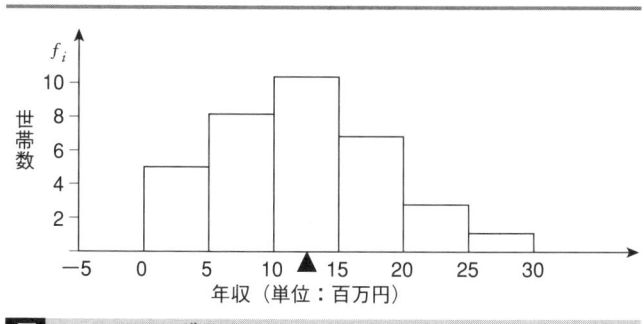

図 4-1　ヒストグラム

ンスするのは895の総データ数のうち450番目ぐらいだから、200ドルと250ドルに囲まれた区間であり、その階級値は225ドルだから、これが概算の平均だということができる。前の計算で正確には234.22ドルであることがわかっているが、現実には概算225で十分役に立つ場合が多い。したがって計算する前に必ず"当たり"〔見当〕をつけてから計算する習慣をつけることが大事であり、計算してからこの"当たり"と比較して、もっともな数字であるかどうかチェックしなければならない。コンピュータを使ってもデータ・インプットの1つの数字を間違えて1ケタ違っていれば、平均値は大幅に狂ってくる場合がある。コンピュータが誤作動して、銀行が大損害を被ったという話を前に聞いたことがあるが、見当をつけてから実際に計算してみるという訓練ができていれば、大きな事故は防げることが多い。繰り返し出てくることになるが、概算を得る、つまり全体観を持つという能力をつけることが統計の大事な目的の1つである。

大分前にイギリスのバーナード・ショウという評論家が「商売のやり方を知っている人は商売をする。商売を知らない人は人に教える」ということをいったが、ある一面で真実をついている。私流に言い換えると、次のようになる。

吉田の法則 4-1 ビジネスマンで成功するためには、データから全体観を得る能力が必要である。ビジネスの何たるかを知らないでビジネスを教えている先生が多い。

吉田の法則 4-2 平均値を計算する前に、どういう値になるか、"当たり"(見当)をつけること。平均値は最大値と最小値のだいたい真ん中あたりにある。したがって、計算した平均値が、この値と非常に違う時は何かおかしいと思わねばならない。

"当たり"を使った計算方法

次のようなデータの平均を出すために、全部足してみよう。

第4章 ● 全体を一言で表すには──代表値(中心値)の諸指標

6948
7087
6975
7065
6984

この場合、普通一番下のケタから1ケタずつ足していき、繰り上げていき1番上のケタの足し算をして、完成する。それは、下の左のような計算になる。しかし、右のように先ずこれらのデータの"当たり"をつけた平均値、つまり概算の平均値7000を先ず引いて、その差異を集計してみよう。これをデータ数(この場合5)で割ったものを微調整項として計算すると、計算は非常に簡単になる。もちろん答えは前と全く同じである。

X	X − 7000
6948	− 52
7087	+ 87
6975	− 25
7065	+ 65
+6984	− 16
35059	+ 59

左の計算によると、

$$\mu = \frac{\sum_{i=1}^{5} X_i}{5} = \frac{35059}{5} = 7011.8$$

右の計算によると、
$\mu =$ "当たり"の概算平均値 + 微調整値

$$= 7000 + \frac{\sum_{i=1}^{5} X_i}{5} = 7000 + \frac{59}{5} = 7000 + 11.8 = 7011.8$$

"当たり"の概算数字を用いた場合、扱う数字のケタ数が随分少なくなるこ

とがおわかり頂けたと思う。その分、計算が非常に簡単になったのである。計算機やコンピュータに入力するにも簡単でまちがいが減る。読者の中にはこれは特殊な数字の寄せ集めだからできるのであって、普通はできないのではないかと思われる方がいるかも知れないが、統計のデータでは同じ種類のデータを集めているので、こういう状況がじつに多い。たとえば通常のグループの日本人の成人男子の背の高さの平均を求める場合、ほとんどの人が160cmから180cmの間に入るので、全てのデータから170cmを引いて全データを加算し、データ数で割り、170cmに加えたならば計算ははるかに簡単になる。しかもこういう計算の仕方に慣れていると、通常"当たり"の部分だけで用が足りることも多い。この当たりをつける計算方法はこの後にも出てくるので、よく習得しておいて頂きたい。

平均値の長所と短所

平均値には長所と短所がある。

長所としては、

(1) すべての分布に常に存在する。
(2) 唯一無二の平均値がえられる。
(3) 計算が簡単である。
(4) すべてのデータを用いる。
(5) 意味が明確である。
(6) 高度の統計計算に必要である。

等がある。

また、短所としては、

(1) 例外値の影響を非常に受ける。
(2) 適切な代表値でない場合がある。

等がある。

短所に挙げた例外値の例として、ある町に100家族住んでいて平均所得が1億円である場合、どういう街を想像するだろうか。所得が100億円の家族が1軒あれば、そのほかの町民が皆普通の収入でも、平均1億円を超える。この場

合99世帯が平均以下の所得であり、1人だけが平均以上の所得となることにも注目する必要がある。したがって、こういう場合は脚注に注意書きが必要である。また、例外値を入れた場合と入れない場合の平均値を計算するのも1つの方法である。

短所の (2) にあげた「適切でない代表値」の例としては、ある部屋に10人いて平均の背の高さが130cmであった。これはどういうグループだろうか。全部小学生のグループということもあり、平均160cmの5人の母親達と平均100cmのその5人の子供たちの平均も130cmである。2つ以上の全く異質なグループがある時は特に注意を要する。2つのグループがある時は、それぞれのグループ平均を付記することが望ましい。

> **吉田の法則 4-3** 平均値は最もよく使われる統計であるが、データが異常値を含んでいないか、あるいは2つかそれ以上の異質なグループを含んでいないか注意しなければならない。

2 中央値（中位値、メディアン）

中央値は観測値を大きさの順にならべた時、その中央に位置するデータの値である。データの総数が奇数Nの場合は、$(N+1)/2$番目のデータの値を取る。下の例の場合、N=5であるから、$(N+1)/2 = (5+1)/2 = 3$ であるから、どちらから数えても真ん中に位置するデータの値を代表値とする。順序さえ決まったら、真ん中の値だけが問題であって他のデータの値は関係ない。したがって足したり、割ったりしない。即ち、中央値は $165である。

例

昇順	1	2	3	4	5
所得	$80	$125	$165	$456	$1,024
降順	5	4	3	2	1

また、データの総数が偶数Nの場合は、$N/2$番目と$N/2+1$番目のデータの

平均を取る（もしも3番目と4番目の平均を3.5番目という表現が可能ならば、つねに(N+1)/2である）。下の例の場合、全部で6人いるから、その真ん中は3.5番目である。したがって、三番目と四番目の人の所得を足して2で割る。(165 + 210)/2 = 187.5 となる。この場合、中央値は＄187.5である。

例

昇順	1	2	3	4	5	6
所得	＄80	＄125	＄165	＄210	＄456	＄1,024
降順	6	5	4	3	2	1

度数分布表を用いた中央値の求め方

度数分布表から中央値を計算する場合には、次の手順で計算する。

(1) 累積度数分布表を作成する。
(2) 中央値（Md）がふくまれる階級を特定する。
(3) 階級幅の中で中央値に至る距離の割合を計算して、次の式にあてはめ中央値を計算する。

$$Md = Lmd + \frac{k}{f_i}(I) \qquad (4-3)$$

Md：median, メディアン
Lmd：Lower limit of median interval, 中央値の入っている階級の下限値
k：当該階級内で中央値に達するまでに必要なデータ数
I：Interval, 当該階級の幅

例題 2

例題1のデータを用いて中央値を計算しなさい。

解答

図4−2を参照。

まず全部で895世帯あるから、中央値があるのは (N+1)/2 = (895+1)/2 = 448番目の世帯で、448番目の世帯の光熱費を得たいのである。表4−1の第4列目の累積度数の列から、その世帯は 200 ≤ X < 250 の区間に入っていることが

わかる。

この区間では238世帯が均等にばらついていると仮定して、図4-2から比例計算により、
$$\frac{143}{238} = \frac{X}{50}$$ が得られる。
したがって、
$$X = \frac{143}{238}(50) = (0.6008)(50) = \$30.04$$ となる。
中央値 $= \$200 + \$30.04 = \$230.04$

一般に図4-2から、
$$\frac{k}{f_i} = \frac{X}{I}$$
したがって
$$X = \frac{k}{f_i}(I)$$ となり、

中央値（メディアン）
$$= Md = Lmd + \frac{k}{f_i}(I) = 200+30.4 = \$230.04$$ となる。

中央値（メディアン）の長所と短所

代表値としての中央値にも長所と短所がある。

長所としては、

（1）アウトライヤー（外れ値、例外値、極端値）の影響を受けない。

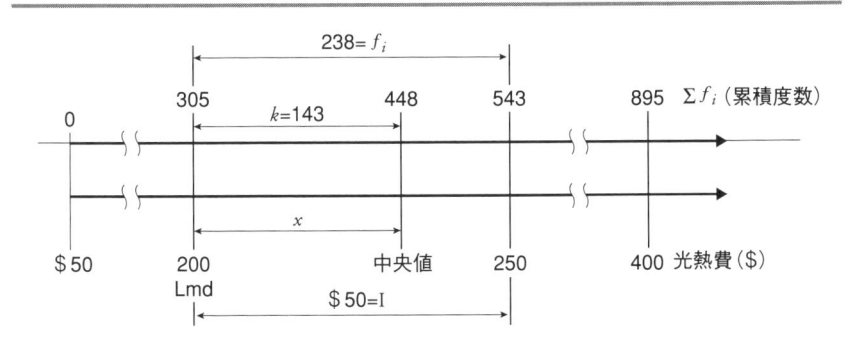

図 4-2　階級内の比例計算

(2) 常に唯一無二の中央値が存在する。

(3) 煩雑な計算を必要としない。

上記の (1) の外れ値の影響を受けない例としては、前出の例で最後の 1 人だけ例外的な所得がある場合を考えてみよう。

例

昇順	1	2	3	4	5
所得	$80	$125	$165	$456	$1,024,000
降順	5	4	3	2	1

この場合、中央値は相変わらず、$165 であるが、平均値は $204,965 に跳ね上がる。これからもわかるように、中央値は外れ値の影響を受けない。また、ランク付けさえできれば、計算はいらない。

短所としては、

(1) 大量のデータに序列をつけるのは簡単ではない。

(2) すべてのデータを用いる訳ではない。

(1) の問題は手続き上の問題であり、(2) の問題は統計理論上多少の問題がある。

> **吉田の法則 4-4** 所得の分布は左右対称の正規分布ではなく右の裾野（即ち高所得の方）が長くなる傾向があり、一般には代表値を選ぶ時は算術平均よりも中央値を選ぶ方が適切な場合が多い。少数の億万長者の存在が平均値を異常に引き上げる場合があるからである。しかし現実には平均値が例に使われることが多いので、選挙の時の政治家の発言には特に注意をしたい。

3 モード（最頻値、並み数）

モードは頻度が最大となるデータの値である。ヒストグラムではピークのある所である。2 つかそれ以上ピークがある時は、**図 4-3** で示されたように一番高いピークを持つデータの値を取る。

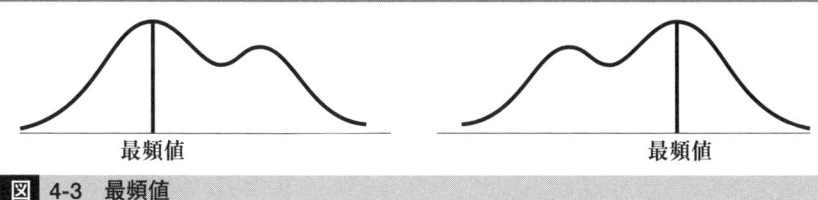

図 4-3 最頻値

モードの長所と短所

モードは頻度が最大となるデータの値であるので、ヒストグラムでピークを選ぶのは比較的簡単なように思える。しかし長所と短所を比較してみると、決定的な短所があるためモードは一番用いられない代表値である。

長所としては次のようなものがある。

(1) アウトライヤーの影響を受けない。
(2) 煩雑な計算を必要としない。

短所としては次のような点がある。

(1) モードは存在しないことがある。図4-4のような場合、モードは存在しない。

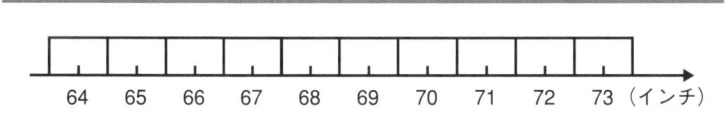

図 4-4 モードが存在しない場合

(2) モードは唯一無二でないことがある。図4-5のような場合、モードが2つあり、しかもこの2つが非常に異なる値である場合、判断に困る。

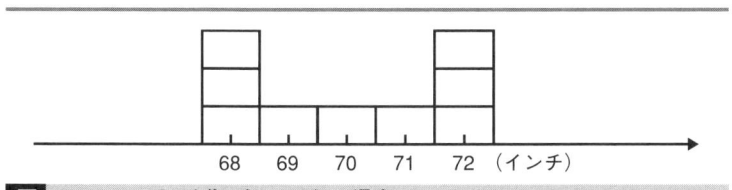

図 4-5 モードが唯一無二でない場合

4 加重平均

加重平均はそれぞれの観測値にそれに対応する比重を掛けてその総和を計算したものである。

加重平均（Weighted Arithmetic Mean; WAM）

$$\text{WAM} = \sum_{i=1}^{N} W_i X_i \quad (4-4)$$

ここでW_iは

$\sum_{i=1}^{N} W_i = 1$ という条件を満たさねばならない。

この公式の使い方を次の例題で例示しよう。

例題 3

次のようなデータがある時、3カ国の加重平均（3カ国全体の1人当たりの平均所得）を求めなさい。

	平均所得	人口
アメリカ	$10,000	200,000,000
イギリス	6,000	40,000,000
フランス	8,000	60,000,000
		300,000,000

解答

まずここで、全体の3億の人口の平均所得は、アメリカの人口が極めて多いのでアメリカの所得に最も影響され、アメリカの平均所得の近くに引っ張られるという見当をつける。つまり、この3カ国の人口は同じではないので、人口の多い国の平均所得の影響をうけるため、人口の多い順に重い比重（ウエイト）が課せられなければならない。したがって、各国の人口をこの3カ国の人口の総合計で割って、各国の人口の全体の人口に占める比重を求める。

第4章 ● 全体を一言で表すには——代表値（中心値）の諸指標

	平均所得 X_i	人口	比重 W_i	$W_i X_i$
アメリカ	$10,000	200,000,000	2/3	$6,666
イギリス	6,000	40,000,000	2/15	800
フランス	8,000	60,000,000	1/5	1,600
		300,000,000		9,066

加重平均は算術平均と同様に、物理的には図4-6で棒秤の上で比重に応じてブロックを積みバランスする点を意味する。そして、その点は＄9,066である。かなりアメリカの所得に近いものである。

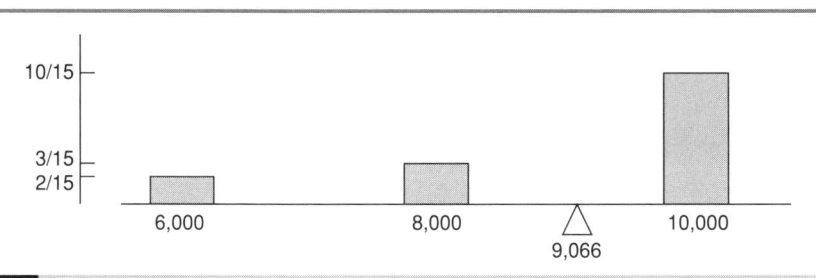

図 4-6 加重平均

例題 4

次のような3種類の株式を買ったとして、全投資の平均利回りを計算せよ。

	現在価格	購買株数	利率
普通株A	$150	20	10%
B	50	60	20%
C	100	40	18%

解答

ここでは2通りの解法を示そう。最初の方法は前と同じように公式に基づいた解き方で、二番目の方法はもっと直感に訴える考え方である。

方法1

	(1)	(2)	(3) = (1)×(2)	(4) W_i	(5) X_i	(6) = (4)×(5) W_iX_i
	現在価格	購買株数	投資額	比重	利率	
A	$150	20	3,000	0.3	10	3
B	50	60	3,000	0.3	20	6
C	100	40	4,000	0.4	18	7.2
			10,000			16.2

まず、上のような表を作成する。3列目の投資額は現在価格と購買株数を掛けたものである。4列目の比重は各投資の全体に占める比率を表わしている。たとえばAに対する投資$3,000を全投資額$10,000で割ると、0.3になり、これは全体の3割をAに投資することを表わしている。4列目と5列目を掛けて6列目が得られる。これを全投資に関して、加算すると、16.2になる。つまり、各投資利回りにウエイトを掛けてそして加算することになる。投資する金額が多い物ほどそれだけ影響が大きいわけだからウエイトが高くなり、その利回りが全体の利回りにより大きな影響力を持つ。

公式にあてはめると、 $WAM = \Sigma W_i X_i = 16.2\%$ となる。

方法2

	(1)	(2)	(3) = (1)×(2)	(4) X_i	(5) = (3)×(4)
	現在価格	購買株数	投資額	利率	配当
A	$150	20	3,000	0.10	300
B	50	60	3,000	0.20	600
C	100	40	4,000	0.18	720
			10,000		1,620

ここでは、話を簡単にするために投資に対する利率を全部配当でもらったと仮定しよう。この場合、投資Aに対しては投資額$3,000で利回り10%だから配当は$300となる。同様に投資Bに対しての配当は$600であり、投資Cに対しての配当は$720である。したがって、全受け取り配当は$1,620である。全

投資額が＄10,000で配当が＄1,620だから利回りは、16.2%となる。

$$\text{RR (Rate of Return)} = \frac{1,620}{10,000} = 0.1620 \quad 16.2\%$$

練習問題

問題◆1

第3章の例題1のデータを用いて、5,000千円（500万円）の階級幅を想定したとき、

(a) 算術平均（平均値）をもとめなさい。

(b) 中央値（メディアン）を求めなさい。

(c) モード（最頻値）を求めなさい。

問題◆2

階級幅を2,500千円（250万円）と想定して、上記の練習問題1をくりかえしなさい。

問題◆3

上記の練習問題1と2を比較して、一般的にどちらのほうが適切か考えなさい。

問題◆4

第3章の練習問題2のデータを用いて、それぞれの商品の値段に関して(a) 算術平均、(b) 中央値、(c) モードを求めなさい。

問題◆5

第3章の練習問題3のデータを用いて、それぞれのモデル車のガス・マイレージに関して(a) 算術平均、(b) 中央値、(c) モードを求めなさい。

問題◆6

第3章の練習問題4のデータを用いて、それぞれのセールスマンの販売高に関して(a) 算術平均、(b) 中央値、(c) モードを求めなさい。

第4章 ● 全体を一言で表すには——代表値（中心値）の諸指標

問題 7

第3章の練習問題5のデータを用いて、利益率の (a) 算術平均、(b) 中央値、(c) モードを求めなさい。

問題 8

次のデータを用いて、加重平均（2億6千万人の平均所得）を求めなさい。

	平均所得	人口
アメリカ	10,000	200,000,000
カナダ	9,000	20,000,000
イギリス	6,000	40,000,000

（単位：ドル）

問題 9

ある投資家が次の3種の普通株を持っている。

(1) 利益率が12％のA株50株を80ドル（1株の値段）で買ったもの
(2) 利益率が15％のB株30株を90ドルで買ったもの
(3) 利益率10％のC株40株を45ドルで買ったもの。この投資家の全投資に対する利益率はいくらか。

問題 10

次のデータは15世帯の週間所得の分布である。

所得	$0 \leq x < 100$	$100 \leq x < 200$	$200 \leq x < 300$	$300 \leq x < 400$
世帯数	3	3	4	5

(a) 算術平均、(b) 中央値、(c) モードを求めなさい。

（単位：ドル）

問題◆11

次のデータが与えられている時、全投資の利益率はいくらか。

	時価	購入株数	利益率
普通株 A	50ドル	100	20%
普通株 B	70ドル	10	12%
普通株 C	100ドル	50	15%

問題◆12

次のようなデータが与えられている時、加重平均（この3国の1人当たりの平均所得）をもとめなさい。

	平均所得	人口
アメリカ	10,000ドル	200,000,000
カナダ	9,000ドル	20,000,000
日本	8,000ドル	100,000,000
		320,000,000

（単位：ドル）

問題◆13

ある工場で生産された20本のタイヤの耐久テストの結果は次のようである。

35、48、52、13、26、34、29、8、17、21、51、44、47、38、59、41、58、46、43、33

（数字は1000マイル以下切捨ててあるデータ）

1) 次のような6階級に分類し度数分布表を作成しなさい。
   $0 \leq x < 10$、$10 \leq x < 20$、-----、$50 \leq x < 60$
2) 度数分布表に基づき、(a) 算術平均、(b) 中央値、(c) モードを計算しなさい。

問題 14

ある化粧品会社には、2つのセールスマン・トレーニング・プログラムがある。すべての新入社員は、これら2つのうちのどちらかでトレーニングを受ける。次の表は、それぞれのプログラムでトレーニングを受けた各50人の新人の第1年度での販売実績である。

プログラムA	売上げ	7	6	5	4	3	2	1
	人数	2	5	10	15	10	5	3
プログラムB	売上げ	7	6	5	4	3	2	1
	人数	0	0	15	20	15	0	0

(単位：10万ドル)

1) それぞれのプログラムについて (a) 算術平均、(b) 中央値、(c) モードを計算しなさい。
2) どちらのプログラムがより良いか。そしてそれはなぜかを述べなさい。

問題 15

次の表は、2つの投資計画に対する利回りの分布である。

プロジェクトA	利回り	13%	12	11	10	9	8	7
	頻度	3	8	9	10	10	7	3
プロジェクトB	利回り	13%	12	11	10	9	8	7
	頻度	0	0	5	15	20	10	0

(単位：パーセント)

1) それぞれのプロジェクトの利回りに関し、(a) 算術平均、(b) 中央値、(c) モードを計算しなさい。
2) どちらの投資計画の方がよいか。そして、それはなぜかを述べなさい。

問題◆16

次のような投資の利回りの分布が与えられているとき、(a) 算術平均、(b) 中央値、(c) モードを計算しなさい。

利回り	$-5 \leq x < 0$	$0 \leq x < 5$	$5 \leq x < 10$	$10 \leq x < 15$	$15 \leq x < 20$
頻度	2	10	6	6	4

(単位:パーセント)

第5章
リスクを理解しよう
——ばらつき度の諸指標

　前章では分布で一番大事な情報、代表値について学んだ。この章では代表値に次いで2番目に大事な情報であるばらつき度について学ぶ。ばらつき度とはどの程度データが平均値の周りにばらついているかを測る、散らばり度の尺度である。

1 範囲

　ばらつき度を測る最も手っ取り早い方法は、範囲を求める方法である。範囲はデータの最大値と最小値の差である。前章の表4-1の度数分布表では最小値＄50で最大値＄400である。この場合範囲は 400 - 50 = 350 である。

　範囲は簡単に得られるのだが、最大のばらつき度を表わすものであり、平均

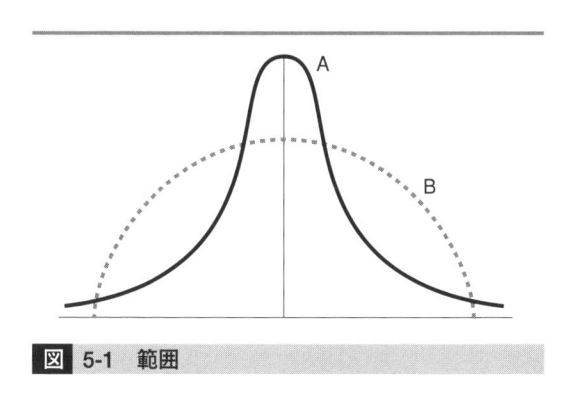

図 5-1　範囲

的なばらつき度をあらわすものではないという欠点がある。図5－1で示されているように、範囲はAのほうがBより大きい。すなわち最大のばらつき度ではAのほうがBより大きい。しかし、平均的な散らばり度ではAのほうが小さいと思われる。なぜなら、このグラフのそれぞれの分布にヒストグラムを当てはめて考えると、平均からの距離が小さい（平均値により近い）データの数はAのほうがBよりはるかに多いのが読み取れるからである。したがって範囲をばらつき度を測る尺度にすると、最小と最大のばらつき度を測っているだけで、全体のばらつき度を代表する平均的なばらつき度を測っていない。こういう訳で、範囲は手っ取り早くてよいのだが、実際にはあまり用いられていない。

2 標準偏差

データが中心値の近くにばらついている時はばらつき度が少ないといい、データが中心値から遠くはなれたところまでばらついている時はばらつき度が大きいという。図5－2は2つの分布AとBを示すが、何がどう違うのだろうか。明らかに平均に関してはAとBは同じである。違いはBはAよりばらつき度が大きいということである。ビジネスでいうなら、Aの分布の方が製品やサービスの質が安定している、ターゲットを決めやすい、予測がしやすい、リスクが少ないなどの状況にあるといえる。

ばらつき度という場合は、一般にデータの平均的なばらつき度を問題としている。この平均的なばらつき度を測る尺度として最も用いられるのが標準偏差である。極めて直感的にいうなら、標準偏差とは"各データの中心からの距離

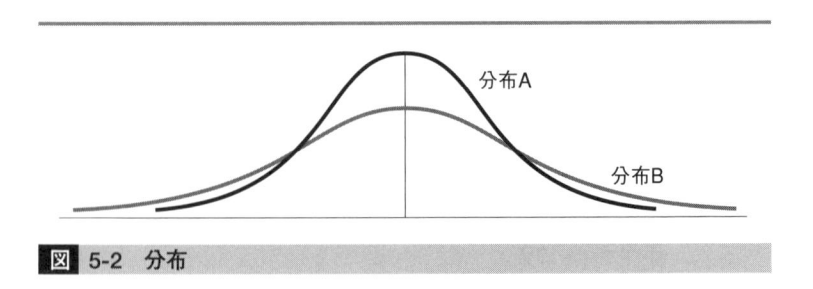

図 5-2　分布

の平均"であり、"中心からの平均的距離"とか、"平均的偏差値"とか"平均的ばらつき度"ともいうことができる。したがって図5－2において、分布Bの方が分布Aよりも中心から遠いところまでデータがばらついているし、中心に近い所では分布BはAよりもデータが少ないことが読み取れるので、分布Bの標準偏差は分布Aの標準偏差よりも大きいはずである。標準偏差の実際の計算に入る前に直感的に理解するよう心がけたい。

> **吉田の法則 5-1**　直感的にいうならば、標準偏差とは"各データの中心からの距離の平均"であり、"中心からの平均的距離"とか、"平均的偏差値"とか"平均的ばらつき度"ともいうことができる。

> **吉田の法則 5-2**　古来、統計学を嫌いになった人びとの多くは標準偏差が理解できなかったからである。この章を学ぶに当たって、じっくりとペースを落として、紙と鉛筆を持って読んでもらいたい。

> **吉田の法則 5-3**　高い山に登ろうと思うならば、勾配の急な所を登ってはいけない。山を巻いてゆっくりと登ったり、ジグザグとした道をたどったりして、スロープのゆるやかな所を選んで登らなければならない。それと同じで、統計学を理解しようという高い志を立てたなら、ゆっくり進まねばならない。難しいと思われる所は特にスローダウンする必要がある。

以下に標準偏差の公式を紹介するが、いっぺんに理解しようとしてはいけない。

この公式は以下の例題を読んで行くにつれて理解されるはずである。

標準偏差の公式

$$\sigma = \sqrt{\frac{\sum_{i=1}^{N}(X_i - \mu)^2}{N}} \qquad (5-1)$$

ギリシャ文字の小文字の σ（シグマと読む）は前に出て来た大文字の Σ（シグマ）と同じシグマであるが意味は全く異なり、この小文字の σ は標準偏差を表わす。以下にこの公式の説明をかねて例題1を考えて見よう。

例題 1

ある店で三人の従業員の日給が、それぞれ＄65、＄70、＄75であった。平均値及び標準偏差値を求めよ。

解答

先ず図5－3を描いて考えて見よう。

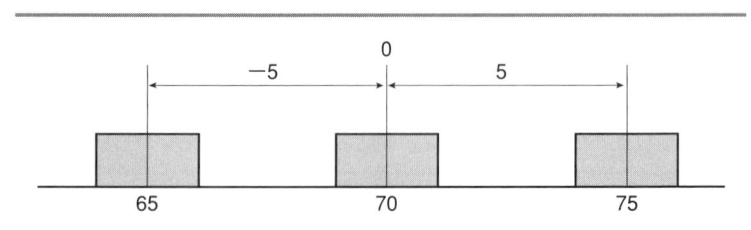

図 5-3 平均からの距離

平均値は次の公式5－2で得られる。これは前章の公式4－1と同じである。

$$\mu = \frac{\sum_{i=1}^{N} X_i}{N} \qquad (5-2)$$

この場合、データは $X_1=65$、$X_2=70$、$X_3=75$ だから

$$\mu = \frac{X_1+X_2+X_3}{3} = \frac{65+70+75}{3} = \frac{210}{3} = 70$$

となる。

次に標準偏差の計算に入る訳だが、その前に直感的に標準偏差はだいたいどの位になるか"当たり"を付けてみたい。計算方法は違っていても、基本的には"中心からの平均的距離"を求めるのであるから、図5－3の上部に書いてある、中心からの距離を単純に足して3で割ったものと著しくは違わないはず

である。そこで、距離の＋や－の符号を無視して単純平均を計算してみると、

$$\frac{5+0+5}{3} = 3.3$$

となる。つまり"当たり"をつけた標準偏差は3.3となる。正確な標準偏差は計算方法が違うので答えは違うということは想像できるが、あまりとんでもなく見当違いではないはずである。

次に正式な計算方法により個々のデータの平均値からの距離を計算すると、

$$X_1 - \mu = 65 - 70 = -5$$
$$X_2 - \mu = 70 - 70 = 0$$
$$X_3 - \mu = 75 - 70 = +5$$

平均値からの距離を全部足して3で割ると"中心からの平均的距離"が出るはずだから

$$\frac{(X_1-\mu)+(X_2-\mu)+(X_3-\mu)}{3} = \frac{-5+0+5}{3} = 0$$

しかし、この計算によると"中心からの平均的な距離"あるいは"平均的偏差値"はゼロになってしまう。図5-3から明らかなように、距離がゼロになるはずはない。ここではプラスの距離とマイナスの距離が相殺してゼロになったのである。そこで、プラスの距離とマイナスの距離が相殺しないように加算する前に二乗する。つまり、この場合、分子だけ考えると、

$$(X_1-\mu)^2 + (X_2-\mu)^2 + (X_3-\mu)^2$$
$$= (65-70)^2 + (70-70)^2 + (75-70)^2$$
$$= (-5)^2 + (0)^2 + (+5)^2 = 25 + 0 + 25 = 50 \text{ となる。}$$

したがって、

$$\frac{(X_1-\mu)^2 + (X_2-\mu)^2 + (X_3-\mu)^2}{3}$$
$$= \frac{(65-70)^2+(70-70)^2+(75-70)^2}{3}$$
$$= \frac{50}{3}$$

しかしこれは"中心値からの平均的距離の二乗"であり、これを"中心値か

らの平均的距離"に直すためにルート（平方根）をとる。

$$\sigma = \sqrt{\frac{50}{3}} = \sqrt{16.666} = 4.08$$

これがこのデータの標準偏差値である。

この例題の解答を要約すると次の通り。

平均

$$\mu = \frac{\sum_{i=1}^{N} X_i}{N} = \frac{X_1+X_2+X_3}{3} = \frac{65+70+75}{3}$$
$$= \frac{210}{3} = 70$$

標準偏差

$$\sigma = \sqrt{\frac{\sum_{i=1}^{N}(X_i - \mu)^2}{N}}$$
$$= \sqrt{\frac{(X_1-\mu)^2+(X_2-\mu)^2+(X_3-\mu)^2}{3}}$$
$$= \sqrt{\frac{(65-70)^2+(70-70)^2+(75-70)^2}{3}}$$
$$= \sqrt{\frac{(-5)^2+(0)^2+(5)^2}{3}} = \sqrt{\frac{25+0+25}{3}}$$
$$= \sqrt{\frac{50}{3}} = \sqrt{16.666} = 4.08$$

初めに"当たり"をつけた標準偏差とこの答えを比較してみると、"当たり"を付けた標準偏差が3.3で正確な計算が4.08だから、その差は決して小さくない。しかし、幸いなことに、これはデータの数が極めて少ない仮想的な状態だからそうなったのであり、もっとデータ数が多く実際的な状況になった時には、この"当たり"を付けた標準偏差が正確な標準偏差に極めて近くなるという性質を持っている。そして日常のビジネスでは概算で十分役に立ち、当たりだけで実際に計算せずに済ませられることが多い。したがって計算する前に、必ず、当たりを付ける習慣を付けて頂きたい。

この例で標準偏差の公式の意味及び計算過程がおわかりと思うが、もう1つの例で確認してみよう。

例題 2

ある店で4人の従業員の日給はそれぞれ、$68、$69、$70、$73であった。平均値及び標準偏差値を計算せよ。

解答

まず図5−4を描いて見当を付けてみよう。

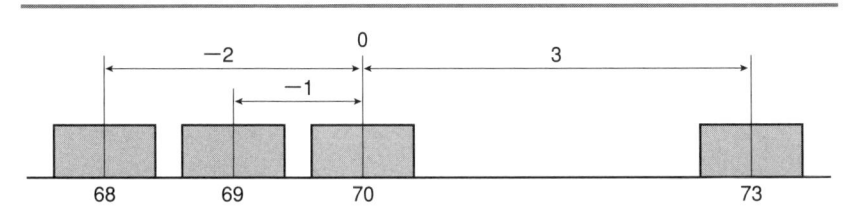

図 5-4 平均値からの距離

まず平均値は、平均からの＋の距離と−の距離の総和が0になるような点であるから、図5−4から平均値は70であるというのは見当がつく。また、標準偏差は、プラスとマイナスの符号を無視した場合の、中心からの距離の単純平均に近いから、それを計算すると、

$$\frac{2+1+0+3}{4} = \frac{6}{4} = 1.5$$

となるので、我々の"当たり"を付けた標準偏差は1.5である。

公式を用いて正式に計算すると次のようになる。

平均値

$$\mu = \frac{\sum_{i=1}^{4} X_i}{4} = \frac{X_1+X_2+X_3+X_4}{4}$$

$$= \frac{68+69+70+73}{4} = \frac{280}{4} = 70$$

標準偏差

$$\sigma = \sqrt{\frac{\sum_{i=1}^{4}(X_i - \mu)^2}{4}}$$

$$= \sqrt{\frac{(X_1-\mu)^2+(X_2-\mu)^2+(X_3-\mu)^2+(X_4-\mu)^2}{4}}$$

$$= \sqrt{\frac{(68-70)^2+(69-70)^2+(70-70)^2+(73-70)^2}{4}}$$

$$= \sqrt{\frac{(-2)^2+(-1)^2+(0)^2+(+3)^2}{4}}$$

$$= \sqrt{\frac{4+1+0+9}{4}} = \sqrt{\frac{14}{4}} = \sqrt{3.5} = 1.87$$

この結果を"当たり"をつけた平均や標準偏差と比較すると平均はその通りだし、標準偏差も1.5と1.87の違いとなり、データが1つ増えた分、前の例題より大分正確になっている。

3 ● 度数分布表を用いた平均及び標準偏差の計算方法

用いる公式

平均

$$\mu = \frac{\sum_{i=1}^{k} X_i f_i}{N} \qquad (5-4)$$

標準偏差

$$\sigma = \sqrt{\frac{\sum_{i=1}^{k}(X_i - \mu)^2 f_i}{N}} \qquad (5-5)$$

例題 3

次の表はある会社の10人の従業員の日給である。平均及び標準偏差を求めよ。

日給	50≤x<60	60≤x<70	70≤x<80
人数	3	4	3

(単位:ドル)

解答

前の例と同じように、グラフを描き、見当を付けることから始めよう。

まず図5−5から、平均の日給は真ん中あたりだから $60 \leq x < 70$ の階級値である65ドルぐらいであることに見当が付く。前と同じように、プラスとマイナスの符号を無視して、中心からの単純平均の距離を計算しよう。一見 (10 + 0 + 10)/3と計算すればよいと思えるかもしれないが、各グループには複数の人数がいることを考慮に入れなければならない。つまり日給55ドルのグループで3人、65ドルのグループで4人、75ドルのグループで3人いるから、10人分の"中心からの距離"を全部足さなければならない。即ち、

$$\frac{10+10+10+0+0+0+0+10+10+10}{10}$$
$$= \frac{(10 \times 3) + (0 \times 4) + (10 \times 3)}{10} = \frac{60}{10} = 6$$

したがって、"当たり"を付けた標準偏差は6であることを頭に入れて計算を始めよう。

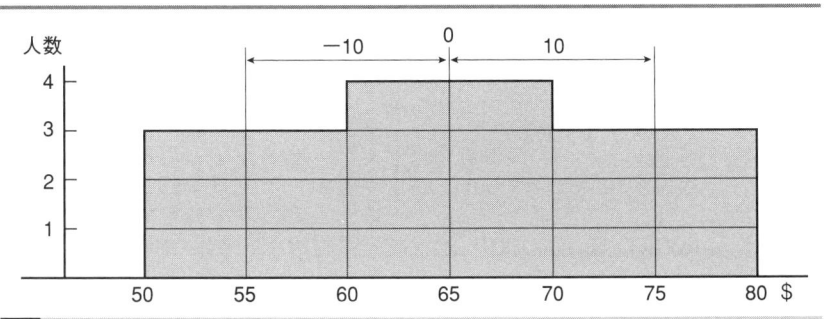

図 5-5 平均からの距離

全部で10人いるから10人の日給を足さなければならない。

$$\mu = \frac{55+55+55+65+65+65+65+75+75+75}{10}$$
$$= \frac{(55\times3)+(65\times4)+(75\times3)}{10} = \frac{165+260+225}{10}$$
$$= \frac{650}{10} = 65$$

公式にあてはめると次のようになる。

$$\mu = \frac{\sum_{i=1}^{3} X_i f_i}{10} = \frac{X_1 f_1 + X_2 f_2 + X_3 f_3}{10}$$
$$= \frac{(55\times3)+(65\times4)+(75\times3)}{10} = \frac{165+260+225}{10}$$
$$= \frac{650}{10} = 65$$

次に標準偏差の計算に入るが、例題1及び2で学んだように、標準偏差の計算をする時はまず必ず中心からの距離の二乗をする。

$$(X_1 - \mu)^2 = (55-65)^2 = (-10)^2 = 100$$
$$(X_2 - \mu)^2 = (65-65)^2 = (0)^2 = 0$$
$$(X_3 - \mu)^2 = (75-65)^2 = (+10)^2 = 100$$

しかし上記の各グループにはそれぞれ3人、4人、3人ずついるから、中心からの距離の二乗の総和は次のようになる。

$$(X_1 - \mu)^2 f_1 + (X_2 - \mu)^2 f_2 + (X_3 - \mu)^2 f_3$$
$$= (100\times3) + (0\times4) + (100\times3)$$
$$= (300 + 0 + 300 = 600$$

全部で10人いるから平均的な中心からの"二乗した距離"は

$$\sigma^2 = \frac{\sum_{i=1}^{k}(X_i - \mu)^2 f_i}{N} = \frac{600}{10} = 60$$

しかし我々の求めているのは中心からの"平均的な二乗した距離"ではなく、中心からの"平均的距離"である。したがって"平均的な二乗した距離"のルートをとって、"平均的距離"を求める。それがσ(標準偏差)で、"中心からの

平均的距離"である。

$$\sigma = \sqrt{\frac{\sum_{i=1}^{k}(X_i - \mu)^2 f_i}{N}} = \sqrt{\frac{600}{10}} = \sqrt{60} = 7.7$$

　これが公式を用いて計算した標準偏差である。"当たり"を付けた標準偏差6と比べて見るとまだかなりの差があるが、大雑把な推測には十分役に立つ。以上では説明上長々と計算過程を示したが、一般には平均と標準偏差の計算は**表5−1**のような度数分布表を用いて行われる。

表 5-1　平均及び標準偏差の計算表

(1)	(2)	(3)	(4)	(5)	(6)	(7)
日給	階級値 X_i	人数 f_i	=(2)×(3) $X_i f_i$	中心からの距離 $(X_i-\mu)$	=(5)² $(X_i-\mu)^2$	(6)×(3) $(X_i-\mu)^2 f_i$
50≤x<60	55	3	165	−10	100	300
60≤x<70	65	4	260	0	0	0
70≤x<80	75	3	225	10	100	300
合計		10	650			600
		$\sum_{i=1}^{3} f_i = N$	$\sum_{i=1}^{3} X_i f_i$			$\sum_{i=1}^{3}(X_i-\mu)^2 f_i$

表5−1から

平均値

$$\mu = \frac{\sum_{i=1}^{k} X_i f_i}{N} = \frac{650}{10} = 65$$

標準偏差

$$\sigma = \sqrt{\frac{\sum_{i=1}^{k}(X_i - \mu)^2 f_i}{N}} = \sqrt{\frac{600}{10}} = \sqrt{60} = 7.7$$

4　平均値(μ)と標準偏差(σ)のショートカット計算方法

　前章の「"当たり"を使った計算方法」の所で少々説明したように、当たりを

付けた平均値の概算値を元のデータから引き、平均値を求めると計算が非常に簡単になる。式で書くと式5-6のようになる。また、式5-5による標準偏差の計算方法はμが一般には端数のある数字となる。たとえば各階級値X_iからμを引いてそれを二乗してからf_iを掛けなければならないので、μに端数のある時は非常に計算が大変になる。したがってショートカットの計算方法ではμ^2を最後に一度だけ引けば良いので、計算が大分簡単になり間違いが大幅に減る。ショートカットの計算式は式5-7のようになる。この式は見かけは前の式と非常に異なるが、数学的にはまったく同一のものである。

平均値
$$\mu = X_0 + \mu' \tag{5-6}$$

すなわち、
=（当たりをつけた概算値）+（新しい尺度を用いた計算表で得られた平均値）

標準偏差
$$\sigma = \sqrt{\frac{\sum_{i=1}^{k} X_i^2 f_i}{N} - (\mu')^2} \tag{5-7}$$

標準偏差を概算的に言うと、正規分布（釣鐘型をした左右対称なスムーズなカーブ）においては、図5-6でσとして示された水平距離である。ここで大事なのは底辺の物差しの位置を変えても、σは変わらないということである。

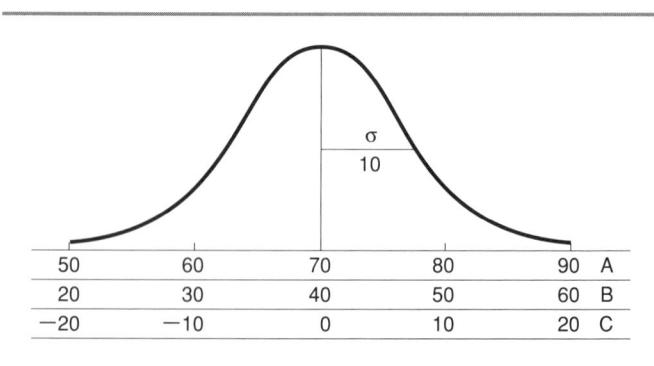

50	60	70	80	90	A
20	30	40	50	60	B
−20	−10	0	10	20	C

図 5-6　尺度の移動

この図でAの物差しを使おうが、BやCの物差しを使おうが、σの長さは同じである。この場合中央値近くの点で丸くした数字を0にするような物差しを使うとμの計算もσの計算も非常に簡単になる。すなわちCの物差しを使うということである。新しい尺度ではプラスとマイナスが相殺されてσの計算式の中の$μ'$の値がかなり小さくなるし、ほとんどの計算が簡単な数字になる。この場合、$μ$は元の尺度と較べて70少ないので70を後で加える必要がある。

> **吉田の法則 5-4** 度数分布表が与えられている時の概算値の求め方を要約しておこう。
> 1) 概算の平均値はデータの両端（最大値と最小値）の中間点近くの切りの良い数値（端数のない）が良い。
> 2) 概算の標準偏差はデータ数が非常に多い時は範囲（＝最大値－最小値）の1/6。データ数が少ない時は範囲の1/4。ほとんどの場合において範囲の1/4から1/6の間。
>
> これは超パワフルな法則である。これで概算を得たうえで正確な数字が必要な場合のみショートカット計算法によって計算すれば良い。

以上、2つの簡素化の工夫（1つは新しい公式、もう1つは分布の物差しを変え、分布の中央近くに0を持ってくること）を合わせた計算の仕方を例題4示す。

例題 4

ある会社の26人の従業員の日給は次の通りである。

日給	50≤x<60	60≤x<70	70≤x<80	80≤x<90	90≤x<100
人数	3	5	10	6	2

（単位：ドル）

ショートカット法を使って平均と標準偏差を計算しなさい。

解答

まずこの分布の大体の中心の当たりをつける。それは第3階級の階級値である75が適当に思われる。75が0になるように尺度を決める。新しい尺度を使って計算すると平均値は前よりも75少ないことを覚えておいて、その75を最終の答えに加えなければならない。つまり式5-6においては $X_0 = 75$ がこれにあたるわけである。また、正規分布に近いと思われる分布の"中心からの平均的距離"は、図5-6で示されたような σ の横の線の長さであらわされるので、

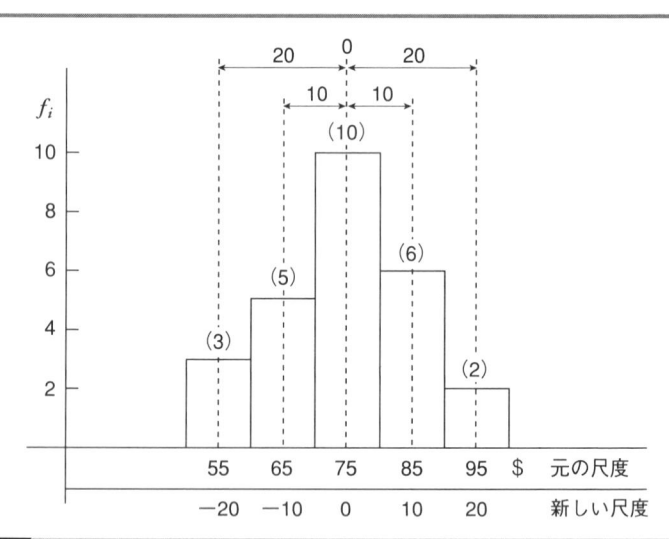

図 5-7 分布と新旧両方の尺度

表 5-2 新しい尺度による計算表

元の尺度	新しい尺度				
(1)	(2)	(3)	(4)	(5)	(6)
X_i	f_i	X_i	$X_i f_i$	X_i^2	$X_i^2 f_i$
55	3	-20	-60	400	1200
65	5	-10	-50	100	500
75	10	0	0	0	0
85	6	$+10$	60	100	600
95	2	$+20$	40	400	800
	26		-10		3100
	Σf_i		$\Sigma X_i f_i$		$\Sigma X_i^2 f_i$

この場合約10ドルである（**図5－7**を参照）。

表5－2から平均値と標準偏差を計算することができる。

$$\mu' = \frac{\sum_{i=1}^{k} X_i f_i}{N} = \frac{-10}{26} = -0.384$$

正しい答えはこれに75（＝X_0）を加える必要があるから、

$$\mu = X_0 + \mu' = 75 + (-0.384) = 74.616$$

$$\sigma = \sqrt{\frac{\sum_{i=1}^{k} X_i^2 f_i}{N} - (\mu')^2} = \sqrt{\frac{3100}{26} - (-0.384)^2}$$

$$= \sqrt{119.23 - 0.15} = \sqrt{119.08} = 10.9$$

これらの計算は"当たり"をつけた値 $\mu=75$ と $\sigma=10$ に非常に近い。多くの場合において概算値は十分に現実の状態をとらえることができる。なお、時間が余って退屈しておられる方にはこの問題をショートカット計算法を使わないで計算してみることを勧めたい。このショートカット計算法が直感的"当たり"を用い、それを最後に微調整するだけで、正確な答えを極めて簡単な数字で計算できるということがよく理解できると思う。

例題4では既に度数分布表になった場合の平均値と標準偏差の求め方を示したが、ばらばらのデータの時でも、同じ公式や同じ表が使えることを次の例を用いて示そう。

例題 5

次のような日本の月給のデータが与えられている時、平均値及び標準偏差値を求めよ。なお単位は千円。

269、271、276、279、270、274、263、279、273、267

表 5-3 ばらのデータの計算表

元の尺度		新尺度（$X_0 = 272$ を仮の平均値とする）				
(1)	(2)	(3)	(4)	(5)	(6)	(7)
X_i	f_i	X_i	f_i	$X_i f_i$	X_i^2	$X_i^2 f_i$
263	1	−9	1	−9	81	81
267	1	−5	1	−5	25	25
269	1	−3	1	−3	9	9
270	1	−2	1	−2	4	4
271	1	−1	1	−1	1	1
273	1	+1	1	+1	1	1
274	1	+2	1	+2	4	4
276	1	+4	1	+4	16	16
279	1	+7	1	+7	49	49
279	1	+7	1	+7	49	49
			10	+1		239
			$\Sigma f_i = N$	$\Sigma X_i f_i$		$\Sigma X_i^2 f_i$

解答

まず表5−3のような計算表を作成する。ここではデータを小さい順に並べていく。最後の279千円のデータのように、同じデータが2つかそれ以上あっても、1つのデータに一行ずつ使って書いていくのが良い。そうすることによってf_iの列が全部1になり、計算が非常に簡単になる。また、全体のデータの大体中心にあるのは272かなと"当たり"をつけて、そこをゼロにするように尺度を決める。そうすると計算はご覧の通り、簡単な数字になる。

表5−3で得られた情報を元にして平均値と標準偏差を計算する。

$$\mu' = \frac{\sum X_i f_i}{N} = \frac{1}{10} = 0.1$$

ここでμ'を用いたのは、これは元のデータからそれぞれ272を引いてその残りの平均値であることを示している。本当の平均値はこれに$X_0 = 272$を加えなければならない。したがって、本当の平均は

$\mu = X_0 + \mu' = 272 + 0.1 = 272.1$　となる。

標準偏差は表5−3と公式5−7から次のように計算される。

$$\sigma = \sqrt{\frac{\sum_{i=1}^{k} X_i^2 f_i}{N} - (\mu')^2} = \sqrt{\frac{239}{10} - (0.1)^2}$$
$$= \sqrt{23.9 - 0.01} = \sqrt{23.89} = 4.8877$$

以上で明らかなように、ばらばらのデータでも度数分布表に基づいた計算表や公式を用いることができることがわかった。つまり平均値と標準偏差値を求めるにあたっては、これから繰り返し使う公式は (5-6) と (5-7) だけを薦めたい。

ここで一言

わたしがはじめてショートカット計算法を提示した時、コンピュータや電卓で簡単に答えが得られる時代にムダな方法であると多くの専門家から批判を受けた。まして計算を少しでも避けたい読者は、そうした批判はもっともだと思われるかもしれない。小学生の時から計算問題をくりかえし訓練することをムダとするか、重要なこととするかという議論に通ずるものであろう。私は統計を志すものは、平均値と標準偏差は頭で考え自分の手で計算して出せるように訓練をつむべきだと思う。統計の基本をしっかり身に付けなければ実際に使えないものだし、数字に対するカンを養うことも望めない。

また、現実はこの本の例題のような簡単な数字ではないし、データの数はもっと多いので、「自分で計算することはありえない」と言う人もいるだろう。覚えておいてもらいたいことは、統計とは概算値を得ることによって全体像をつかむことである。つまり、利子率を扱うデータが13.23とか14.12というものであれば、思い切って13とか14のように数字を丸めても十分役立つ場合が多いし、膨大な数のデータでも結局は20ぐらいの階級に分類される。概算値を得る方法さえ習得しておけば、会議での議論の場でも、顧客に営業している途中でも統計を有効に"使える"のである。自分の手でグラフを描き計算する訓練は、統計をものにする最も確かな方法である。

5 ◆ 変動係数

標準偏差はデータの平均的なばらつき度をあらわす。図5-2のように平均値が大体同じ位で同じ尺度の2つの分布のばらつき度を比較する時、標準偏差は非常に強力である。しかし平均値が著しく異なる2つの分布がある時、ばらつき度である標準偏差を比較してもあまり意味をなさない。そこで変動係数が有効となる。

変動係数は標準偏差を平均値で割ったものと定義される。つまり変動係数は相対的なばらつき度を測る尺度である。

$$変動係数 \quad v = \frac{\sigma}{\mu} \quad\quad (5-8)$$

変動係数の記号はギリシャ文字の v（ヌーと読む）で表わす。

変動係数を理解するために、次の例題を考えて見よう。

例題 6

次のような情報が与えられている時、どちらの店舗のほうが相対的なばらつき度（即ち相対的リスク）が高いだろうか。

1日の売上高

	平均	標準偏差
スーパーマーケット	$10,000	$500
ドラッグストア	$1,000	$500

解答

まずグラフを描いて見よう。

図5-8は薬局とスーパーの日毎の売上高の分布である。両方とも標準偏差は＄500で同じである。それでは毎日の売上げの高低のインパクトは同じであろうか。スーパーの場合、毎日の平均売上げが1万ドルで、日々の売上げのばらつき度が＄500である。つまり日々の売上げは平均的に言えば、5％しか上がったり、下がったりしないのである。これは非常に安定した商売をやって

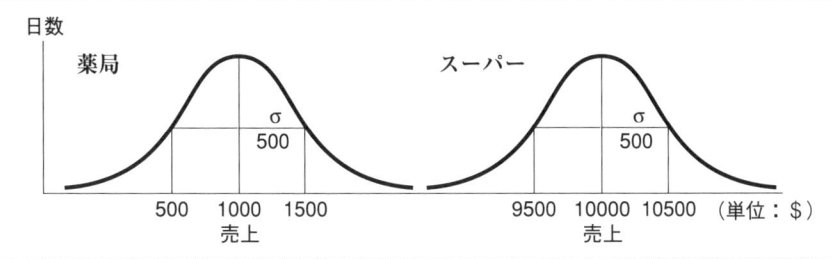

図 5-8　変動係数

いるということが言える。それに対して、薬局の毎日の平均売上げは＄1,000で、日々の売上げのばらつき度が＄500である。日々の売上げは平均的に言えば、50％位上がったり下がったりするわけで、この薬局はいつつぶれるかわからない状態である。この違いを数字で表わそうというのが変動係数である。両店のデータを公式に当てはめると、次のように成る。

$$\text{ドラッグストア} \quad v = \frac{\sigma}{\mu} = \frac{500}{1000} = 0.5$$

$$\text{スーパーマーケット} \quad v = \frac{\sigma}{\mu} = \frac{500}{10000} = 0.05$$

変動係数で比較するとドラッグストアの相対的ばらつき度はスーパーの10倍だということができる。

例題7では、値段の非常に異なる2つの株の銘柄がある時、どちらの株のほうが投資のリスクが高いか比べてみよう。

例題 7

次のような2つの株の銘柄AとBがある。Aの平均株価は100ドルで株価変動の標準偏差は8ドルであり、Bの平均株価は10ドルで株価変動の標準偏差は1ドルであった。即ち、

A株　　$\mu = \$100$　　$\sigma = \$8$

B株　　$\mu = \$10$　　$\sigma = \$1$

どちらの株がより変動が激しいか、変動係数を用いて比較せよ。

解答

A株　　$\nu = \dfrac{\sigma}{\mu} = \dfrac{8}{100} = 0.08 \cdots 8\%$

B株　　$\nu = \dfrac{\sigma}{\mu} = \dfrac{1}{10} = 0.10 \cdots 10\%$

したがって、変動係数を用いて比較するとAのほうがBよりも変動が激しくない（リスクが少ない）。

この場合、Aの株価が＄100でBの株価が＄10だから、AとBを比較しやすいように、Bの株を10株買ってAと同じように＄100投資したと考えてみよう。そして両方とも株価が1標準偏差（即ち1σ）下がったとすると、A株では8ドル損をするのに対してB株では10ドル損をすることになる。つまり、BのほうがAよりもリスクが高いことがわかる。

6 ● 応用

投資選好は利回りの期待値（平均値）と標準偏差によって測られる投資のリスク（危険度）で決定される。一般に図5－9のような投資無差別曲線を用いて、投資決定がなされる。

投資家は一般により高い収益率とより低いリスクを求める。したがって、図5－9でAとBの点を比較した場合、期待される収益率は両方とも同じであるがBの方がAよりもリスクが少ないから、投資家はAの投資よりもBの投資を好む。また、BとCを比較した時、リスクは両方とも同じなのでより高い収益率を求めBよりもCを好む。したがってAよりもBを好み、BよりもCを好む。つまりこの図で右下の方に進むにつれて投資家の満足度が高いと考えられる。

それではなぜ投資無差別曲線は図のようにカーブしているのだろうか。これは一般に投資家は低いレベルのリスクの時は、もう少し高い収益率を得るためにリスクを少々犠牲にする用意があるが、すでに高いリスクの時には、よっぽど増加するリターンが大きくない限り、もっとリスクを取りたいと思わないからである。

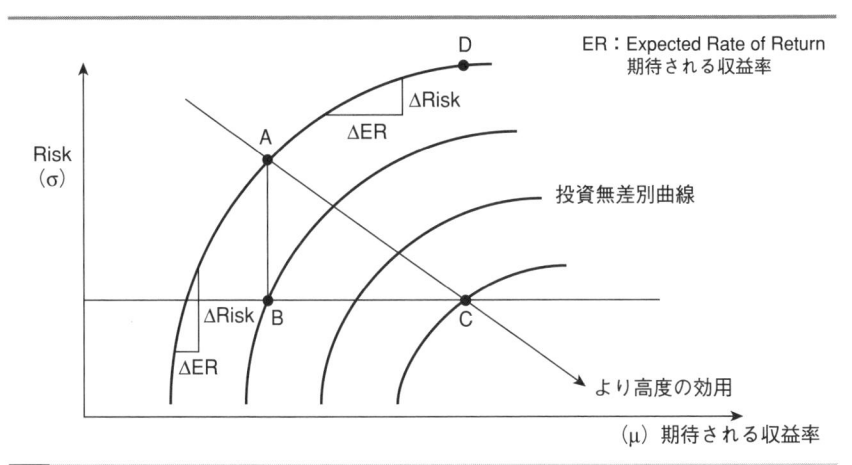

第5章 ● リスクを理解しよう――ばらつき度の諸指標

図 5-9 投資無差別曲線

前章とこの章で学んだ平均値と標準偏差の知識を用い、この投資の理論と合わせて、次の非常に高度な問題に挑戦して頂きたい。

例題 8

3つの株式A、B、Cの過去35年間の利回りの実績は次の通りである。

株A	利回り	7	8	9	10	11	12	13
	頻度	1	5	7	8	6	4	4
株B	利回り	12	13	14	15	16	17	18
	頻度	2	4	7	8	6	5	3
株C	利回り	4	6	8	10	12	14	16
	頻度	3	3	7	8	6	6	2

a) まず上の3つの株の平均利回りとその標準偏差を"当たり"をつけて、計算せずに概算値を求めよ。
b) 図5-9のようなグラフ上に投資無差別曲線を描き、それぞれの投資に対する点を書き入れる。
c) これらの投資で望ましい順にランクをつけてみよう。
d) 今度は実際にそれぞれの株の平均利回りとその標準偏差を計算し、上のプロセスを繰り返し、比較検討せよ。

解答

まず概算値を得てから計算をしてみよう。概算と計算に自信がついたら、実際に計算する必要はない。

A株 まず図5－10のような簡単なグラフを描く。

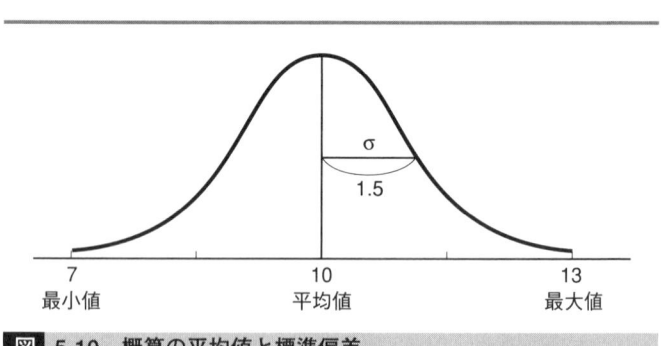

図 5-10 概算の平均値と標準偏差

図5－10ではデータの最大値と最小値とその真ん中の値としての平均値を書く。つまりこれが当たりをつけた平均値となる。そして、この場合データ数はあまり多くないから最大値と平均値との距離の半分を標準偏差と見なす。したがって、概算の平均値は10で、概算の標準偏差は1.5である。常に概算値と計算値を比較する習慣をつけよう。

表 5-4 計算表

元の尺度		新しい尺度			
X_i	f_i	X_i	$X_i f_i$	X_i^2	$X_i^2 f_i$
7	1	－3	－3	9	9
8	5	－2	－10	4	20
9	7	－1	－7	1	7
$X_0 \to 10$	8	0	0	0	0
11	6	1	6	1	6
12	4	2	8	4	16
13	4	3	12	9	36
	35		＋6		94

$$\mu' = \frac{\sum_{i=1}^{k} X_i f_i}{N} = \frac{6}{35}$$

$$\mu = X_0 + \mu' = 10 + \frac{6}{35} = 10.17$$

$$\sigma = \sqrt{\frac{\sum_{i=1}^{k} X_i^2 f_i}{N} - (\mu')^2} = \sqrt{\frac{94}{35} - (0.17)^2}$$
$$= \sqrt{2.685 - 0.0290} = \sqrt{2.656} = 1.63$$

B株　概算の平均値は15、概算の標準偏差は1.5。

表 5-5　計算表

元の尺度		新しい尺度			
X_i	f_i	X_i	$X_i f_i$	X_i^2	$X_i^2 f_i$
12	2	−3	−6	9	18
13	4	−2	−8	4	16
14	7	−1	−7	1	7
X_0→15	8	0	0	0	0
16	6	1	6	1	6
17	5	2	10	4	20
18	3	3	9	9	27
	35		+4		94

$$\mu' = \frac{\sum_{i=1}^{k} X_i f_i}{N} = \frac{4}{35}$$

$$\mu = X_0 + \mu' = 15 + \frac{4}{35} = 15.11$$

$$\sigma = \sqrt{\frac{\sum_{i=1}^{k} X_i^2 f_i}{N} - (\mu')^2} = \sqrt{\frac{94}{35} - (0.11)^2}$$
$$= \sqrt{2.685 - 0.0121} = \sqrt{2.6729} = 1.63$$

C株　概算の平均値は10、概算の標準偏差は3。

表 5-6　計算表

元の尺度		新しい尺度			
X_i	f_i	X_i	$X_i f_i$	X_i^2	$X_i^2 f_i$
4	3	−6	−18	36	108
6	3	−4	−12	16	48
8	7	−2	−14	4	28
$X_0 \to$ 10	8	0	0	0	0
12	6	2	12	4	24
14	6	4	24	16	96
16	2	6	12	36	72
	35		+4		376

$$\mu' = \frac{\sum_{i=1}^{k} X_i f_i}{N} = \frac{4}{35}$$

$$\mu = X_0 + \mu' = 10 + \frac{4}{35} = 10.11$$

$$\sigma = \sqrt{\frac{\sum_{i=1}^{k} X_i^2 f_i}{N} - (\mu')^2} = \sqrt{\frac{376}{35} - (0.11)^2}$$
$$= \sqrt{10.74 - 0.012} = \sqrt{10.73} = 3.28$$

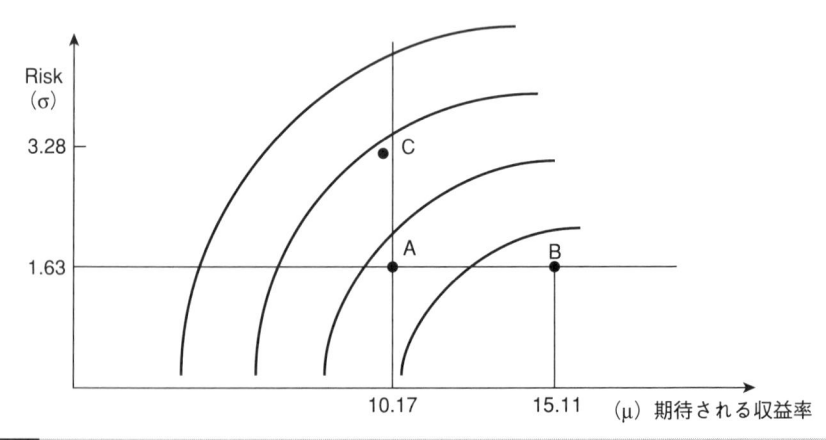

図 5-11　投資無差別曲線

図5－11から明らかなように株式Cより株式Aのほうが良く、株式Aより株式Bの方が良い。Bが投資家にとって最も好ましい投資である。もし当たりを付けた数字と実際に計算した数字とが大差なく、ランクも同じ結果が出たならば、ほかの人がなかなかできない偉大なことを成し遂げたことになる。あなたはおおいにお祝いをするべきだ。

　昔から投資に関しては色々なことが言われているが、リスクを理解したあなたに2、3アドバイスしておきたい。

> **吉田の法則 5-5**　うま過ぎる投資の話には乗ってはいけない。必ず、裏があると思え。投資の市場では高利回りの投資は高いリスクに対する補償の分が入っているのであり、高利回りの投資には語られざるリスクがあると思うべきである。

> **吉田の法則 5-6**　どんなにうまい話でも、全財産を投入するな。

> **吉田の法則 5-7**　河を渡る時は、なるべく幅の広い所を選んで渡らなければならない。距離が短いからといって幅の最も狭い所を渡ってはいけない。そこは、幅が狭くなっている分深いからである。意思決定をする時には、表に出ている部分と出ていない部分があることを忘れるな。

練習問題

問題 ◆ 1

次のデータはある会社の4人の日給である。これらの4人の日給の平均値及び標準偏差を計算しなさい。

ケース 1	日給：	75、79、83、83
ケース 2	日給：	75、77、78、90
ケース 3	日給：	74、75、76、78
ケース 4	日給：	0、45、76、100
ケース 5	日給：	65、69、73、73

(単位：ドル)

問題 ◆ 2

次のデータはある会社の年俸の分布である。これらのデータの平均値及び標準偏差を計算しなさい。

(単位：千ドル)

ケース 1	年収	10	9	8	7	6
	人数	4	8	10	6	5
ケース 2	年収	10	9	8	7	6
	人数	5	9	10	7	6
ケース 3	年収	10	9	8	7	6
	人数	3	6	9	5	2
ケース 4	年収	17	16	15	14	13
	人数	2	6	9	5	5
ケース 5	年収	5	4	3	2	1
	人数	4	8	10	7	4
ケース 6	年収	10	9	8	7	6
	人数	4	8	10	6	6
ケース 7	年収	10	9	8	7	6
	人数	2	3	7	7	1
ケース 8	年収	75	76	78	90	
	人数	1	1	1	1	
ケース 9	年収	10	9	8	7	6
	人数	1	4	8	3	2

問題 3

$\Sigma(X_i - \mu)^2 f_i = 100$ と $N = 25$ が与えられているとき、標準偏差を求めなさい。

問題 4

$N = 10$、$\Sigma X_i^2 = 800$、と $\Sigma X_i = 80$ が与えられている時、標準偏差を求めなさい。

問題 5

$N = 10$、$\Sigma X_i^2 = 800$、と $\mu = 8$ が与えられている時、標準偏差を求めなさい。

問題 6

$N = 10$、$\Sigma X_i = 168$、と $\Sigma X_i^2 = 12,000$ が与えられている時、平均値と標準偏差を求めなさい。

問題 7

次のような電子部品の重量の分布が与えられている時、平均値及び標準偏差を求めなさい。

(単位：ミリグラム)

ケース1	重量	806	805	804	803	802	801	800
	頻度	2	8	8	15	10	6	1
ケース2	重量	603	602	601	600	599	598	597
	頻度	1	7	9	16	11	4	2

問題 8

ある自動車会社がモデルA車45台の高速での燃費（1リットルで何マイル行くか）のテストを行った。次のデータはその結果である。

燃費（マイル）	20	19	18	17	16	15	14
度数	1	7	8	10	9	7	3

(単位：マイル)

燃費の平均マイル数及び標準偏差を計算しなさい。

問題 9

25社のコンピューター部品メーカーの製造した、ある部品の価格の分布は次の通りである：

価格	310	309	308	307	306
会社数	3	6	9	5	2

(単位：ドル)

平均価格及び価格の標準偏差を計算しなさい。

問題 10

次の表はある年における普通株5銘柄の日々の終値の平均値と標準偏差を示している。

普通株	A	B	C	D	E
平均値	$50	$40	$20	$100	$5
標準偏差	10	15	5	30	1

これらの5つの株の銘柄を、(a) 絶対的ばらつき度 (= 標準偏差) で測った場合と、(b) 相対的ばらつき度 (= 変動係数) で測った場合とで降順 (高い値から低い値へ) でランクをつけなさい。

問題 11

過去5年間の普通株Bに対する投資の利回りは、それぞれ16、17、18、19、21パーセントであった。平均値、標準偏差、及び変動係数を求めなさい。

問題 12

過去50年間の普通株Bに対する投資の利回りは次のようであった。

利回り	−10	−5	0	5	10	15	20
度数	3	6	7	17	8	5	4

（単位：パーセント）

平均値、標準偏差、及び変動係数を求めなさい。

問題 13

ある会社のトップマネジメントは2つの投資計画を検討している。これらの投資に対する利益率の過去の分布は次のようである。

計画A	利回り	18	16	14	12	10	8	6
	頻度	3	8	8	10	8	8	5
計画B	利回り	16	14	12	10	8	6	
	頻度	0	6	20	20	4	0	

(1) 各々の投資計画について、a) 平均値　b) 標準偏差　c) 変動係数を計算しなさい。

(2) どちらの投資計画がより好ましいか。その理由を述べなさい。

問題 14

ある投資家は、3つの普通株の投資対象としての好ましさを、収益性とリスク（標準偏差で測る）の面から決定しようとしている。次の3つの普通株の年間の利回りのデータに基づいて、平均値、標準偏差、及び変動係数を計算し、投資の好ましさのランクをつけ、その理由を述べなさい。

普通株 A									
利回り	19	18	17	16	15	14	13	12	11
度数	4	5	7	9	10	9	6	6	4
普通株 B									
利回り	21	20	19	18	17	16	15	14	13
度数	4	5	7	9	10	9	6	6	4
普通株 C									
利回り	19	18	17	16	15				
度数	3	17	20	16	4				

(単位:パーセント)

問題 15

ある消費者グループが、モデルA車を45台とモデルB車を45台走らせて高速道路での燃費(1リットルで何マイル走るか)のテストを行った。次の表はその結果である。

モデル A							
燃費	25	24	23	22	21	20	19
度数	8	7	5	4	6	7	8
モデル B							
燃費	24	23	22	21	20	19	18
度数	3	7	7	9	8	7	4

(単位:マイル)

a) それぞれのモデル車の平均値、標準偏差、及び変動係数を計算しなさい。
b) 他の条件がすべて同じだと仮定して、賢い消費者はどちらのモデル車を買うか。そして、それは何故かを述べなさい。

第6章
不確かな世界を取り仕切る法則——確率

　確率というのは、偶然が左右する、ある物事が起こりそうなのか、起こらなそうなのかを示す数学的尺度である。偶然が左右すると言っても、その程度はそれぞれの事柄によって違っている。たとえば、サイコロを振って1が出る確率は、まったく偶然によるものと言って良いだろう。一方、新製品が売れる確率は、その製品が売り出された時の社会的な環境や条件がかなりよくわかっているので、ある範囲内での予測は可能である。しかし、最後のところは偶然に左右されることが多い。いずれにせよ、科学や人知によってコントロールできない状態において、または、あえてしない状態において、物事がどのぐらいの割合で起こるのか示すのが確率である。

　起こりそうか、起こらなそうかを問う前に、いったい、それはそもそも起こり得ることなのかどうかを知る必要がある。そして、もし、それが起こらないとしたら、どういうことが起こりえるのかを全部網羅して考える。起こりえないことなら、「起こりそう−起こらなそう」の尺度でいうと「起こらなそう」の極限値となるはずであるし、また確実に起こることならば、この尺度でいうと「起こりそう」の極限値となるはずである。

　たとえば、毎日、家を出る時、今日は雨が降るだろうか、降らないだろうかを考えて、傘を持っていくかどうかを決めるだろうし、投資をする時は、その投資が儲かりそうか儲からなそうか、まず考え、儲かりそうだという時にだけ投資するだろう。したがって、こういう不確実性を数字で表わすことができたり、簡単な計算のルールがわかるなら、かなり込み入った場合でも確率を計算

できて、行動を起こすための拠り所となるはずである。それを学ぶのがこの章の目的である。

1 標本空間

確率を理解するために、簡単な統計的な実験を用いる。ここで、偶然性を伴う実験の結果を事象という。そして、起こりうるすべての結果の集合を標本空間といい、通常 { } のカッコで囲み、Sで表わされる。また、1つの要素だけからなる事象を根元事象という。

たとえば1個の硬貨を投げた場合を考えよう。硬貨を投げた結果は表（Head; H）か裏（Tail; T）である。つまり、標本空間は {H, T} である。Hが起これば、Tは起こらないし、Tが起これば、Hは起こらない。したがって、HとTは排反であるという。

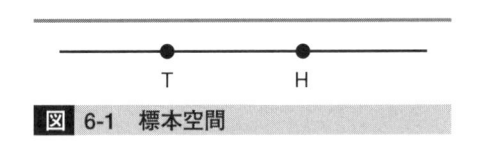

図 6-1 標本空間

次に2個の硬貨投げ、あるいは1個の硬貨を2回投げた場合を考えよう。図6-2で明らかなようにこの標本空間は {HH, HT, TH, TT} である。ここで複合事象HHやHT、TH、TTは1つの事象と見なされ、1つの点が1つの事象に対応している。

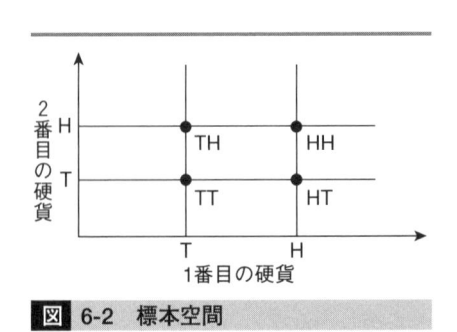

図 6-2 標本空間

この場合、事象Aを"少なくともHが1つ起きること"、また、事象Bを"少なくともTが1つ起きること"と定義するなら、**図6-3**でAとして囲まれた右上の事象Aは {TH, HH, HT} の複合事象であり、Bとして囲まれた左下の事象Bは {TH, TT, HT} の複合事象となる。図から明らかな様にAとBは重なっており、AとBは排反ではない。たとえばTHかHTが起こったなら、AとBが同時に起こったことになる。

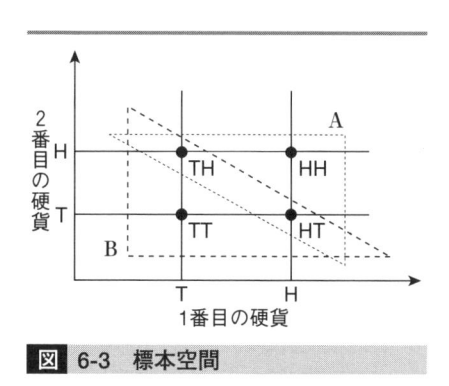

図 6-3　標本空間

2 ● ベン図

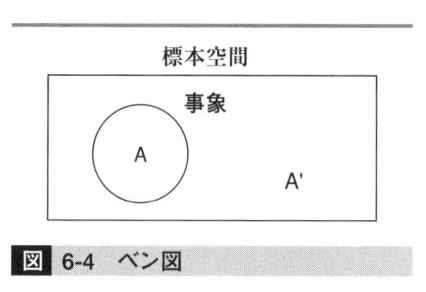

図 6-4　ベン図

ベン図は標本空間や事象の概念を明らかにし、2つかそれ以上の事象がお互いに排反であるかどうかを示すのに用いられる。標本空間は長方形のスペースで表わされ、事象は円で表わされる。Aがある事象である場合、Aでない事象は余事象と呼ばれ、A'で表わされる。A'は標本空間でA以外の全てを含む。すなわち、

標本空間　$S = \{A, A'\}$

たとえば図6-3で事象Aは3点の集合 {TH, HH, HT} からなっているから、A'は {TT} である。したがって {A, A'} = {TH, HH, HT, TT} である。これは標本空間の全事象を網羅しているので {A, A'} = Sである。

2つ以上の事象が関わりあってくると、どの領域が考慮されているのかを確定することが重要になってくる。その判断をする時に役に立つのが次の2つの定義である。

定義1

AとBの和事象（A∪B）（A cup Bと読む）：事象Aか事象Bか、または両方に属するすべての要素の集合を表す。

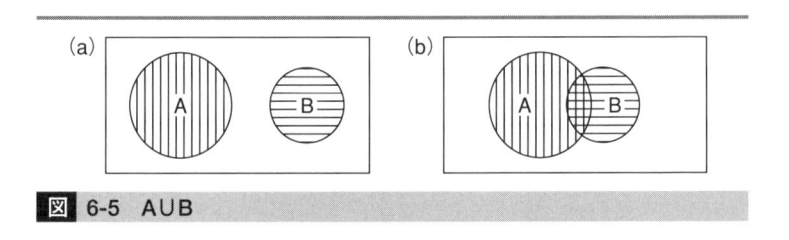

図 6-5 A∪B

図6-5 (a) ではAとBは排反事象であり、A∪Bは縦線かまたは横線で覆われた領域である。図6-5 (b) ではAとBは排反事象でなく、A∪Bは縦線か横線かまたは両方で覆われた領域である。

例題 1

(a) 硬貨が2回投げられた時、両方とも表（H）が出る事象をA、2度目の硬貨が裏（T）になる事象をBと定義する。図6-3のような図を描きA∪Bを示しなさい。

(b) 同様に、1度目の硬貨が表になる事象をAとし、2度目の硬貨が表になる事象をBとした場合、A∪Bを示しなさい。

解答

(a) 図6-6 (a) から明らかなようにAとBは排反事象で、A∪Bは {HH, TT,

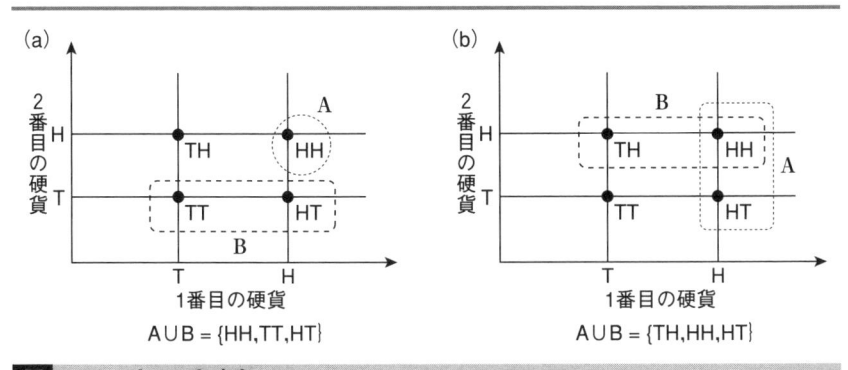

第6章 ● 不確かな世界を取り仕切る法則──確率

図 6-6　AとBの和事象

HT} である。

(b) 図6-6(b)から明らかなようにAとBは排反事象ではない。この場合A∪B = {TH, HH, HT} であって、{TH, HH, HH, HT} ではないことに注意。同じものは2度数えないからである。

定義2

AとBの積事象（A∩B）(A cap Bと読む)：事象Aと事象Bの両方に属する全ての要素の集合を表す。

図6-7(a)から明らかなように、事象Aと事象Bが排反の場合は両方に属する要素はないのでA∩B = φ（空事象）となる。図6-7(b)ではAとBが重なった所がA∩Bとなり、斜線で示した部分である。

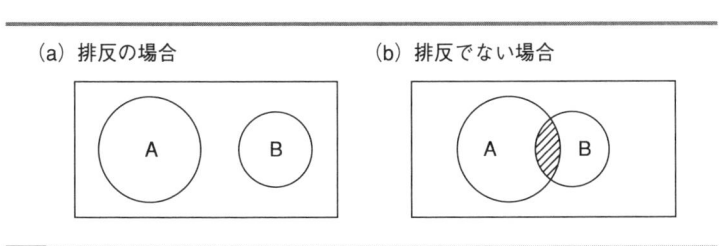

図 6-7　AとBの積事象

101

例題 2

例題1を用いて、AとBの積事象（A∩B）を示せ。

解答

図6－8を参照。

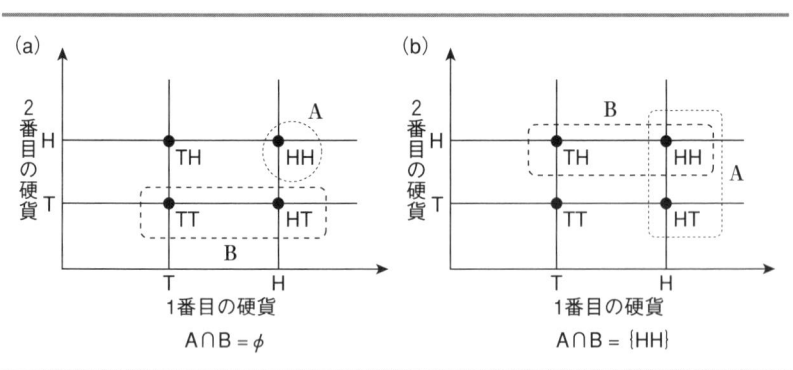

図(a): A∩B = φ
図(b): A∩B = {HH}

図 6-8　AとBの積事象

図6－8(a)において事象Aと事象Bとでは重なった部分はない。したがって、A∩B = φ。

(b)では事象Aと事象Bとが重なっている部分はHHだけである。したがって、A∩B = {HH}。

例題 3

2つの硬貨を投げた時、事象Aを両方とも同じ側をだす事象とし、事象Bを少なくとも1つが裏となる事象とした時、次の事象に含まれるすべての要素を列挙せよ。

1. A　　　2. B　　　3. A∩B　　　4. A∪B　　　5. A'
6. B'　　　7. A'∩B　　　8. A∩B'

解答

まず図6－9のような図を描いて考えよう。

1. A = {HH, TT}　　2. B = {TH, TT, HT}　　3. A∩B = {TT}
4. A∪B = {HH, HT, TT, TH}　　5. A'= {TH, HT}　　6. B'= {HH}
7. A'∩B = {TH, HT}　　8. A∩B'= {HH}

図 6-9

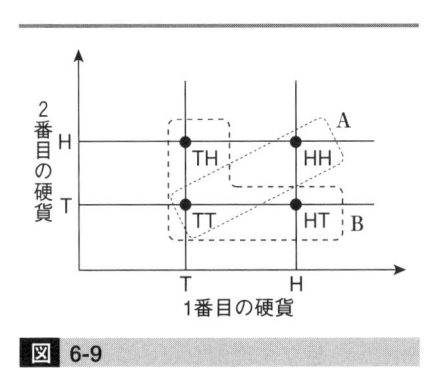

次に3つの事象が関わる時は3つの円を描く必要がある。

たとえば、A∪(B∩C)は**図6-10(a)**において線で覆われたすべての部分である。まず、カッコの中を先に考えて、横線を入れる。そしてAを縦線で覆う。求める所は縦線か横線か両方で覆われた所である。

また、A∩(B∩C)の場合**図6-10(b)**もカッコの中を先に考え、BとCが重複しているところに横線を入れる。その次にAを縦線で覆う。求める所は縦線と横線の両方が重なった部分である。すなわち、A、B、Cがそれぞれ重なり、黒く塗りつぶされた部分である。

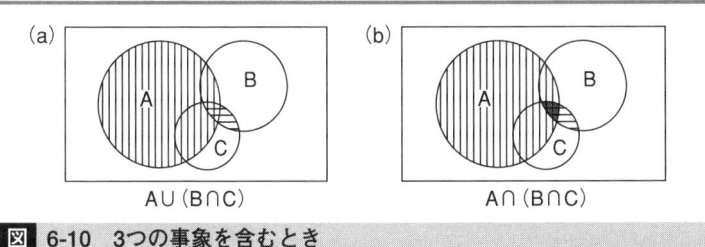

図 6-10　3つの事象を含むとき

3 • 確率の概念

これまで事象に関する基本的なルールを学んだ。ここでは、ある特定の状況下で、ある特定の物事が起きる確率はどういうふうに決まるのかを学ぶ。この世の中は不確定によって成り立っているといってもよい。たとえばビジネスマンが工場を作る時、そこから製造される製品の売上げで投資が回収されるかどうかは全く不確定である。このような場合、一般に、将来の収益は確率的に推定する以外に方法がない。以下で主な確率の概念について学ぼう。

(a) 理論的確率

もしもいくつかの事象が起きる可能性があり、そのうちどの1つの事象もほかの事象より起こりやすいと見なす理由がない時、皆"同様に確からしい"という。したがって、n個の事象がある時、どれか1つの事象が起きる確率は1/nである。これを"不十分な理由の原理"と呼ぶ。もっと一般的には、全体でn通り異なる起こり方があり、皆同様に確からしい時、事象Aがk通り異なる起こり方で起こり得るならば、事象Aの起こる確率はP(A)=k/nである。

例題 4

赤い球が10個と白い球が90個袋に入っている時、でたらめに取り出した球が赤である確率は何か。

解答

袋の中に100個球があり、どの球も他の球より多く選ばれると考える理由がないので、全部同じように選ばれる確率は1/100である。そのうち赤い球は10個で全体の10%であるので、赤い球が選ばれる確率は1/10である。

$$P(A) = \frac{k}{n} = \frac{10}{100} = \frac{1}{10}$$

例題 5

あなたが全く未知の試験を受ける時、その試験に合格する確率は何か。

解答

試験の内容について全く知らないし、予測もできず準備もできない時、あなたは合格するか不合格になるかについての情報は何もない。したがって、あなたが合格するよりも不合格になるのではないかと考える十分な理由はないし、また、その逆に不合格になるより合格しそうだと考える理由もない。したがって、合格と不合格の2つしか可能性がない時、合格する確率も不合格になる確率も1/2、すなわち50％である。

> **吉田の法則 6-1** 就職試験で合格しそうにないから受験をやめるという人は、運命が開かれにくいといえる。絶対に合格しないという情報がない限り、合否の確率は五分五分である。合格するかどうか判らない時はダメモトでよいから受けてみるべきである。相手の手違いで間違って合格することだってある。もし、受験しなければ、そういうことは起こり得ない。

(b) 実験的確率

個々の事象が"同様に確からしい"と仮定できない時には、実際に実験してみる必要がある。この場合、繰り返し行われた実験や、同様な事象の観察に基づいて確率を計算する。

（例）n回実験をして、もしk回事象Aが起きたなら、Aの起こる確率は

$$P(A) = \frac{k}{n}$$ である。

これが実験的確率と呼ばれるものであり、「確率の相対的頻度の概念」をあらわすものである。同じ実験を無数に繰り返した場合、この比率は一定値に限りなく近づく。これを確率と定義する。

$$P(A) = \lim_{n \to \infty} \frac{k}{n}$$

例題 6

硬貨を10回投げた時、つぎのような結果を得た。

H　T　T　T　H　T　H　H　T　T

1. 硬貨が表になる確率は何か。
2. 硬貨が表になる累積確率を求めよ。

解答

表 6-1　硬貨投げの実験

投げた回数	1	2	3	4	5	6	7	8	9	10
結果	H	T	T	T	H	T	H	H	T	T
P(H)	1	1/2	1/3	1/4	2/5	2/6	3/7	4/8	4/9	4/10
P(H)	1	0.5	0.33	0.25	0.4	0.33	0.43	0.5	0.44	0.40

1. 硬貨には表と裏があり、どちらがどちらより、より起こりやすいということはないので、表がでる確率は1/2、即ちP(H) = 1/2。
2. 表6−1で、5回投げた時点でのP(H)を見てみよう。その時までに2回Hが出ているからP(H) = 2/5である。10回投げた時には、10回のうちHが出たのは4回だからP(H) = 4/10である。したがって、累積確率は4/10となる。

これらをグラフにしたのが図6−11である。

この例は2つのことを示している。1つは実験的確率は毎回異なるということ

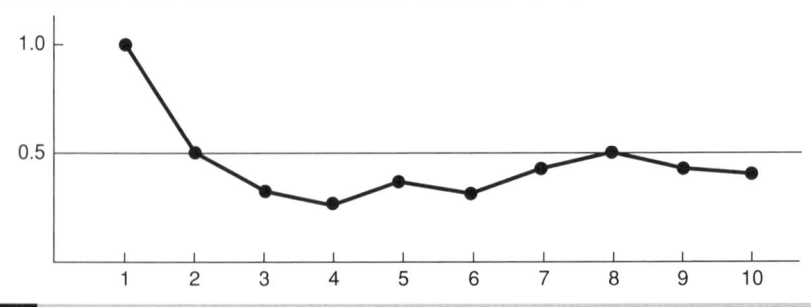

図 6-11　硬貨投げの実験

とであり、2つ目は実験の回数が増えるにしたがって1つの値に収斂していくということである。もし硬貨がバランスしているなら、0.5に近づくであろうことも推測できる。

蛇足ながら、現実には硬貨を投げて表が出る確率が正確に0.5であることはまずないであろう。0.5であるためには表裏完全にバランスしていなければならないので、表裏同じ絵が刻まれているか、両面全く無地かのどちらかである。もしそうであるなら、それは硬貨ではなくなる可能性がある。

(c) 主観的確率

理論的確率も実験的確率も用いることができない場合がある。たとえば、前例のない全く新しいビジネスを始めるにおいて、そのビジネスが成功するか失敗するかの確率を求める場合などである。そういう時は、主観的確率を用いる。5回コインを投げたとしよう。5回とも表が出た場合、次も表が出るという自信のようなものが生じるものだ。つまり、与えられる情報を最大限に利用する中で主観的に判断する確率を主観的確率という。経験によるカンというのもその1つである。

4 確率の前提条件及び法則（公式）

1) 確率の前提条件

前提条件1. いかなる事象E_iの起こる確率もゼロ以上で1以下である。

即ち、　　$0 \leq P(E_i) \leq 1$

前提条件2. 標本空間の互いに排反なすべての事象の確率の総和は、1でなければならない。

即ち、

$$\sum_{i=1}^{\infty} P(E_i) = 1$$

前提条件3. 複合事象Aの起こる確率はそれを構成している根元事象（ただ1つの要素から成り立っている事象）の起こる確率の総和である。

即ち、$P(A) = P(E_1) + P(E_2) + \cdots + P(E_k)$

例題 7

ある部屋に100人いてその内訳は次のようであった。以下の問いに答えよ。

表 6-2

	喫煙者(S)	非喫煙者(NS)	合計
男性(M)	20	40	60
女性(F)	30	10	40
合計	50	50	100

喫煙者：Smoker; S
非喫煙者：Non-smoker; NS
男性：Male; M
女性：Female; F

この100人から無差別に1人が選ばれる時、

a) 選ばれた人が男である確率はいくらか。

b) 選ばれた人が女である確率はいくらか。

c) 選ばれた人が喫煙者である確率はいくらか。

d) 選ばれた人が喫煙者でない確率はいくらか。

e) 選ばれた人が男の喫煙者である確率はいくらか。

f) 選ばれた人が男の非喫煙者である確率はいくらか。

g) 選ばれた人が女の喫煙者である確率はいくらか。

h) 選ばれた人が女の非喫煙者である確率はいくらか。

解答

a) 100人いて誰もほかの人より選ばれる確率が高いと考える理由がないから（不十分な理由の原理）、1人の人が選ばれる確率は1/100である。そして100人中60人男性だから、男性が選ばれる確率は$P(M) = 60/100 = 0.6$

図6-12はこの状況を示している。

b) 同様に100人中40人女性だから、女性が選ばれる確率は
$$P(F) = \frac{40}{100} = 0.4$$
ここで $P(M) + P(F) = 1$ は前提条件2を満たしていることに注意。

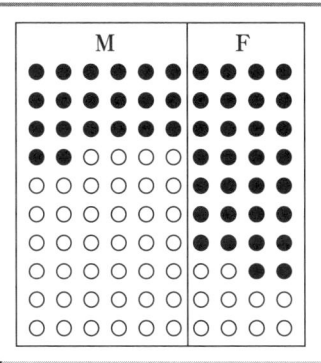

第6章 ● 不確かな世界を取り仕切る法則——確率

図 6-12

c) 100人のうち喫煙者は50人いるので P(S) = 50/100 = 0.5
d) 100人のうち非喫煙者は50人いるので P(NS) = 50/100 = 0.5

　　ここでも P(S) + P(NS) = 1 である。上記のb)では、MとFで標本空間を形成し、同じ100人がd)ではSとNSで標本空間を形成している。

e) 表6-2から100人中20人が男性の喫煙者であるから
$$P(M \cap S) = \frac{20}{100} = 0.2$$

f) 同様に100人中男性の非喫煙者は40人だからP(M∩NS) = 40/100 = 0.4

　　ここで、P(M∩S)や P(M∩NS)を同時確率という。なぜなら2つの事象が同時に起きる確率だからである。**図6-13**の左の図ではSを横線で覆い、Mを縦線で覆うと(M∩S)は格子じまの部分として表される。つまりMとSが同時に起きている部分である。

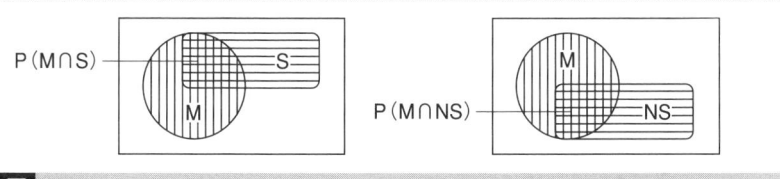

図 6-13

g) 同様に100人中女性の喫煙者は30人だからP(F∩S) = 30/100 = 0.3
h) 同様に100人中女性の非喫煙者は10人だからP(F∩NS) = 10/100 = 0.1

　　図6-13と同様に**図6-14**の左の図では標本空間における同時確率

P(F∩S)は格子じまの部分の確率であることを示している。

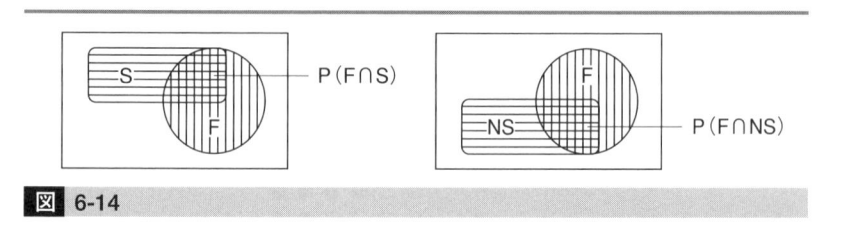

図 6-14

2）確率の法則（公式）

a）加法公式

一般的加法公式は次の通りである。

$$P(A \cup B) = P(A) + P(B) - P(A \cap B) \qquad (6-1)$$

P(A∪B)は事象Aか事象B、あるいは両方が起きる確率である。

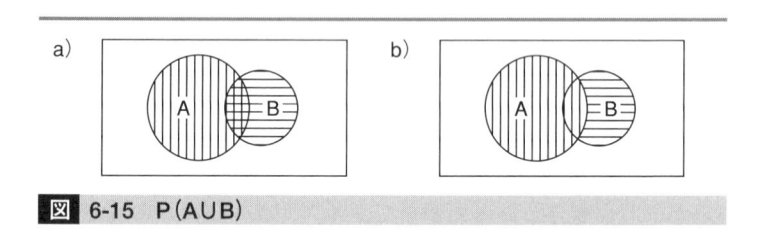

図 6-15　P(A∪B)

P(A∪B)はP(A)とP(B)を足したものに等しいと考えられがちであるが、**図6-15(a)** では事象Aを縦線で覆い、事象Bを横線で覆うと、格子じまの所は2回数えられていることがわかる。したがって、すべての部分を丁度1回だけ数えるためには格子じまの部分を1回分だけ引かなくてはならない。その結果が**図6-15(b)** に示されている。

すなわち、$P(A \cup B) = P(A) + P(B) - P(A \cap B)$

もしも**図6-16**のようにAとBが排反事象であるならば、$P(A \cap B) = \phi$（空事象）であるから

$$P(A \cup B) = P(A) + P(B) \qquad (6-2)$$

となる。

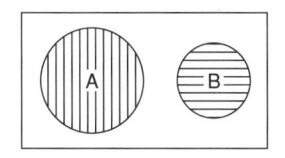

図 6-16　排反事象のP(A∪B)

例題 8

例題7を用いて、以下の問いに答えなさい。

a) 選ばれた人が男かあるいは非喫煙者である確率はいくらか。
b) 選ばれた人が女かあるいは喫煙者である確率はいくらか。

解答

a) この確率は P(M) と P(NS)を加えれば得られるように思えるが、そうすると、**図6-17**で明らかなように男性で非喫煙者は排反事象ではなく、P(M∩NS)という重複部分(同時確率)が二度数えられてしまう。したがって二度数えられている部分から一度分を引かないといけないので、次のようになる。

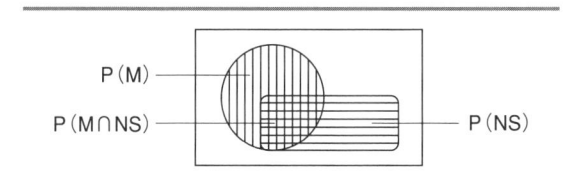

図 6-17　P(M∪NS)

$$P(M \cup NS) = P(M) + P(NS) - P(M \cap NS)$$
$$= \frac{60}{100} + \frac{50}{100} - \frac{40}{100} = \frac{70}{100}$$

b) 同様に P(F∪S)を得るためには**図6-18**から明らかなように P(F)とP(S)を加えて2重に数えた部分 P(F∩S)を1回分引かねばならない。

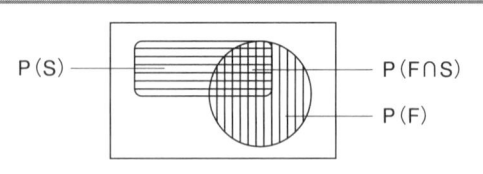

図 6-18　P(F∪S)

したがって次のようになる。

$$P(F\cup S) = P(F)+P(S)-P(F\cap S)$$
$$= \frac{40}{100} + \frac{50}{100} - \frac{30}{100} = \frac{60}{100}$$

b) 条件付確率

例題7で、男のグループから喫煙者を選ぶ確率を考えて見よう。表6-2から、60人の男のうち20人が喫煙者なのがわかる。つまりこの確率は、単に60人から20人を選ぶ確率と同じで 1/3 (= 20/60) である。

しかしながら、より数学的には次の式が成り立つ。

$$P(S\mid M) = \frac{P(M\cap S)}{P(M)} = \frac{20/100}{60/100} = \frac{20}{60} = \frac{1}{3}$$

P(S | M)は「Mの元でのSの条件付き確率」と言い、事象Mが起こった時という条件付きでSが起こる確率を表わす。この場合男性 (M) であるという条件付で、喫煙者である確率を求めている訳であるから男性の総数 (60人) が分母に来る。そしてその中で喫煙者である確率を求めているので、これらの喫煙者は必然的に男性の喫煙者 (20人) ということになる。より数学的に考えると、

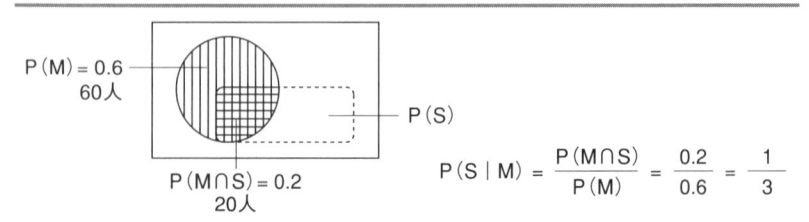

図 6-19　条件付確率

P(S｜M)は、つまり男性である確率と男性であり且つ喫煙者である確率の比率として表わされるということである。これを図で示すと**図6－19**のようになる。

一般に「Aの元でのBの条件付確率」は式6-3として表わされる。

$$P(B \mid A) = \frac{P(A \cap B)}{P(A)} \qquad (6-3)$$

例題 9

ロサンゼルスの首都圏で、ある年の初めに100の小企業のサンプルを取った時、30社が黒字 (Profitable) で70社が赤字 (Not-profitable) であった。年末には黒字だった30社のうち10社、赤字の70社のうち30社が破産 (Bankrupt) した。ある会社が年初に赤字である場合、その会社が年末に破産する確率はどのくらいか。

解答

表 6-3

年初＼年末	生存会社 (NB)	破産会社 (B)	合計
黒字会社 (P)	20	10	30
赤字会社 (NP)	40	30	70
合計	60	40	100

黒字会社：Profitable Company ; P
赤字会社：Not-profitable Company ; NP
破産会社：Bankrupt Company ; B
生存会社：Non-bankrupt Company ; NB

P(B｜NP)は赤字会社のうち破産した会社の比率として 30/70 = 0.4286 が得られる。表6-3及び数式 (6-3) を用いると次のように解答が得られる。

$$P(B \mid NP) = \frac{P(B \cap NP)}{P(NP)} = \frac{30/100}{70/100} = 0.4286$$

c) 確率の乗法公式

数式 (6-3) の両辺にP(A)をかけると

$$P(A) \cdot P(B \mid A) = \frac{P(A \cap B)}{P(A)} \cdot P(A)$$
$$P(A) \cdot P(B \mid A) = P(A \cap B)$$
$$P(A \cap B) = P(A) \cdot P(B \mid A) \tag{6-4a}$$

(6-4a) は、AとBが両方起きる確率は、まずAが起き、Aが起きた時にBが起きる確率と同じであるという意味である。

また、数式 (6-3) でAとBを入れ替えても成り立つので

$$P(A \mid B) = \frac{P(A \cap B)}{P(B)}$$

両辺に $P(B)$ をかけると、

$$P(B) \cdot P(A \mid B) = \frac{P(A \cap B)}{P(B)} \cdot P(B)$$
$$P(A \cap B) = P(B) \cdot P(A \mid B) \tag{6-4b}$$

(6-4b) は、AとBが両方起こる確率は、まずBが起きて、Bが起きた時にAが起きる確率と同じであるという意味である。

数式 (6-4a) と (6-4b) をあわせて確率の乗法公式という。

5 ベイズの定理

ベイズの定理はある事象が起きた時に、いくつかの可能な原因がある場合、ある特定の原因が起こった確率を導き出すのに用いられる。

$$P(A \cap B) = P(A) P(B \mid A) \quad\quad 数式 (6-4a)$$
$$P(A \cap B) = P(B) P(A \mid B) \quad\quad 数式 (6-4b)$$

この2式から

$$P(A) P(B \mid A) = P(B) P(A \mid B)$$

両辺を $P(B)$ で割ると、

$$P(A \mid B) = \frac{P(A) \cdot P(B \mid A)}{P(B)} \tag{6-5}$$

これが最も単純な形のベイズの定理である。

$P(B \mid A)$ と $P(A \mid B)$ は全く違うものであることに注意。たとえば、例題7

において、男のグループから喫煙者を選ぶ確率は、60人の男のうち20人が喫煙者なので 20/60 = 1/3。喫煙者が男である確率は、50人の喫煙者のうち男は20人だから 20/50 = 2/5。つまり、対象となる分母が違ってくる。

例題 10

表6-3を用い、ある会社が破産したとして、その会社が年初に赤字であった確率$P(NP \mid B)$を求めなさい。ベイズの定理を応用しなさい。

解答

数式 (6-5) から、

$$P(NP \mid B) = \frac{P(NP) \cdot P(B \mid NP)}{P(B)} \qquad (6-6)$$

表6-3から

$$P(NP) = \frac{70}{100} = 0.70$$

$$P(B) = \frac{40}{100} = 0.40$$

公式 (6-3) から

$$P(B \mid NP) = \frac{P(B \cap NP)}{P(NP)} = \frac{30/100}{70/100} = \frac{30}{70} = 0.4286$$

これらの数字を数式 (6-6) の右辺に入れると、

$$P(NP \mid B) = \frac{P(NP)P(B \mid NP)}{P(B)} = \frac{(70/100)(30/70)}{40/100}$$
$$= \frac{30/100}{40/100} = \frac{30}{40} = 0.75$$

6 • ツリー・ダイアグラム

条件付確率が関係する時はツリー・ダイアグラムを用いると便利である。例題9をツリー・ダイアグラムを用いて解く方法を説明しよう。以下の説明に関しては図6−20と図6−21の両方を参照して頂きたい。ツリー・ダイアグラム

$$P(P) = 30/100 \longrightarrow P$$
$$P(NP) = 70/100 \longrightarrow NP$$

図 6-20　ツリー・ダイアグラム

$P(P) = \dfrac{30}{100}$, $P(B|P) = \dfrac{10}{30}$　B　(1) $P(P \cap B) = P(P) \cdot P(B|P) = \dfrac{30}{100} \cdot \dfrac{10}{30} = \dfrac{10}{100}$

$P(NB|P) = \dfrac{20}{30}$　NB　(2) $P(P \cap NB) = P(P) \cdot P(NB|P) = \dfrac{30}{100} \cdot \dfrac{20}{30} = \dfrac{20}{100}$

$P(NP) = \dfrac{70}{100}$, $P(B|NP) = \dfrac{30}{70}$　B　(3) $P(NP \cap B) = P(NP) \cdot P(B|NP) = \dfrac{70}{100} \cdot \dfrac{30}{70} = \dfrac{30}{100}$

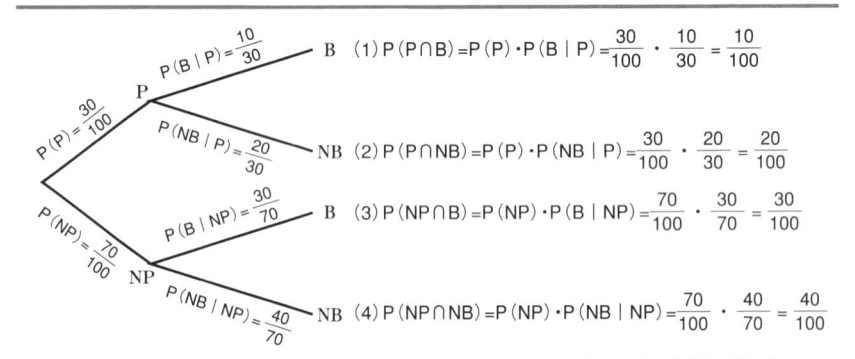

$P(NB|NP) = \dfrac{40}{70}$　NB　(4) $P(NP \cap NB) = P(NP) \cdot P(NB|NP) = \dfrac{70}{100} \cdot \dfrac{40}{70} = \dfrac{40}{100}$

図 6-21　ツリー・ダイアグラム

では、原因を最初の枝（左側）に描き、結果を第二の枝（右側）に描く。そして原因の起きる確率を第一の枝に書き込み、原因が与えられた時に結果が起きる条件付確率を第二の枝に書き込む。

　図6-21で示されたように、第一段階で2つの枝（黒字会社と赤字会社）に分かれる。2つの枝は補完関係（余事象）にあるので$P(P)+P(NP)=30/100+70/100=1$である。第一段階のそれぞれの終点から第二段階では2つずつ枝が出る。第二段階の一番上の枝には$P(B|P)$を書き入れる。これは年初には黒字だったという条件付で年末に破産した条件付確率である。表6-3から明らかなように、年初には黒字だった会社が30社あったが、そのうち破産した会社は10社であるから$P(B|P)=10/30$となる。ここで同時確率である$P(P \cap B)$は公式(6-4)でも明らかなように$P(P)$と$P(B|P)$を掛けることによって得られる。つまりBとPが同時に起きる確率は、まずPが起きてPが起きた時にBが起きた確率に等しい。言いかえると、同時確率はPが起きる確率とPが起きた時にB

が起きる確率を掛けたものである。ほかの枝も同様に決定される。なお第二段階の枝で上2つの確率を足したものは1であり、第二段階の上2つの終点での同時確率を足したものは第一段階の上の枝の確率と等しい。同様に第二段階で下2つの確率を足したものは1であり、終点での同時確率を2つ足したものは第一段階の下の枝の確率に等しい。また右端にある4つの同時確率の合計は常に1でなければならない。数式で表わすと以下のようになる。

1) $P(P) + P(NP) = \dfrac{30}{100} + \dfrac{70}{100} = 1$

2) $P(P \cap B) + P(P \cap NB) = \dfrac{10}{100} + \dfrac{20}{100} = \dfrac{30}{100} = P(P)$

$P(NP \cap B) + P(NP \cap NB) = \dfrac{30}{100} + \dfrac{40}{100} = \dfrac{70}{100} = P(NP)$

3) $P(P \cap B) + P(P \cap NB) + P(NP \cap B) + P(NP \cap NB)$
$= \dfrac{10}{100} + \dfrac{20}{100} + \dfrac{30}{100} + \dfrac{40}{100} = 1$

7 ツリー・ダイアグラムを用いたベイズの定理

ベイズの定理を用いて次の問題を解いてみよう。

例題 11

$P(A) = 0.4$、$P(B' \mid A) = 0.7$、$P(B \mid A') = 0.8$ が与えられた時、以下の確率を求めよ。

a. $P(A')$　**b.** $P(B \mid A)$　**c.** $P(B)$　**d.** $P(B' \mid A')$　**e.** $P(A \mid B)$

解答

まず与えられた情報をツリー・ダイアグラムに書き込んでみよう。

ある事象と余事象は補完関係にあるから、それぞれの確率を足したものは1である。したがって図6−22で ? が付いているところの確率は容易に求められる。

問題e）に関してはベイズの定理の応用を必要とする。ここで $P(B \mid A)$ と

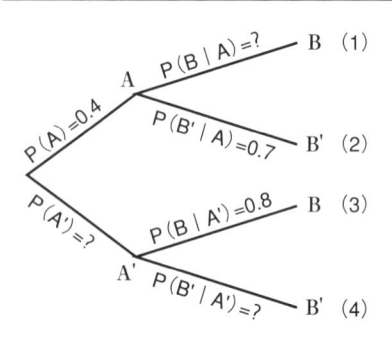

図 6-22 ベイズのツリー

P(A｜B) は非常に違うものであることに注意。

B点に到達するには2通りある。まず事象Aが起こって、Aが起こった時にBが起こる場合と、Aは起こらなかったけれどBは起きた。つまりA経由でBに到達するのと、A'経由でBに到達するのと2通りある。P(A｜B) の意味するものはBが起こったうちで何パーセントがAの点を通ったかということである。

図6-23からも明らかなように、Bの起きる確率は0.60である。つまりAが起きてBが起きる確率と、Aが起きなかったけれどBが起きた確率の和がBの起きる確率である。このうち何パーセントの場合においてA'ではなくてAから

$$P(A｜B) = \frac{P(A) \cdot P(B｜A)}{P(A)P(B｜A) + P(A')P(B｜A')} = \frac{0.12}{0.12 + 0.48} = \frac{0.12}{0.6} = \frac{1}{5} = 0.2$$

図 6-23 ベイズのツリー

第6章 ● 不確かな世界を取り仕切る法則——確率

きたのかを求めている。

例題 12

喫煙は癌の原因であることが知られている。100人のサンプルを取った時、40％の人が喫煙者で、喫煙者の80％と非喫煙者の20％に癌の兆候があるとする。ある人が癌の兆候がある時、その人が喫煙者である確率は何か。

解答

まずツリー・ダイアグラムを描いてみる。

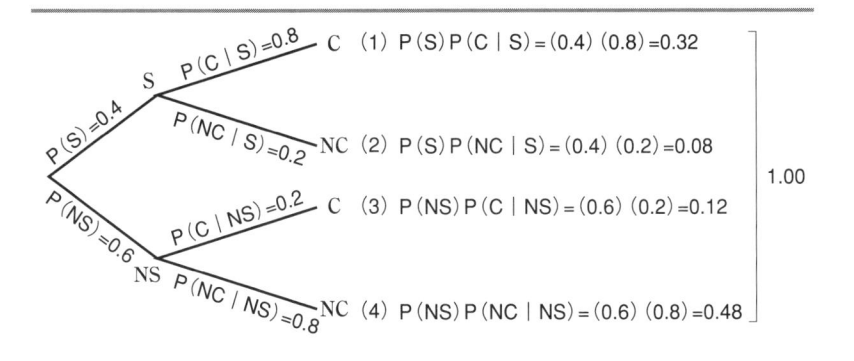

```
              P(C|S)=0.8
         S  ─────────── C   (1) P(S)P(C|S) = (0.4)(0.8) = 0.32
P(S)=0.4 /  ─────────── NC  (2) P(S)P(NC|S) = (0.4)(0.2) = 0.08
        /   P(NC|S)=0.2
       •                                                           ] 1.00
        \   P(C|NS)=0.2
P(NS)=0.6\  ─────────── C   (3) P(NS)P(C|NS) = (0.6)(0.2) = 0.12
         NS ─────────── NC  (4) P(NS)P(NC|NS) = (0.6)(0.8) = 0.48
              P(NC|NS)=0.8
```

図 6-24 ベイズのツリー

ある人が癌（C：cancer）の兆候がある時、**図6−24**において（1）か（3）の終点にある。そのうち何パーセントが喫煙（S：smoker）のチャネルからきているかが問題である。

$$P(S \mid C) = \frac{P(S \cap C)}{P(C)} = \frac{0.32}{0.32+0.12} = \frac{0.32}{0.44} = \frac{8}{11} = 0.727$$

例題 13

ある医療品販売会社に販売員が2人いた。販売員Aは全売上の60％を売り、残りの40％は販売員Bが売っていた。販売員Aの売上のうち5％、販売員Bの売上のうち3％が代金回収不能（貸し倒れ）（Bad Sales）であった。もし会計記

録から1つの会計取引を無作為に抽出したならば、

(a) ある製品が販売員Aによって販売され、それが貸し倒れになる確率を求めよ。

(b) ある製品が販売員Bによって販売され、貸し倒れになる確率を求めよ。

(c) ある製品が貸し倒れになる確率を求めよ。

(d) もし無作為に抽出された会計取引が貸し倒れならば、その販売が販売員Aによってなされた確率を求めよ。

解答

まず図6－25のような図を描き、必要な情報を書き入れる。

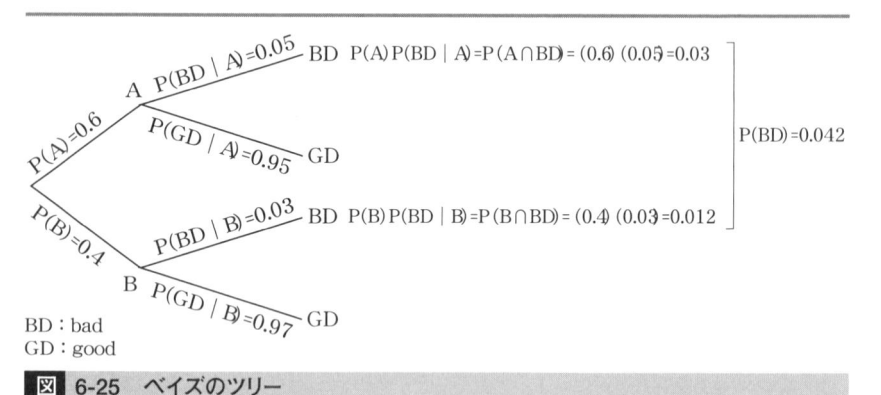

図 6-25 ベイズのツリー

図から明らかなように

(a) $P(A \cap BD) = P(A) P(BD \mid A) = (0.6)(0.05) = 0.03$

(b) $P(B \cap BD) = P(B) P(BD \mid B) = (0.4)(0.03) = 0.012$

(c) $P(BD) = P(A \cap BD) + P(B \cap BD) = 0.03 + 0.012 = 0.042$

(d) $P(A \mid BD) = \dfrac{P(A \cap BD)}{P(BD)} = \dfrac{0.030}{0.042} = \dfrac{30}{42} = 0.714$

吉田の法則 6-2 確率を理解するということは、リスクがどれぐらいあるかということを理解することである。リスクを理解

した読者は、ある程度のリスクを取ることを学ばなければならない。前例主義及び横並び主義というのは、リスクを取らず自分の頭を使わないで仕事を続けることである。こういう気風が充満した業界は競争力を失い、業界全体が沈滞してくる。

吉田の法則 6-3 　大企業の次のトップを選ぶ時、現在のトップの直下で優秀な働きを収めトップに見込まれた人物を選ぶ企業が多いようであるが、子会社等の経営で頭角を現した人を選ぶべきである。上役の命令をよく理解し実行するということと、良い経営をするということは全く別の才能を要するからである。子会社の経営で成功するということは、リスクを取る能力があるということを示している。

8 ● 可能な全事象の数え方

　確率に関連して、可能かどうかを考えることは大事である。ある事象が可能でなければ、その事象が起こる確率はゼロである。ここでは、ある一連の事象を選ぶすべての可能な選び方は全部でいくつあるのか、という数え方を学ぶ。このタイプの問題を考える時、ベン図よりもツリー・ダイアグラムを用いる方が役に立つ場合が多い。

a) 独立事象の可能性

　コインを3回投げたとしよう。全部で何通りの異なる結果が可能だろうか。答えを先に言うと、可能な結果は全部で次のように8通りになる。表をH(Head)、裏をT(Tail)とすると、{HHH, HHT, HTH, HTT, THH, THT, TTH, TTT} である。

　図6−26のようなツリー・ダイアグラムを描くと、全体の関係がよくわかる。

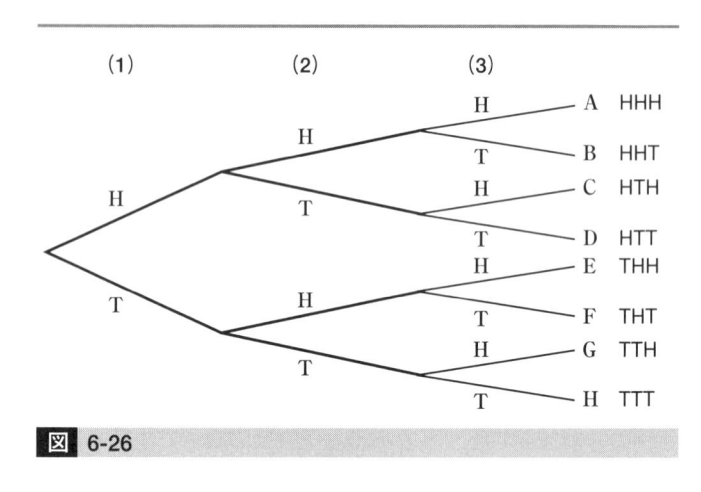

	(1)	(2)	(3)		
			H	A	HHH
		H			
			T	B	HHT
	H				
			H	C	HTH
		T			
			T	D	HTT
			H	E	THH
		H			
			T	F	THT
	T				
			H	G	TTH
		T			
			T	H	TTT

図 6-26

　コインを第1回目に投げる時、表が出るか裏が出るか2つの可能性がある。ツリーダイアグラムの1つの枝は、1つの可能性を示している。もしも第1回目にコインを投げた結果が表の場合、第2回目にコインが投げられた時には表か裏かの2つの可能性がある。第1回目の結果が裏の場合にも、これと同じことが言える。つまり2回目にコインが投げられた時にも、表か裏かの2つの可能性がある。コインが2回投げられた後では4つの事象があり、それぞれ1つの枝として表わされる。3回目のコインが投げられる時でもそれぞれの枝で表と裏の2本の枝が出来る。3度目のコインが投げられた後では、全部で8つの枝ができる。3回投げた場合、3段階あり、各段階で各々の端末から2本の枝が出ているわけである。従って、2×2×2＝8で、全部で8通りの事象ができる。

　一般に最初の事象がn_1通り、第2の事象がn_2通り起こる可能性があり、k番目の事象がn_k通り起こり得るならば、起こり得るすべての異なる事象の総数は、次の式で与えられる。

$$n_1 \times n_2 \times n_3 \times n_4 \cdots \times n_k \quad (6-7)$$

例題 14

　第1工程に2人の機械工がいて、第2工程には3人の機械工がいて、第3工程には2人の機械工がいる。ある製品が各工程を1回ずつ通過しなければならない

時、全体で何通りの異なる作り方があるか。

解答

上記の公式を用い、$n_1 = 2$、$n_2 = 3$、$n_3 = 2$とすると、
$$n_1 \times n_2 \times n_3 = 2 \times 3 \times 2 = 12 \text{ となり、}$$

図6－27に示されたように全部で12通りの異なる作り方がある。

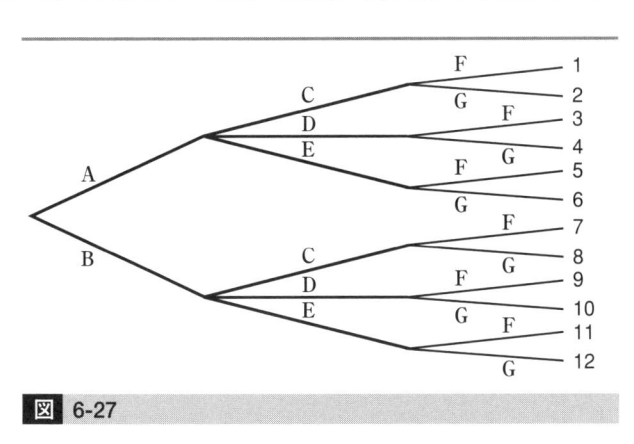

図 6-27

b) 順列 (permutation)

サンプリングでは、n個の物からr個選び、それをある順序に並べることが必要な場合がある。1つのグループから選んだ物を並べる、いかなる並べ方も順列という。以下に、全部で何通りの順列があるかを、決定する方法を取り上げる。

例題 15

A、B、C、Dの4人の人達から、社長と副社長を選ぶ選び方は全部で何通りあるか。

解答

4人の中から社長を選ぶのは4通り、つまり、AかBかCかDの4通りある。

一度社長が選ばれると3人が残ることになる。つまり、誰が社長になろうとも、社長が決まると、副社長には残りの3人の誰でもなり得る。従って、**図6－28**で示されたように全部で12通り（＝4×3）の異なる選び方がある。

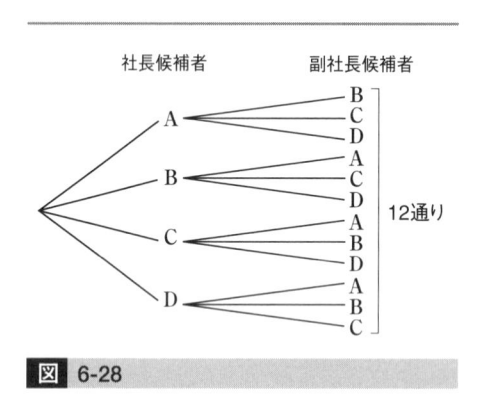

```
        社長候補者      副社長候補者
                        ┌ B
                   A ───┼ C
                  ╱     └ D
                 ╱       ┌ A
                ╱   B ───┼ C
               ╱         └ D        12通り
               ╲         ┌ A
                ╲   C ───┼ B
                 ╲       └ D
                  ╲      ┌ A
                   D ───┼ B
                        └ C
```

図 6-28

例題 16

例題15に関して、これらの4人の人達から社長、副社長、と秘書を選ぶ選び方は、全体で何通りあるか。

解答

前例では社長と副社長の選び方は12通りあることがわかった。一度社長と副社長が決まると残るのは2人である。ツリー・ダイアグラムで示されるように、2人を選んだ後、各端末から2本の枝が出ている。つまり、4人から3人を選んで並べる並べ方は、全部で24（＝4×3×2）通りある。**図6－29**のようになる。

図 6-29

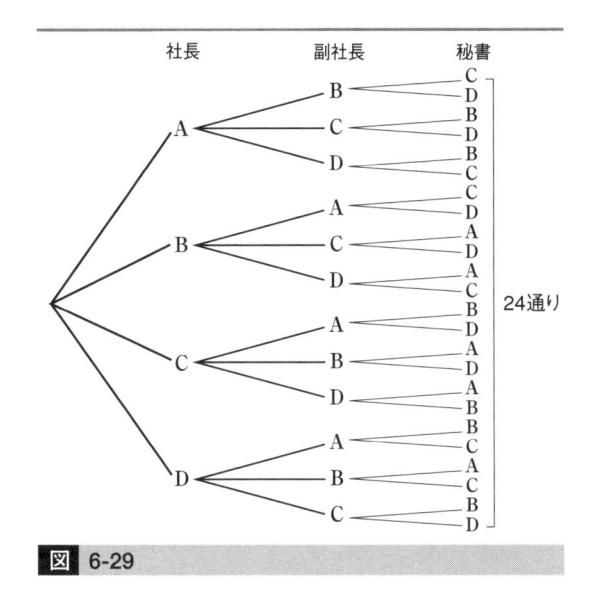

例題 17

例題16で、この4人の中から社長、副社長、秘書、書記を選ぶ選び方には全部で何通りあるか。

解答

4人の中から3人選ばれたら、残るのは1人である。すなわち、前例の24の端末に、それぞれ1本ずつの枝が付けられるだけである。したがって、全順列は24（＝4×3×2×1）通りである。

一般に、n個の物からr個を取り出して並べる全順列の数（$_nP_r$で表わされる）は、次の式で得られる。

$$_nP_r = (n)(n-1)(n-2)\cdots(n-r+1)$$
$$= (n)(n-1)(n-2)\cdots(n-r+1) \cdot \frac{(n-r)!}{(n-r)!} = \frac{n!}{(n-r)!} \quad (6\text{-}8)$$

ここで n! はnの階乗（factorial）といい、

$$n! = (n)(n-1)(n-2)(n-3) \cdots (3)(2)(1)$$

また、0! = 1と定義される。

この公式を例題15に応用すると

$$_4P_2 = \frac{4!}{(4-2)!} = \frac{4!}{2!} = \frac{4 \cdot 3 \cdot 2 \cdot 1}{2 \cdot 1} = 12 \quad となる。$$

この公式を例題16に応用すると

$$_4P_3 = \frac{4!}{(4-3)!} = \frac{4!}{1!} = \frac{4 \cdot 3 \cdot 2 \cdot 1}{1} = 24 \quad となる。$$

この公式を例題17に応用すると

$$_4P_4 = \frac{4!}{(4-4)!} = \frac{4!}{0!} = \frac{4 \cdot 3 \cdot 2 \cdot 1}{1} = 24 \quad となる。$$

c）組み合わせ（combination）

サンプリングでもう一つ重要な概念は組み合わせである。組み合せとはn個のものからr個のものをとりだすとき、その取り出し方の総数をいう。この場合、これらのr個の物が取り出される順序は問題とはならない。

例題 18

4人から2人の委員会のメンバーを選ぶ時、何通りの選び方があるか。

解答

この問題は例題15とほとんど同じだが、この問題では、2人が選ばれる順序は問題ではない。図6-28（順列）では、ABとBAは異なるものとして扱われたが、ここでは同じ組み合わせと見なされる。図6-30はすべての組み合わせを示している。すべての枝は左から右に行くにつれて、アルファベットの順番が下がって行って、決して逆戻りはないことに注意したい。すなわち、ABはあるが、BAはない。同様に、BCはあるが、CBはないし、CDはあるが、DCはない。つまり、全ての順列の内、同じ組み合わせが2つずつあるから、$_4P_2 =$

12の時、組み合わせは12/2＝6。

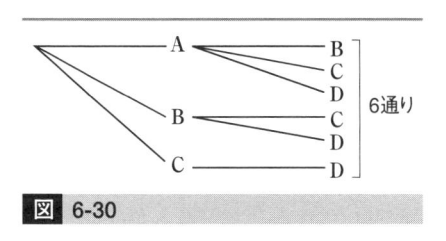

図 6-30

例題 19

4人の中から3人の委員会メンバーを選ぶ時、何通りの選び方があるか。

解答

この問題は例題16と似ているが、この問題では順序は問題ではない。ここで、同じ組み合わせだが、異なる順列の枝が幾つあるかを調べよう。例えば、ABC，ACB，BAC，BCA，CAB，CBAは同じ組み合わせだが、6つの異なる順列がある。問題は全部で幾つの組み合わせがあるかということである。この場合、我々は各組み合わせにそれぞれ6つの異なる順列があることに気がつく。従って、全組み合わせ数は

$$\frac{_4P_3}{_3P_3} = \frac{_4P_3}{3!} = \frac{4\cdot3\cdot2\cdot1}{3\cdot2\cdot1} = \frac{24}{6} = 4$$

この答えは常識と一致する。つまり、4人の中から3人選ぶということは、誰を選ばないかということと同じである。**図6-31**を参照。

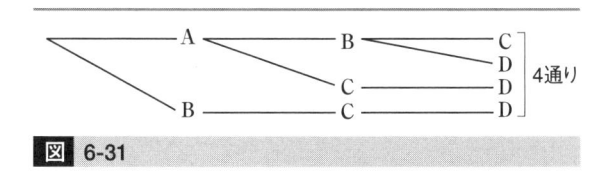

図 6-31

一般に、n個の物からr個の物を取り出す全組み合わせ数は$_nC_r$で表わされ、次の式で与えられる。

$$_nC_r = \frac{_nP_r}{r!} = \frac{n!}{r!(n-r)!}$$

つまり

$$_nC_r = \frac{n!}{r!(n-r)!} \quad (6-9)$$

また、$_nC_r$ は $\binom{n}{r}$ と表わされることがあるが、同じものである。
この公式を例題18に応用すると、

$$_4C_2 = \frac{4!}{2!(4-2)!} = \frac{4!}{2!2!} = \frac{4\cdot3\cdot2\cdot1}{2\cdot1\cdot2\cdot1} = 6$$

この公式を例題19に応用すると、

$$_4C_3 = \frac{4!}{3!(4-3)!} = \frac{4!}{3!1!} = \frac{4\cdot3\cdot2\cdot1}{3\cdot2\cdot1\cdot1} = 4$$

これらの答えは前に得られた答えと同じである。
そして、

$$_4C_1 = \frac{4!}{1!(4-1)!} = \frac{4!}{3!1!} = \frac{4\cdot3\cdot2\cdot1}{3\cdot2\cdot1\cdot1} = 4$$

すなわち $_4C_3 = {}_4C_1$、より一般的に、$_nC_r = {}_nC_{n-r}$ であることがわかる。

9. 確率変数と確率分布

ある変数の特定の数の発生が確率と1対1で対応している時、それを確率変数という。確率変数の分布を確率分布と言う。確率変数は第2章で学んだ相対度数とほとんど同じ概念である。

表6−4によると、このコミュニテイーで15%の家庭が5,000ドル未満の所得を得ている。つまり、5,000ドル未満の所得の確率は0.15である。同様に、23%の家庭が、5,000ドル以上で10,000ドル未満の所得を得ている（$5,000 \leq x < 10,000$）。5,000ドル以上10,000ドル未満の所得を得ている確率は0.23である。

表 6-4 相対度数と確率の対比表

(1) 階級	(2) 頻度	(3) 相対度数	(4) 確率
0 ≤ X < 5,000	5	0.15	0.15
5,000 ≤ X < 10,000	8	0.23	0.23
10,000 ≤ X < 15,000	10	0.29	0.29
15,000 ≤ X < 20,000	7	0.21	0.21
20,000 ≤ X < 25,000	3	0.09	0.09
25,000 ≤ X < 30,000	1	0.03	0.03
total	34	1.00	1.00

10 期待値

コインを投げるのに金を賭ける場合を考えよう。表がでたら1ドル儲かり、裏が出たら1ドル損をする。そこで、コインを無数回投げたら、あなたはいくら儲かると期待できるか。

$P(H) = 1/2$ で $P(T) = 1/2$ だから、期待値は0ドルである。すなわち、

$$(\$1) \times \frac{1}{2} + (-\$1) \times \frac{1}{2} = \$\frac{1}{2} - \$\frac{1}{2} = \$0$$

一般に、各回で儲かる金額を変数Xとし、X_1を表が出た時の儲け額、そしてP(X_1)を表のでる確率とし、X_2を裏が出た時の損失の金額(=マイナスの儲け額)、そしてP(X_2)を裏の出る確率とすると、この賭け事の期待値は、

$$E(X) = \mu = X_1 P(X_1) + X_2 P(X_2)$$

となる。

一般に、もし変数Xがn個の可能な値、X_1、X_2、…、Xnを取ることができ、それらに対応する確率がそれぞれ、$P(X_1)$、$P(X_2)$、……、$P(X_n)$であるならば、この実験の期待値は

$$\begin{aligned} E(X) &= X_1 P(X_1) + X_2 P(X_2) + \cdots\cdots + X_n P(X_n) \\ &= \sum_{i=1}^{n} X_i P(X_i) \end{aligned} \qquad (6-10)$$

期待値はしばしば μ で表わされるので、

$$\mu = E(X) = \sum_{i=1}^{n} X_i P(X_i) \quad となる。$$

例題 20

ある人が、2ドルの配当を得るチャンスが50％、1ドルの配当を得るチャンスが30％、0.5ドルの配当を得るチャンスが20％ある株に投資をした。配当の期待値はいくらか。

解答

公式（6-10）を応用すると

$$E(X) = \$2.00 \times (0.5) + \$1.00 \times (0.3) + \$0.5 \times (0.2)$$
$$= \$1.00 + \$0.30 + \$0.10 = \$1.40$$

11 分散

確率変数のばらつき度は、第5章で学んだのと基本的に同じ様に計算される。分散は確率変数の平均からの距離の二乗の期待値として定義される。すなわち、

$$\sigma_X^2 = E[(X-\mu)^2] = (X_1-\mu)^2 P(X_1) + (X_2-\mu)^2 P(X_2) + \cdots + (X_k-\mu)^2 P(X_k)$$
$$= \sum_{i=1}^{k} (X_i - \mu)^2 P(X_i) \qquad (6-11)$$

両辺のルートをとると、

$$\sigma_X = \sqrt{\sum_{i=1}^{k} (X_i - \mu)^2 P(X_i)} \qquad (6-12)$$

これが標準偏差である。

第5章では標準偏差は次のように定義された。

$$\sigma_X = \sqrt{\frac{\sum_{i=1}^{k}(X_i-\mu)^2 f_i}{N}} \qquad (6-13)$$

これは次のように書き換えることもできる。

$$\sigma_X = \sqrt{\sum_{i=1}^{k}(X_i-\mu)^2 \left[\frac{f_i}{N}\right]}$$

ここで $\sum_{i=1}^{k}\frac{f_i}{N}=1$ で $\sum_{i=1}^{k}P(X_i)=1$ だから、$\frac{f_i}{N}$ は $P(X_i)$ と同じ意味あいを持つ。したがって、式 (6-12) は式 (6-13) と同じである。

例題 21

例題20の配当の標準偏差を計算しなさい。

解答

表6-5のような表を作る。配当の期待値は $1.40である。

表 6-5　計算表

(1)	(2)	(3)	(4)	(5)
X_i	$P(X_i)$	$X_i-\mu$	$(X_i-\mu)^2$	$(X_i-\mu)^2 P(X_i)$
$2.00	0.5	+0.60	0.36	0.18
$1.00	0.3	−0.40	0.16	0.048
$0.50	0.2	−0.90	0.81	0.162
				0.390

表6-5及び式6-11から、

$$\sigma_X^2 = E[(X-\mu)^2] = \sum_{i=1}^{k}(X_i-\mu)^2 P(X_i) = 0.390$$
$$\sigma_X = \sqrt{0.390} = 0.6245$$

例題 22

ある会社に10人従業員がいて、彼等の30％は$50以上$60未満、40％は$60以

上\$70未満、30％は\$70以上\$80未満の給料をもらっている。

1) 彼らの給料の期待値はいくらか。
2) 給料の分散はいくらか。
3) 給料の標準偏差はいくらか。
4) 例題22は、第5章の例題3と基本的には同じ問題である。この2つの問題を比較しなさい。

解答

表6－6を作成する。

表 6-6　計算表

(1)	(2)	(3)	(4)	(5)	(6)	(7)
賃金	X_i	$P(X_i)$	$X_i P(X_i)$	$X_i - \mu$	$(X_i - \mu)^2$	$(X_i - \mu)^2 P(X_i)$
50≤x<60	55	0.3	16.5	−10	100	30
60≤x<70	65	0.4	26.0	0	0	0
70≤x<80	75	0.3	22.5	10	100	30
合計		1.0	65.0			60

この表から、

(1) $\mu = E(X) = \Sigma X_i P(X_i) = \$65.0$

(2) $\sigma_X^2 = E[(X-\mu)^2] = \Sigma (X_i - \mu)^2 P(X_i) = \$60$

(3) $\sigma_X = \sqrt{60} = \$7.7$

(4) 上の答えは第5章の例題3と同じである。唯一の違いは表5－1における f_i が、表6－6では $P(X_i)$ に置き換えられている。もしも f_i を全数のNで割ると $P(X_i)$ になる。例えば、第一階級（1行目）では $f_i = 3$ を全数N=10で割ると、$P(X_i)$ になる。

$$P(X_i) = \frac{f_i}{N} = \frac{3}{10} = 0.3$$

第5章でははじめに $\Sigma X_i f_i$ を計算し、最後にNで割り、μ をえた。すなわち、

$$\mu = \frac{\Sigma X_i f_i}{N}$$

一方、ここではまず f_i を N で割り、$P(X_i)$ を得て X_i と $P(X_i)$ の積をすべて合計した。すなわち、

$$\mu = \sum_{i=1}^{n} X_i \frac{f_i}{N} = \sum_{i=1}^{k} X_i P(X_i)$$

ここで、$\frac{\Sigma X_i f_i}{N} = \Sigma X_i \frac{f_i}{N}$

であることに注目すると、第5章の例題3とこの例は同じ答えになる。つまり、期待値は単に、平均値を確率の概念を用いて表したに過ぎない。これは標準偏差についても言える。第5章の例題3では、$(X_i - \mu)^2$ と f_i を掛けて $\Sigma(X_i - \mu)^2 f_i$ を計算し、最後に N で割った。すなわち、

$$\frac{\Sigma(X_i - \mu)^2 f_i}{N} \tag{1}$$

しかし、この例題では、f_i を N で割り $P(X_i)$ を計算し、それから $(X_i - \mu)^2$ と $P(X_i)$ の積が計算され、それらが合計された。すなわち、

$$\sum_{i=1}^{k} (X_i - \mu)^2 \frac{f_i}{N} = \sum_{i=1}^{k} (X_i - \mu)^2 P(X_i) \tag{2}$$

(1)と(2)の結果は全く同じである。単に計算の順序が異なるだけである。

練習問題

問題 1

トランプのカードから1枚を抜き出す時、次のように各事象が定義されたと仮定して、

　事象A：エース（＝1）を抜き出す
　事象B：ハートを抜き出す
　事象C：スペードを抜き出す
　事象D：赤いカードを抜き出す
　事象E：黒いカードを抜き出す

以下の確率を求めなさい。

a. P(A)　　　b. P(B)　　　c. P(C)　　　d. P(D)
e. P(E)　　　f. P(A∩B)　　g. P(A∪E)　　h. P(B∪C)
i. P(C∪E)　　j. P(C∪D)　　k. P(A∩E)　　l. P(D∩B)
m. P(B∪E)　　n. P(A∩D∩C)　o. P(A∩C∩E)

問題 2

上記の練習問題1で、次のように各事象が定義されたと仮定して、

　事象 A：エース（＝1）を抜き出す
　事象 B：キングを抜き出す
　事象 C：ハートを抜き出す
　事象 D：スペードを抜き出す
　事象 E：赤いカードを抜き出す

(a) から (o) までの確率を求めなさい。

問題 3

$P(A) = 0.6$、$P(B' \mid A) = 0.8$、$P(B \mid A') = 0.7$ が与えられている時、次の確率を求めなさい。

a. $P(A')$　　b. $P(B \mid A)$　　c. $P(B)$　　d. $P(B' \mid A')$
e. $P(A \mid B)$　　f. $P(A \cap B)$　　g. $P(A \cup B)$

問題 ◆ 4

$P(A) = 0.7$、$P(B' \mid A) = 0.2$、$P(B \mid A') = 0.4$ が与えらている時、以下の確率を求めなさい。

　　a. $P(A')$　　b. $P(B' \mid A')$　　c. $P(B)$　　d. $P(A \cap B)$　　e. $P(A \mid B)$

問題 ◆ 5

ある自動車会社は60％のタイヤをA社から購買し、残りをB社から購買している。A社からのタイヤが1万マイル走る前にパンクする確率は0.05であり、B社からのタイヤが1万マイル走る前にパンクする確率は0.1である。もしもある車のタイヤが1万マイル走る前にパンクしたならば、そのタイヤがA社から来た確率はいくらか。

問題 ◆ 6

ジョンが公認会計士の試験に合格する確率は0.7で、メアリーが同試験に合格する確率は0.8である。2人とも試験に合格する確率はいくらか。

問題 ◆ 7

自動車事故の60％が酔っ払い運転によって起こされていて、酔っ払い運転によって起こされた自動車事故で人が死ぬ確率は80％だとする。一方、車の故障等のその他の理由による事故の内、人が死ぬ確率は40％である。もしも自動車事故で人が死んだ場合、運転者が酔っ払っていた確率はいくらか。

問題 ◆ 8

ある会社がAブランドの石鹸をテレビで宣伝し、その地域の30％の人がその宣伝を見た。宣伝を見た人のうち、80％が翌月にその石鹸を買った。その宣伝を見なかった住民のうち、10％の人が翌月にその石鹸を買った。

a. ある人がテレビで宣伝を見て、翌月にAブランドの石鹸を買う確率はいくらか。
b. ある人がランダムに選ばれた時、その人が翌月にその石鹸を買った確率はいくらか。
c. もしもある人が翌月に石鹸を買ったならば、その人がテレビの宣伝を見た確率はいくらか。
d. ある人がそのテレビの宣伝も見なかったし、石鹸も買わなかった確率はいくらか。

問題 9

ある工場に生産ラインが2つあった。全生産量の60%が生産ライン1（PL1）で生産され、残りは生産ライン2（PL2）で生産されていた。PL1からの製品の2%、PL2からの製品の5%が不良品であった。

a. ある製品がPL1で生産され、不良品である確率はいくらか。
b. ある製品がPL2で生産され、不良品である確率はいくらか。
c. もしもランダムに選ばれた製品が不良品であるならば、それがPL1から来た製品である確率はいくらか。

問題 10

次の表現の値を求めなさい。

a. $_5C_3$　　b. $_5P_3$　　c. $5!$　　d. $_{100}C_{99}$

問題 11

次の表現の値を求めなさい。

a. $_{48}C_{47}$　　b. $_8P_8$　　c. $_{45}C_1$　　d. $_{36}P_1$

問題 12

5人のセールスマンから3人を選んで1人ずつ別々の3つの地区に割り当てる方法は何通りあるか。

問題◆13

10人の人から8人を選んで8つの仕事に割り当てる場合、全部で何通りの割り当て方があるか。1人の人は1つの仕事にしかつけないとする。

問題◆14

8人から5人を選んで委員会を形成するのに、何通りの選び方があるか。

問題◆15

8人の男性と7人の女性がいて、2人の男性と2人の女性で委員会を形成する時、何通りの選び方があるか。

問題◆16

$P(A) = 0.40$、$P(B) = 0.50$、$P(A \cup B) = 0.70$ が与えられている時、次の確率を計算しなさい。

　a) $P(A')$　　　b) $P(A' \cap B')$　　c) $P(A \cap B)$

　d) $P(A' \cap B)$　　e) $P(A \mid B)$

問題◆17

50人の人から非復元抽出（一度取り出したら元に戻さない取り出し方）で、2人を選ぶ場合選び方は何通りあるか。

問題◆18

新たに提案された投資計画は、10％の利回りをもたらす確率は20％、15％の利回りをもたらす確率は30％、20％の利回りをもたらす確率は40％、25％の利回りをもたらす確率は10％である。利回りの期待値と標準偏差を求めなさい。

問題◆19

原材料の材木は切断、組み立て、みがきの3工程で加工されテーブルになる。これらの工程での不良率はそれぞれ20%、10%、5%である。工程に入る原材料のうち、何パーセントの材木が欠陥のないテーブルに仕上がるか。

問題◆20

適齢期の5人の男性と5人の女性がいる。これらの男女が結婚するとして何通りの組合わせが可能か。

第7章 最も典型的なばらつきのタイプ——正規分布

1 正規分布とは何か

　第4章では中心値の諸指標を学び、第5章ではばらつき度の諸指標を学んだ。この章では、個々のデータがグループの他のデータと比べてどうなのかという、相対的なデータに変換することを学ぶ。

　はじめに、49人の背の高さの分布を考えよう。まずヒストグラムを作り、その各々の柱の頂点の真中を結んで度数折れ線グラフを作る。**図7-1**からもわかるように、ヒストグラムで囲まれた面積と度数折れ線グラフで囲まれた面積はほとんど同じである。

　大量のデータがある時は、もっときめの細かい**図7-2**のようなヒストグラムになる。

　究極的には度数折れ線グラフは**図7-3**のようなスムーズな連続の曲線とみ

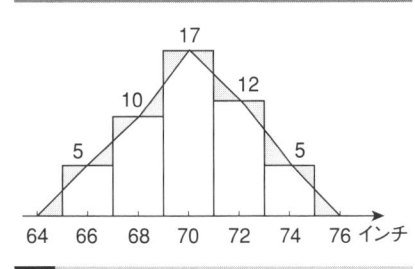

図 7-1 度数折れ線グラフ

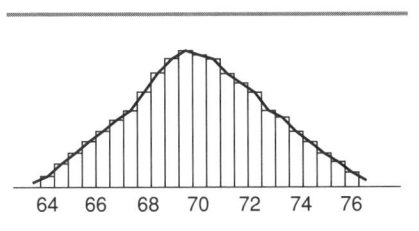

図 7-2 度数折れ線グラフ

図 7-3　正規分布

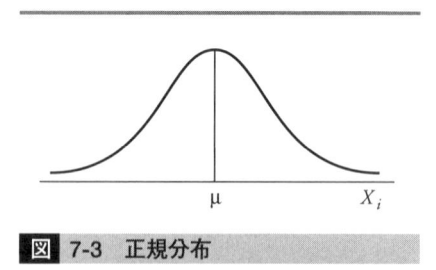

なすことができる。

　大人の背の高さや、全国的な学力テストや、ある都市の毎日の正午の気温等、多くの自然現象や社会現象はこのような分布の形をしている。このタイプの分布を正規分布という。最も一般に見かけられ、したがって最も重要な分布である。

　正規分布は左右対称で、中心から離れるにつれて限りなく下の線に近づくが決して下の線には接触しない、スムーズな釣鐘の形をした分布である。平均値は真ん中にある。

　一般に、便宜上、正規分布のカーブの下の面積は形の如何にかかわらず、1（100％）と見なされる。**図7－4**を参照。

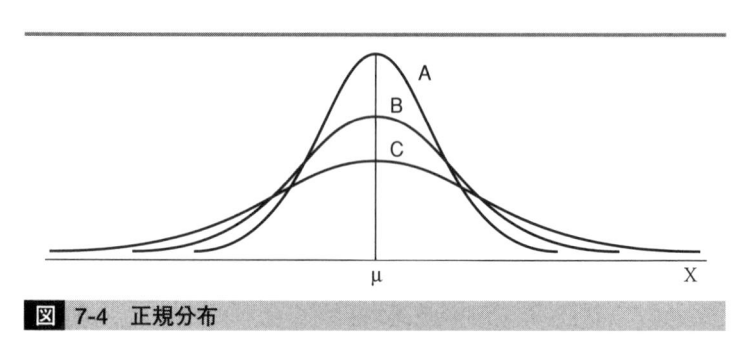

図 7-4　正規分布

　一般に正規分布はμとσが決まると完全に確定され、図7－4の3つの分布のようにμが同じ場合、形の違いは標準偏差の違いだけで決まる。カーブの下の面積はどれも1である。したがって正規分布では、底辺の横軸上のいかなる2点間の面積も、何パーセントのデータがその部分に属するかを示す。すなわち、面積は確率を示している。

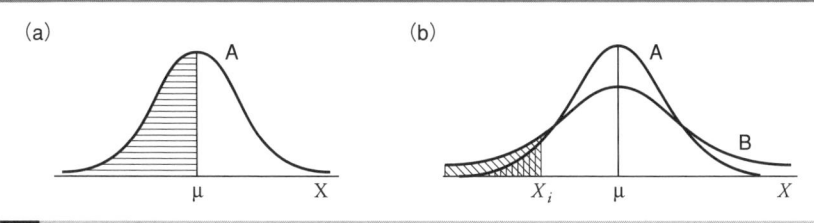

図 7-5 正規分布における部分の面積

　図7−5の (a) が百万人の大人の男性の背の高さの分布であると仮定しよう。そうすると横線で覆われた部分は全体の半分が平均以下であることを示している。すなわち任意にとりあげた人の背の高さが平均以下である確率は50％であることを示している。(b) ではさらに一般的に平均値と標準偏差がわかっている時、あなたの模擬試験の点がX_iであるなら、あなたの点は下から何パーセントに入るかがわかる。また、もしAを英語の試験の分布とし、Bを数学の試験の分布としたなら、同じ点数X_iでも英語と数学ではあなたが下から何パーセントの中に入るかが異なることがわかる。

　この状況を例題1で考えてみよう。

2 Zテーブルの使い方

例題 1

　あなたが統計の国家試験を2回受けたとして、両方の試験において平均点は70点であなたの点は60点であった。標準偏差は1回目の試験の時は5点で2回目の試験の時は10点であった。比較的なパフォーマンスとして1回目と2回目とではどちらがどの位よいか。

解答

　1回目の試験の結果の分布をA、2回目の試験の結果の分布をBとすると、図7−6において陰の部分はBのほうが大きいので、2回目の試験のほうが自分より点数の悪い人は多い。つまり、同じ点数を取って、しかも全体の平均点は同

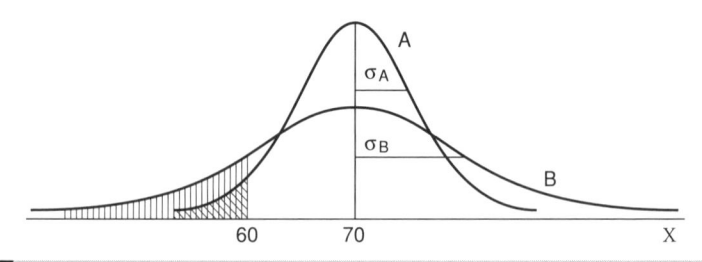

図 7-6 中心からの相対的距離

じなのに、自分の比較的パフォーマンスはBのほうが良いことがわかる。この違いは2つの分布の標準偏差が異なることによって起こる。

平均値や標準偏差の違うデータを比較可能な相対的なデータに置き換える指標をZ値という。Z値は公式7−1で与えられる。

$$Z = \frac{X - \mu}{\sigma} \qquad (7-1)$$

Z値は、あなたの試験の点Xの"中心からの相対的距離"とでもいうべきものである。1回目の試験に関する情報を公式 (7−1) に入れると、

$$Z_A = \frac{X - \mu}{\sigma_A} = \frac{60-70}{5} = \frac{-10}{5} = -2$$

となる。

これは、平均点が70点の時あなたの点は60点で平均より10点低いことが標準偏差では2単位分に相当するということを示している。標準偏差は「中心からの平均的距離」あるいは「中心からの平均的ばらつき度」であることを考えると、Z値が−2だということは「中心からの平均的な距離」の2倍離れていて、非常に離れていることがわかる。Z値がマイナスのサインを示しているのは平均以下であることを示している。

これに対して2回目の試験の情報は分布Bから得られるから、

$$Z_B = \frac{X - \mu}{\sigma_B} = \frac{60-70}{10} = \frac{-10}{10} = -1$$

となる。

第7章 ● 最も典型的なばらつきのタイプ——正規分布

	.00	.01	.02	………………	.06
0.0					・
0.1					・
・					・
1.0	.3413				・
1.1					・
1.2	………………				.3962
・					・
2.0	.4772				

図 7-7 Zテーブル

　Z値が−1であるということは中心から1標準偏差離れていることである。分布Bでは、分布Aにおいてよりもあなたの点より低い人が多いことが確認できた。さらにZ値がわかるともっと正確にあなたの下に何パーセントの人がいるのかがわかる。つまりあなたの点と全体の平均値と標準偏差さえわかれば、あなたが下から（あるいは上から）何パーセントにいるかがわかるのである。たとえば Z = −2.00 の時、Zテーブルをマイナスのサインは無視して使うと、**図7−7**から明らかなように0.4772という数字が得られる。これは平均値とあなたの間に47.72％の人びとがいることをあらわしている。正規分布は左右対称の分布であるから、50％の人びとは平均以上であり、50％の人びとが平均以下である。また、これはあなたの下に2.28％（0.5−0.4772 = 0.0228）の人びとがいる、あるいはあなたは下から2.28％のところにいるということでもある。言い換えれば、あなたは下から3％以内にいるわけで、あなたは絶望のあまり死にたくなるかもしれない。これは**図7−8及び図7−9**に示されている。

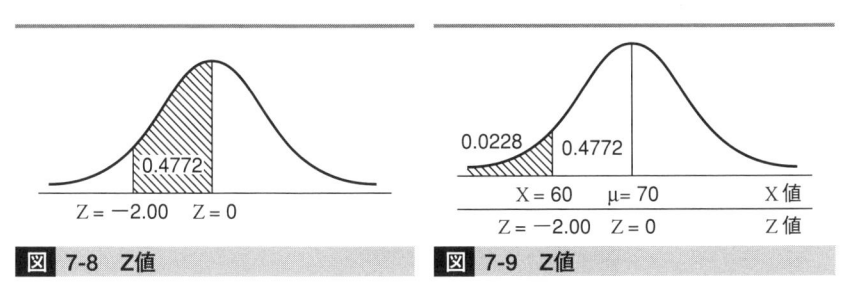

図 7-8 Z値

図 7-9 Z値

今まで分布Aの話をしたが、分布BではZ＝－1だから図7－7からこれに対応する数字は0.3413である。つまり平均値とあなたの点までの間に34.13％の人びとがいる。すなわち、あなたは下から15.87％の所にいて、あなたの下には16％近くの人びとがいるので、あんまり悲観する必要もなく1杯飲んで寝てしまえば、あくる日はまた希望も出てくるというわけである（**図7－10を参照**）。

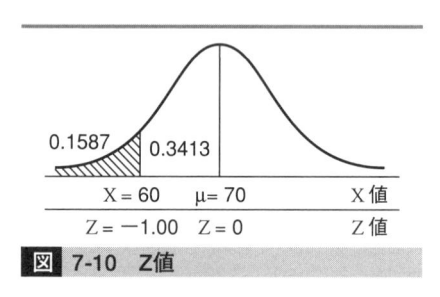

図 7-10　Z値

吉田の法則 7-1

例題1でもわかるように、平均点が同じであなたの点が同じでも、標準偏差がどうなっているのかによって生死が決まりかねないほどの違いになる。個々の点を平均値と比べることは比較的やさしく、一般に行われている。しかし、実態を正しく把握するには、どの位データが散らばっているかという分散の概念を理解しなくてはいけない。

例題 2

図7－11で示されたように正規分布で$Z=0$と$Z=-1.26$に囲まれた部分の面積（確率）を求めよ。

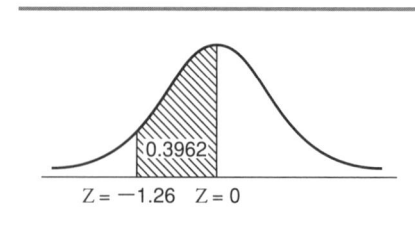

図 7-11　Z値と確率

解答

正規分布は左右対称であるからZ値がマイナスの場合も同じ表を用いる。Zテーブルの左端の欄外にはZ値が小数点1位までしか載っていないが、小数点2位は表の上の欄外の数字をつかう。たとえば図7-7に示してあるように、中心からZ = 1.26に至るまでの面積（確率）はまず、左端のZ値で1.2まで下りてくる。そしてその点で水平に0.06まで行くと、0.3962が見つかる。これは図7-11に示してあるように中心（Z = 0）と Z = －1.26の間に39.62％、確率で言うと0.3962が入ることを示している。これを数式で表わすと次のようになる。

$$P(-1.26 \leq Z \leq 0) = 0.3962$$

つまりZ値が0と－1.26の間の数字を取る確率は0.3962であるという意味である。

なおZテーブル（正規分布表ともいう）は巻末にある。

例題 3

正規分布において次の面積を求めよ。

a) Z = 2.14の右の部分
b) Z = 1.45の左の部分
c) Z = －0.55の左の部分
d) Z = －1.48の右の部分
e) Z = －2.63とZ = －1.07の間の部分
f) Z = 1.78とZ = －2.13の間の部分

解答

まずこういう問題は必ず正規分布の図を書いて、どの部分のことなのかを考えてみよう。

(a) Z＝2.14が与えられている時、Zテーブルから得られる面積は中心からZ＝2.14に至るまでの面積である。しかし求めているのは裾野の面積なので0.5から引かなければならない。0.5というのは分布の半分を意味している。即ち、0.5－0.4838 = 0.0162。

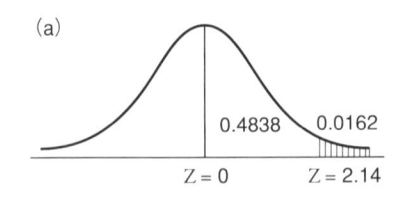

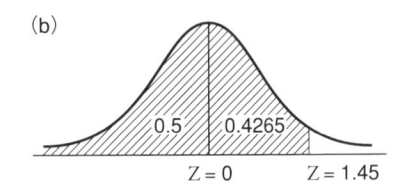

図 7-12　Z値と確率

(b) Z = 1.45の左ということはマイナスの部分も入ることに注意しよう。Z = 0 と Z = 1.45に挟まれた部分は0.4265、それにZがマイナスの部分が0.5だから全体では 0.5 + 0.4265 = 0.9265 となる。

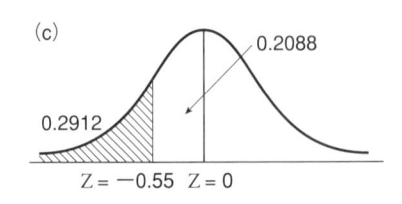

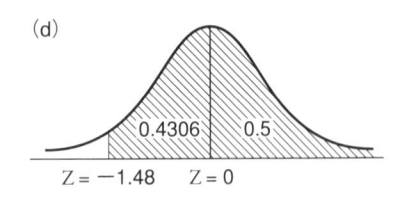

図 7-13　Z値と確率

(c) ZテーブルでZ = −0.55 に対応して得られる確率0.2088は平均からZ = −0.55に至る間の面積（確率）であるから、Z = −0.55の左の裾野の部分の面積は0.5から0.2088を引くと得られる。
0.5 − 0.2088 = 0.2912。

(d) Z = −1.48 の右の部分は Z = −1.48 と Z = 0 に囲まれた部分と右の半分を足したものであるから 0.4306 + 0.5 = 0.9306。

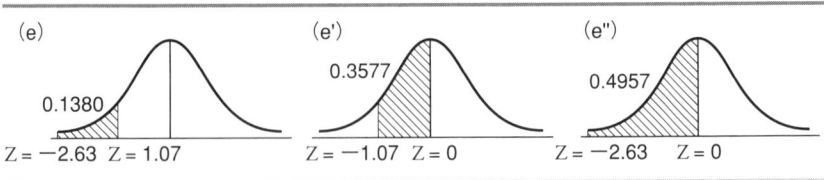

図 7-14　Z値と確率

(e) 図7−14の (e) は (e″) の面積から (e′) の面積を引いた残りの面積としてとらえられる。即ち、0.4957 − 0.3577 = 0.1380。

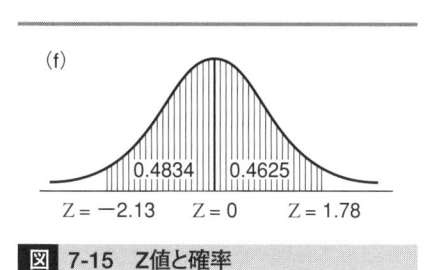

図 7-15 Z値と確率

(f) 図7−15に示されるように、Z = − 2.13とZ = 1.78は平均値をはさんで分布の両側にあるので、この2つのZ値から得られる面積を足せばよい。したがって 0.4834 + 0.4625 = 0.9459 となる。

以上のように求める部分の面積により、足すか引くか、状況により異なるので、必ず正規分布を描いて考えると良い。

例題 4

正規分布において次のような面積のZ値を求めよ。

a) 0とZ値の間が0.49
b) Z値の右側が0.05
c) Z値の左側が0.01
d) Z値と−Z値の間が0.9
e) Z値と−Z値の外側が0.05

解答

例題3と同じように、まず正規分布の図を描いて考えよう。この問題が例題3と異なるのは、正規分布表の中の数字が与えられているときにそれに対応するZ値、すなわち、**図7−16**のような正規分布の図の底辺に書き込まれたZ値を求めることにある。なおこの問題に関しては図7−16、**図7−17**、**図7−18**を参照のこと。

a) 正規分布表の中の数字から0.49にできるだけ近い数字を選び、それに対

応しているZ値を求めるのである。この場合0.4901に対応するZ値は Z＝2.33となる。また正規分布は左右対称であるから、Zはプラスの場合もマイナスの場合もある。したがって、答えは Z＝2.33とZ＝－2.33。

b) これは正規分布の右側の裾野が0.05であるようなZ値を求める問題である。裾野が0.05であるためには平均値（Z=0の点）からZまでの面積（確率）は0.45でなければならない。正規分布表は常に中心からの面積を表していることに注意。0.45に対応するZ値を求めるのだが、0.45に一番近い数字は0.4495と0.4505でZ＝1.64とZ＝1.65がこれらに対応している。一般に

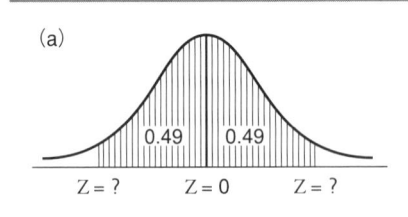

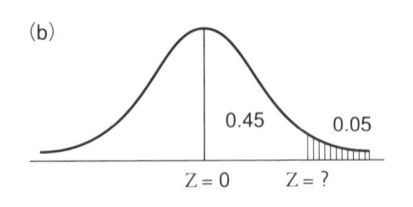

図 7-16 Z値と確率

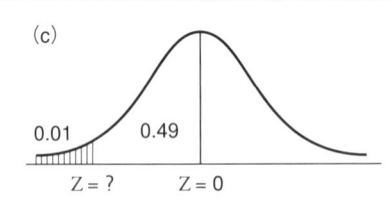

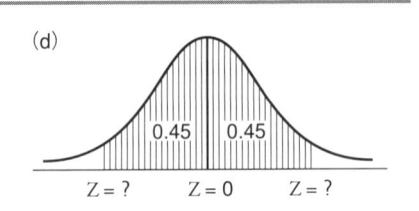

図 7-17 Z値と確率

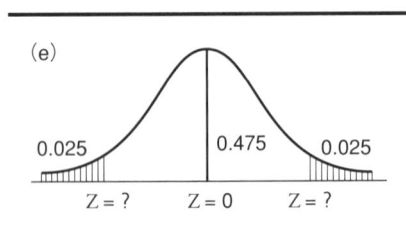

図 7-18 Z値と確率

真ん中を取ってZ＝1.645を用いる。

c）図7－17に示されたようにZ値の左側が0.01ならば必ずZ値は真ん中より左側にあり、真ん中からそのZ値に至るまでの間が0.49ということになる。

　それに対応するZ値をZテーブルから探すとZ＝2.33であるから、答えはZ＝－2.33ということになる。

d）Zと－Zにはさまれた部分が0.9であるためには、片側に0.45なければならない。それに対応するZ値は1.645だが、両側にあるからZ＝±1.645となる。

e）Z値と－Z値の外側が0.05であるならば、Z＝0をはさんで両方に半分ずつであるから片側は0.025である。そうすると、真ん中からZ値までの間は0.475になる。これに対応するZ値は1.96、両側にあるからZ＝±1.96となる。

3 ● Zテーブルの応用例

例題 5

ある会社の当座預金の日々の残高は平均が＄300で標準偏差が＄100であった。

（a）残高がマイナスになる確率はいくらか。

（b）残高が＄1,000を超える確率はいくらか。

解答

ある分布の平均値と標準偏差が与えられている時、その変数がある一定の値を超える、または以下になる確率を求めるには、元の変数の尺度をZ値の尺度に置き換えることが必要である。この場合、正規分布の図を描いて考えるとよくわかるが、底辺の尺度を元の尺度とZ値の尺度の2つ描くと非常に便利である。

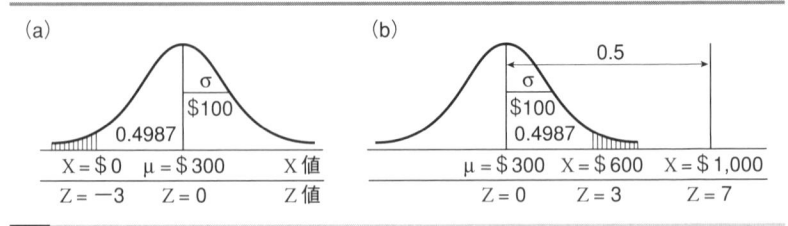

図 7-19　Z値と確率

a) この場合残高がマイナスになるということは、当座借越契約がない限り、支払い不能になるということであり、企業の財務担当者は常に注意しなければならない点である。

　まず、ここで＄0に対応するZ値を求めなければならない。下の計算から、それはZ＝−3であることがわかる。Zテーブルから中心とZ＝−3との間は0.4987あるから、裾野の陰の部分は0.5−0.4987＝0.0013となる。したがって、この会社が支払い不能になる確率は0.0013（0.13％）である。

$$Z = \frac{X - \mu}{\sigma} = \frac{0-300}{100} = \frac{-300}{100} = -3 \ldots\ldots 0.4987$$

b) 同じように残高が＄1,000を超える確率はZ値を計算することによって得られる。この場合次の計算により、Z＝7となる。ところがこれに対応した確率をZテーブルから見つけることはできない。なぜならZテーブルは1ページのシートで最後の数字がZ＝3.09であるからである。上のb）図からわかるようにZ値が無限大になっても確率の最大値は0.5（つまり全体の半分）であるから、Z＝3.09よりも大きなZ値の場合概算的に0.5だとみなす。

$$Z = \frac{X - \mu}{\sigma} = \frac{1000-300}{100} = \frac{700}{100} = 7 \ldots\ldots 0.5$$

　したがって、残高が＄1,000を超える確率はほとんどゼロとなる。

　当座預金の残高が多すぎるということは資金が有効に使われていないということである。財務担当者の重要な役割は当座預金の残高が多すぎ

ず少なすぎず、バランスをもって運営することである。

例題 6

普通株Aに対する投資の利益率は平均値が12％の正規分布である。
a) 利益率が0％以下になる確率が0.10の時、標準偏差を求めよ。
b) 利益率が20％以上になる確率が0.01の時、標準偏差を求めよ。

解答

この問題も例題5と同様に正規分布の図を描き、元の変数Xによる値とZ値の両方を描いて考えるのがよい。

a) 利益率が0％になるのはZ値でいうといくらの時かを考える。この時0％以下になる確率が10％であるためには平均値からX＝0％までの領域は40％でなければならない。そしてそれに対応するZ値が－1.28であることがわかる。これらの情報を公式7－1に代入すると標準偏差が得られる。

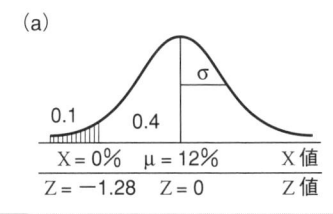

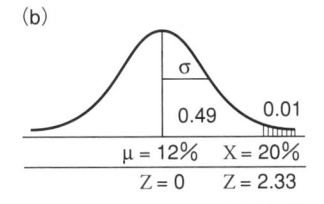

(a) 0.1　0.4　σ
X＝0％　μ＝12％　X値
Z＝－1.28　Z＝0　Z値

(b) σ　0.49　0.01
μ＝12％　X＝20％
Z＝0　Z＝2.33

図 7-20　Z値と確率

公式 (7－1) より $Z = \dfrac{X - \mu}{\sigma}$

わかっている情報を代入すると、

$$-1.28 = \dfrac{0 - 12}{\sigma}$$

$$-1.28\,\sigma = -12$$

$$\sigma = \dfrac{12}{1.28} = 9.375\dots\dots\dots 9.375\%$$

したがって求める標準偏差は9.375％である。

b) a)と同様に利益率が20％を超えるのが0.01の確率であるならば平均からX=20％までの間に0.49の確率があり、それに対応するZ値は2.33となる。わかっている情報を代入すると、次のようになる。

$$2.33 = \frac{20-12}{\sigma} = \frac{8}{\sigma}$$
$$2.33\,\sigma = 8$$
$$\sigma = \frac{8}{2.33} = 3.433 \cdots\cdots\cdots 3.433\%$$

したがって求める標準偏差は3.433％である。

吉田の法則 7-2　日常業務の平均値と標準偏差の概算値は頭に入れよう。日常取引のばらつきが許容範囲であるか異常なものであるかを、直感的に見抜くための訓練の第一歩となる。

吉田の法則 7-3　ある試験を受けた時、100点中何点取ったかということはあまり意味のある数字ではない。平均点と標準偏差を知ることによって、その点が上から、または、下から何パーセントに入っているかが重要な情報である。同様に、ある会社の投下資本利益率に関しても、業界平均や標準偏差を知って、その業界中、上から、または下から何パーセントに入っているかを知ることがより重要である。

練習問題

問題 1

正規分布で次の面積を求めなさい。

a) $Z = 0$ と $Z = 3.0$ の間の部分　　b) $Z = 1.85$ の左の部分

c) $Z = -1.25$ の左の部分　　d) $Z = 1.20$ の右の部分

e) $Z = -1.5$ と $Z = 2.0$ の間の部分

問題 2

ある確率変数が $\mu = 50$ で $\sigma = 10$ の正規分布をしている時、この確率変数が以下の値を取る確率はなにか。

a) 35よりも小さい値　　b) 70よりも大きい値

c) 60と170の間の値　　d) 20と30の間の値

問題 3

あるメーカーの電子部品の重量は $\mu = 60$ グラムで $\sigma = 10$ グラムの正規分布をしていることがわかっている。この部品の重量が以下の値をとる確率はいくらか。

a) 40グラム以下　　b) 30グラム以上

c) 60グラムと70グラムの間　　d) 50グラムと80グラムの間

問題 4

ある工場での日給は $\mu = \$60$ で $\sigma = \$10$ の正規分布をしている。もしも、ある人の日給が以下の時、日給の可能な範囲は何か。

a) 上位10パーセント以内　　b) 上位20パーセント以内

c) 上位60パーセント以内　　d) 下位5％以内

問題 5

正規分布で次の面積を求めなさい。

a) Z = 0 と Z = 2.5 の間の部分　　b) Z = 1.55 の左の部分

c) Z = −1.34 の左の部分　　d) Z = −1.23 の右の部分

e) Z = −1.5 と Z = 2.5 の間の部分

問題 6

ある確率変数は $\mu = 40$ で $\sigma = 10$ の正規分布をしている。その確率変数が次の値をとる確率はいくらか。

a) 20以下　　b) 30以上　　c) 60と70の間　　d) 20と100の間

問題 7

正規分布における次の領域を求めなさい。

a) Z = 0 と Z = 2.30 の間の部分　　b) Z = 1.58 の左の部分

c) Z = −1.05 の左の部分　　d) Z = −1.68 の右の部分

e) Z = −2.5 と Z = −1.5 の間の部分

問題 8

ある確率変数は $\mu = 30$ で $\sigma = 10$ の正規分布をしている。この確率変数が次の値をとる確率はいくらか。

a) 5以下　　b) 45以上　　c) 40と100の間

d) 10と20の間　　e) −50と+150の間

問題 9

ある工場での従業員の日給は $\mu = \$70$ の正規分布をしている。もしもそれぞれの指定された領域の確率が以下のような場合、標準偏差を求めなさい。

a) $80の右が10%　　b) $90の右が5%　　c) $65の左が15%

d) $50と$70の間が40%　　e) $70と$80の間が30%

問題 10

ある工場の従業員の日給は $\sigma=\$10$ で正規分布をしている。もしも日給が次のそれぞれの領域に入る確率が以下のような時、平均値を求めなさい。

a）$50以下が 0.05　　b）$30以下が 0.01　　c）$80以上が 0.1

d）$90以上が 0.01　　e）平均値と$80の間が 0.45

問題 11

ある普通株に1年間1,000ドル投資したとき、利回りは平均値 $\mu=\$80$ で標準偏差 $\sigma=\$10$ の正規分布を示した。利回りが次のような範囲に入る確率はいくらか。

a）$70以下　　　　b）$85以上　　　　c）$82と$87の間

d）$76と$84の間　　e）$90と$300の間

問題 12

製品Aの価格は平均値 $\mu=\$78$ で標準偏差 $\sigma=\$10$ の正規分布をしている。価格が次のような値をとる確率は何か。

a）$60以下　　　　b）$85以上　　　　c）$80と$82の間

d）$70と$83の間　　e）$80と$200の間

問題 13

カリフォルニア州のオレンジ郡の1986年における家の値段は $\sigma=10$ の正規分布をしていた。次のような値段をとる確率がそれぞれ与えられている時、それぞれの正規分布の平均値を求めなさい。

a）$ 30以下が0.05　　b）$ 80以上が0.20　　c）$ 100 以上が 0.01

d）$ 50以下が0.01　　e）平均と$ 80の間が0.40

（単位：千ドル）

問題 14

ある工場の従業員の日給は $\mu=\$65$ で $\sigma=\$10$ の正規分布をしている。ある従業員の日給が以下の範囲である確率はいくらか。

a) $40以下　　b) $95以上　　c) $80と$90の間　　d) $50と$85の間

問題 15

ロサンゼルス郡のあるセルフサービスの洗濯場に対する投資の利回りは平均値12%で標準偏差6%である。利回りが次の値をとる確率はいくらか。

a) 0%以下　　b) 20%以上

問題 16

オレンジ郡の魚料理店に対する投資の利回りは平均値 $\mu=20\%$ で正規分布している。指定された領域が次のような確率を持つ時、標準偏差はいくらか。

a) 30%の右の領域が5%　　b) 0%の左の領域が10%

問題 17

ある店の日々の当座預金残高は平均値 $\mu=\$1,000$ で標準偏差$300の正規分布している。

a) 残高がそれ以下になる確率が1%であるような最少の残高はいくらか。
b) 残高がそれ以下になる確率が10%であるような最少の残高はいくらか。

問題 18

次のような確率をもとめなさい。

a) $P(Z \leq -2.56)$　　b) $P(Z \geq 3.02)$　　c) $P(1.50 \leq Z \leq 2.50)$

d) $P(-2.45 \leq Z \leq 1.68)$　　e) $P(Z \leq 2.83)$

第8章
よく見かけるもう1つの分布—二項分布

　二項分布は1つの重要な非連続な（離散型）確率分布である。スイスの数学者 Jacob Bernoulli（ヤコブ・ベルヌーイ）にちなんでベルヌーイ分布ともいわれる。

　ある事象の結果が"yes"か"no"かのように2分化される時、二項分布が用いられる。例えば、それぞれの投資で、成功か失敗のチャンスが5分5分である時、10回投資したならば、少なくとも9回かそれ以上成功する確率はいくらかというような問題は二項分布の典型的な応用の一つである。

1 ◆ ベルヌーイ試行

　コインを繰り返し投げる実験を考えよう。実験の可能な結果は表か裏かだけの2通りである。もしもコインがバランスしていたならば、過去に何が出たかにかかわらず、表が出る確率は1/2である。各回のコイン投げは独立していて、何番目かに表がでる確率は毎回同じである。毎回2つの可能な結果があり、その内の1種類の結果が出る確率が一定ならば、これらの繰り返しの試行はベルヌーイ試行といい、次の3つの例で例示される。

例題 1
　コインを1回投げたとして、表か裏がでる確率をそれぞれ決定しなさい。

解答

まず、ツリー・ダイアグラム（**図8−1**）を用いて考えよう。

	結果	結果の確率
$P(H)=1/2$ — H	H	$\frac{1}{2}$
$P(T)=1/2$ — T	T	$\frac{1}{2}$
		1

図 8-1

バランスしたコインを投げた時、不十分な理由の原理に基づき、表が出る確率は1/2で裏がでる確率も1/2である。従って、$P(H)+P(T)=1$である。

例題 2

コインを2回投げたとして、a) 2回とも表が出る確率　b) 表と裏が1回ずつ出る確率　c) 2回とも裏がでる確率をもとめなさい。

解答

ツリー・ダイアグラムは**図8−2**のようになる。

	結果	結果の確率	表の数の確率
H — $P(H)=1/2$ — H	HH	$P(H)P(H)=(1/2)(1/2)=1/4$	$P(2H)=1/4$
$P(H)=1/2$ — $P(T)=1/2$ — T	HT	$P(H)P(T)=(1/2)(1/2)=1/4$	$P(1H)=2/4$
$P(T)=1/2$ — $P(H)=1/2$ — H	TH	$P(T)P(H)=(1/2)(1/2)=1/4$	
T — $P(T)=1/2$ — T	TT	$P(T)P(T)=(1/2)(1/2)=1/4$	$P(0H)=1/4$
			1

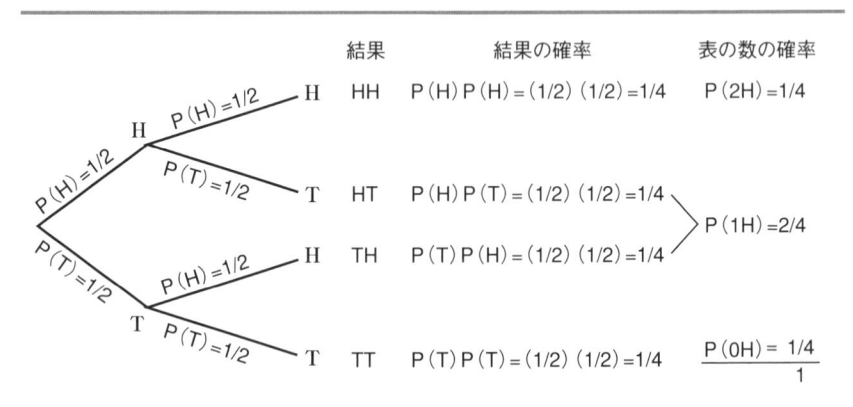

図 8-2

a) 毎回表がでる確率は1/2で、この2つの事象は統計的に独立している。同時確率は単に個々の確率を掛けたものである。従って、

$P(H \cap H) = P(H)P(H) = (1/2)(1/2) = 1/4$

b) 2つの可能な複合事象がある。1つははじめは表で次は裏。もう1つははじめは裏で次は表。従って、1回づつ表と裏がでる確率は両方を足したものであるから

$P(H)P(T) + P(T)P(H) = 1/4 + 1/4 = 1/2$

c) 両方とも裏になる確率は

$P(T \cap T) = P(T)P(T) = (1/2)(1/2) = 1/4$

ツリー・ダイアグラムでどの枝で終わる確率も1/4である。表が2個、1個、0個出る確率はそれぞれ、$P(2/H) = 1/4$、$P(1/H) = 2/4$、$P(0/H) = 1/4$であり、$P(2H) + P(1H) + P(0H) = 1$

例題 3

コインを3回投げた時、

a) 3個表の出る確率
b) 2個表の出る確率
c) 1個表の出る確率
d) 0個表の出る確率を求めなさい。

解答

まずツリー・ダイアグラムを描くと**図8-3**のようになる。

a) 3回表の出る枝は第1の枝だけである。従って

$P(3H) = P(H)P(H)P(H) = (1/2)(1/2)(1/2) = 1/8$

b) 3回投げて2回表が出るのは3通り出方がある。すなわち、HHT、HTH、THH これらの起きる確率はそれぞれ1/8。従って、

$P(2H) = P(HHT) + P(HTH) + P(THH)$
$= 1/8 + 1/8 + 1/8 = 3/8$

c) 同様に3回投げて1回表がでる出方は3通りある。すなわちHTT、THT、

TTH。従って、

$$P(1H) = P(HTT) + P(THT) + P(TTH)$$
$$= 1/8 + 1/8 + 1/8 = 3/8$$

d) 最後に3個とも裏がでる確率は$P(0H) = 1/8$。

この場合も全確率の和は1である。

$$P(3H) + P(2H) + P(1H) + P(0H) = 1$$

以上を図で示すと図8-3のようになる。

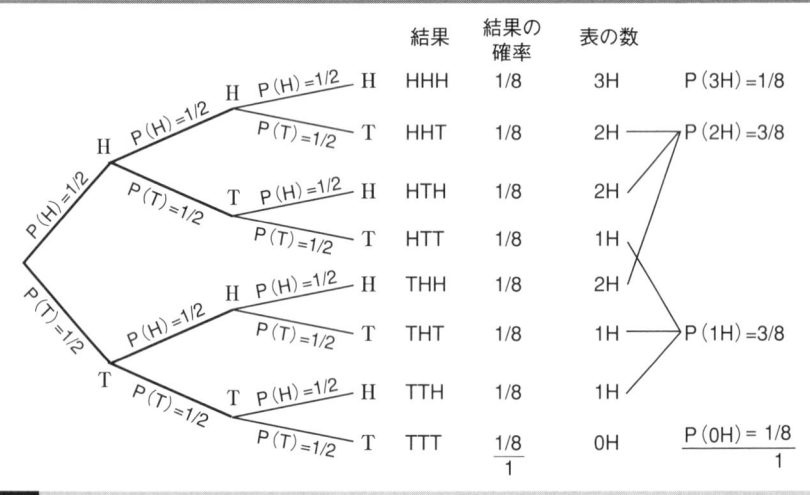

	結果	結果の確率	表の数	
HHH	1/8	3H		$P(3H) = 1/8$
HHT	1/8	2H		$P(2H) = 3/8$
HTH	1/8	2H		
HTT	1/8	1H		
THH	1/8	2H		
THT	1/8	1H		$P(1H) = 3/8$
TTH	1/8	1H		
TTT	1/8	0H		$P(0H) = 1/8$

図 8-3

2 ・二項展開

次の諸等式は基礎的な数学によって証明される。

$$(a+b)^1 = a+b$$
$$(a+b)^2 = a^2 + 2ab + b^2$$
$$(a+b)^3 = a^3 + 3a^2b + 3ab^2 + b^3$$
$$(a+b)^4 = a^4 + 4a^3b + 6a^2b^2 + 4ab^3 + b^4$$
$$(a+b)^5 = a^5 + 5a^4b + 10a^3b^2 + 10a^2b^3 + 5ab^4 + b^5$$

例えば、2行目及び3行目の等式は次の計算で証明される。

(1)
$$
\begin{array}{r}
a + b \\
\times)\ a + b \\
\hline
ab + b^2 \\
+)\ a^2 + ab \phantom{{}+b^2} \\
\hline
a^2 + 2ab + b^2
\end{array}
$$

(2)
$$
\begin{array}{r}
a^2 + 2ab + b^2 \\
\times)\ a + b \\
\hline
a^2b + 2ab^2 + b^3 \\
+)\ a^3 + 2a^2b + ab^2 \phantom{{}+b^3} \\
\hline
a^3 + 3a^2b + 3ab^2 + b^3
\end{array}
$$

他の行も同じように計算される。これを二項展開という。

上記の$(a+b)^5$を例に取って二項式がどういう特徴を持っているかを調べてみよう。

$$(a+b)^5 = a^5 + 5a^4b + 10a^3b^2 + 10a^2b^3 + 5ab^4 + b^5$$

まず、左から右に行くに従ってaの肩の数字（べき乗という）が減っていっている。すなわち、第一項がa^5、第二項がa^4、等々a^3、a^2、a^1、a^0、となっている。ここで$a^1 = a$で、$a^0 = 1$なので、a^0は省略してある。これに対してbのべき乗は左から右に行くにつれて増えて行っている。すなわち、b^0、b^1、b^2、b^3、b^4、b^5となっている。つまり、べき乗の和は各項常に5である。例えば、a^3b^2の場合、べき乗の和は$3+2=5$となる。同様に、$2+3=5$、$1+4=5$、$5+0=5$。しかも、各項の係数は左右対称であり、どちらのはじからでも、一番目は1であり、二番目は5であり、三番目は10である。

これらの二項展開の係数のパターンを図式化したのが**パスカルの三角形**と呼ばれるものである。

```
n=1の時            1   1
n=2の時          1   2   1
n=3の時        1   3   3   1
n=4の時      1   4   6   4   1
n=5の時    1   5  10  10   5   1
```

パスカルの三角形

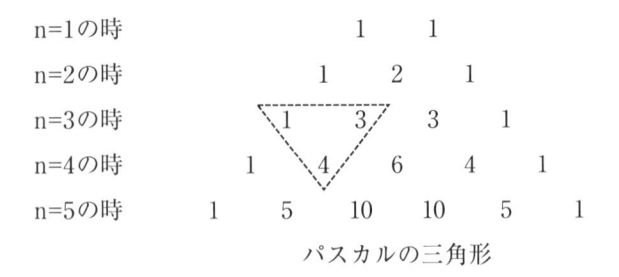

2行目以降はどの数字も前行の最寄の2つの数の和である。例えば4行目の最初の4は3行目の1番目と2番目の数字の和である。すなわち1 + 3 = 4。

一般に次の等式が成り立つ：

$$(a+b)^n = {}_nC_0 a^{n-0}b^0 + {}_nC_1 a^{n-1}b^1 + {}_nC_2 a^{n-2}b^2 + \cdots$$
$$+ {}_nC_k a^{n-k}b^k + \cdots + {}_nC_{n-1} a^1 b^{n-1} + {}_nC_n a^0 b^{n-0}$$
$$= \sum_{k=0}^{n} {}_nC_k a^{n-k}b^k \tag{8-1}$$

上の式を当てはめて、$(a+b)^2 = a^2 + 2ab + b^2$ を考えてみよう。

$$(a+b)^2 = {}_2C_0 a^{2-0}b^0 + {}_2C_1 a^{2-1}b^1 + {}_2C_2 a^{2-2}b^2$$
$$= {}_2C_0 a^2 b^0 + {}_2C_1 a^1 b^1 + {}_2C_2 a^0 b^2$$
$$= {}_2C_0 a^2 + {}_2C_1 a^1 b^1 + {}_2C_2 b^2$$

また、$\displaystyle {}_2C_0 = \frac{2!}{0!(2-0)!} = \frac{2!}{0!2!} = 1$

$\displaystyle {}_2C_1 = \frac{2!}{1!(2-1)!} = \frac{2!}{1!1!} = 2$

$\displaystyle {}_2C_2 = \frac{2!}{2!(2-2)!} = \frac{2!}{2!0!} = 1$

従って、$(a+b)^2 = 1a^2 + 2ab + 1b^2$

第8章 ● よく見かけるもう1つの分布—二項分布

3 二項分布

数式8−1において、aをqに置き換え、bをpに置き換え、pを成功の確率、qを失敗の確率とした時、つまり、二分化された状態でp+q=1の時、次の式が成り立つ。

$$(q + p)^n = {}_nC_0\, q^{n-0}p^0 + {}_nC_1\, q^{n-1}p^1 + {}_nC_2\, q^{n-2}p^2 + \cdots$$
$$+ {}_nC_k\, q^{n-k}p^k + \cdots + {}_nC_{n-1}\, q^1 p^{n-1} + {}_nC_n\, q^0 p^{n-0}$$
$$= \sum_{k=0}^{n} {}_nC_k\, q^{n-k}p^k \qquad (8-2)$$

この時 q+p=1の条件を満たすものとする。 $\qquad(8-3)$

この式をn = 2でp = q = 1/2の場合にあてはめてみると**図8−2**(前述の図8−2と同じ)のようになる。

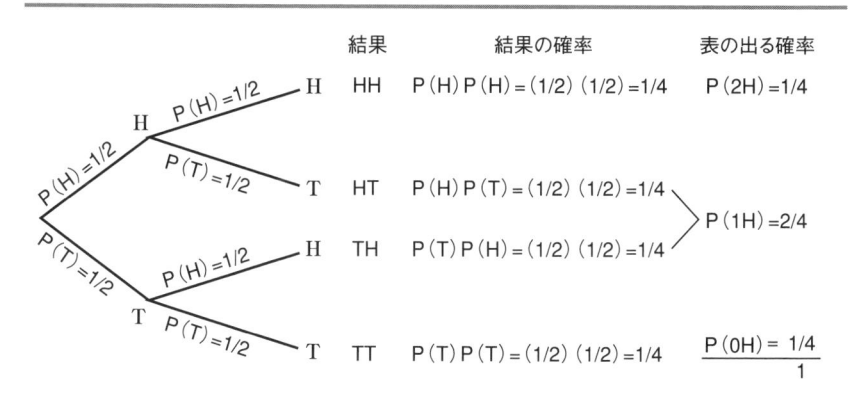

	結果	結果の確率	表の出る確率
H — H — H	HH	P(H)P(H) = (1/2)(1/2) = 1/4	P(2H) = 1/4
H — T	HT	P(H)P(T) = (1/2)(1/2) = 1/4	P(1H) = 2/4
T — H	TH	P(T)P(H) = (1/2)(1/2) = 1/4	
T — T	TT	P(T)P(T) = (1/2)(1/2) = 1/4	P(0H) = 1/4 / 1

図 8-2

$$(q+p)^2 = {}_2C_0\, q^{2-0}p^0 \quad + \quad {}_2C_1\, q^{2-1}p^1 \quad + \quad {}_2C_2\, q^{2-2}p^2$$
$$= \frac{2!}{0!2!} q^2 p^0 \quad + \quad \frac{2!}{1!1!} q^1 p^1 \quad + \quad \frac{2!}{2!0!} q^0 p^2$$
$$= 1(1/2)^2(1/2)^0 \quad + \quad 2(1/2)^1(1/2)^1 \quad + \quad 1(1/2)^0(1/2)^2$$
$$= 1/4 \quad + \quad 1/2 \quad + \quad 1/4$$

一般にn回試行のうちk回成功する確率は次の式で表わされる。

$$P(k) = {}_nC_k \, q^{n-k} p^k \qquad (8-4)$$

上記の確率をすべての可能なkに関して得た時、その全体の確率分布を二項分布という。

例題 4

式 (8-4) を用いて、例題3に答えなさい。

解答

n=3でp=q=1/2の時、式 (8-2) は次のようになる。

$$\begin{aligned}
(q+p)^3 &= {}_3C_0 \, q^{3-0}p^0 + {}_3C_1 \, q^{3-1}p^1 + {}_3C_2 q^{3-2}p^2 + {}_3C_3 \, q^{3-3}p^3 \\
&= \frac{3!}{0!3!} q^3 p^0 + \frac{3!}{1!2!} q^2 p^1 + \frac{3!}{2!1!} q^1 p^2 + \frac{3!}{3!0!} q^0 p^3 \\
&= 1(1/2)^3 (1/2)^0 + 3(1/2)^2 (1/2) + 3(1/2)(1/2)^2 + 1(1/2)^0 (1/2)^3 \\
&= \frac{1}{8} + \frac{3}{8} + \frac{3}{8} + \frac{1}{8} = 1
\end{aligned}$$

従って、表が0回、1回、2回、3回出る確率はそれぞれ次のようになる。

$$P(0H) = {}_3C_0 \, q^3 p^0 = 1/8 \qquad P(1H) = {}_3C_1 \, q^2 p^1 = 3/8$$
$$P(2H) = {}_3C_2 \, q^1 p^2 = 3/8 \qquad P(3H) = {}_3C_3 \, q^0 p^3 = 1/8$$

これは図8-3と一致している。

例題 5

a) $(q+p)^{10}$ が展開された時、$q^0 p^{10}$ 及び $q^1 p^9$ のそれぞれの係数を求めなさい。
b) 個々の投資の成功する確率が $p = 0.5$ であるような投資機会が10あり、個々の結果はお互いに統計的に独立であるとする。上記の方法を用い、9以上成功する確率を求めなさい。

> **解答**

$$(q + p)^{10} = \ldots + {}_{10}C_8 \, q^{10-8}p^8 + [{}_{10}C_9 \, q^{10-9}p^9 + {}_{10}C_{10} \, q^{10-10}p^{10}]$$

$$= \ldots + \frac{10!}{8!2!} q^2 p^8 + \left[\frac{10!}{9!1!} q^1 p^9 + \frac{10!}{10!0!} q^0 p^{10}\right]$$

$$= \ldots + [10(1/2)^{10} + 1(1/2)^{10}]$$

$$= \ldots + \left[\frac{10}{1024} + \frac{1}{1024}\right]$$

a) $q^0 p^{10}$ 及び $q^1 p^9$ の係数は、それぞれ1と10である。

b) 9以上の投資が成功する確率は、

$$P(k \geq 9) = P(k=10) + P(k=9)$$

$$= {}_{10}C_{10} \, q^0 p^{10} + {}_{10}C_9 \, q^1 p^9$$

$$= 1(1/2)^0 (1/2)^{10} + 10(1/2)^1 (1/2)^9$$

$$= \frac{10}{1024} + \frac{1}{1024} = \frac{11}{1024} = 0.0107$$

図8−4、8−5、8−6、8−7は、二項分布でnとpが変化すると分布はどう変化するかを示している。

成功の確率がp=0.1であると想定すると、失敗する確率はq=1−p=0.9である。前に見たように、n回試行してk回成功する確率は次の式で与えられる。

$$P(k) = {}_nC_k \, q^{n-k} p^k \tag{8−4}$$

この式を用い、n = 1 でp = 0.1の時の二項分布を検証してみる。

成功が0回の確率は、

$$P(k=0) = {}_1C_0 \, (0.9)^1 (0.1)^0 = \frac{1!}{1!0!} (0.9)^1 (0.1)^0 = 0.9$$

成功が1回の確率は、

$$P(k=1) = {}_1C_1 \, (0.9)^0 (0.1)^1 = \frac{1!}{1!0!} (1)(0.1) = 0.1$$

上記の2つの計算から、図8−4 (a) が得られる。他の図もすべて同様にして得られる。

n=1

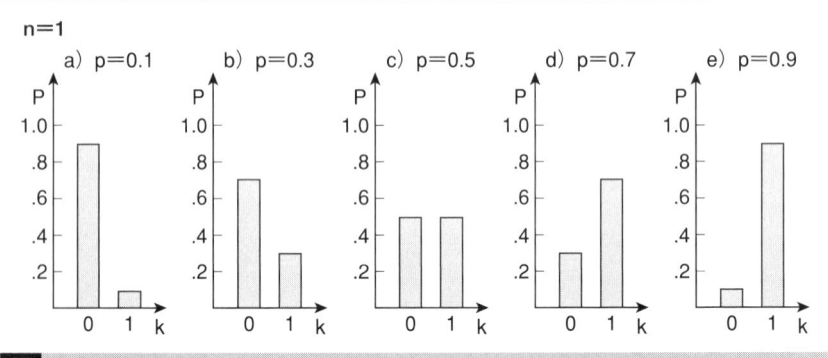

a) p=0.1　　b) p=0.3　　c) p=0.5　　d) p=0.7　　e) p=0.9

図 8-4

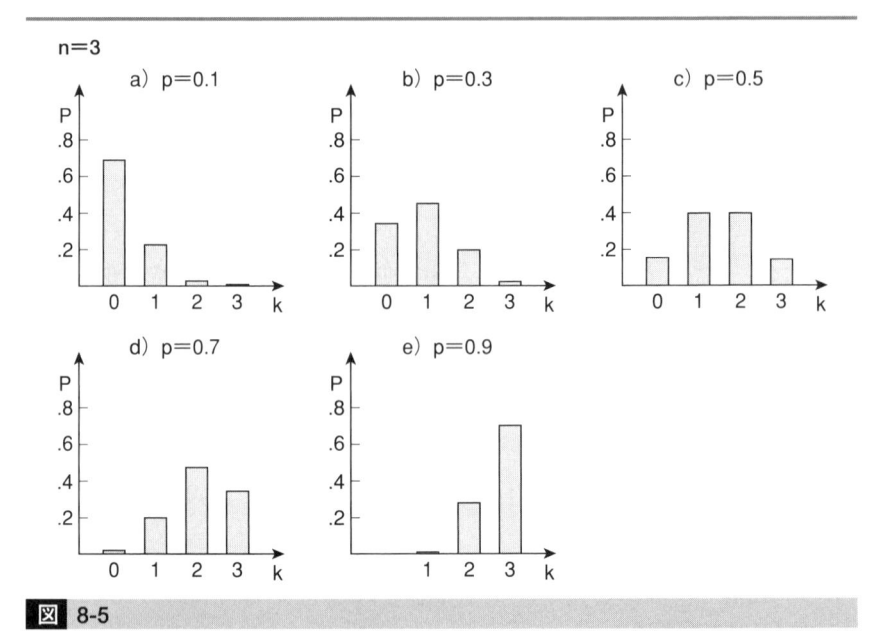

n=3

a) p=0.1　　b) p=0.3　　c) p=0.5

d) p=0.7　　e) p=0.9

図 8-5

同じように個々の成功の確率が $p = 0.1$ のとき、3回試行して0回成功する確率は、

$$P(k=0) = {}_3C_0 \,(0.9)^{3-0}\,(0.1)^0 = \frac{3!}{0!3!}\,(0.9)^3\,(0.1)^0 = (1)\,(0.9)^3\,(1) = 0.729$$

3回試行して1回成功する確率は、

$$P(k=1) = {}_3C_1 (0.9)^{3-1} (0.1)^1 = \frac{3!}{1!2!} (0.9)^2 (0.1)^1 = (3)(0.81)(0.1) = 0.243$$

3回試行して2回成功する確率は

$$P(k=2) = {}_3C_2 (0.9)^{3-2} (0.1)^2 = \frac{3!}{2!1!} (0.9)^1 (0.1)^2 = (3)(0.9)(0.01) = 0.027$$

これらの確率は二項分布表（**表8−1**参照）から簡単に得られる。二項分布表は巻末にある。

表 8-1　二項分布表（Binomial Table）

N	k	P				
		.01	.05	.10	.20	.99
1	0					
	1					
2	0					
	1					
	2					
3	0			.729		
	1			.243		
	2			.027		
	3			.001		
.	.					
.	.					

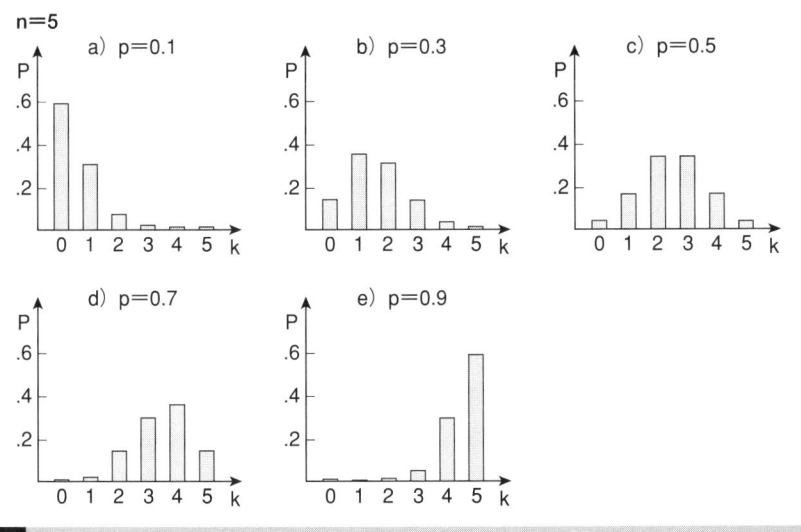

図 8-6

図8-4、8-5、8-6、8-7から、pとnの変化が二項分布にどういう影響を与えるのか、一般化することができる。

1. p < 0.5の時、分布は左に偏っている（歪んでいる）(skewed to the right)。pが0に近づくにつれて、分布はより左に偏ってくる。
2. p > 0.5の時、分布は右に偏っている（歪んでいる）(skewed to the left)。pが1に近づくにつれて、分布はより右よりになる。
3. p = 0.5の時、分布は左右対称である。
4. nが与えられている時、p = 0.1 の分布とp = 0.9の分布、またp = 0.3の分布と p = 0.7の分布は左右を逆にしたという点で対称的である。
5. p = 0.5の時、nが大きくなるにつれて、二項分布は正規分布に近づく。

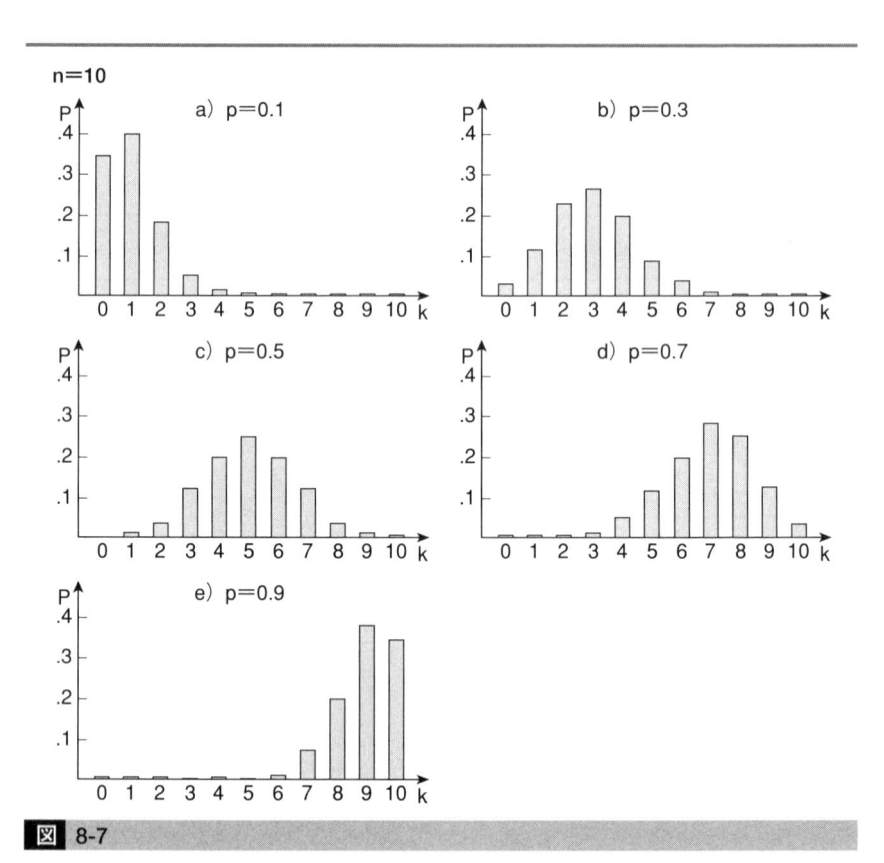

図 8-7

6. p ≠ 0.5の時でもp = 0.3 とかp = 0.7というように pがあまり0.5から離れていない時、nが大きくなるにつれ二項分布は正規分布に近づく。従って、サンプルサイズが大きな時、二項分布の近似値として正規分布を用いることができる。
7. p = 0.1 やp = 0.9 というようにpが0や1に近い時、nが大きくなると、正規分布ではなく、ポアソン分布に近づく。

4 二項分布の期待値、標準偏差、及び変動係数

二項分布の期待値、標準偏差、及び変動係数は第4章、5章、6章で述べた方法で計算することができる。すなわち、

$$\text{期待値：} \mu = E(X) = \sum_{i=1}^{k} X_i P(X_i) \tag{8-5}$$

$$\text{分散：} \sigma_X^2 = E[(X-\mu)^2] = \sum_{i=1}^{k} (X_i - \mu)^2 P(X_i) \tag{8-6}$$

$$\text{標準偏差：} \sqrt{\sigma_X^2} = \sigma_X$$

$$\text{変動係数：} v = \frac{\sigma_X}{\mu} \tag{8-7}$$

しかしながら、二項分布では次のショートカット方法が便利である。
二項分布のショートカットの方法

$$\text{期待値：} \mu = np \tag{8-8}$$

$$\text{標準偏差：} \sigma = \sqrt{npq} \tag{8-9}$$

例題 6

ある投資の成功する確率がp = 0.5と仮定しよう。その投資が行われた時、期待成功数及びその標準偏差を求めなさい。

解答

表8−2のような表を作成する。

表 8-2

成功数 (X_i)	確率 $P(X_i)$	$X_i P(X_i)$	$X_i - \mu$	$(X_i - \mu)^2$	$(X_i - \mu)^2 P(X_i)$
0	1/2	0×1/2=0	0−1/2=1/2	1/4	1/8
1	1/2	1×1/2=1/2	1−1/2=1/2	1/4	1/8
		$\mu = 1/2$			

期待成功数は

$$\mu = E(X_i) = \sum X_i P(X_i) = 0 \times 1/2 + 1 \times 1/2 = 1/2$$

成功数の標準偏差は

$$\sigma_X = \sqrt{\sum (X_i - \mu)^2 P(X_i)} = \sqrt{1/8 + 1/8} = \sqrt{1/4} = 1/2$$

ショートカット法を用いると、より簡単に同じ答えが得られる。

$$\mu = np = (1)(1/2) = 1/2$$
$$\sigma_X = \sqrt{npq} = \sqrt{1(1/2)(1/2)} = \sqrt{1/4} = 1/2$$

変動係数は

$$v = \frac{\sigma_X}{\mu} = \frac{1/2}{1/2} = 1$$

例題 7

成功する確率がそれぞれ0.5の2つ投資があり、それぞれの結果は統計的に独立しているとする。期待成功数とその標準偏差を求めなさい。

解答

まず表8−3のような表を作成する。

期待成功度数は

$$\mu = E(X_i) = \sum X_i P(X_i) = 1$$

表 8-3

成功数 (X_i)	確率 $P(X_i)$	$X_i P(X_i)$	$X_i - \mu$	$(X_i - \mu)^2$	$(X_i - \mu)^2 P(X_i)$
0	$_2C_0 q^{2-0} p^0 = 1/4$	0	-1	1	1/4
1	$_2C_1 q^{2-1} p^1 = 1/2$	1/2	0	0	0
2	$_2C_2 q^{2-2} p^2 = 1/4$	2/4	$+1$	1	1/4
		1			1/2

成功度数の標準偏差は

$$\sigma_X = \sqrt{\sum (X_i - \mu)^2 P(X_i)} = \sqrt{1/2} = 0.7071$$

ショートカット法によると、

$$\mu = np = (2)(1/2) = 1$$

$$\sigma_X = \sqrt{npq} = \sqrt{2(1/2)(1/2)} = \sqrt{1/2} = 0.7071$$

変動係数は、

$$v = \frac{\sigma_X}{\mu} = \frac{0.7071}{1} = 0.7071$$

例題 8

前と同じ条件で3つの投資があるとする。成功数の期待値及びその標準偏差を求めなさい。

解答

まず**表8-4**のような表を作成する。

表 8-4

成功数 (X_i)	確率 $P(X_i)$	$X_i P(X_i)$	$X_i - \mu$	$(X_i - \mu)^2$	$(X_i - \mu)^2 P(X_i)$
0	$_3C_0 q^{3-0} p^0 = 1/8$	0	$-3/2$	9/4	9/32
1	$_3C_1 q^{3-1} p^1 = 3/8$	3/8	$-1/2$	1/4	3/32
2	$_3C_2 q^{3-2} p^2 = 3/8$	6/8	$+1/2$	1/4	3/32
3	$_3C_3 q^{3-3} p^3 = 1/8$	3/8	$+3/2$	9/4	9/32
		12/8			24/32

この表から期待成功数とその標準偏差は、

$$\mu = E(X_i) = \sum X_i P(X_i) = 12/8 = 1.5$$

$$\sigma_X = \sqrt{\sum (X_i - \mu)^2 P(X_i)} = \sqrt{24/32} = \sqrt{3/4} = \sqrt{0.75} = 0.866$$

変動係数は、

$$v = \frac{\sigma_X}{\mu} = \frac{0.866}{1.5} = 0.577$$

例題6、7、8の分布は**図8－8**に示されている。

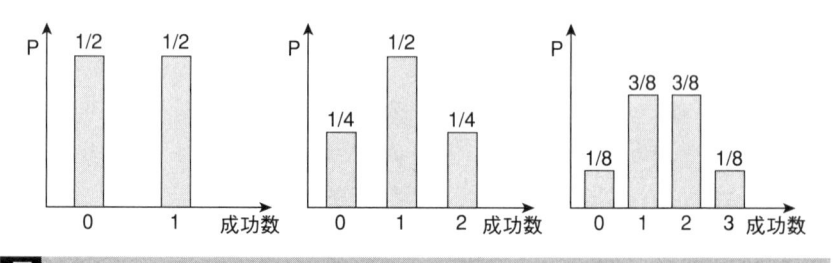

図 8-8

図8－8において、投資数が増えるにつれて、完全成功確率も完全失敗確率も著しく減ることがわかる。つまり、個々の投資の失敗する確率は1/2であるが、3つの投資が全部失敗する確率は1/8である。従って、個々の投資のリスクは高くても数多くの別々の独立の投資案件に投資するならば、投資家は安定した収益を得ることができる。これを投資の分散効果という。

この場合、投資数が増えると期待成功数も増えるし、その標準偏差も増える。こういう時、相対的なリスクは変動係数で最もよく表わされる。上記の場合、投資数が1、2、3と増えていくにつれて、変動係数は1から0.7071へと減り、さらに0.577になる。

これは、相対的リスクが投資数が増えるにつれて下がっていくことを示している。

練習問題

問題 1

サイコロを3回投げた時、(a) 2の目が1回でる確率、(b) 2の目が2回でる確率、(c) 2の目が3回でる確率を求めなさい。

問題 2

ブランドAのタイヤが25,000マイル走る前にパンクする確率は0.1である。それでは、(a) 1つのタイヤ、(b) 2つのタイヤ、(c) 3つのタイヤが、それぞれ25,000マイル走る前にパンクする確率を求めなさい。

問題 3

成功する確率が$p=0.2$の投資機会が5つあり、それぞれの投資の結果は統計的に独立であるとする。それらの5つのうち、3つかそれ以上の投資が成功する確率はいくらか。

問題 4

機械が管理下にあるならば、特定の製造工程から出て来るラジオの不良率は0.01であるのが知られている。10個のランダムサンプルを取った時、4個以上不良品が出る確率はいくらか。

　ヒント：$P(K \geq 4) = 1 - [P(k=0) + P(k=1) + P(k=2) + P(k=3)]$

問題 5

ある公認会計士事務所がテレビ製造会社の会計帳簿を監査している。彼らが、ある大量の在庫の記録から100個のランダムサンプルを選んで調べたとき、そのうち10個が不良品で販売不可能なものであった。そのテレビ製造会社は在庫の1%しか不良率はないと主張している。

a) 会社の主張が正しいならば、1個以上の不良品が出て来る確率はいくらか。

　ヒント：$P(K \geq 1) = 1 - P(k=0)$

b）会社の主張が正しいならば、2個かそれ以上の不良品が出て来る確率はいくらか。

c）同様に4個かそれ以上不良品が出て来る確率はいくらか。

問題 6

a）$(q + p)^{12}$ が展開された時、それぞれ $q^0 p^{12}$ 及び $q^1 p^{11}$ の係数を求めなさい。

b）南カリフォルニアで12個の不動産投資の機会があるとして、それぞれの成功確率は8割（P=0.8）（成功は投資利回りが年率20％以上とする）で、それぞれの投資は統計的に独立であるとする。この場合11個かそれ以上成功する確率を求めなさい。なお $(0.8)^{11} = 0.0858783$ で $(0.8)^{12} = 0.0687361$ である。

問題 7

上記の6番の問題で成功期待数及び成功数の標準偏差を求めなさい。

問題 8

a）$(q + p)^8$ が展開された時、それぞれ $q^0 p^8$ 及び $q^1 p^7$ の係数を求めなさい。

b）南カリフォルニアで8個の不動産投資の機会があるとして、それぞれの成功確率は6割（P=0.6）（成功は投資利回りが年率20％以上とする）で、それぞれの投資は統計的に独立であるとする。この場合7個かそれ以上成功する確率を求めなさい。

問題 9

それぞれ成功の確率が0.8であるような、そして同額の投資を必要とする20個の投資機会があるとする。さらに、それらの投資の結果はお互いに統計的に独立であると仮定する。期待成功数及び成功数の標準偏差を求めなさい。

問題 10

ある銀行は平均10％の不良債権を抱えている。もしもその銀行がある月に20件の貸付をしたならば、

a) その内の不良債権がゼロである確率はいくらか。
b) その内の不良債権がゼロか、または1件のみである確率はいくらか。

問題 11

a) $(q + p)^{15}$ が展開された時、それぞれ q^0p^{15} 及び q^1p^{14} の係数を求めなさい。
b) サイコロを15回投げて金を賭けるゲームをしたとしよう。6の目が1回かゼロ回しか出ない確率はいくらか。

問題 12

a) 20個の物から5個のサンプルを非復元抽出法（一度あるものが選ばれたら、その物は元の20個のグループに戻してはいけないサンプルの取り方）で選んだならば何通りの異なる選び方があるか。
b) すべてのサンプルセットが同じ確率で選ばれるならば、ある特定のサンプルセットが選ばれる確率はいくらか。

問題 13

a) ある選択式の試験は20題質問があって、それぞれの質問には5つの可能な答えがある。ある生徒がでたらめに答えたとして、何通りの異なる回答があるか。
b) もしある学生がでたらめに答えたとして、
  1) 答えが20問とも正しい確率はいくらか。
  2) 答えが少なくとも19問正しい確率はいくらか。

問題 14

a) マルバツ式の問題が20題ある試験があるとしよう。ある学生がでたらめに答えたら、何通りの異なる答え方があるか。
b) ある学生がでたらめに答えたならば、
  1) 学生の答えが全部正しい確率はいくらか。
  2) 学生の答えが19個正しい確率はいくらか。

第9章 1を聞いて10を知る方法 ——サンプリング論

1. サンプル、ユニバース、フレーム

サンプリング論

　サンプリング論は標本抽出論ともよばれ、調査対象の全体の集団（universe、母集団）からその一部のサンプル（sample、標本）を取り出し、サンプルを調べることによりサンプル平均やサンプル標準偏差を導き出し、全調査対象（universe、母集団）の平均値や標準偏差等の特性値を推定する理論である。

ユニバース（母集団）

　調査を始める調査対象の全体のグループをいう。ユニバースの例としては、「日本で昨年C型肝炎にかかった人」とか、「新宿区に在住し、昨年XXX書店から本を買った人」とか、「名古屋市に在住し、本年4月現在で2人以上の子供を持つ女性」とか、「A自動車会社のB工場で過去3年間に生産されたC型乗用車」とか、「毎年日本に渡ってくる白鳥」等がある。多くの場合、そのユニバースの特性値を得たいのだが、全数を調べることが不可能だったり、また、可能であっても非常に時間も費用も労力もかかる場合が多い。こういう場合はサンプルを取る。

フレーム（枠）

ユニバースからサンプルを取ろうとする時、ユニバース全体を把握できないことが多い。そういう場合はユニバースの一部であって、ユニバースを最もよく代表し、全数が個々の抽出単位として識別できる集団からサンプルを取ることになる。これをフレームという。たとえば「日本で昨年Ｃ型肝炎に罹った人」がユニバースの場合、全数はつかめない。全数に最も近いものは病院や診療所の記録である。この全数がフレームである。サンプルはそこからしか取れない。

もしフレームが全数のごく一部である時は、そこから取ったサンプルはユニバースの良い代表値としては見なせない場合が多い。そういう状況の時は但し書きをつけたりして、間違った判断を導くことを避けたい。以下この章ではユニバースはフレームと同じであり、ユニバース全体からサンプルが取れるものと仮定する。

> **吉田の法則 9-1** ユニバースからサンプルを取る時、フレームが何であって、それがユニバースを十分に代表しているかを知る必要がある。もし、フレームがユニバースのかたよった一部でしかない時は、そこからランダム・サンプルを取ってもユニバースを代表していないことになる。たとえば、これは人から聞いた話だが、第二次大戦後、米国の大統領選挙でデューイとトルーマンが争った時、選挙当日の直後の電話調査ではデューイに投票したという人が圧倒的に多かったので、シカゴ・デイリー・トリビューンは一面大見出しで、「デューイ勝利！」と報じたが、デューイという大統領は誕生しなかった。これは当時電話を持っている有権者はごく一部で、裕福な階級であり、それらの人は当然共和党のデューイに投票する確率の高いグループであった。したがって、電話所有者というグループは全体の有権者の特殊なごく一部であり、そこからサンプルをとっても、全体を適切に表すことにはならなかったのである。

2 ● 列挙的調査と分析的調査

　ユニバースの特性値を推測するためにサンプルを取って調査する。調査には目的によって2種類の調査がある。列挙的調査と分析的調査である。

　列挙的調査：推測の対象はユニバースの特性値である。たとえば現在特定の倉庫にあるテレビをしらべてその品質を決定したいとする時、その調査は列挙的調査である。なぜなら、その調査は倉庫に現在あるテレビという有限母集団からサンプルを取ってその特性値を決定するので、その結論は現在倉庫にあるテレビ以外のものに適用することはできない。

　分析的調査：ユニバースの基本的法則やユニバースを過去に作り出したシステムの根元的原因を調べ、将来のユニバースを予測することを目的とする。たとえば、生産工程からテレビを取り出して、工程の作り出す品質を決定しようとする時、今日まで生産したテレビの品質だけではなく、将来生産するテレビの品質を予測することも重要な目的に入っている。こういう調査を分析的調査という。

3 ● ランダム・サンプリング（無作為抽出法）

　ユニバースのなかの各要素（各成員）が同じ確率でサンプルに選ばれる時、それをランダム・サンプリングという。実務上は、乱数表というものが確立されているので、それを用いてサンプルを選ぶのをランダム・サンプリングという。

　ランダム・サンプリングは、でたらめにサンプルをとることと考えられがちであるが、そうではなく、厳格なサンプリングのプロセスに従わなければならない。つまりフレームのなかの各成員が同じ確率で選ばれるようにしなければならない。袋に数字を書いたチップを入れておき、よくかき混ぜてチップを取るという方法があるが、たとえば、17、18、19，20というような数字が連続して出てきたら、これはよく混ぜなかった結果だと思うだろう。では、よく混ぜたのとよく混ぜなかったのとの区別はどこで付けるかとなると、大変難しい問

題である。また、円形の、数字を書いた文字盤をぐるぐる回して矢を投げるダーツで、選ぶ数字を決める場合でも、特定の数字がやたらと多く出てきた場合、その適切性が疑われるであろう。かように、すべての物理的道具は問題があったり、実際に使うのが面倒だったりする。したがって、簡便で、誰にでもできて、信頼のおける乱数表を用いてサンプルを選ぶのが最もよく使われている方法である。

　たとえば、ユニバースに300のデータがあるとして、それから、10個のサンプルを選ぶことを考えよう。まず300の項目をならべて、はじめから番号を付ける。したがって、各項目は番号で表わされる。乱数表のどこからはじめてもよいのだが、ここでは(6)列目で41行目の数字からはじめよう。乱数表は巻末にある。3桁しか必要ではないので、下3桁を用いる。最初の数字は477で、300より大きいから無視し、次（下）に行く。残った数字は032、072。(6)列目の50行目までいったら、(7)列目に行く、179、194、149、229、087、222、290、115。これが300のデータからランダム・サンプリングで10個選んだ結果である。これらの番号の付いたデータをサンプルとして選ぶ。

例題 1

　ロサンゼルスの小企業調査の一環として、電話帳のタウンページに載っている1624軒の魚料理のレストランから10軒のランダム・サンプルを選ぶ。各レストランに番号を付け、乱数表を用い10軒を選んだとしたら、どの10軒になるか。なお、乱数表の第2列、第66行、即ち、0742から始めよ。

解答

　0742、1199、0225、0362、0331、1223、1221、1482、0795、1111

　なお大量のデータからかなり多数のサンプルを選ぶ時は、最初の数字を選ぶ時だけ乱数表を用い、後は、機械的に選ぶ方法を一般に取る。たとえば、100万個のデータから1万個のサンプルを選ぶ時、これは全体の1%であることに注目し、乱数表で下2桁の数字を一つ選ぶ。たとえば乱数表の1行目で5列目の

下2桁の数字を用いると47である。そうすると1番目のサンプルは47でそれ以後100番ずつとんで自動的に数字を選ぶ。すなわち、47、147、247、347・・・・・というように選んでいく。

4 サンプル平均とサンプル標準偏差

ユニバースの平均や標準偏差を推定するために、サンプルを取りサンプル平均（標本平均）とサンプル標準偏差（標本標準偏差）を計算する。公式は次の通りである。

サンプル平均

$$\bar{X} = \frac{\sum_{i=1}^{n} X_i}{n} \quad (9-1)$$

これは、サンプルの観察値をすべて足して、観察値数で割るという意味だが、サンプル平均はμではなく$\bar{X}$（エックス・バーと読む）で表す。また、大文字のNがユニバースのデータ数を表すのに対して、サンプル数は小文字のnを用いることに注意。

サンプル標準偏差

$$S = \sqrt{\frac{\sum_{i=1}^{n} (X_i - \bar{X})^2}{n-1}} \quad (9-2)$$

ユニバースの標準偏差がσで表されたのに対して、サンプルの標準偏差はSで表される。また、σではμからの平均的な距離を求めたのに対し、ここではμは未知数なので、$\bar{X}$で代用する。そのため分母はnではなくn-1で割る。なぜn-1で割るかについては難しい議論があるが、直感的な説明を後述する。

ユニバースの平均や標準偏差がわからない時はサンプル平均やサンプル標準偏差で代用する。しかし、ユニバースの平均や標準偏差とサンプルの平均や標準偏差の違いを認識することは重要である。一般にユニバースの特性値はμとかσのようにギリシャ文字で表されるのに対し、サンプルでは$\bar{X}$とかSのよう

なローマ字で表される。

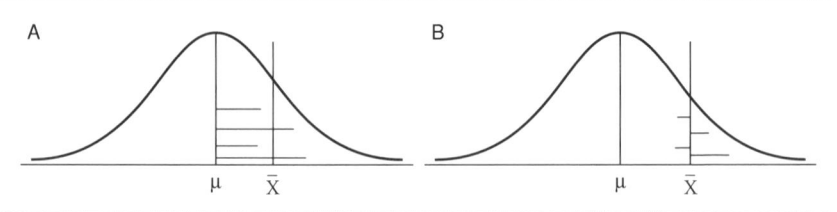

図 9-1 Sとσとの違い

図9−1はサンプル標準偏差の場合、なぜデータの数nで割らずにn−1で割るかに関して直感的な説明をしようとするものである。図9−1では全体の分布の平均がμである時4つのデータをサンプルとして取った状態を図示してある。A図においてはこれらの4つのデータのμからの距離が4本の水平線として図示してある。B図においては4つのデータのサンプル平均$\bar{X}$からの距離が示してある。

A図とB図を比較して分かるように、これらの距離の二乗の和は常にBのほうが小さい。つまりB図においては、$\bar{X}$はデータがある所の近くに動いてくる分だけ、データからの距離が短い。したがって、次の不等式が成り立つ。

$$\sum_{i=1}^{n}(X_i-\bar{X})^2 \;<\; \sum_{i=1}^{n}(X_i-\mu)^2$$

この差を修正するために小さい分子を小さい分母で割ると、

$$\frac{\sum_{i=1}^{n}(X_i-\bar{X})^2}{n-1} \;\text{と}\; \frac{\sum_{i=1}^{n}(X_i-\mu)^2}{n} \;\text{は近似的となる。}$$

したがって

$$S=\sqrt{\frac{\sum_{i=1}^{n}(X_i-\bar{X})^2}{n-1}} \;\text{と}\; \sigma=\sqrt{\frac{\sum_{i=1}^{N}(X_i-\mu)^2}{N}} \;\text{は近似的である。}$$

例題 2

次の表は多数の工場作業員の中から選ばれた10人の日給である。

日給	$50 \leq x < 60$	$60 \leq x < 70$	$70 \leq x < 80$
人数	3	4	3

(単位:ドル)

サンプル平均及びサンプル標準偏差を計算しなさい。

解答

まず**表9-1**のような計算表を作成する。

表 9-1　$\bar{X}$とSの計算表

(1)	(2)	(3)	(4)	(5)	(6)	(7)
日給	階級値 X_i	人数 f_i	(2)×(3) $X_i f_i$	中心からの距離 $(X_i - \bar{X})$	(5)² $(X_i - \bar{X})^2$	(6)×(3) $(X_i - \bar{X})^2 f_i$
$50 \leq x < 60$	55	3	165	−10	100	300
$60 \leq x < 70$	65	4	260	0	0	0
$70 \leq x < 80$	75	3	225	10	100	300
		10	650			600
		$\sum f_i = n$	$\sum X_i f_i$			$\sum (X_i - \bar{X})^2 f_i$

表9-1の数字を公式 (9-3) 及び (9-4) に代入する。

サンプル平均

$$\bar{X} = \frac{\sum X_i f_i}{n} \qquad (9\text{-}3)$$

$$= \frac{650}{10} = 65$$

サンプル標準偏差

$$S = \sqrt{\frac{\sum (X_i - \bar{X})^2 f_i}{n-1}} \qquad (9\text{-}4)$$

$$= \sqrt{\frac{600}{10-1}} = \sqrt{\frac{600}{9}} = \sqrt{66.6} = 8.16$$

例題 3

ある大会社からとったサンプルの29人の従業員の年収は、次の通りであった。

年収 (X_i)	6	7	8	9	10
人数	3	5	10	7	4

(単位:千ドル)

サンプル平均及びサンプル標準偏差を求めよ。

解答

まず元のデータから平均の推定値である8を引き、表9-2のようなショートカット計算表を作成する。このショートカットの計算法は第5章の第4節で学んだ方法と殆ど同じであるので参照して頂きたい。

表 9-2 $\bar{X}$とSのショートカット計算表

(1)	(2)	(3)	(4)	(5)
X_i	f_i	$X_i f_i$	X_i^2	$X_i^2 f_i$
-2	3	-6	4	12
-1	5	-5	1	5
0	10	0	0	0
$+1$	7	7	1	7
$+2$	4	8	4	16
	29	4		40
	$\sum f_i$	$\sum X_i f_i$		$\sum X_i^2 f_i$

$$\bar{X}' = \frac{\sum_{i=1}^{k} X_i f_i}{n} = \frac{4}{29} = 0.138$$

$$\bar{X} = X_0 + \frac{\sum_{i=1}^{k} X_i f_i}{n} = 8 + 0.138 = 8.138$$

表9-2から得られた数字をSのショートカット式 (9-5) に代入する。

$$S = \sqrt{\frac{\sum_{i=1}^{k} X_i^2 f_i}{n-1} - \frac{(\sum_{i=1}^{k} X_i f_i)^2}{n(n-1)}} \qquad (9-5)$$

$$= \sqrt{\frac{40}{28} - \frac{(4)^2}{(29)(28)}} = \sqrt{1.4285714 - 0.0197044}$$

$$= \sqrt{1.408867} = 1.186957$$

5 標本平均の分布（サンプリング分布）

標本平均の分布（サンプリング分布ともいう）の概念は最も重要な統計学の概念の一つで、統計的推論においての必要不可欠な基礎となるので、繰り返して読んで頂きたい。

まず大事なのはこれは$\bar{X}$の分布であって、Xの分布ではないということである。今まではずっとXの分布を扱っていたが、ここでは変数自体が$\bar{X}$であることに注目する必要がある。図示すると**図9-2**のようになる。この図でわかるように、元の分布ではXの標準偏差（σ_X）であるのに対して、サンプル平均の分布では$\bar{X}$の標準偏差（$\sigma_{\bar{X}}$）となる。中心もμが$\bar{\bar{X}}$（エックス・ダブルバーと読む）となる。

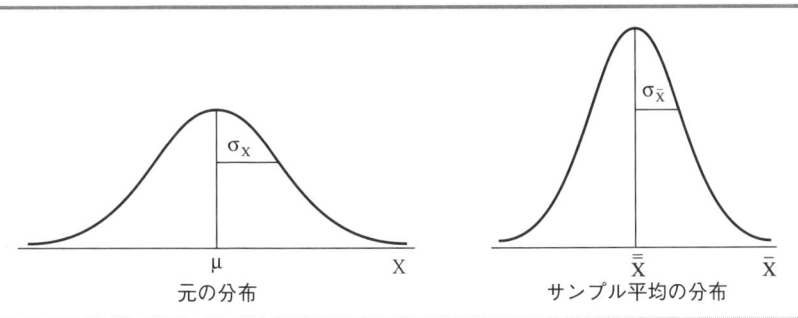

図 9-2 元のXの分布とサンプル平均$\bar{X}$の分布

この2つの分布の関係を理解するために次の例を考えてみよう。

まず50人の学生が統計の試験を受けたとする。この50人の試験の点数表か

ら5人をランダムに取り出して平均を計算する。

$$\bar{X}_1 = \frac{X_1+X_2+X_3+X_4+X_5}{5}$$

元の50人の点数表から、もう一度、新たに5人サンプルを取り平均値を計算する。この5人の中には前に選ばれた人が入ることもある。

$$\bar{X}_2 = \frac{X_1+X_2+X_3+X_4+X_5}{5}$$

サンプル・サイズは小文字のnで表されるから、この例ではn＝5となる。また、ユニバースのサイズは大文字のNで表されるので、N＝50である。

これを30回繰り返したらどういう分布ができるだろうか。つまり30個の$\bar{X}_i$ができる。これらをデータと見なし、ヒストグラムにしたと考えて見よう。それが標本平均の分布と言われるもので、ここで問題としている分布である。

この分布はどんな分布をしているだろう。まず5個のX_iの平均だから高い数字もあれば低い数字もあるが、お互いに相殺し合って5個の平均は全体の平均に近づくということは容易に想像できる。つまりこれらの30個のデータは元の分布よりも中心に近く固まる。したがって、$\sigma_{\bar{X}} \leq \sigma_X$ となるであろう。それに、これら30個の$\bar{X}_i$を全部足して30で割ったもの（$\bar{\bar{X}}$）はいわば平均の平均となり、μに非常に近い数字となり、事実上$\bar{\bar{X}} = \mu$と見なしてよいことも理解できる。ここでは30回繰り返したのだが、これを無数回繰り返したなら、$\bar{\bar{X}}$は限りなくμに近づくことになる。

$$\bar{\bar{X}} = \frac{\bar{X}_1+\bar{X}_2+\bar{X}_3+........+\bar{X}_{30}}{30}$$

これらのことを考慮に入れて、元の分布と標本平均の分布は一般的には図9－3のような関係になる。

以上のことからいえるのは、個々のデータが非常に広くばらついていても、サンプルの個々の平均値はかなりμに近く、それだけμの代表値としては信頼性が高いことを示している。たとえば日本人の男性の大人の背の高さは、個々の人によってかなりばらつきがあるが、サンプル・サイズ1000人の平均の背の高さは何回サンプルを取ってもほとんど同じであり、男性全員の平均とごく

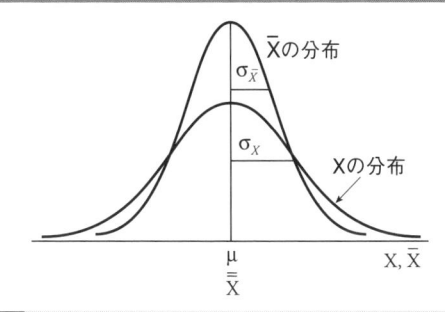

図 9-3　元の分布と標本平均の分布の関係

近いものといえる。

次にサンプル・サイズの標本平均に対する影響を考えてみよう。

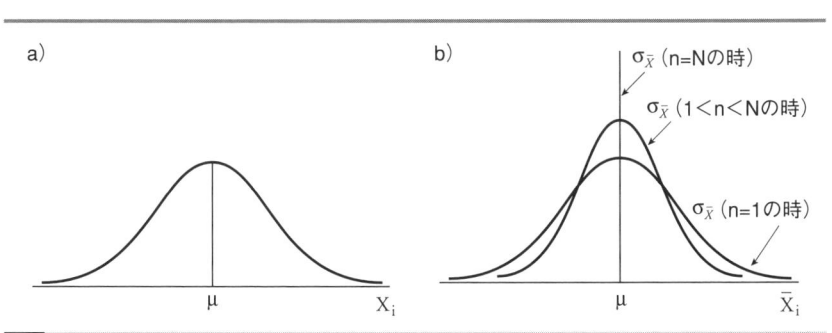

図 9-4　サンプル・サイズの標本平均分布への影響

前述の50人の学生が統計の試験を受けた時の例を考えて見よう。この例ではN＝50、そしてこのクラスの平均点が70点であると仮定しよう。この50人がユニバースであるとして、そこからサンプルを取る。

まず、サンプル・サイズがn＝50の時、すなわち、毎回50人の点をサンプルとして、平均値を出す。第1回目のサンプルの平均は当然70点となる。第2回目にこの同じ50人からサンプル・サイズn＝50をとり平均値を計算すると、また、70点となる。これを何回繰り返しても、サンプル平均は70点となる。つまり、$\bar{X}_1 = \bar{X}_2 = \bar{X}_3 = \cdots\cdots\cdots = \bar{X}_{100} = 70$ となり、これをヒストグラムとして表すと、ばらつきの全くない一本の垂直な線となる。

次にサンプル・サイズを49にした場合を考えて見よう。即ち、n＝49である。毎回50人中49人の人をサンプルにとり平均値を計算する場合を考えて見よう。そうすると、多少ばらつきは出てくるが50人中49人の点が入れば、ほとんど平均は変わらないことも容易に想像できる。こういう風に考えて見るとサンプル数が減れば減るほど$\bar{X}_i$のばらつきは大きくなることがわかる。最終的にサンプル・サイズが1になった時の分布はどうなるかを考えて見よう。結論から先に言うと、この分布は元の分布と同じ分布になる。たとえば図9－4のa）の元の分布で40点以下の人が10％いたとしよう。その場合、サンプル・サイズ1のサンプルを取るとサンプル平均はその人の点そのものということになる。つまりその人の点をサンプル・サイズ（この場合1）で割るからである。したがって、元の分布で40点以下の人が10％いたならば、サンプル平均（標本平均）の値も10％の場合において40点以下になる。また、もしも100点の人が50人中1人いたならば（つまり2％）、サンプル・サイズが1の時100点の人が選ばれる確率は2％である。つまりサンプル・サイズ1を取ったサンプル平均の分布は元の分布と同一の分布となる。

以上の議論からわかることは、サンプル平均の分布はサンプル・サイズが1の時一番ばらつきが広く元の分布と同じであるが、サンプル・サイズが増えるにつれ、ばらつきは減っていき、ユニバース全体をサンプルとして取った場合はいつもμと同じサンプル平均となり、ばらつきはゼロになるということである。

6 中心極限定理

前節の議論から、証明なしに中心極限定理を提示すると次のようになる。

（1）平均値μおよび標準偏差σ_Xのユニバースからn個のランダム・サンプルを取って計算されたサンプル平均（$\bar{X}$）の分布は

平均値：　μ

標準偏差：　$\sigma_{\bar{X}} = \dfrac{\sigma_X}{\sqrt{n}} \sqrt{\dfrac{N-n}{N-1}}$　　（有限母集団の場合）

$$\tag{9-6}$$

$\sigma_{\bar{X}} = \dfrac{\sigma_X}{\sqrt{n}}$　　（無限母集団の場合）

$$\tag{9-7}$$

の分布となる。

(2) もしもサンプルの大きさが十分大きい時、通常30かそれ以上の時、$\bar{X}$ は、元のXの分布の如何にかかわらず、正規分布に近づく。

この中心極限定理と前節の直感的な説明を関連させて考えてみよう。まず、N＝nの時、式 (9-6) のルートの中はゼロになる。すなわち、

$$\sqrt{\frac{N-n}{N-1}} = 0 \quad となる。$$

したがって $\sigma_{\bar{X}} = 0$ となる。前節で、N＝50のユニバースからn＝50のサンプルを繰り返し取った時の分布は、ばらつきが全くない1本の垂直な線になるということと一致している。また、その反対の極限としてサンプル・サイズが1の時、すなわち、n＝1の時

$$\sqrt{\frac{N-n}{N-1}} = \sqrt{\frac{N-1}{N-1}} = 1 \quad となる。$$

また、$\sqrt{n}$ ＝1となるので、

$$\sigma_{\bar{X}} = \frac{\sigma_X}{\sqrt{n}}\sqrt{\frac{N-n}{N-1}} = \frac{\sigma_X}{\sqrt{1}}\sqrt{\frac{N-1}{N-1}} = \sigma_X \quad となる。$$

すなわち、サンプル・サイズが1の時は、標本分布は元の分布と同じになる。これも前節の議論と全く一致している。

また、前節でサンプル・サイズが大きくなるとばらつきが減り、$\sigma_{\bar{X}}$ が小さくなるということを学んだが、

$$\frac{\sigma_X}{\sqrt{n}} \quad でnが大きくなるにつれて、この分数は小さくなることが分かる。$$

一方、

$$\sqrt{\frac{N-n}{N-1}} \quad でnが大きくなると、このルート全体が小さくなることが分かる。$$

すなわち、式9-6で、

$$\sigma_{\bar{X}} = \frac{\sigma_X}{\sqrt{n}}\sqrt{\frac{N-n}{N-1}} \quad はnが大きくなるにつれて小さくなることがわかる。$$

最後に元の分布でユニバース・サイズがサンプル・サイズに比べて非常に大

きい時を考えてみよう。

まず、大きなルートを次のように変形してみよう。

ルートの分子、分母を両方ともNでわると、全体の値は変わらないので、次のように変形できる。

$$\sqrt{\frac{N-n}{N-1}} = \sqrt{\frac{1-\frac{n}{N}}{1-\frac{1}{N}}}$$

ここでNがnに比べて非常におおきな数であるとした場合、n/Nも1/Nもほとんどゼロに等しくなる。つまりルートの中は1になる。したがって、このルートは省略できる。なぜならば、何かに1をかけても何も変わらないからである。その結果、母集団のサイズがサンプル・サイズに比べて非常に大きい時は公式9-6ではなく、9-7を用いる。簡単に言えば、ユニバース・サイズが大き過ぎて、扱いに困る時は完全にユニバースは無視してよいという、非常に都合のよい便利な定理である。

以上のように、少なくとも、直感的には中心極限定理は道理にかなうものである。

7 中心極限定理の応用

中心極限定理の二番目の部分は、サンプル・サイズが30かそれ以上のとき、サンプリング分布は元の分布の如何に関わらず正規分布に近づくとある。つまり、これはサンプル・サイズさえ30以上取れば、サンプル平均の精度（誤りを犯す確率）は正規分布表（Zテーブル）を用いればすぐに得られることを意味している。

中心極限定理は、典型的にはサンプル平均がたとえば、X以下とか、Y以上とか、あるいはXとYの間というような、ある特定の範囲の数値を取る確率を決定するのに用いられる。サンプル平均が特定の範囲の数値をとる確率を決定するためには、次の公式が用いられる。

$$Z_{\bar{X}} = \frac{\bar{X}-\mu}{\sigma_{\bar{X}}} \qquad (9-8)$$

この公式は公式（7–1）と非常によく似ている。

$$Z = \frac{X-\mu}{\sigma} \qquad (7-1)$$

公式7–1では変数はXであって$\bar{X}$ではないということを考慮に入れて、もう少し正確に書きかえると$Z_X = \frac{X-\mu}{\sigma_X}$となる。ここでは変数はXであり、標準偏差もXの標準偏差であり、Z値もXのZ値であることが表されている。この式でXとある所をすべて$\bar{X}$で置き換えると式9–8となることがわかる。つまり式9–8では問題となっている変数は$\bar{X}$であり、Xではないということを強調しているが、考え方はほとんど同じである。

次の例題で、特定のユニバースからサンプルをとる時、中心極限定理がどのように応用されるかを例示しよう。

例題 4

ある非常にリスクの高い投資のリターンは平均$\mu=30\%$で標準偏差$\sigma_X=100\%$の正規分布をしている。ユニバースが非常に大きいと仮定し、サンプル・サイズが$n=400$ならば、サンプル平均が以下のような値を取る確率はいくらか。

a. 20％以下
b. 35％以上
c. 35％と100％の間
d. －20％と40％の間

解答

以下の計算に関しては**図9－5**を参照のこと。

問題で与えられているのは元の分布の情報であり、求められているのはサンプリング分布に関する情報であるから、Xの分布から$\bar{X}$の分布に変えなければならない。まず$\sigma_{\bar{X}}$を計算する。

$$\sigma_{\bar{X}} = \frac{\sigma_X}{\sqrt{n}} = \frac{100}{\sqrt{400}} = \frac{100}{20} = 5$$

第7章で学んだようにある一定の分布が与えられている時に、現在検討中の分布の変数がXであれ、$\bar{X}$であれ、それらの変数をZ値に変換しなければならない。Xや$\bar{X}$はそれぞれの問題において、センチメーターやパーセントや円やグラムというように単位の異なる変数であるが、共通の尺度であるZ値に変換することによってZテーブルを使うことができ、Xや$\bar{X}$の変数がとりうる確率を求めることができる。したがって、次にZ値を計算する。

a) $Z_{\bar{X}} = \dfrac{\bar{X} - \mu}{\sigma_{\bar{X}}} = \dfrac{20 - 30}{5} = \dfrac{-10}{5} = -2$ 0.4772

一度Z値が求められるとZテーブルを用いて、中心からそのZ値までの確率（面積）を得ることができる。この場合、常に**図9－5**のような図を描いて、どの部分の確率を求めているのかを確認する必要がある。これにより、次の確率が得られる。

P($\bar{X}$<20) = 0.5－0.4772 = 0.0228

したがって$\bar{X}$（この場合、投資のリターン）が20％以下になる確率は2.28％である。

b) $Z_{\bar{X}} = \dfrac{\bar{X} - \mu}{\sigma_{\bar{X}}} = \dfrac{35 - 30}{5} = \dfrac{5}{5} = 1$ 0.3413

P($\bar{X}$ > 35) = 0.5－0.3413 = 0.1587

c) $Z_{\bar{X}_1} = \dfrac{\bar{X}_1 - \mu}{\sigma_{\bar{X}}} = \dfrac{35 - 30}{5} = 1$ 0.3413

$Z_{\bar{X}_2} = \dfrac{\bar{X}_2 - \mu}{\sigma_{\bar{X}}} = \dfrac{100 - 30}{5} = \dfrac{70}{5} = 14$ 0.5

P(35 < $\bar{X}$ < 100) = 0.1587

d) $Z_{\bar{X}_1} = \dfrac{\bar{X}_1 - \mu}{\sigma_{\bar{X}}} = \dfrac{-20 - 30}{5} = \dfrac{-50}{5} = -10$ 0.5

$Z_{\bar{X}_2} = \dfrac{\bar{X}_2 - \mu}{\sigma_{\bar{X}}} = \dfrac{40 - 30}{5} = \dfrac{10}{5} = 2$ 0.4772

P(-20 < $\bar{X}$ < 40) = 0.9772

(a), (b), (c), (d) の図

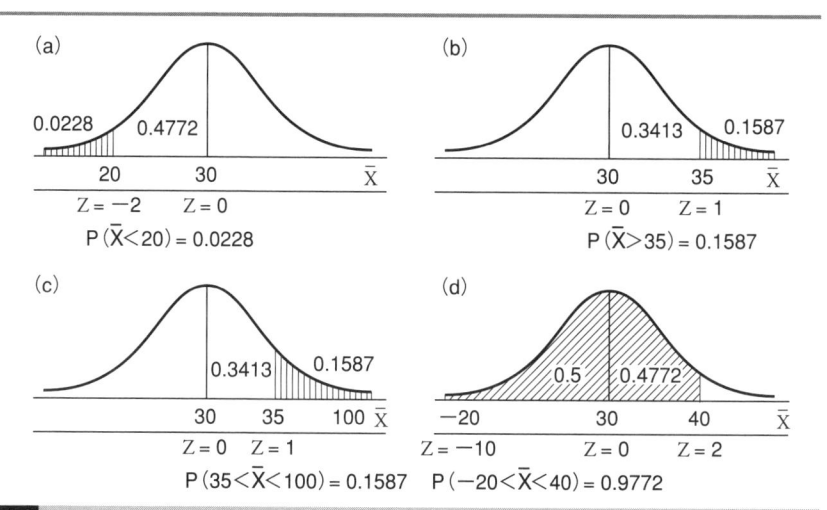

図 9-5 サンプリング分布

　例題4のa）において、元の分布で考えると、平均が30で標準偏差が100ならば、20以下になる確率は非常に高いはずである。しかし、サンプル・サイズが400である場合、$\bar{X}$が20以下になる確率は2.28％しかなく、また、同様に40以上である確率も2.28％しかなく、95.44％の確率で$\bar{X}$が20と40の間に入るということがわかる。つまり$\bar{X}$は非常に信頼のおけるμの推定値であるといえる。（図9－6参照）

　サンプリングの1つの大きな利点は、元の分布が非常に大きなばらつきを持

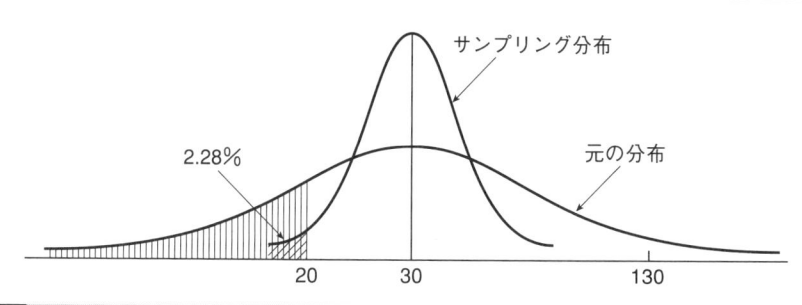

図 9-6 サンプリング分布と元の分布

ち全く予測しにくい時でも、サンプル・サイズさえ十分大きければサンプリング分布のばらつきは非常に小さく、かなりの精度で予測することが可能である点だ。これに対して全数を記録し、平均値を求めるのは膨大な計算を要し、間違いもたくさん起きて信頼性は必ずしも高くない。したがって、サンプル平均の利点はそれだけ高くなる。

例題 5

銘柄Aのケチャップの日々の売上げは平均 $\mu = \$50$ で、標準偏差 $\sigma_X = \$10$ の正規分布であった。100日の売上げの記録から64日の記録をランダム・サンプリングで選んだ場合、サンプル平均が次のような値を取る確率はいくらか。

a. $\$51.50$ より多い。
b. $\$49.25$ より少ない。

解答

$\bar{X}$ がある特定の範囲の値をとる確率を計算するためには、σ_X の分布を $\sigma_{\bar{X}}$ に変える必要がある。そして、それを用いて $Z_{\bar{X}}$ を計算する。

また、ここでは母集団が有限母集団であることに注目すると、必要な計算は次のようになる。

$$\sqrt{\frac{N-n}{N-1}} = \sqrt{\frac{100-64}{100-1}} \approx \sqrt{\frac{36}{100}} = \frac{6}{10} = 0.6$$

$$\sigma_{\bar{X}} = \frac{\sigma_X}{\sqrt{n}} \sqrt{\frac{N-n}{N-1}} = \frac{10}{\sqrt{64}} \sqrt{\frac{100-64}{100-1}} \approx \frac{10}{8} \sqrt{\frac{36}{100}}$$

$$= \frac{10}{8} \cdot \frac{6}{10} = \frac{6}{8} = 0.75$$

この $\sigma_{\bar{X}}$ を公式9-8にあてはめて $Z_{\bar{X}}$ を計算し、$\bar{X}$ が特定の範囲の数値を取る確率を得る。

a) $Z_{\bar{X}} = \frac{\bar{X} - \mu}{\sigma_{\bar{X}}} = \frac{51.50 - 50.00}{0.75} = \frac{1.50}{0.75} = 2. \ . \ . \ . \ 0.4772$

$P(\bar{X} > 51.5) = 0.5 - 0.4772 = 0.0228$

b)　$Z_{\bar{X}} = \dfrac{\bar{X}-\mu}{\sigma_{\bar{X}}} = \dfrac{\$49.25-50.00}{0.75} = \dfrac{-0.75}{0.75} = -1. \ldots 0.3413$

　　$P(\bar{X} \leq \$49.25) = 0.5 - 0.3413 = 0.1587$

例題5の状況は図9-7に例示されている。

(a)　　　　　　　　　　　(b)

0.0228　　　　　　0.1587

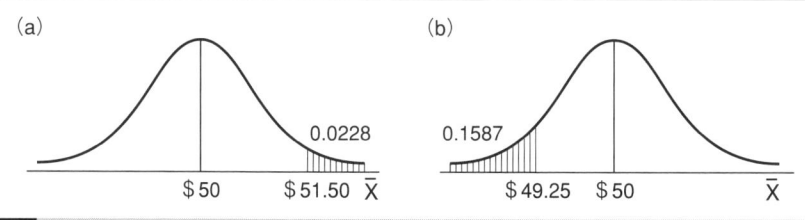

$50　$51.50 $\bar{X}$　　　$49.25　$50　$\bar{X}$

図 9-7　サンプリング分布における確率

吉田の法則 9-2

　風呂に入ろうとする時、お湯にちょっと手や足を突っ込んで熱すぎたりぬるすぎたりしないか、あるいは丁度よいか、調べてから実際に風呂に入る。温度も見ずにジャボンと飛び込んで、みじめな思いをしたことがあるのは誰しも経験ずみであろう。新しいビジネスに乗り出す時にも、巨額の投資を最初からするのはできるだけ避けるべきである。

　あなたが化粧品会社を経営しているとして、新しい魅惑的な香水、"Saturday Night"を30代の女性をターゲットとして発売する時、該当するグループの女性からサンプルを取り、実際に使用してもらい、消費者の反応をまず知ることから始めるだろう。評判がよければ、大セールス・キャンペーンを行う。しかし、反応があまり良くない時は、発売を見送り、研究開発にもっとお金を使わなければならない。こういうようにサンプリングはビジネスの大事な意思決定に欠かせないものであることを肝に銘じよう。

8 • t分布

中心極限定理から、サンプル数が30以上の時は、$\bar{X}$分布は正規分布に近づき、また

$$Z_{\bar{X}} = \frac{\bar{X}-\mu}{\sigma_{\bar{X}}} = \frac{\bar{X}-\mu}{\frac{\sigma_X}{\sqrt{n}}} \tag{9-8}$$

は標準正規分布($\mu_Z=0$で$\sigma_Z=1$であるような正規分布)に近づくことが解る。

σ_Xが未知である時、nが大きければ、σ_XはS_Xを最善の推定値として置き換えることができる。しかし、nが小さい場合は、この標本平均の分布は$Z_{\bar{X}}$の標準正規分布ではなく、t分布となり、次の式が用いられる。

$$t_{\bar{X}} = \frac{\bar{X}-\mu}{S_{\bar{X}}} = \frac{\bar{X}-\mu}{\frac{S_X}{\sqrt{n}}} \tag{9-9}$$

ここで　$S_X = \sqrt{\dfrac{\sum (X_i-\bar{X})^2}{n-1}}$

t分布の形は正規分布の形と似ているが、一般に頂点は正規分布より低く裾野はより広い。t分布は中心はゼロで、左右対称で釣鐘型のスムーズなカーブである。中心から離れるにつれて、底辺に限りなく近づくが決して接触しない。正確な形はサンプル・サイズによって異なる。サンプル・サイズが多い時(nが30に近い時)は正規分布に近く、サンプル・サイズが小さい時は違いが大きい。従って、t分布を「小さいサンプルの分布」と呼ぶことがある(**図9-8**参照)。

分布の裾野の陰の部分は、サンプルサイズ(自由度)によって異なる。図9-8のように、サンプル・サイズが5から3に減った時、裾野の陰の部分は大きくなっている。つまりサンプル・サイズが減ると、不確定要因がそれだけ大きくなることをあらわしている。その結果、tの境界値が与えられている時、仮説の検定(第11章を参照)をする時に間違った結論に達する可能性が増える。

図 9-8　正規分布とt分布

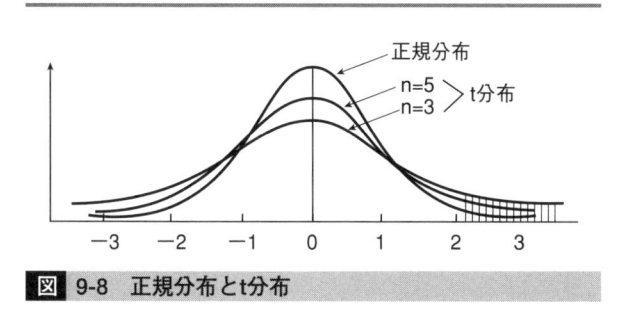

自由度

t分布ではサンプル・サイズがnの時、自由度（degrees of freedom, df とかϕで表わす）はn－1である。

たとえば、$\bar{X} = 10$、$X_1 = 8$、$X_2 = 13$、$X_3 = 13$で、X_4は未知である時、

$$\bar{X} = \frac{X_1 + X_2 + X_3 + X_4}{4} = \frac{8 + 13 + 13 + X_4}{4} = 10$$ となる。計算すると、

$\frac{34 + X_4}{4} = 10$；$34 + X_4 = 40$；$X_4 = 6$ となって、X_1、X_2、X_3 がどのような数字であろうとも、X_4はそれらに固定されて、自由に動けない。

この例のように4つデータがあって、その内、$\bar{X}$と3つのデータがわかっている時、残りの1つのデータは自動的に計算される。つまり、自由に動けるデータの数は4－1＝3である。一般にt分布においては、n個のデータがある時、自由度はn－1である。

tテーブルは巻末にあるが、そのテーブルを用いるには自由度と有意水準（境界値）（これをαで表わす）を知る必要がある。

図9－9はtテーブルの一部を示したもので、

$$P(|t| \leq 1.753 | \phi = 15) = 0.90$$

を表わしている部分である。この式は自由度が15の時（即ちデータ数が16の時）、t値が－1.753 ≤ t ≤ ＋1.753の区間に入る確率は0.90であるということを示して

いる。つまり、この区間は分布の中央の90%を占めているので、裾野には10%が入ることになる。裾野は両側にあるから片方では0.05（5%）あることになる。裾野にある部分を α で表わすので、片側では $\alpha/2$ となる。

```
  α/2   .45    .40 . . . . . . . . . . . . 0.05
  φ
  1                                          6.314
  2                                          2.920
  3                                            ·
  ·                                            ·
  ·                                            ·
  15
  ·                                          1.753
  ·                                            ·
```

図 9-9　tテーブル

tテーブルの使い方を練習するために例題11を考えてみよう。

例題 6

t分布に於ける次の面積（確率）を求めなさい。

a) 自由度が $\phi = 10$ の時、$t = 2.228$ の右の部分
b) 自由度が $\phi = 15$ の時、$t = 1.753$ の左の部分
c) 自由度が $\phi = 16$ の時、$t = -0.865$ の右の部分
d) 自由度が $\phi = 5$ の時、$t = 0$ と $t = 3.365$ の間の部分
e) 自由度が $\phi = 20$ の時、$t = 1.325$ と $t = 2.528$ の間の部分

解答

はじめにt分布の図を描き、与えられた問題の情報から、求められている部分を確認し斜線を入れる。そしてそれが、与えられている数字に対応する部分とどういう関係になっているかを、tテーブルで考える。tテーブルの見方は、a) の例を用いると、まず左端の自由度の欄を $\phi = 10$ まで下りて来る。そして、そこから右に折れて2.228の数字が見つかるまで行く。2.228の数字が見つかったら、そこから上に行き、その列で一番上の欄外の数字を読む。この場合それ

は.025である。この数字は裾野の部分の面積（確率）を表している。正規分布表では中心からそのZ値に到るまでの面積を表していたが、このtテーブルでは裾野の面積を現していることに注意したい。つまり自由度が10の時、t値が2.228を超える確率は0.025（2.5%）であることを示している。このような方法により、巻末のtテーブル及び図9－10を参考にしながら、次のような解答を得た。

a) $P(t \geq 2.228 \mid \phi = 10) = 0.025$
b) $P(t \leq 1.753 \mid \phi = 15) = 0.95$
c) $P(t \geq -0.865 \mid \phi = 16) = 0.8$
d) $P(0 \leq t \leq 3.365 \mid \phi = 5) = 0.49$
e) $P(1.325 \leq t \leq 2.528 \mid \phi = 20) = 0.09$

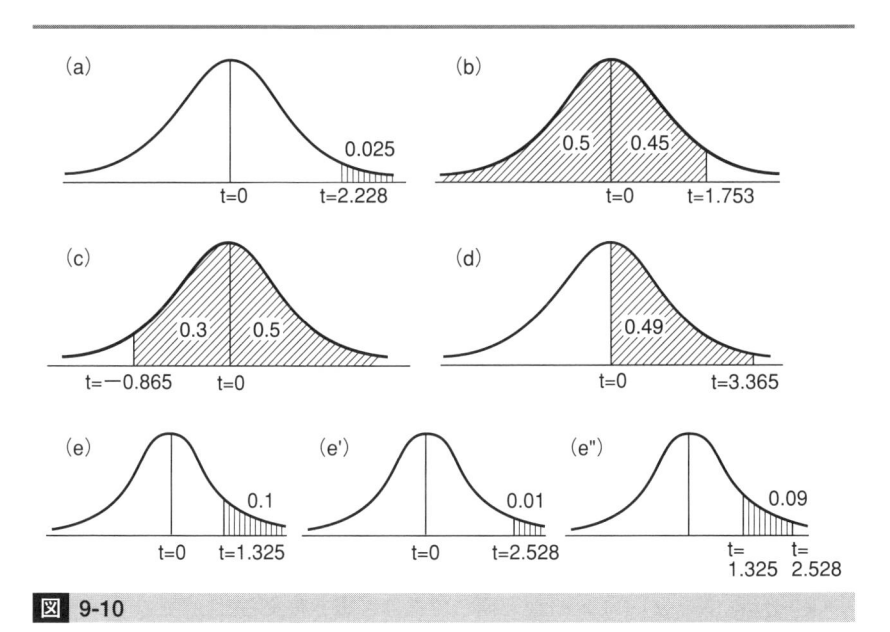

図 9-10

9 t分布と正規分布の比較

標本平均の分布	
t分布	正規分布
1. 小さいサンプルの分布 $n \leq 30$	1. 大きいサンプルの分布 $n > 30$
2. σ は未知	2. σ は既知あるいはSで推定
3. ユニバースは正規分布	3. ユニバースの分布は不問
4. 統計量は $t_{\bar{X}} = \dfrac{\bar{X} - \mu}{S_{\bar{X}}}$	4. 統計量は $Z_{\bar{X}} = \dfrac{\bar{X} - \mu}{\sigma_{\bar{X}}}$
5. tテーブルを用いる	5. Zテーブルを用いる

10 チェビシェフの不等式

チェビシェフの不等式は「ユニバース平均をサンプル平均で推定する場合、サンプリングの誤差が $k \cdot \sigma_{\bar{X}}$ を超えない確率は、少なくとも $1 - \dfrac{1}{k^2}$ である」というものである。数式で表わすと次のようになる。

$$P(|\bar{X} - \mu| \leq k \cdot \sigma_{\bar{X}}) \geq 1 - \frac{1}{k^2} \tag{9-10}$$

チェビシェフの不等式は、サンプルサイズが30以下で元の分布が正規分布でない場合、すなわち、中心極限定理やt分布が応用できないような全ての分布に適用される。

$|\bar{X} - \mu|$ はサンプリング誤差を表わし、カッコの中の $|\bar{X} - \mu| \leq k \cdot \sigma_{\bar{X}}$ は $-k \cdot \sigma_{\bar{X}} \leq (\bar{X} - \mu) \leq +k \cdot \sigma_{\bar{X}}$ と同じであり、書き換えると、$\mu - k \cdot \sigma_{\bar{X}} \leq \bar{X} \leq \mu + k \cdot \sigma_{\bar{X}}$ となる。すなわち、式 (9-10) は書き換えると次のようになる。

$$P(\mu - k \cdot \sigma_{\bar{X}} \leq \bar{X} \leq \mu + k \cdot \sigma_{\bar{X}}) \geq 1 - \frac{1}{k^2}$$

ここで、kは正規分布におけるZとおなじと理解してよい。つまり、$\bar{X}$がμの両側のk標準偏差以内に入る確率は、少なくとも$1 - \dfrac{1}{k^2}$であるということを示している。

この状況は**図9-11**に示されている。Zは正規分布にのみ使われるが、kは全ての分布に用いることができる。ここで示されているのは、元の分布がどんな形であろうとも、また、どんなサンプリングをしようとも、チェビシェフの不等式は成り立つということである。

(a)　　　　　　　　　　　　　　　　(b)

$P(\mu - k \cdot \sigma_{\bar{X}} \leq \bar{X} \leq \mu + k \cdot \sigma_{\bar{X}}) \geq 1 - \dfrac{1}{k^2}$

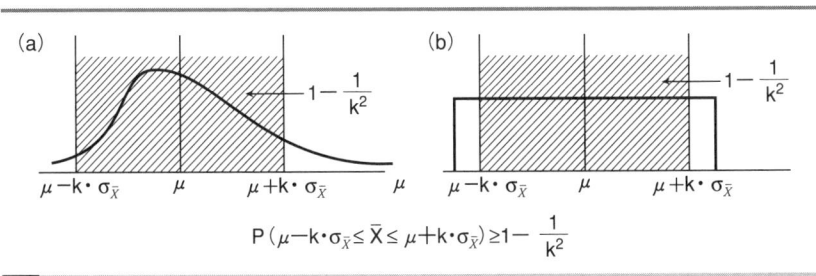

図 9-11

これをもう少し具体的に考えるために、**図9-12**でk=2の場合とk=3の場合ではどうなるのかを示してある。

(a) k=2の時

$P(|\bar{X} - \mu| \leq 2 \cdot \sigma_{\bar{X}}) \geq 1 - \dfrac{1}{2^2}$
$P(|\bar{X} - \mu| \leq 2 \cdot \sigma_{\bar{X}}) \geq 3/4$
$P(|\bar{X} - \mu| \leq 2 \cdot \sigma_{\bar{X}}) \geq 0.75$

(b) k=3の時

$P(|\bar{X} - \mu| \leq 3 \cdot \sigma_{\bar{X}}) \geq 1 - \dfrac{1}{3^2}$
$P(|\bar{X} - \mu| \leq 3 \cdot \sigma_{\bar{X}}) \geq 8/9$
$P(|\bar{X} - \mu| \leq 3 \cdot \sigma_{\bar{X}}) \geq 0.8888$

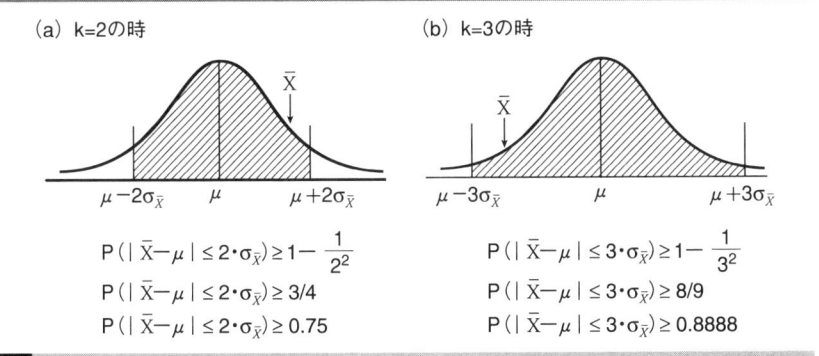

図 9-12

(a)においてチェビシェフの不等式で言えることは、「どんなサンプルの取り方をしようとも、サンプリング誤差$|\bar{X} - \mu|$が2標準偏差以内に収まる確率は、

最低でも75％ある」ということである。それに対して(b)では、「どんなサンプルの取り方をしようとも、サンプリング誤差$|\bar{X}-\mu|$が3標準偏差以内に収まる確率は、最低でも88.88％ある」ということがいえる。図9−12からもわかるように、kが大きくなればこの斜線の部分が大きくなるから、$\bar{X}$がその斜線の部分に入る確率が高くなるのは当然であろう。

例題 7

ある大きなメーカーの、特定の期間の会計取引の平均金額を推定するために、サンプルサイズn＝100をとりサンプル平均を計算した。ユニバースの標準偏差が＄2,000の時、推定の誤差が以下の条件下で＄500以下になる確率はいくらか？

a) チェビシェフの定理を適用した時
b) 中心極限定理を応用した時

解答

サンプル平均の標準偏差は

$$\sigma_{\bar{X}} = \frac{\sigma_X}{\sqrt{n}} = \frac{2,000}{\sqrt{100}} = \frac{2,000}{10} = 200 \tag{1}$$

チェビシェフ不等式は

$$P(|\bar{X}-\mu| \leq k \cdot \sigma_{\bar{X}}) \geq 1 - \frac{1}{k^2} \tag{2}$$

サンプル誤差（標本誤差）は＄500を越えることはできないから、

$$|\bar{X}-\mu| \leq k \cdot \sigma_{\bar{X}} = 500 \tag{3}$$

(1)と(3)から k(200) ＝ 500

$$k = \frac{500}{200} = 2.5 \tag{4}$$

(2)と(4)から

$$1 - \frac{1}{k^2} = 1 - \frac{1}{(2.5)^2} = 1 - \frac{1}{6.25} = 1 - 0.16 = 0.84 \tag{5}$$

すなわち、$P(|\bar{X}-\mu| \leq \$500) \geq 0.84$

チェビシェフの定理によれば、サンプリング誤差が＄500以下になるのは、84％かそれ以上の確率において起こり得る。

b）中心極限定理を適用した場合は、サンプル平均の分布は、サンプル・サイズが30以上の時は、元の分布にかかわらず正規分布である。つまり、k値はZ値と同じであるとみなされる。よって、Zテーブルを適用することができる。

$$k = Z_{\bar{X}} = 2.5 \cdots\cdots 0.4938$$
$$P(|\bar{X} - \mu| \leq 2.5 \cdot \sigma_{\bar{X}}) \geq 0.9876$$

即ち、$P(|\bar{X} - \mu| \leq \$500) \geq 0.9876$

これから言えることは、正規のランダム・サンプリングでサンプル・サイズを30以上取ったならば、サンプリング誤差が＄500を超えない確率は、最低でも98.76％である。**図9－13**参照。つまりでたらめなサンプリングをするのではなく、正規のランダム・サンプリングをし、30以上サンプル・サイズを取ったならば、中心極限定理を応用することができる。そして、この例においては、サンプリング誤差が500ドルを超えない確率は、84％から98.76％に増えるということである。

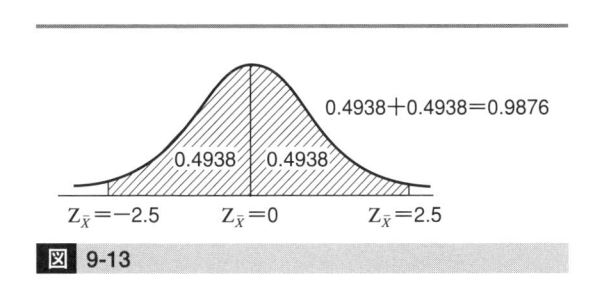

図 9-13

11. どの公式をいつ用いるか？

今までいろいろな公式が出て来たので、どういう式をどういう時に用いるべきか、ここで整理して考えておこう。まず次の順序で質問をしてみるとよい。

1. サンプル・サイズは大きいか？

2. ユニバースの標準偏差（σ_X）は既知か否か？
3. ユニバースの分布は正規分布か？

これらの質問の答えにより、用いる公式が決まってくる。その状況を図9-14に示してある。

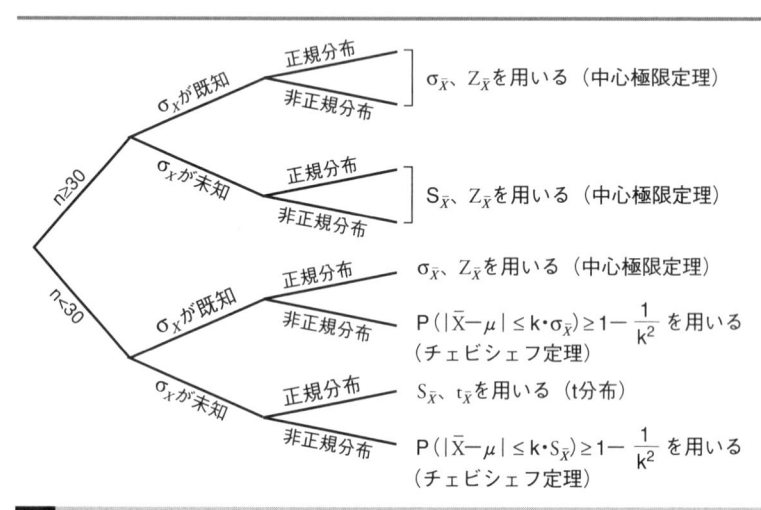

```
                    ┌ 正規分布   ┐
         σₓが既知 ─┤             ├ σ_X̄、Z_X̄ を用いる（中心極限定理）
       ┌          └ 非正規分布 ┘
n≥30 ─┤
       │          ┌ 正規分布   ┐
         σₓが未知 ─┤             ├ S_X̄、Z_X̄ を用いる（中心極限定理）
                    └ 非正規分布 ┘

                    ┌ 正規分布   → σ_X̄、Z_X̄ を用いる（中心極限定理）
         σₓが既知 ─┤
       ┌          └ 非正規分布 → $P(|\bar{X}-\mu| \leq k \cdot \sigma_{\bar{X}}) \geq 1 - \frac{1}{k^2}$ を用いる
n<30 ─┤                           （チェビシェフ定理）
       │          ┌ 正規分布   → S_X̄、t_X̄ を用いる（t分布）
         σₓが未知 ─┤
                    └ 非正規分布 → $P(|\bar{X}-\mu| \leq k \cdot S_{\bar{X}}) \geq 1 - \frac{1}{k^2}$ を用いる
                                  （チェビシェフ定理）
```

図 9-14　どういう場合にどの公式を使うべきか

練習問題

問題◆1

レドンドビーチ市の消費者調査の一部として、20歳代の女性3,000人からランダムに10人の女性を選ぶことが求められている。もしもこの3,000人の女性に1から3,000までの番号をつけたならば、どの番号の女性が選ばれるべきか答えなさい。乱数表の12列目、156行目、すなわち、2138から始めなさい。

問題◆2

ある大都市の10軒のレストランを電話帳からランダムに選びたい。もし電話帳にある全てのレストランに番号をつけると、1から1634までとなる。どの10軒のレストランが選ばれるべきか答えなさい。乱数表の列7、行106、すなわち、1211から始めなさい。

問題◆3

ある自動車会社のモデルA車の燃費の効率性（ガスマイレージ）の平均値と標準偏差を推定しようとしている。10のランダム・サンプルをとり次のような分布を得た時、　a）サンプル平均、及びb）サンプル標準偏差を求めなさい。

ガスマイレージ	19	20	21
度数	3	4	3

問題◆4

ニューヨークの証券取引所で上場されている普通株の利回りの平均値及び標準偏差を推定するために、20銘柄のランダム・サンプルが取られ、次のような分布が得られた。a）サンプル平均、及びb）サンプル標準偏差を求めなさい。

利回り	6	8	10	12	14
度数	2	4	8	5	1

（単位：パーセント）

問題 ◆ 5

あるコンビニで売っているAブランドのお菓子の日ごとの売上高は、$\mu = \$30$ で $\sigma_X = \$10$ の正規分布をしている。過去の売上げ情報が非常に多いと仮定して、サンプルサイズn = 64をとった時、サンプル平均が次のような値を取る確率はいくらか。

   a. $28以下   b. $31以上   c. $35 と $100の間

問題 ◆ 6

ニューヨークの証券取引所で上場されている普通株の年間の利回りは、平均値 $\mu = 10\%$ 及び標準偏差 $\sigma_X = 2\%$ の正規分布をしている。もしも100の銘柄の株をランダムに選びポートフォリオ（投資ファンド）を作ったならば、そのポートフォリオの利回りが以下のような値をとる確率はいくらか。

   a. 10.5%以上   b. 9.6%以下   c. 9.5% と 10.3%の間

問題 ◆ 7

在庫にある機械の部品の重量は平均 $\mu = 75$ グラムで標準偏差 $\sigma_X = 10$ グラムの正規分布をしている。全数N=1000個の全体の部品からサンプル・サイズn=400を選んだならば、サンプル平均が次のような値を取る確率はいくらか。

   a. 74 グラム以下   b. 75.5 グラム以上

   c. 74.8 グラムと80グラムの間   d. 74.2グラムと75.3 グラムの間

問題 ◆ 8

ある食料品店で売っているBブランドのパンの日ごとの売上高は、平均値 $\mu = \$80$ で 標準偏差 $\sigma_X = \$10$ の正規分布をしている。100日の売上げ記録からサンプル・サイズn = 36日をとった時、サンプル平均が次のような値を取る確率はいくらか。

   a. $81.33以上   b. $77.34以下

第9章 ●1を聞いて10を知る方法──サンプリング論

問題 9

ある工場の大きな倉庫で、製品Aの平均重量を推定するためにサンプル・サイズn = 256のサンプルを取ってサンプル平均を計算した。標準偏差が8グラムであることはわかっているとした時、次の条件下でサンプリング・エラー（サンプリングの誤差）が1グラムを超えない確率はいくらか。

a．チェビシェフの定理が応用された時
b．中心極限定理が応用された時

問題 10

ロサンゼルス市圏内で36のスーパーマーケットがランダムに選ばれて、1リットルのミルクの値段の平均値を推定するためにサンプル平均が計算された。前の調査からこの値段の標準偏差は $\sigma_X = 3¢$ であることがわかっている。次のそれぞれの条件下でサンプリング・エラーが1¢以下である確率はいくらか。

a．チェビシェフの定理が応用された時
b．中心極限定理が応用された時

問題 11

ニューヨークの証券取引所で上場されている企業の普通株の平均利回りを推定するために、100個のランダム・サンプルが取られ、利回りのサンプル平均が計算された。毎年、標準偏差は一定で $\sigma_X = 2\%$ であることが知られていると仮定して、以下のそれぞれの条件下でサンプリング・エラーが0.5%を超えない確率は何か。

a．チェビシェフの定理が応用された時
b．中心極限定理が応用された時

問題◆12

ある大会社の財務部長はその会社の当座預金の最適な残高がいくらかを決定したいと思っている。残高が多すぎれば資金効率が悪いし、少なすぎれば小切手が不渡りになる恐れがある。残高は上昇傾向も下降傾向もなく、かなり落ち着いていて正規分布であることがわかっている。50日のランダム・サンプルが取られた結果は次の分布に示されている。

残高	0≤x<10	10≤x<20	20≤x<30	30≤x<40	40≤x<50
日数	5	8	25	9	3

(単位：千ドル)

a) サンプル平均を計算しなさい。
b) サンプル標準偏差を計算しなさい。
c) 当社の当座預金残高がマイナスになる（すなわち、小切手が不渡りになる）確率はいくらか。
d) 上記の結果は（財務取引が入らない）通常のビジネス取引だけの結果であるならば、99.9％の確率で不渡りにならないためにはいくら運転資金を調達しなければならないか（すなわち、1000日に1日だけ資金が不足することがあるのはやむを得ないとする）。

問題◆13

ニューヨークの証券取引所で上場されている企業の普通株の平均利回りおよびその標準偏差を推定するために、ランダム・サンプル・サイズ28が取られた。その結果は次の通りである。

利回り	10	12	14	16	18	20	22
銘柄数	1	4	5	9	4	3	2

(単位：パーセント)

a) サンプル平均を計算しなさい。
b) サンプル標準偏差を計算しなさい。

もしもあなたが上場されている普通株をでたらめに買ったならば、あなたの株の利回りが以下の値を取る確率はいくらか。

  c) 8%以下
  d) 18.5%以上
  e) 14% と 18%の間

問題 14

t－分布において以下の条件を満たす領域（確率）を求めなさい。

  a) 自由度が $\phi = 20$ の時、t = 2.086の左の領域
  b) 自由度が $\phi = 12$ の時、t = 1.356の右の領域
  c) 自由度が $\phi = 25$ の時、t = －0.856の右の領域
  d) 自由度が $\phi = 19$ の時、t = 0 と t = 2.539の間の領域
  e) 自由度が $\phi = 7$ の時、t = 1.119 と t = 2.998の間の領域

第10章
未知のものに当たりを付ける方法──推定

1 点推定

　サンプルのデータからユニバースの特性値を推定する場合、単一数字によって推定値を表すことを点推定という。前章で学んだように、サンプル平均（$\bar{X}$）でユニバース平均（μ）を推定したり、サンプル標準偏差（S）でユニバース標準偏差（σ）を推定する。これらは点推定の例である。点推定は単純明瞭である。しかし、これらはその推定の信頼性に関する情報を提供していない。たとえば、ある販売部長が、「我が社の来月の売り上げの推定額は16億円である」と言う時、16億円からどの位なら離れていてもその推定額が正しかったということができるのか。推定額が12億円から20億円までを含むのか、15億円から17億円までを含むのかは明らかではない。

2 区間推定

　サンプルのデータからユニバースの特性値を推定する場合、ユニバースの特性値の推定値を単一数字ではなしに、信頼度に対応した区間あるいは範囲であらわすことを区間推定という。たとえば、前述の販売部長が、「我が社の来月の売り上げは15億から17億の間ということが95％の自信を持って言える」と言えば、これは区間推定である。95％の自信というのは、100回同じような推定をした場合、95回実際の売上額がその推定範囲内に入るということである。

例題 1

図10-1(a)は平均値 μ で標準偏差 $\sigma_{\bar{X}}$ の標本分布を表しているが、現実にはこの分布は目に見えない。この分布はサンプリングを無数回繰り返して初めて得られるものである。この図において、b）からd）までのそれぞれの場合、ユニバースの平均がこれらのサンプル平均の周りに作られた95％の信頼区間に入るか否か検証せよ。

解答

前章のサンプリング分布では、ユニバースの平均値を推定するのは、サンプリング分布においてサンプル平均の平均値を求めるのとほとんど同じであることを学んだ。しかし、現実には数多くのサンプル平均をとって真のサンプリン

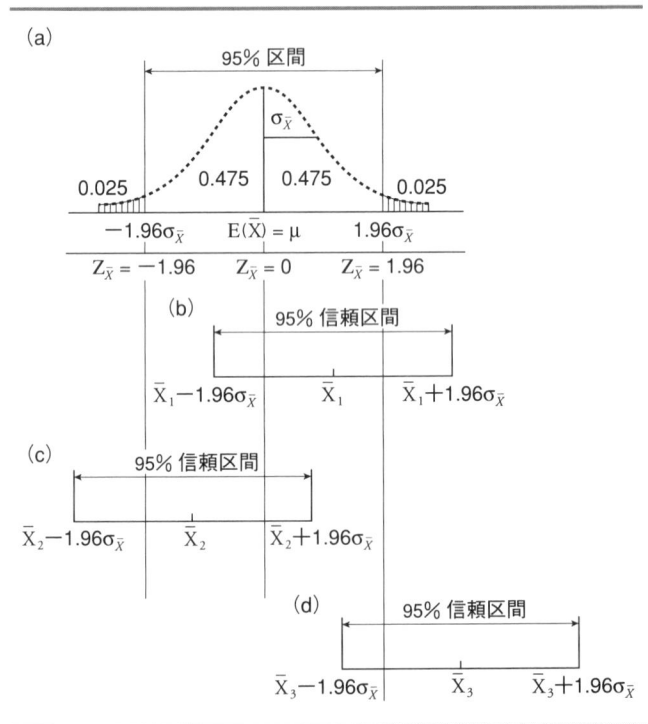

図 10-1 信頼区間

グ分布を得ることはほとんど不可能である。真のサンプリング分布は一般に目に見えない分布であり、1つのサンプル平均を計算して、それによってユニバースの平均を推定しなくてはならない。したがって、図10－1では真のサンプリング分布は点線で表してある。

まず、図10－1(a)を見てみよう。図10－1(a)は平均値 μ で標準偏差 $\sigma_{\bar{X}}$ の真のサンプリング分布（サンプル平均の分布）である。分布全体の95％が信頼区間に入るためには、中心値をはさんで片側に47.5％ずつ面積（確率）がなければならない。正規分布表から、これに対応するZ値は $Z_{\bar{X}} = 1.96$ であることがわかる。Z値というのは中心から何単位の標準偏差はなれているかを表すものであるから、$Z_{\bar{X}} = 1.96$ というのは、中心から1.96単位の標準偏差（$1.96\sigma_{\bar{X}}$）はなれていることである。つまり中心から $1.96\sigma_{\bar{X}}$ との間に47.5％入るのだから $-1.96\sigma_{\bar{X}}$ と $+1.96\sigma_{\bar{X}}$ の間に全体の95％が入るということである。

しかしながら、前述のように、一般に真のサンプリング分布は目に見えない。見えるのは自分がサンプルを取って計算して得たサンプル平均 $\bar{X}$ だけである。

したがって、逆に考えて、観察されたデータから、サンプル平均 $\bar{X}_1$ を計算し、その $\bar{X}_1$ の周りに $\pm 1.96\sigma_{\bar{X}}$ の区間を設け、ユニバースの平均 μ がこの区間の間に入る確率は95％であると推定する。これが、**図10－1(b)** の状況である。

数式で表わすと次のようになる。

$$P(\bar{X}_1 - 1.96\sigma_{\bar{X}} \leq \mu \leq \bar{X}_1 + 1.96\sigma_{\bar{X}}) = 0.95$$

上の式はユニバース平均 μ が $\bar{X}_1 - 1.96\sigma_{\bar{X}}$ と $\bar{X}_1 + 1.96\sigma_{\bar{X}}$ の間に入る確率は0.95であるということを示している。ここで $\bar{X}_1 + 1.96\sigma_{\bar{X}}$ を信頼区間の上限といい、$\bar{X}_1 - 1.96\sigma_{\bar{X}}$ を信頼区間の下限という。また、この区間を95％の信頼区間と言う。

図10－1(b)ではサンプルを取ってサンプル平均を計算し、95％の信頼度でユニバース平均は $(\bar{X}_1 - 1.96\sigma_{\bar{X}})$ と $(\bar{X}_1 + 1.96\sigma_{\bar{X}})$ との間にあると推定する。図(a)と図(b)を比較してみると、この信頼区間に μ が入ることが明らかであり、その推定は正しいと言うことがわかる。

図10－1(c) においても、95％の信頼度でユニバース平均は $(\bar{X}_2 - 1.96\sigma_{\bar{X}})$

と（$\bar{X}_2 + 1.96\sigma_{\bar{X}}$）の間にあると推定する。そして、この場合も、図(a)と図(c)を比較してみると、その推定は正しいことがわかる。

図10-1(d) では、95％の信頼度でユニバース平均は（$\bar{X}_3 - 1.96\sigma_{\bar{X}}$）と（$\bar{X}_3 + 1.96\sigma_{\bar{X}}$）の間にあると推定する。しかし、その推定は誤りである。なぜならば、図(a)と図(d)とを比較してみると、この信頼区間にμは入っていないからである。こういう誤りは5％起きる。誤りの確率が5％であるということは、図(a)の分布の裾野に陰のついた部分が5％あるということでもある。したがって、100回位このような推定をすると、平均して大体5％ぐらい間違えることになる。すなわち、μが右側の裾野に入る確率が2.5％で左の裾野に入る確率が2.5％である。それゆえ、これを95％の信頼区間と呼ぶ。

例題 2

あるボールベアリングのメーカーは、直径5mmのボールベアリングを製造している。過去のデータから工程が管理されている状態の時は製品の分布は平均5mmで標準偏差1mmであることが知られている。品質管理責任者は毎日100個のサンプルを取り、信頼度95％で工程が管理状態にあるか否かを決定している。過去3日間でとったサンプルからサンプル平均を計算したところ、それぞれ5.1mm、4.9mm、5.3mmであった。(1) 責任者は3日間でそれぞれ工程が管理状態にあったと判断するか否か述べよ。そして (2) その推定は正しかったか否か述べよ。

解答

この例題の目的は、例題1での概念的な説明に基づいてもっと具体的な問題を考えることにある。**図10-2**を参照のこと。

初めに大事なことは、元の変数Xの分布を$\bar{X}$の分布に変えて考えることである。そのために、$\sigma_{\bar{X}}$を計算する必要がある。

$$\sigma_{\bar{X}} = \frac{\sigma_X}{\sqrt{n}} = \frac{1}{\sqrt{100}} = \frac{1}{10} = 0.1$$

95％信頼区間に対応するZ値は片側47.5％のZ値であるから、1.96と−1.96と

第10章 ● 未知のものに当たりを付ける方法——推定

なる。

したがって、$\mu \pm 1.96 \sigma_{\bar{X}}$ の区間は

$5\text{mm} + 1.96\,(0.1\text{mm}) = 5\text{mm} + 0.196\text{mm} = 5.196\text{mm}$

$5\text{mm} - 1.96\,(0.1\text{mm}) = 5\text{mm} - 0.196\text{mm} = 4.804\text{mm}$ である。

サンプル平均が $\bar{X}_1 = 5.1\text{mm}$ の時、$\bar{X}_1$ の周りの95％の信頼区間は

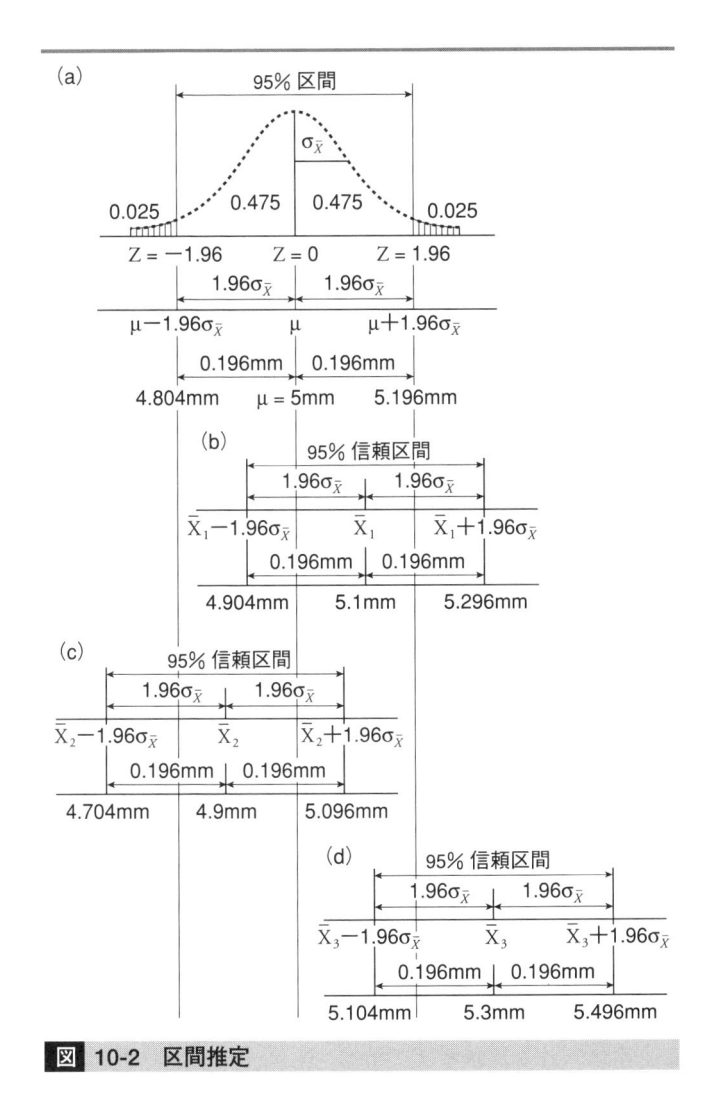

図 10-2　区間推定

$$\overline{X}_1 - 1.96\,\sigma_{\overline{X}} = 5.1\text{mm} - 0.196\text{mm} = 4.904\text{mm}$$
$$\overline{X}_1 + 1.96\,\sigma_{\overline{X}} = 5.1\text{mm} + 0.196\text{mm} = 5.296\text{mm}である。$$

　この状況は（b）の状況であり、この場合、品質管理責任者は現在工程で生産されているボールベアリングの直径は4.904mmと5.296mmの間にあると95％の信頼度で結論する。そして、その判断が正しいことは、(a) 図と (b) 図を比べてみると、この信頼区間にμが入っていることから明らかである。

　この状況は図 (c) の時、つまり$\overline{X}_2 = 4.9$の時もほとんど同じである。(c) の場合、95％の信頼区間は

下限：$\overline{X}_2 - 1.96\,\sigma_{\overline{X}} = 4.9 - 1.96(0.1) = 4.9 - 0.196 = 4.704$
上限：$\overline{X}_2 + 1.96\,\sigma_{\overline{X}} = 4.9 + 1.96(0.1) = 4.9 + 0.196 = 5.096$

となる。つまり、95％の信頼区間は4.704mmから5.096mmであり、$\mu = 5$mmはこの区間に入っているので、工程は管理状態にあると結論する。

　しかし、(d) では少々状況が異なる。$\overline{X}_3 = 5.3$mmの時、95％の信頼区間は

下限：$\overline{X}_3 - 1.96\,\sigma_{\overline{X}} = 5.3 - 1.96(0.1) = 5.3 - 0.196 = 5.104$
上限：$\overline{X}_3 + 1.96\,\sigma_{\overline{X}} = 5.3 + 1.96(0.1) = 5.3 + 0.196 = 5.496$

である。

　品質管理責任者は、95％の信頼度で現在の製造工程にあるボールベアリングの直径の平均値は5.104mmから5.496mmの間にあると結論する。そして$\mu = 5$mmであるから、工程は管理状態にないと結論する。しかし、この結論はまちがっている。この問題は (a) の分布が与えられていて動かないものと想定されており、機械は正常に作動している。たまたまサンプル$\overline{X}_3$は (a) の右端の2.5％に当たる影の部分から取られたので、正常に作動しているにもかかわらず、正常に作動していないという誤った判断を下すことになる。こういう間違いは5％の確率で起こり得るので、95％信頼区間というわけである。

3 信頼度

　一般によく用いられる信頼度は、90％、95％、99％等である。それぞれの

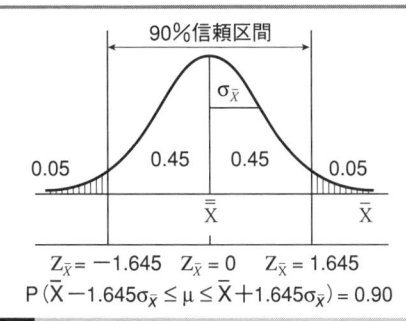

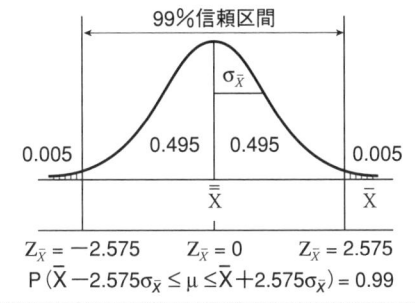

図 10-3 信頼度

信頼度に関連した数字は**図10−3**に示してある。

信頼区間は次のように表わされる。

$$P(\bar{X} - Z\sigma_{\bar{X}} \leq \mu \leq \bar{X} + Z\sigma_{\bar{X}}) = 1 - \alpha \qquad (10-1)$$

ここで $1 - \alpha =$ 信頼度

もしもサンプルサイズが一定ならば、信頼度が高いほうが信頼区間は広くなる。たとえば、日本人の成人男性の平均の背の高さが170cmだとして、90％の信頼度でそれは160cmと180cmの間であるということができたとしたら、99.99％の信頼度ではそれは150cmと190cmの間であると言うことができるだろう。しかし信頼区間があまり広いと役に立たなくなる。

一般に信頼度が非常に高く、また信頼区間を非常に狭く（即ち、シャープな推定）するためにはサンプル・サイズを大きくしなければならない。たとえば、前述のように日本人の成人男性の平均の背の高さが170cmだとして（つまりユニバースの平均値）、100人のサンプルの背の高さの平均値の信頼区間が160cmから180cmまでであるならば、同じ信頼度に対して、100万人の成人男子の背の高さの平均は169cmと171cmの間ということが可能になるであろう。サンプルを大量に増やした結果、信頼区間が大きくせばまることになる。

図10−3に典型的に用いられる信頼度を示してある。これらの数字に馴染みを持っておくのは便利である。

4 信頼区間の推定

ユニバース・サイズが大で、σ_X が既知の場合

例題 3

ある電子部品メーカーでは、ある部品の重量の標準偏差は10グラムであることが、過去のデータからわかっている。サンプルサイズ n = 400 を取った時、サンプル平均は120グラムであった。この情報に基づいて、

a) 平均値の標準偏差を求めなさい。
b) 平均値の99%信頼区間を求めなさい。

解答

a) ユニバースの標準偏差から、サンプル平均の標準偏差を求める。サンプル・サイズが大きくて、ユニバースの標準偏差がわかっているので、

$$\sigma_{\bar{X}} = \frac{\sigma_X}{\sqrt{n}} = \frac{10}{\sqrt{400}} = \frac{10}{20} = 0.5$$

b) 信頼区間の公式は次のように与えられている。

$$P(\bar{X} - Z\sigma_{\bar{X}} \leq \mu \leq \bar{X} + Z\sigma_{\bar{X}}) = 1 - \alpha$$

99%の信頼区間では片側49.5%であり、それに対応するZ値は2.575であるから

$$P(120 - (2.575)(0.5) \leq \mu \leq 120 + (2.575)(0.5)) = 0.99$$
$$P(120 - 1.2875 \leq \mu \leq 120 + 1.2875) = 0.99$$
$$P(118.7125 \leq \mu \leq 121.2875) = 0.99$$

この計算過程は**図10-4**に図示されている。

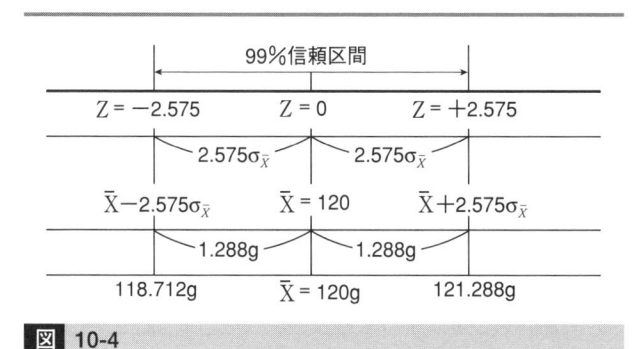

第10章 ● 未知のものに当たりを付ける方法——推定

```
              ┌─────99％信頼区間─────┐
     Z = -2.575      Z = 0       Z = +2.575
              └2.575σ_X̄─┴─2.575σ_X̄┘
   X̄-2.575σ_X̄      X̄ = 120     X̄+2.575σ_X̄
              └─1.288g─┴─1.288g─┘
       118.712g      X̄ = 120g     121.288g
```

図 10-4

ユニバース・サイズ大、σ_xは未知、サンプル・サイズ大の時

例題 4

ある自動車会社は車が通常の状態で運転して、始めて故障するまでの平均走行キロ数を推定しようとしている。400台のランダム・サンプルを取った時、サンプル平均（$\bar{X}$）は4万キロでサンプル標準偏差（S_X）は1万キロであった。車が始めて故障するまでの平均走行キロ数の95％信頼区間を求めなさい。

解答

まず $S_{\bar{X}}$ を求める。

$$S_{\bar{X}} = \frac{S_X}{\sqrt{n}} = \frac{10,000}{\sqrt{400}} = \frac{10,000}{20} = 500$$

信頼区間の公式は次の式で与えられている。

$$P(\bar{X} - ZS_{\bar{X}} \leq \mu \leq \bar{X} + ZS_{\bar{X}}) = 1 - \alpha$$

したがって、信頼区間の上限は

$\bar{X} + ZS_{\bar{X}} = 40,000 + (1.96)(500) = 40,000 + 980 = 40,980$ となり、

信頼区間の下限は

$\bar{X} - ZS_{\bar{X}} = 40,000 - (1.96)(500) = 40,000 - 980 = 39,020$ となる。

したがって、95％信頼区間は

$39{,}020 \leq \mu \leq 40{,}980$ となる。

図示すると**図10-5**のようになる。

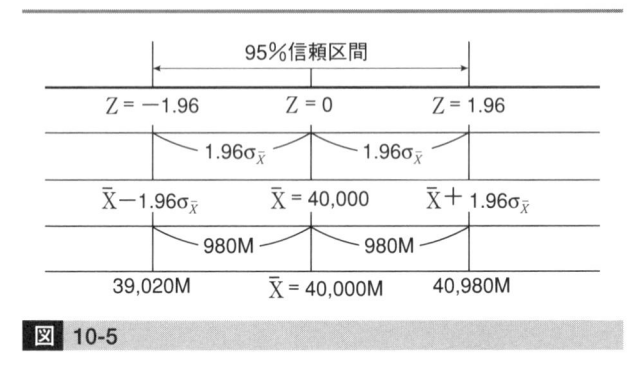

```
              |←——— 95％信頼区間 ———→|
       Z = －1.96        Z = 0         Z = 1.96
              |← 1.96σ_X̄ →|← 1.96σ_X̄ →|
       X̄－1.96σ_X̄      X̄ = 40,000    X̄＋1.96σ_X̄
              |←— 980M —→|←— 980M —→|
         39,020M       X̄ = 40,000M      40,980M
```

図 10-5

Nが大きくなく、σ_Xが未知の時

例題 5

ある保険会社は、区間推定により、ある特定のタイプの車の事故における平均損害額を推定しようとしている。100件の事故のうち36件をランダム・サンプルにより選んだところ、損害の平均値（$\bar{X}$）は2000ドルで、サンプル標準偏差（S_X）は500ドルであった。99％の信頼区間を求めなさい。

解答

まず平均値の標準偏差を求める。Nが大きくないので、有限母集団の公式（9-6）を用いる。

$$\sigma_{\bar{X}} = \frac{\sigma_X}{\sqrt{n}} \sqrt{\frac{N-n}{N-1}}$$

σ_Xは不明なので、S_Xを用いる。

$$S_{\bar{X}} = \frac{S_X}{\sqrt{n}} \sqrt{\frac{N-n}{N-1}} = \frac{500}{\sqrt{36}} \sqrt{\frac{100-36}{100-1}} = \frac{500}{6} \sqrt{\frac{64}{99}}$$

$$= (83.33)\sqrt{0.6464} = (83.33)(0.8040) = 66.997 \approx 67$$

信頼区間の上限は

$$\bar{X} + ZS_X = 2000 + (2.575)(67) = 2000 + 172.53 = \$2,172.53$$

信頼区間の下限は

$$\bar{X} - ZS_X = 2000 - (2.575)(67) = 2000 - 172.53 = \$1,827.47$$

図10—6を参照。

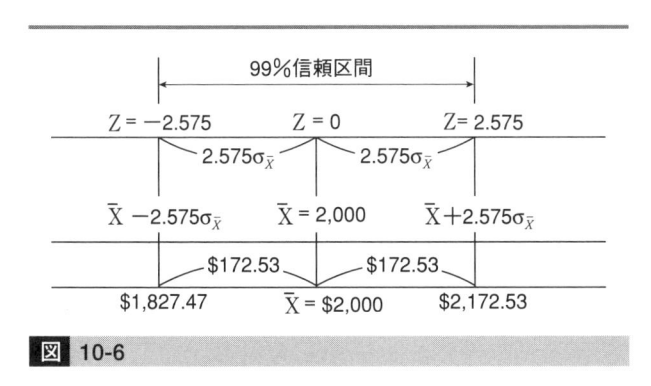

図 10-6

元の分布が正規分布でない時

例題 6

　ある大きなコミュニテイーから16件の所得のランダム・サンプルを取ったところ、サンプル平均（$\bar{X}$）は2万ドルでサンプル標準偏差（S_X）は千ドルであった。所得分布は正規分布をしていないということがわかっていると仮定して、平均値の95％信頼区間を求めなさい。

解答

　元の分布が正規分布ではないとわかっていて、サンプル・サイズが小さいので、シェビシェフの不等式を用いる。

$$P(|\bar{X}-\mu| \leq k\sigma_{\bar{X}}) \geq 1 - \frac{1}{k^2}$$

信頼度95％であるから、

$$P(|\bar{X}-\mu| \leq k\sigma_{\bar{X}}) \geq 0.95$$

すなわち、 $1-\dfrac{1}{k^2}=0.95$　　$0.05=\dfrac{1}{k^2}$　　$k^2=\dfrac{1}{0.05}=20$

$$k = \sqrt{20} = 4.47$$

サンプル標準偏差は次のように求められる。

$$\sigma_{\bar{X}} = \dfrac{\sigma_X}{\sqrt{n}} \approx \dfrac{S_X}{\sqrt{n}} = \dfrac{1000}{\sqrt{16}} = \dfrac{1000}{4} = 250$$

したがって、サンプリング誤差は次の数値を超えない。

$$k\,\sigma_{\bar{X}} = (4.47)(250) = 1117.50$$

95％信頼区間は

$$\bar{X} - 1117.50 \leq \mu \leq \bar{X} + 1117.50$$
$$20000 - 1117.50 \leq \mu \leq 20000 + 1117.50$$
$$18{,}882.50 \leq \mu \leq 21{,}117.50$$

5 所定の信頼区間を得るためのサンプル・サイズ決定方法

例題 7

カリフォルニア州の陸運局はロサンゼルスの無鉛ガソリンの価格の平均値を決定しようとしている。過去のデータから1リットル当たりの価格の標準偏差は20セントであることが分かっている。幅5セント以下の90％信頼区間を得るためにはサンプル数は最低いくつ必要か。

解答

図10－7を参照すること。

一般式から

$$P(\bar{X} - Z\sigma_{\bar{X}} \leq \mu \leq \bar{X} + Z\sigma_{\bar{X}}) = 1 - \alpha \quad\quad (10-1)$$

90％の信頼区間に対応するZ値は、$Z = \pm 1.645$ である。したがって、

$$P(\bar{X} - 1.645\sigma_{\bar{X}} \leq \mu \leq \bar{X} + 1.645\sigma_{\bar{X}}) = 0.90$$

上限と下限の間の距離は $2(1.645\sigma_{\bar{X}}) = 3.29\sigma_{\bar{X}}$

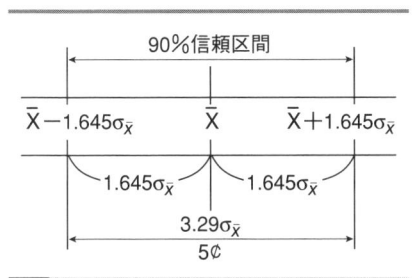

図 10-7 サンプル・サイズ決定法

この距離が5セントを越えることができない。
すなわち、

$$3.29\,\sigma_{\bar{X}} = \leq 5 \qquad \sigma_{\bar{X}} \leq \frac{5}{3.29} = 1.520$$

また、中心極限定理から

$$\sigma_{\bar{X}} = \frac{\sigma_X}{\sqrt{n}} = \frac{20}{\sqrt{n}}$$

この二式から

$$\sigma_{\bar{X}} = \frac{20}{\sqrt{n}} \leq 1.520$$

これをnに関して解くと、

$$\sqrt{n} \geq \frac{20}{1.520} = 13.16 \qquad n \geq 173.19$$

サンプル・サイズは端数を取れないし、この条件を満たす最小の整数は174であるから、n＝174である。

サンプル・サイズを決定するための一般式

信頼区間（CI：Confidence Interval）は、中心から上限および下限までの距離の和であるから、

$$CI \geq 2Z\,\sigma_{\bar{X}}$$

また、中心極限定理から

$$\sigma_{\bar{X}} = \frac{\sigma_X}{\sqrt{n}}$$

したがって、

$$\text{CI} \geq 2Z \frac{\sigma_X}{\sqrt{n}} \qquad \sqrt{n} \geq \frac{2Z\sigma_X}{\text{CI}}$$

ゆえに、次の一般式が得られる：

$$n \geq \left[\frac{2Z\sigma_X}{\text{CI}}\right]^2 \quad\cdots\cdots\cdots\cdots\cdots\quad (10\text{-}2)$$

現在の問題の場合、

$$n \geq \left[\frac{2Z\sigma_X}{\text{CI}}\right]^2 = \left[\frac{2(1.645)(20)}{5}\right]^2 = (13.16)^2 = 173.1856$$

$n \geq 173.1856$ ゆえに $n = 174$

例題 8

会計事務所が、ある病院の請求書の誤りに対する苦情から100のサンプルを取り、一定のレベルの正確性及び信頼度で、誤って出された請求書の数を推定しようとしている。信頼度を一定に保ちながら、推定の正確性を2倍、即ち信頼区間の幅を半分にするにはサンプル・サイズはどうでなければならないか。

解答

図10-8を参照し、公式 (10-2) を用いて計算する。

$$n \geq \left[\frac{2Z\sigma_X}{\text{CI}}\right]^2 \text{ から } n \geq \left[\frac{2Z\sigma_X}{(1/2)\text{CI}}\right]^2 = \left[2\frac{2Z\sigma_X}{\text{CI}}\right]^2 = 4\left[\frac{2Z\sigma_X}{\text{CI}}\right]^2$$

ゆえに、元のサンプル・サイズの4倍となる。

なぜ、こうなるかについて図10-8を見ながら考えてみよう。まず一定のレベルの信頼性を維持するということは、もしもはじめの信頼度が95％なら新しい分布でも95％の信頼度が維持されるということである。その上で正確性を倍にする、つまり信頼区間の幅を半分にしたいということである。信頼区間の幅を半分にするのは推定をシャープにすると有用性が増えるからである。また、

(a)

(b)

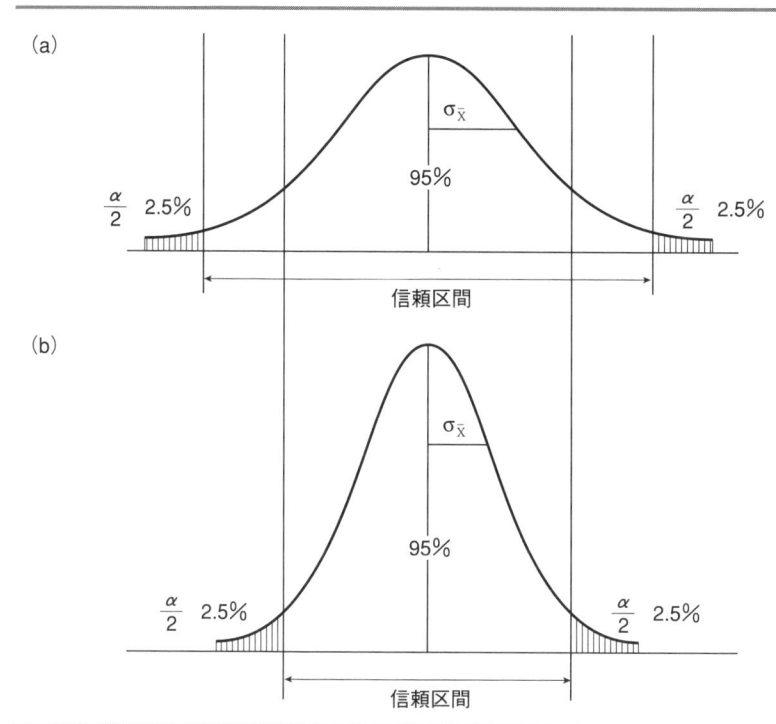

図 10-8　信頼区間を半分にする場合

中心極限定理で、サンプル・サイズが増えればサンプル平均$\bar{X}$の分布はばらつきが減少することを学んだ。この問題で信頼区間を半分にするということはサンプル・サイズを増やして、$\sigma_{\bar{X}}$を半分にするということと同じ意味である。問題はどの位増やせばよいのかということであるが、$\sigma_{\bar{X}} = \sigma_X/\sqrt{n}$ という関係があるので、$\sigma_{\bar{X}}$を半分にするためにはnを4倍にすれば良い。たとえば元のサンプル・サイズが100であったとしたら元の$\sigma_{\bar{X}}$は

$$\sigma_{\bar{X}} = \frac{\sigma_X}{\sqrt{100}} = \frac{\sigma_X}{10} \qquad (1)$$

となる。

ここでサンプル・サイズを4倍にすると、

$$\sigma_{\bar{X}} = \frac{\sigma_X}{\sqrt{400}} = \frac{\sigma_X}{20} = \frac{1}{2} \times \frac{\sigma_X}{10} \quad (2)$$

以上からもわかるように式(2)における$\sigma_{\bar{X}}$は式(1)における$\sigma_{\bar{X}}$の半分である。したがって図10－8で見るように信頼区間は半分になったわけである。

吉田の法則 10-1 サンプル・サイズを多く取れば、より信頼性がある推定ができるのは常識的に理解できる。しかし、多くのサンプルを取るには時間と金がかかるため、一般にはできるだけ小さいサンプルで済ませてしまおうとしがちである。十分でない数のサンプル・スタディはそれ自体の信頼性の無さばかりでなく、サンプルをとって調べたという思い込みが加わって、やらない方が良かったという、金と時間のムダづかいという結果になりかねない。サンプルをとって小さい規模で実験的に行うパイロット・スタディには、入念な準備と金を要するが、将来の大きなリスクを避けるための一種の保険として、いくらかけられるか計算しよう。

吉田の法則 10-2 私たちは経済活動において日常的に推定をしている。たとえば、土地や家を買うとき、現在の売値が高すぎないか、安くて今が買い時なのか考える。それは将来もっと上がるのだろうか、または下がるのだろうかという推定を必要とする。その場合、ある特定の単一数字による点推定ではなく、いくらといくらの間になる確率は大体何％であるというように区間推定で確率的に考える癖をつけたい。これらは、土地や家に限らず、株式等の有価証券を買う場合にもあてはまる。この世に存在するものすべてにばらつきがあり、将来起こりうる可能性にもばらつきがある。上がる可能性があるということは、下がる可能性もあるということを理解する、つまり、リスクに対応する能力を培うことがビジネスにとって不可欠であり、また、人生を処していく上での能力や態度を大きく変えることになる。何か新しい大きなプロジェクトに取り組んでいる時、それが完成するのはいつか推定する場合にも、大体どの位の期間がかかり、早くていつ頃、遅くていつ頃というような区間推定で考えよう。

そして非常に多くの場合において予定した期間より大幅に超過する傾向があることも知っておこう。

例題 9

ある市場調査会社は、毎月の香水の消費を推定するために、2千万人の米国の20代の女性から1万人のサンプルを選んだ。推定の同じレベルの正確性、つまり、同じ長さの信頼区間と同じ信頼度を維持するためには、これに対応する女性が1千万人の日本では、サンプル・サイズはいくらにすれば良いか。両国の標準偏差は同じと仮定する。

解答

日本の信頼区間は
$$P(\bar{X}_j - Z_j \sigma_{\bar{X}j} \leq \mu \leq \bar{X}_j + Z_j \sigma_{\bar{X}j}) = 1 - \alpha_j \tag{1}$$

米国の信頼区間は
$$P(\bar{X}_{us} - Z_{us} \sigma_{\bar{X}us} \leq \mu \leq \bar{X}_{us} + Z_{us} \sigma_{\bar{X}us}) = 1 - \alpha_{us} \tag{2}$$

この2つの信頼区間が同じ幅を持つためには
$$Z_j \sigma_{\bar{X}j} = Z_{us} \sigma_{\bar{X}us} \tag{3}$$

信頼度は同じでなければならないから、
$$Z_j = Z_{us} \tag{4}$$

式(3)及び(4)から、
$$\sigma_{\bar{X}j} = \sigma_{\bar{X}us} \tag{5}$$

ユニバースサイズは無限大とみなせるから、
$$\sigma_{\bar{X}j} = \frac{\sigma_{Xj}}{\sqrt{n}} \qquad \sigma_{\bar{X}us} = \frac{\sigma_{Xus}}{\sqrt{n_{us}}} \tag{6}$$

仮定により、
$$\sigma_{Xj} = \sigma_{Xus} = \sigma_X \tag{7}$$

式(5)、(6)、(7)から
$$\sqrt{n_j} = \sqrt{n_{us}} \quad 即ち \quad n_j = n_{us} \tag{8}$$

すなわち、サンプル・サイズは同じ10,000でなければならない。
実際に数字を入れて比較してみると次のようになる。

$$\sigma_{\bar{X}us} = \frac{\sigma_{Xus}}{\sqrt{n}} \sqrt{\frac{N-n}{N-1}}$$

$$= \frac{\sigma_{Xus}}{\sqrt{10,000}} \sqrt{\frac{20,000,000-10,000}{20,000,000-1}} \approx \frac{\sigma_{Xus}}{\sqrt{10,000}}$$

つまり有限母集団の調整項(大きなルート)は、ほとんど1なので省略できる。同様に、日本のサンプル平均の標準偏差は、

$$\sigma_{\bar{X}j} = \frac{\sigma_{Xj}}{\sqrt{n}} \sqrt{\frac{N-n}{N-1}}$$

$$= \frac{\sigma_{Xj}}{\sqrt{10,000}} \sqrt{\frac{10,000,000-10,000}{10,000,000-1}} \approx \frac{\sigma_{Xj}}{\sqrt{10,000}}$$

6 t-分布を用いた区間推定

σ_X が未知でnが小さいときの μ の区間推定は、t分布を用いることになる。そして、信頼区間は次の式で与えられる。

$$P(\bar{X} - tS_{\bar{X}} \leq \mu \leq \bar{X} + tS_{\bar{X}}) = 1 - \alpha$$

例題 10

ある人がある場所でブティックを開こうとしている。同じ通りにある似たような店で、買い物をした人16人に買い物の金額を聞いた。その結果は $\bar{X}$ =$26.50 で $S_{\bar{X}}$ =$6.20 であった。その店での買い物の金額は正規分布であると仮定する。

a) 1人当たりの買い物の金額の点推定を求めなさい。
b) サンプル平均の標準偏差を求めなさい。
c) 95％信頼度に対応するtの値を求めよ。
d) 平均値の95％信頼区間を求めよ。

解答

a) 平均値の点推定は $\bar{X} = \$26.50$

b) 平均値の標準偏差は

$$S_{\bar{X}} = \frac{S_X}{\sqrt{n}} = \frac{6.20}{\sqrt{16}} = \frac{6.20}{4} = 1.55$$

c) 自由度は

$$\phi = n - 1 = 16 - 1 = 15$$

tの境界値は

$$t_{c,\, \alpha/2 = 0.025,\, \phi = 15} = 2.131$$

d) 信頼区間の公式は

$$P(\bar{X} - tS_{\bar{X}} \leq \mu \leq \bar{X} + tS_{\bar{X}}) = 1 - \alpha$$

$$26.50 - (2.131)(1.55) \leq \mu \leq 26.50 + (2.131)(1.55)$$

$$26.50 - 3.303 \leq \mu \leq 26.50 + 3.303$$

$$23.197 \leq \mu \leq 29.803$$

図 10-9　95％信頼区間

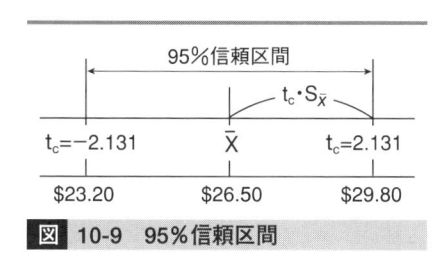

練習問題

問題 1

あるボールベアリングメーカーは直径1mmのボールベアリングを作ろうとしている。過去のデータから標準偏差が0.1mmであることがわかっている。サンプル・サイズ100個を取ったところサンプル平均値は1.1mmであった。

a) サンプル平均値の標準偏差（標準誤差）を求めなさい。

b) この推定値の95％信頼区間を求めなさい。

c) この信頼区間は規格を満たしているだろうか。

問題 2

ある証券会社はニューヨーク証券取引所（NYSE）に上場している普通株の平均利回りを推定しようとしている。サンプル・サイズ100銘柄を取った時、サンプル平均は10％でサンプル標準偏差は6％であった。

a) ユニバース（NYSEに上場してある全株式）の標準偏差を推定しなさい。

b) サンプル平均の標準偏差（標準誤差）を計算しなさい。

c) 平均値の90％信頼区間を求めなさい。

問題 3

あるコンピューター会社は、そのコンピューターが始めて故障を起こすまでどの位の時間が経過するかを推定しようとしている。ランダム・サンプル・サイズ100を取ってサンプル平均を計算した時、$\bar{X} = 5{,}000$時間でサンプル標準偏差$S_X = 1{,}000$であった。

a) ユニバースの標準偏差の推定値はいくらか。

b) 平均値の標準誤差を計算しなさい。

c) 平均値の90％信頼区間を求めなさい。

問題 ◆ 4

公認会計士事務所が銀行の会計帳簿を監査している。その事務所は区間推定を用いて銀行の不良債権の平均額を推定しようとしている。会計事務所が160の不良債権の中から64のランダム・サンプルを取って平均不良債権を推定したところ、サンプル平均は $\bar{X} = \$6{,}000$ でサンプル標準偏差 $S_X = \$1{,}000$ であった。

a）ユニバース標準偏差の推定値を求めなさい。
b）サンプル平均の標準偏差を求めなさい。
c）サンプル平均の90％信頼区間を求めなさい。

問題 ◆ 5

あるメーカーは直径2mmのボールベアリングを作ろうとしている。過去のデータから直径の標準偏差は $\sigma_X = 0.2$mm である。99％の信頼度で0.01mmを越えない信頼区間を構築するためには、サンプル・サイズはどれだけなければならないか。

問題 ◆ 6

ある市場調査会社は平均家庭の食費を推定するために、全8百万世帯いるニューヨークで1600世帯のサンプルをとった。同じレベルの正確性を維持するために、世帯数が80万人いるニューオリンズではサンプル・サイズはどれだけなければならないか。両市における食費の標準偏差は同じであると仮定する。

問題 ◆ 7

ある投資家がレストランを買おうとしている。日々の収入を推定するために大きな帳簿から64日間の収入の記録を得た。計算の結果、サンプル平均は $\bar{X} = \$6{,}000$ でサンプル標準偏差 $S_X = \$1{,}000$ であった。

a）ユニバース平均の推定値はいくらか。
b）ユニバースの標準偏差の推定値はいくらか。
c）平均値の標準偏差を求めなさい。

d) この推定値の95％の信頼区間を求めなさい。

問題 8

ある時計メーカーが5mmの長さの部品を作りたいと思っている。過去のデータから標準偏差が $\sigma_X = 0.1$mmであることがわかっている。99％信頼度で0.01mmを超えない信頼区間を得るためには、サンプル・サイズはどれだけなければならないか。

問題 9

あるタイヤメーカーは1,000個のパンクしたタイヤの記録から、一定の正確性と信頼度でタイヤの平均寿命を推定しようとしている。同じ信頼度を維持しながら、推定の正確性を2倍にするためには、すなわち信頼区間の幅を半分にするためにはサンプル・サイズはどの位なければならないか。

問題 10

ヘヴンリー・エアラインズの宣伝はオン・タイムの（遅刻なしの）到着時刻の評判を強調している。過去のデータから、ニューヨークからサンフランシスコまでの飛行機の到着時間の標準偏差は10分ということがわかっている。また、100の航空機の到着記録から、平均飛行時間は180分である。

a) ユニバースの平均飛行時間の推定値を求めなさい。
b) ユニバースの飛行時間の標準偏差の推定値を求めなさい。
c) 平均値の標準誤差を求めなさい。
d) 平均値の99％信頼区間を求めなさい。

問題 11

あるレンズメーカーは中心の厚さ3mmのレンズを製造しようとしている。過去のデータから厚さの標準偏差が $\sigma_X = 0.1$mmであることがわかっている。95％の信頼度で0.01mmを超えない信頼区間にするためにはサンプル・サイズはいくら必要か。

問題◆12

ある会計事務所は、デパートの売掛金の勘定から100のサンプルを取って、回収期限を超えたアカウントの平均数をある一定の正確性と信頼度で推定しようとしている。同じ信頼度を維持しながら推定の正確性を倍にするために、すなわち信頼区間の幅を半分にするために、必要なサンプル・サイズを求めなさい。

問題◆13

ある会社の人事部長は、なぜ道をはさんで向こう側にある競争相手に従業員をとられているかを知りたいと思っている。そこで彼女は競争相手の会社のブルーカラーの従業員の平均賃金がいくらなのかを推定しようとしている。100人のサンプルを取って調べたところ、サンプル平均は $\bar{X} = \$18$ で標準偏差 $S_X = \$3$ であることがわかった。

a) 全平均の推定値を求めなさい。
b) ユニバースの標準偏差を求めなさい。
c) 平均値の標準誤差を求めなさい。
d) 平均値の99%信頼区間を求めなさい。

問題◆14

ある投資家は、NYSEに掲載されているすべての普通株の平均投資利回りを推定しようとしている。前年のデータから64のサンプルを取って調べたところ、平均値は $\bar{X} = 12.5\%$ で、サンプル標準偏差は $S_X = 5\%$ であった。

a) 全株の平均利回りの推定値を求めなさい。
b) 全株の利回りのサンプル標準偏差（S_X）を求めなさい。
c) 全株の利回りのサンプル標準誤差（$S_{\bar{X}}$）を求めなさい。
d) 全株の平均利回りの99%信頼区間を求めなさい。

第11章

却下すべきか、せざるべきか、それが問題だ——検定

1. はじめに

統計的推論の1つの大事な応用は、統計的仮説検定である。まず色々な学説等の理論、個人的な経験、直感などに基づいて、検定すべき仮説を立てる。そして、その仮説が正しいかどうかを検証するために現実からサンプルのデータを集めて、現実と仮説が整合性があるかどうかを検証する。現実の証拠が仮説とあまりにもかけ離れているならば、仮説を受け入れることはできない。この章では仮説検定のプロセスを例題1を通して学ぶ。

例題 1

(a) ある電子機器メーカーは直径8mmの部品を作ろうとしている。この部品の標準偏差は2mmである。100個のサンプルを取った時、サンプル平均は $\bar{X} = 8.5$ mm であった。

もしも管理者が100回中5回まで間違えることを許容するならば、生産を続行すべきかどうか決定しなさい。

(b) もしも機械が平均して9mmの直径の部品を作り始めたとしたら、この平均値の変化以外は何も変化ないとして、管理者がこの変化を見つけ出せない確率はいくらか?

2 統計的仮説

統計的仮説はユニバースのある特性（母数）に関する記述であり、その有効性をテストしようとするものである。仮説は、受け入れる（受容）か受け入れない（棄却）か、どちらかになるようにつくらねばならない。通常、帰無仮説と対立仮説を一組の仮説として立てる。

帰無仮説 H_0：$\mu = 8$
対立仮説 H_1：$\mu \neq 8$

ここでは帰無仮説は、工程は8mmのものを作っている、すなわち正常に作動していると述べている。これに対して、対立仮説は、工程は8mmのものは作っていない、つまり管理状態にないと述べている。通常、帰無仮説は棄却された時のみ特定の意味を持ち、行動を伴うように立てられる。つまり8mmのものを作っていないと判断された時には製造ラインを止めて、工程を点検することになる。帰無仮説をH_0で表し、対立仮説をH_1で表すのが一般である。

統計的仮説の立て方は一般の常識の逆に思えることがある。たとえば、製薬会社が新薬を作っていて、それが癌に効くかどうかをテストしたい時、「この新薬は癌に効かない」という帰無仮説を立てる。そして、テストした結果が極めて著しい結果が出て、到底帰無仮説を信じることができない時にのみ、帰無仮説を棄却する。ということは新薬が癌に効くということである。つまり帰無仮説を棄却する人々に、その証明の重い負担を掛けさせるということである。また、裁判ではよく「疑わしきは罰せず」とか「有罪と断定されるまでは無罪」とか言われるが、有罪と断定するひとびとにその証明の重い負担が課せられる。それと同じ考え方である。

3 有意水準

仮説を受け入れるか受け入れないかを決めるには、足切りの点が必要である。もしもμ_0（8mm）と$\overline{X}$があまりかけ離れた値の場合は、H_0は受け入れられない。管理者が、サンプル平均に基づいてユニバース平均に関する仮説を検定す

るときは、時折間違った検定をすることが避けられない。間違いには2通りある。第1種の過ち（過誤）と第2種の過ち（過誤）である。第1種の過ちは、H_0が正しい時にH_0を受け入れられないとする過ちである。第1種の過ちをする確率を有意水準といい、α（アルファ）で表わす。第2種の過ちは、H_0が正しくない時にH_0を受け入れてしまう過ちであり、第2種の過ちをする確率はβ（ベータ）で表され、第5節で取り上げる。有意水準は管理者がサンプルをとる前に決定する。つまりαは管理者が第1種の過ちをどの位の確率水準で受け入れることができるかということで決まる。

例題1の場合、サンプル平均に基づいてH_0が受け入れられるかどうかを決めるわけだが、100回このような判断をした時に、5回誤りをすることが受容されているので、$\alpha = 0.05$となる。つまり、生産工程が規格にあった製品を製造しているのに、生産工程が適切に作動していないとして、停止したり、調整したりする誤りが、100回のうち5回起こってもしかたがない、つまり受け入れるということである。

なおサンプル平均が8mmよりも大き過ぎても、小さ過ぎても、H_0は受け入れられない。したがって$\alpha/2 = 0.025$が分布の両裾野に現れる。**図11-1**でわかるように、この部分を棄却域といい、サンプル平均がこの部分に入ると自動的にH_0は棄却される。棄却域以外の真ん中の領域を受容域といい、サンプル平均がこの部分に入ると自動的にH_0は受け入れられる。

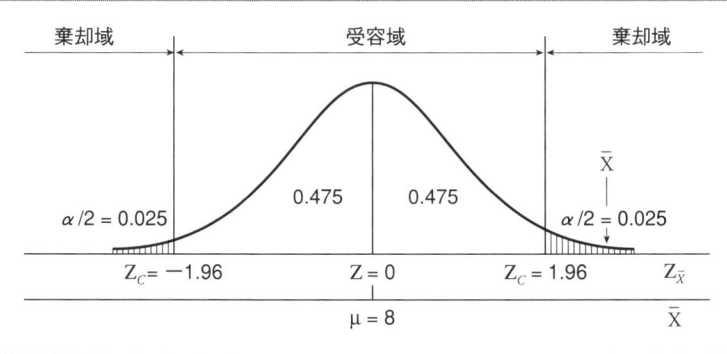

図 11-1　受容域及び棄却域

4 仮説の検定

　仮説の検定は、一般に、受容域と棄却域の境界線にある境界値（$\bar{X}_C$：Critical $\bar{X}$）とサンプル平均値（$\bar{X}$）とを比較して行われる。もっと具体的には、$Z_{\bar{X}}$とZ_C（= Critical Z）を比較して決定される。図11－1に示されたように、サンプル平均（$\bar{X}$）が受容域に入れば帰無仮説は受け入れられ、棄却域に入れば帰無仮説は棄却される。この図の例では$\bar{X}$が帰無仮説の$\mu=8$からあまりにも離れているので"$\mu=8$"は到底信じることができない。したがって、それを棄却することになる。

　なぜ$\bar{X}$と$\bar{X}_C$とを比較しないで$Z_{\bar{X}}$とZ_Cを比較するのだろう。第7章の正規分布のところでも出てきたのだが、たとえば、あなたが英語の試験を受けたときと数学の試験を受けたときでは、平均点が同じだったとしてもばらつき度（標準偏差）は異なる。あなたの点が両方の試験で同じように平均値より10点低かったとしても、平均から非常に離れているかあまり離れていないかは、ばらつき度をみてみないとわからない。ばらつきの大きい時、平均より10点低くても大した問題ではないが、ばらつきが極めて低い時、平均より10点低かったら、クラス全体と比べた時1番下の方になる可能性がある。したがって、データによって単位が違う数字である$\bar{X}$や$\bar{X}_C$ではなく、標準偏差の何倍離れているかを表し相対的な比較を可能にするZ値に変換し、常に$Z_{\bar{X}}$とZ_Cを比較しなくてはいけない。

　まず、サンプル平均とユニバース平均との相対的距離を$Z_{\bar{X}}$で表そう。

$$Z_{\bar{X}} = \frac{\bar{X}-\mu}{\sigma_{\bar{X}}} \qquad (11-1)$$

例題1では製品の標準偏差は$\sigma_X=2$mmでサンプルサイズはn=100だから、サンプル平均の標準偏差は

$$\sigma_{\bar{X}} = \frac{\sigma_X}{\sqrt{n}} = \frac{2}{\sqrt{100}} = \frac{2}{10} = 0.2\text{mm}$$

となる。

サンプル平均は$\bar{X}=8.5$mmだから

$$Z_{\bar{X}} = \frac{\bar{X}-\mu}{\sigma_{\bar{X}}} = \frac{8.5-8}{0.2} = \frac{0.5}{0.2} = 2.5$$

つまり$\bar{X}$は標準偏差の2.5倍離れた位置にある。この問題は、$\alpha = 0.05$で分布の両サイドに棄却域があるので、$\alpha/2 = 0.025$。それに対応するZの境界値を求めると$Z_C = 1.96$となり、上の$Z_{\bar{X}}$とZ_Cを比較して、仮説を検定する。

$$|Z_C = 1.96| < |Z_{\bar{X}} = 2.5|$$

したがって、H_0を棄却する。つまり機械は$\mu = 8mm$の製品を作り出していないので、止めて調整されなくてはならない。この状況は**図11-2**に示されている。

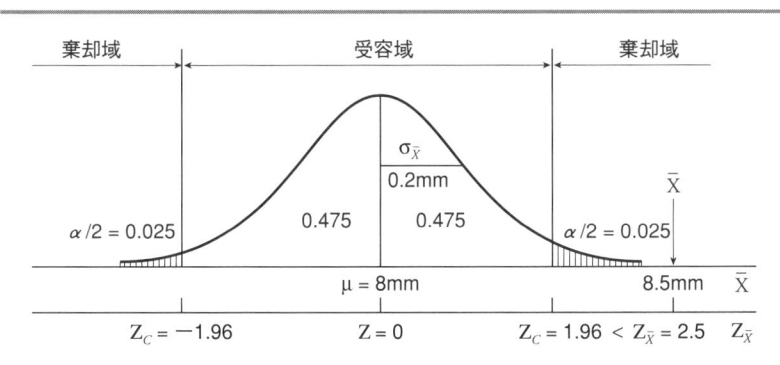

図 11-2 仮説の検定

5 二種の過ち

前にも述べたように、管理者がサンプル平均に基いてユニバース平均に関する仮説を検定するとき、間違った検定をすることがある。間違いには2通りある。繰り返しになるが、第1種の過ちはH_0が正しい時にH_0を受け入れられないとする過ちである。第1種の過ちをする確率を有意水準といい、α（アルファ）で表わす。第2種の過ちはH_0が正しくない時にH_0を正しいとして受け入れる過ちである。第2種の過ちをする確率をβ（ベータ）で表わす。**表11-1**は2種類

の過ちをまとめたものである。例題1の場合、第2種の過ちは生産工程が規格に合わない物を作り出したのに、サンプル平均がたまたま受容域に入ったがために、規格にあっていると間違って受け入れる場合である。管理者は仮説を棄却すべきなのだが、受け入れて作業を継続することになる。

例題1の（b）では帰無仮説が $\mu=8$mmの時、実際には $\mu'=9$mmなので、棄却すべきなのだが、サンプル平均が受容域に入ったなら、受け入れなければならない。その確率は図11-3の下の正規分布で影になった所である。これが β であり、この確率を求めるのが問題である。図11-4を参照にしながら β 値を計算してみよう。

2つの分布にそれぞれ水平線がある。上の線は正常な状態の、つまり μ が8mmである場合のサンプル平均（$\bar{X}$）の分布をZ値で表したものである。上の分布で影を入れてある所は第1種の過ちをする確率を表している。下の線はそれが物理的に何mmなのかを示している。ここの問題は機械が平均9mmの分布の製品を作りだしているにもかかわらず、サンプル平均を計算した時、サンプル平均が受容域に入り、機械が正常に作動していると判断する過ちをする確率を求めているのである。図11-4でいうと、それは下の分布で影を入れた部

表 11-1

決定＼現実	H_0は正しい	H_0は誤り
H_0を受容	正しい決定	第2種の過ち（β）
H_0を棄却	第1種の過ち（α）	正しい決定

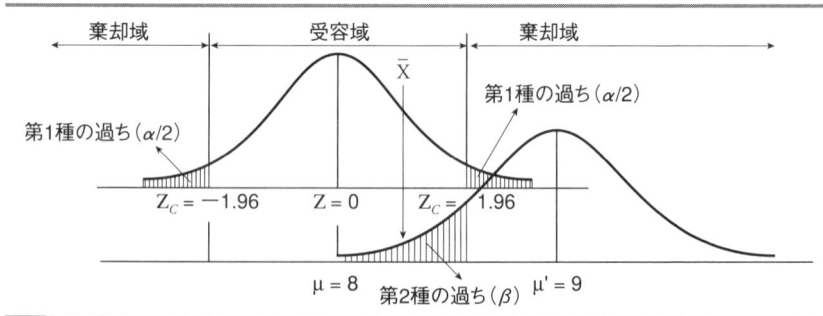

図 11-3　第1種及び第2種の過誤

第11章 ● 却下すべきか、せざるべきか、それが問題だ——検定

分である。この部分の確率を求めるためには、9mmを中心とした分布の下の線で、9mmから測った境界値に対応する実際の長さを求めなければならない。したがって、下の線の尺度はmmにしてあるわけである。そのために次のような計算をする。

図11-4を見ながら考えると、右側の棄却域と受容域との境界線は$Z_C = 1.96$として上記の（a）で得たが、これは中心$\mu = 8$からのZ値で$\mu' = 9$からのZ値ではない。そのため、Z_C値を元の尺度であるmmで表わす必要がある。

Z_Cの$\mu = 8$からの物理的距離は

$$Z_C \sigma_{\bar{X}} = (1.96)(0.2) = 0.392 \text{mm}$$

つまり1$\sigma_{\bar{X}}$単位の距離が0.2mmの時、1.96単位中心から離れていれば、全部で0.392mmの距離となるということである。

したがって、$\bar{X}_C$の物理的位置は

$$\bar{X}_C = \mu + Z_C \sigma_{\bar{X}} = 8 + 0.392 = 8.392 \text{mm}$$

これを$\mu' = 9$からのZ値で表わす必要がある。

$$Z'_{\bar{X}_C} = \frac{\bar{X}_C - \mu'}{\sigma_{\bar{X}}} = \frac{8.392 - 9}{0.2} = \frac{-0.608}{0.2} = -3.04$$

$Z = -3.04$に対応する数字はZテーブルから0.4988であるから、

$$\beta = 0.5 - 0.4988 = 0.0012$$

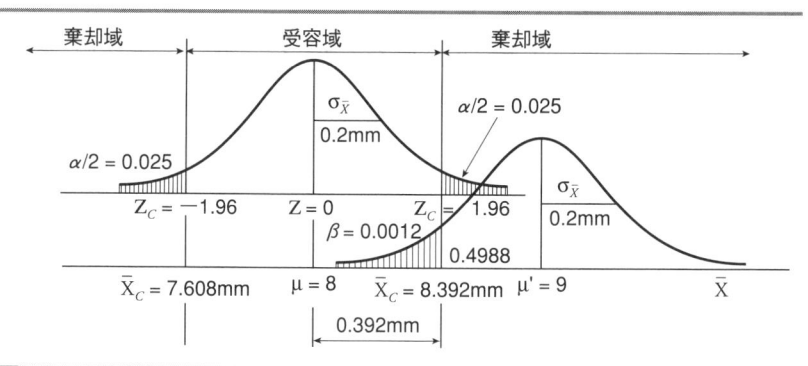

図 11-4　第1種及び第2種の過誤

すなわち、機械が誤作動し始めた時（この場合 $\mu'=9$ mm）、管理者は帰無仮説を棄却するべきなのだが、間違って受け入れる確率は0.0012（＝0.12％）あるということである。

統計的仮説の検定に当たって、例題1を用いてかなり長い説明となったのでそのまとめの意味で、別の問題を用いて仮説の検定に関する全過程を次に簡潔に例示しよう。

例題 2

（a）時計メーカーがある部品の長さをちょうど5mmに作ろうとしている。過去のデータからこの部品は平均5mmで、標準偏差0.4mmであることがわかっている。サンプル・サイズ $n=64$ を取ったところ、サンプル平均は5.1mmであった。

$\alpha=0.01$ の時、$H_0: \mu=5$ mmを検定せよ。次のようなステップを踏むこと。

1. 帰無仮説 H_0 及び対立仮説 H_1 を示す。
2. Zの境界値、Z_C を示す。
3. サンプル平均の標準偏差を計算する。
4. サンプル平均のZ値を決定する。
5. 結論をのべる。

（b）機械が正常状態でないにもかかわらず、すなわち製品の分布が平均5.2mmで標準偏差が不変と仮定した場合、サンプル・サイズ $n=64$ を取った時、この機械がまだ正常状態であると判断する確率は何か。

解答

まず、**図11－5**を参照しながら次の手順を追っていこう。

1. 仮説は次のように設定される。

   帰無仮説　$H_0: \mu=5$
   対立仮説　$H_1: \mu \neq 5$

2. $\alpha = 0.01$の時、棄却域は両側にあるから、片方では$\alpha/2 = 0.005$となる。したがって、中心から境界値までの間に0.495の領域がある。これに対応するZ値、すなわちZの境界値は、

$Z_C = 2.575$となる。

3. 元の変数の標準偏差をサンプル平均の標準偏差$\sigma_{\bar{X}}$に変える必要がある。

$$\sigma_{\bar{X}} = \frac{\sigma_X}{\sqrt{n}} = \frac{0.4}{\sqrt{64}} = \frac{0.4}{8} = 0.05$$

4. $\bar{X}$の値をZ値に変換して考える。

$$Z_{\bar{X}} = \frac{\bar{X} - \mu}{\sigma_{\bar{X}}} = \frac{5.1 - 5}{0.05} = \frac{0.1}{0.05} = 2$$

5. $\bar{X}$のZ値とZの境界値Z_Cを比較すると$Z_{\bar{X}}$はZ_Cより小さいことが解る。すなわち、$\bar{X}$は受容域に入ることがわかる。

$Z_{\bar{X}} = 2 < Z_C = 2.575$

したがって、帰無仮説は受容される。

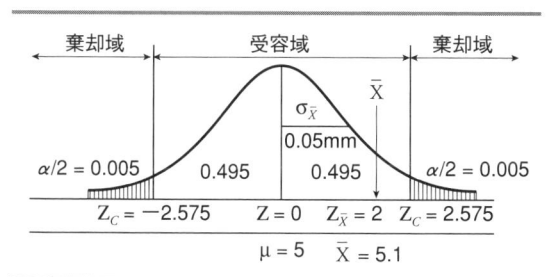

図 11-5 仮説の検定

(b) 例題2の(b)の計算は次のとおりであるが、**図11-6**を参照すること。
中心からZの境界値に到るまでの距離をmmで表すと次のようになる。

$(Z_C) \cdot (\sigma_{\bar{X}}) = (2.575) \times (0.05) = 0.12875$mm

したがって、境界値の位置をmmで表すと次のようになる。

$\bar{X}_C = \mu + (Z_C) \cdot (\sigma_{\bar{X}}) = 5 + 0.12875 = 5.12875$mm

つまり5.12875mmが境界線である。下の分布の陰になった部分の確率（すなわちこれが第2種の誤りをする確率なのだが）を求めるために、この境界値を

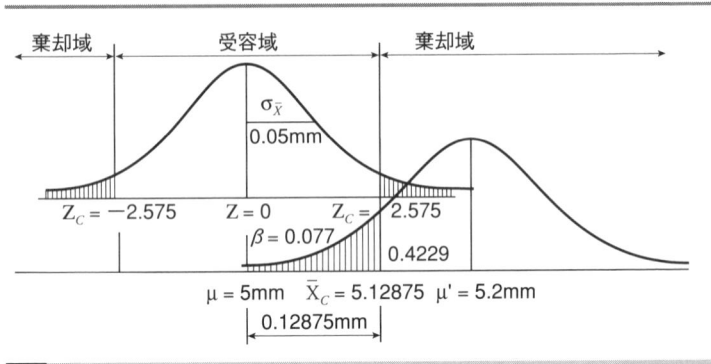

![図 11-6 第2種の誤ち]

図 11-6　第2種の誤ち

$\mu'=5.2$mmからのZ値に変換する必要がある。

$$Z'_{\bar{X}_C} = \frac{\bar{X}_C - \mu'}{\sigma_{\bar{X}}} = \frac{5.12875 - 5.2}{0.05} = \frac{-0.07125}{0.05} = -1.425$$

$Z=1.42$に対応する確率は 0.4222 で $Z=1.43$ に対応するのは0.4236なのでその中間値を求めると、

$$\frac{0.4222+0.4236}{2} = 0.4229$$

つまり、$Z'_{\bar{X}_C}$と$Z'_{\bar{X}}=0$（すなわち、$\mu'=0$に対応するZ値）の間に入る確率（面積）は0.4229であることがわかる。したがって$\beta = 0.5 - 0.4229 = 0.0771$。よって、$\beta = 7.71\%$である。これが、$\mu'=5.2$mmの時に、第2種の過ち、すなわち機械は誤作動しているにもかかわらず、正常に作動していると判断する過ちを犯す確率である。

6 ● 片側検定と両側検定

例題1においても例題2においても、$\bar{X}$がある特定のμからどちら側に大きくはずれてもH_0は棄却された。たとえば、精密な機械においては大きさが一定でなければならず、大きすぎても小さすぎても受け入れられない。こういう検定を両側検定という。これに対して、検証の目的が片側だけにあるものもある。

これを片側検定という。この節では片側検定の例をいくつか紹介しよう。

例題 3

ある経済専門家が4人家族の家庭の1週間の食費に関して、去年の平均 $\mu = \$234.22$ と今年を比較しようとした場合、これがずっとインフレが続いている時代だとしたら、$\alpha = 5\%$ として棄却域はどこに位置するか。

解答

インフレの時期であるなら、今年の食費が去年と較べて著しく上がっているかどうかだけに興味があるだろう。したがって棄却域は右側だけになる。つまり仮説は次のようになる。

H_0：$\mu = \$234.22$

H_1：$\mu > \$234.22$

ここでは帰無仮説は食費が去年と比べて顕著に上昇していないとするのに対して、対立仮説は顕著に上昇しているとするものである。したがって、棄却域は右側にしかない。もしもサンプル平均値 ($\bar{X}$) が $\$234.22$ よりも低ければ、単に帰無仮説 H_0 を受容するにすぎない。よって $\alpha = 5\%$ が全部右側に来る。

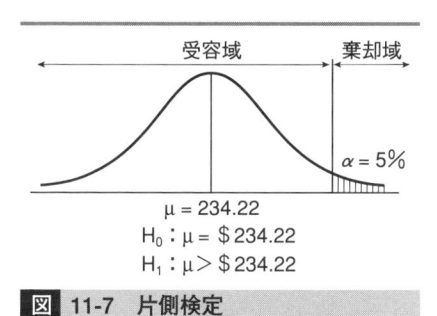

図 11-7　片側検定

例題 4

消費者グループが、A自動車会社の「高速道路では1リットル当たり30キロ走る」という新車に関する主張をテストしようとしている。仮説を設定し、棄却域を示しなさい。$\alpha = 5\%$ とする。

解答

消費者は1リットル30キロ走るのかそれ以下なのかに興味がある。もしもA自動車会社の主張に対して、サンプル平均が著しく低ければ、$\mu=30$は到底受け入れることはできない。H_0を棄却するということは会社を訴えるといったアクションを取ることになるかもしれない。それに対して、もしもサンプル平均が30キロ以上だったら、つまり燃費が自動車会社が主張しているより良い時に消費者はアクションを取るだろうか？ 多分彼等はただH_0を受け入れ、黙っているだろう。そういう意味で$\mu=30$キロでも$\mu=35$キロでも同じ受容域に入るのである。

しかしながら、$\bar{X}$が$\mu=30$よりも低いが$\bar{X}_C$よりも高い時はどうであろうか。$\bar{X}$はサンプル平均であってユニバース平均ではない。この場合、サンプル平均$\bar{X}$はμより低くても我々は全数を数えたわけではないので、ユニバース平均（μ）は30以下（$\mu<30$）だと断定することができない。全数を数えたら、"$\mu=30$"が正しいということがわかるかもしれない。つまり帰無仮説を棄却する十分な理由がないのでそれは受容される。**図11−8**はこれを表している。

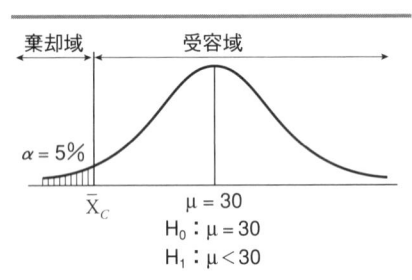

図 11-8 片側検定

例題 5

ある大学で去年の学生の1週間当たりのバイトの収入は平均$\$60$であった。今年、サンプルサイズ$n=100$を取った所、サンプル平均は$\$63$であった。$\sigma_x=\$15$で$\alpha=0.05$の時、バイト収入が去年より実際に上がったのかどうか次のステップを踏んで検定しなさい。

a) 仮説を述べる。
b) Z_C は何か。
c) $\sigma_{\bar{X}}$ を求める。
d) $Z_{\bar{X}}$ を求める。
e) 結論は何か。

解答

a) バイトの収入が上がったか否かだけに興味があるので、片側検定となる。すなわち、

$H_0 : \mu = \$60$

$H_1 : \mu > \$60$

b) $\alpha = 5\%$ で片側検定であるから、5％全部が右側に来る。つまり中心から境界値までの領域に45％が入る。したがって、

$Z_C = 1.645$ となる。

c) まず元の分布を $\bar{X}$ の分布に変換する。

$$\sigma_{\bar{X}} = \frac{\sigma_X}{\sqrt{n}} = \frac{15}{\sqrt{100}} = \frac{15}{10} = 1.5$$

d) 境界値のZ値と比較するためにサンプル平均（$\bar{X}$）をZ値に変換する。

$$Z_{\bar{X}} = \frac{\bar{X} - \mu}{\sigma_{\bar{X}}} = \frac{63 - 60}{1.5} = \frac{3}{1.5} = 2$$

e) サンプル平均のZ値と境界値のZ値を比較すると、Z値が棄却域に入ることがわかる。

$|Z_C = 1.645| < |Z_{\bar{X}} = 2|$

$H_0 : \mu = \$60$ は棄却され、バイトの収入は去年より上がっていることがわかる。

以上の状況は**図11-9**に図示されている。

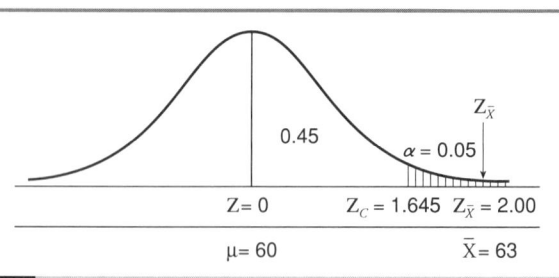

図 11-9 片側検定

> **吉田の法則 11-1**
>
> ビジネスにおける重大な意思決定はほとんどすべて不確定要因、つまり、ばらつき、のある状態でおこなわれる。すべての決定事項において100％正しい決定をすることは、偶然を除いては望めない。したがって、一定のリスクの下で、仮説を受け入れるか否かの二者択一の決定をしなければならない。つまり、失敗をするリスクがあるということを承知の上で、YESかNOか、或いはGOかSTOPかという決定的な判断を下さなければならない。統計的推論、中でも、仮説の検定は正にこういう状況下で最も有用なツールとなる。優秀な経営者になるか否かは、統計的推論が身についているかどうかに多分に掛かってくる。しかしながら、こうしたら良いというのが頭ではわかっていても、リスクが取れず、なかなか踏み出せない人びとも多い。優秀な経営者やビジネスマンになるためには、冷徹な計算と同時に大胆な決断力を必要とする。もし、統計的推論がよくわかり的確に判断できるのだが決断力がないという人は、統計の先生になるかコンサルタントになるのが良い。

7 サンプル・サイズが小さい時の検定

例題 6

電子機器製造会社で、部品の直径を正確に8mmに作ろうとしている。製造

工程が適切に作動している時は、平均8mmの物を作っている。サンプル・サイズn = 16を取ったところ、$\bar{X}$ = 8.5mmで S_X = 2mmであった。元の分布が正規分布である時、α = 5%とすると、平均が8mmであるという仮説を、次のステップを踏んで検証しなさい。

1) H_0及びH_1を述べなさい。
2) t_Cを求めなさい。
3) $t_{\bar{X}}$を求めなさい。
4) 結論を述べなさい。

解答

1) 仮説は次のように設定される。

   H_0：μ = 8.00mm

   H_1：$\mu \neq$ 8.00mm

2) α = 0.05のとき、α/2 = 0.025となり、nが16のときφ（自由度）= 15となるからtの境界値は次のようになる。

   $t_{c, \alpha/2 = 0.025, \phi = 15}$ = 2.131

   これを数式で表わすと

   P($-$2.131 < t < +2.131 | ϕ = 15) = 0.95

3) サンプル平均の標準偏差（$S_{\bar{X}}$）は

   $$S_{\bar{X}} = \frac{S_X}{\sqrt{n}} = \frac{2}{\sqrt{16}} = \frac{2}{4} = 0.5$$

   従って$\bar{X}$のt値は

   $$t_{\bar{X}} = \frac{\bar{X} - \mu}{S_{\bar{X}}} = \frac{8.5 - 8.0}{0.5} = 1 \quad \text{となる。}$$

4) tの境界値と実際値を比較すると

   $t_{\bar{X}} = 1 < t_C = 2.131$

   よって＝帰無仮説は受容された。

図11-10を参照のこと。

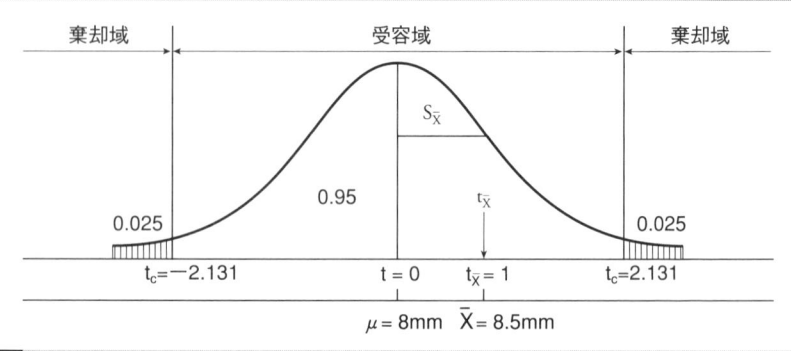

図 11-10

例題 7

1982年6月のカリフォルニア州のオレンジ郡で購入された寝室3つの家の平均価格は＄60,000であった。翌年の6月に購入された同様な家の全リストからサンプル・サイズ n = 25をとって調べたところ、$\bar{X}$ = ＄62,000で S_X = ＄1,000であった。a = 0.01の時、価格が実際に上がったかどうかという仮説を次のようなステップで検定しなさい。

a）H_0及びH_1をのべなさい。
b）t_Cを求めなさい。
c）$t_{\bar{X}}$を求めなさい。
d）結論を述べなさい。

解答

a）H_0：μ = ＄60,000

　　H_1：μ > ＄60,000

b）$t_{c,\ a=0.01,\ \phi=24}$ = 2.492

c）$t = \dfrac{\bar{X}-\mu}{\dfrac{S_X}{\sqrt{n}}} = \dfrac{\$62{,}000-\$60{,}000}{\dfrac{\$1{,}000}{\sqrt{25}}} = \dfrac{\$2{,}000}{\dfrac{\$1{,}000}{5}} = \dfrac{\$2{,}000}{\$200} = 10$

d) $t_c = 2.492 < t_{\bar{X}} = 10$

故に帰無仮説は棄却された。

図11-11を参照のこと。

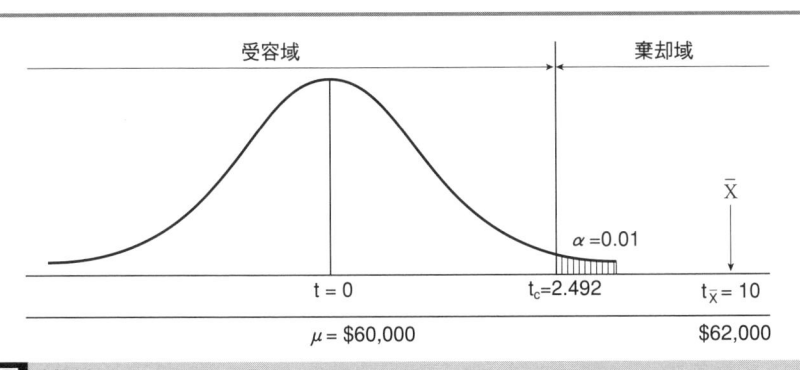

図 11-11

練習問題

問題 1

昨年のある大学の新卒の初任給は平均 $1,000 で標準偏差 $200 であった。今年100人のランダム・サンプルを取って初任給を調べたところ $1,050 であった。標準偏差は不変とし、有意水準5％で初任給が去年より顕著に上がったかどうか決定しなさい。以下のステップを踏みなさい。

a) 仮説を述べなさい。
b) 標準誤差（$\sigma_{\bar{X}}$）を計算しなさい。
c) サンプル平均のZ値（$Z_{\bar{X}}$）を求めなさい。
d) サンプル平均のZの境界値（Z_C）を求めなさい。
e) 結論を述べなさい。

問題 2

ある自動車会社は、新型車は高速で1リットル当たり平均30マイル、標準偏差5マイルで走ると主張している。しかし消費者グループが高速で100台走らせたところ、平均28.5マイルだった。99％の信頼度で消費者グループはどういう主張がいえるか。

問題 3

ある自動車会社はタイヤを数社から購入している。A社のタイヤは平均寿命50,000マイルで標準偏差10,000マイルであることがわかっている。自動車会社の経営者は、もしも97.5％の信頼度でサンプル平均が48,040マイル以下であるならば、A社からの購入をストップしようと考えている。サンプル・サイズはどれだけ必要か。

問題◆4

(a) 去年のB大学の卒業生の初任給は平均＄1,200で標準偏差＄120であった。今年、サンプル・サイズ36を取ったところ、平均は＄1,260であった。以下の順序に従って、1％の有意水準で今年の初任給は去年より著しく増えたかどうか検定しなさい。

1. 帰無仮説及び対立仮説を述べなさい。
2. 標準誤差（$\sigma_{\bar{X}}$）を計算しなさい。
3. 計算されたZ値（$Z_{\bar{X}}$）を求めなさい。
4. サンプル平均のZの境界値（Z_C）を求めなさい。
5. 結論を述べなさい。

(b) 標準偏差が変わらずに初任給の平均が＄1,300に増えたと仮定しよう。サンプル・サイズを36取った時、この変化を見落とす（変化を発見できない）確率を求めなさい。

問題◆5

(a) ある大きな食品加工会社はちょうど300グラムのまぐろの缶詰を作ろうとしている。過去のデータから標準偏差は5グラムであることがわかっている。100個のサンプルを取った時、サンプル平均は301グラムであった。次の順序で、5％の有意水準で、平均の重量が300グラムであるという仮説を検定しなさい。

1. 帰無仮説及び対立仮説を述べなさい。
2. 標準誤差（$\sigma_{\bar{X}}$）を計算しなさい。
3. サンプル平均のZ値（$Z_{\bar{X}}$）を求めなさい。
4. サンプル平均のZの境界値（Z_C）を求めなさい。
5. 結論を述べなさい。

(b) 標準偏差が不変の時、機械が平均302グラムの缶詰を作り始めたと仮定する。サンプル・サイズ100を取った時、この変化を発見できない確率を求めなさい。

問題 6

自動車の販売店は彼らの売上実績に基づいて販売員が昇進されるべきかを決定したいと思っている。個々の販売員による自動車の週間の売上高は、平均が＄20,000で標準偏差が＄4,000だということがわかっていると仮定しよう。これは自動車業界全体の平均だとする。ある販売員のサンプル・サイズ100週間を取ったところ、売上げの平均は＄22,000であった。以下の順序に従って、5%の有意水準で、この人は昇進するべきかどうか決定しなさい。

1. 帰無仮説及び対立仮説を述べなさい。
2. 標準誤差（$\sigma_{\bar{X}}$）を計算しなさい。
3. サンプル平均のZ値（$Z_{\bar{X}}$）を求めなさい。
4. サンプル平均のZの境界値（Z_C）を求めなさい。
5. 結論を述べなさい。

(b) 1人の優秀な販売員がいたとする。その人の平均週間売上げは＄25,000で標準偏差は＄4,000である。100週間のサンプル販売記録が取られた時、この卓越した販売が気づかれず、見落とされる確率を求めなさい。

問題 7

例題2で、有意水準が $\alpha = 0.01$ から下記のように変わるとき、解答はどのように修正されるべきか。有意水準以外は変わらないものとする。

a. $\alpha = 0.002$　　b. $\alpha = 0.005$　　c. $\alpha = 0.01$（元の値）
d. $\alpha = 0.02$　　e. $\alpha = 0.04$　　f. $\alpha = 0.05$　　g. $\alpha = 0.10$

問題 8

例題2で、サンプル平均が $\bar{X} = 5.1$ から下記のように変わるとき、解答はどのように修正されるべきか。サンプル平均以外は変わらないと仮定する。

a. $\bar{X} = 5.1$　　b. $\bar{X} = 5.5$　　c. $\bar{X} = 5.8$　　d. $\bar{X} = 6.0$　　e. $\bar{X} = 6.5$

問題 9

例題2で、サンプル・サイズが $n = 64$ から下記のように変わるとき、解答はどのように修正されるべきか。サンプル・サイズ以外は変わらないと仮定する。

　a. $n = 64$（元の値）　　b. $n = 100$　　c. $n = 144$

　d. $n = 400$　　e. $n = 10{,}000$

問題 10

会計事務所が、ある化学会社の永年にわたる会計記録を監査して、特定の会計取引の金額 \$100,000 当たりの誤りは平均 \$3,500 で標準偏差 \$500 の正規分布をしていることがわかった。会計取引を \$100,000 単位でブロックに分けそのサンプルを100個調べた時、誤りの平均は $\overline{X}$ = \$3,600 だった。$\alpha = 0.05$ の有意水準で誤りの平均額は \$3,500 であるという仮説を、以下の順序に従って検定しなさい。

1)　a. 帰無仮説及び対立仮説を述べなさい。

　　b. 標準誤差（$\sigma_{\overline{X}}$）を計算しなさい。

　　c. サンプル平均のZ値（$Z_{\overline{X}}$）を求めなさい。

　　d. サンプル平均のZの境界値（Z_C）を求めなさい。

　　e. 結論を述べなさい。

2) ある異常な取引が起こり、真の誤りの金額は \$3,800 となったと仮定しよう。CPA事務所が同じサンプル・サイズ100を取ったとして、この変化を見つけられない確率を求めなさい。

問題 11

会計事務所がある会社の売り掛け金残高を監査するため、サンプル・サイズ100をとり、顧客1人当たり平均 \$350 が適切な実際の残高を示すものかどうかをテストしたいと思っている。これまでの記録から標準偏差は σ_X = \$50 であることがわかっている。サンプル平均が \$340 の時、$\alpha = 0.05$ の有意水準で平均帳簿残額は適切な残高を表しているか、以下の順序に従って検定しなさい。

1) a. 帰無仮説及び対立仮説を述べなさい。
   b. 標準誤差（$\sigma_{\bar{X}}$）を計算しなさい。
   c. サンプル平均のZ値（$Z_{\bar{X}}$）を求めなさい。
   d. サンプル平均のZの境界値（Z_C）を求めなさい。
   e. 結論を述べなさい。
2) 全売掛金残高の平均が μ = \$335であると仮定しよう。会計事務所が同じサンプル・サイズ100を取ったとして、全売掛金残高の平均が\$350だとする確率を求めなさい。標準偏差は変わらないとする。

問題 12

有名な宝石のチェーン店は、コミュニティーの平均所得が\$25,000以上の時にのみショッピングセンターで新しい店を開店する方針を取っている。サンプル・サイズ n = 25を取った時、サンプル平均は $\bar{X}$ = 24,000でサンプル標準偏差は S_X = 1,000であった。下記の順序で、このコミュニティーの平均所得が\$25,000に十分近いか否か、α = 0.01で決定しなさい。

a. 帰無仮説及び対立仮説を述べなさい。
b. サンプル平均の t の境界値（t_C）を求めなさい。
c. サンプル平均の t 値（$t_{\bar{X}}$）を求めなさい。
d. 結論を述べなさい。

問題 13

ある食肉パッキング会社は牛肉をちょうど1kgビニールの袋に入れようとしている。サンプル・サイズ16袋とったところ、サンプル平均は0.950kgで標準偏差は0.1kgであった。下記の順序に従って、α = 0.05の有意水準で平均値が1kgであるという仮説を検定しなさい。

a. 帰無仮説及び対立仮説を述べなさい。
b. サンプル平均の t の境界値（t_C）を求めなさい。
c. サンプル平均の t 値（$t_{\bar{X}}$）を求めなさい。
d. 結論を述べなさい。

問題 14

(a) ある大きなスーパーマーケット・チェーンが、ある町で平均家庭の毎月の食費が$300かどうか決定するためにマーケット・リサーチを行っている。彼等が400のサンプルを取って調べたところ、サンプル平均は$285でサンプル標準偏差は$S_X = \$80$であった。$\alpha = 0.05$で下記の順序に基づいて、平均の食費が$300であるかどうか検定しなさい。

a. 帰無仮説及び対立仮説を述べなさい。

b. 標準誤差（$\sigma_{\bar{X}}$）を計算しなさい。

c. サンプル平均のZ値（$Z_{\bar{X}}$）を求めなさい。

d. サンプル平均のZの境界値（Z_C）を求めなさい。

e. 結論を述べなさい。

(b) ユニバースの平均が$280だと仮定する。サンプル・サイズ400を取った時、他の条件は不変として、ユニバース平均が$300であるという仮説を受け入れる確率を求めなさい。

第12章

マネジメントに求められる統計学
──管理図の手法

　前章の検定では、仮説を受容するか棄却するかの二者択一の方法を学んだ。それはビジネスの重要な意思決定をするのに必要不可欠な強力な手法である。しかし、検定は大きなプロジェクトやリサーチをするには適切だが、実際には多量のデータを必要とするため手間と時間がかかり、日常の業務に用いるのには少々使い勝手が悪い。そこで、この章では、検定の応用として非常に簡単に日常の業務に使える方法を示そう。

　この方法は基本的には管理図と呼ばれる手法に基づいているが、多少、私流に修正を加えたものである。もともと管理図は、元米国統計学会の会長であったウォルター・A・シューハート博士によって1930年代に開発され、デミング博士によって広められた。今日では品質管理において必要不可欠なものになっている。

1 管理図とは何か

　管理図は基本的には図12－1に示されるような形をしたものである。
　一般には製品が工程から出てくる順に長さ、重さ、直径、固さ、強さ等の性質を時系列的に測り記録したものであり、真ん中の線はその平均値を表し、上の線は上部管理限界線（UCL：Upper Control Limit）と呼び、下の線は下部管理限界線（LCL：Lower Control Limit）と呼ばれる。この例では、ボールベアリングの製造工程から毎回5個ずつサンプルを取り、その平均値をプロットし

たものである。つまり、これはサンプリング分布と同じ考え方である。したがって、中心は$\bar{\bar{X}}$であり、標準偏差は$\sigma_{\bar{X}}$である。UCLとLCLはそれぞれ中心から3標準偏差（$3\sigma_{\bar{X}}$）離れている。

　管理図の目的はばらつきを2つのグループ、すなわち、偶然原因によるばらつきと異常原因によるばらつきに分けることである。UCLとLCLに挟まれた部分は偶然原因によるばらつきとみなされ、その外側に出た部分は異常原因によるばらつきと見なされる。

　異常原因によるばらつきは、原因が特定できるばらつきで、特定の機械が故障したり、特定の作業員が誤操作したり、仕入先から来た部品が壊れたりなど、原因が特定できるものである。それらは現場の作業員や職長が直せるものである。上級管理者はあまり関与しなくて良いとされる。異常原因が取りのぞかれ、すべての生産がUCLとLCLの間に納まっている間は、製造工程はコントロールされているとみなされ、このまま製造が続けられる。

　異常原因がすべて取り除かれた後のばらつきは、偶然原因によるばらつきである。偶然原因によるばらつきは、システムそのものに起因するばらつきで、個々の変動の原因を説明することはできない。たとえば、いかに精巧な機械であっても、直径5mmのボールベアリングを寸分違わずに何千何万と作り出すことはできない。必ずばらつきが生じるのは自然界も人間社会も含めてこの世

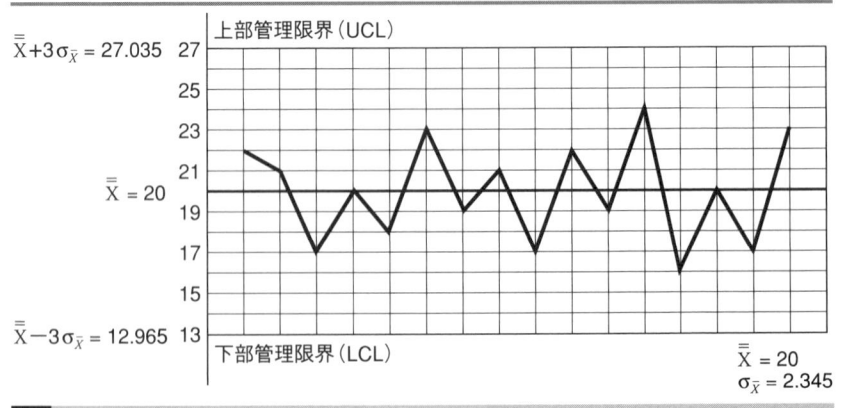

図 12-1　管理図

の法則であり、いかなる科学の発展によっても、人間の営みや生産において生じるばらつきを完全に除去することは不可能である。しかし、ばらつきを減らすことはできる。したがって、管理限界内のばらつきを減らすのは上級管理者の役割と考えられている。上級管理者が、従業員と意見やアイデアを交換しながら、新しい機械を導入したり、新しい生産方法を採用したり、従業員にもっと訓練を与えたりして、システムそのものを改善することによってのみ、ばらつきを減らし平均値を向上させることができるのである。

このように見てくるとばらつきを偶然原因と異常原因に分けるという考え方は、前章の仮説を受容するか棄却するかの考え方の延長であるということができる。

図12-1のように製造工程では、サンプリング分布に基づいた管理図を用い、場合によってはさらに層別したりして、精度の高い管理図が用いられている。一方、これまで非製造分野では管理図がほとんど用いられることがなかった。そこで、それほど精度の高くない管理図でも経営上の意思決定をする上で非常に有効である、ということをこの章で示したい。製造工程で用いられる管理図は時系列に応用されるのに対して、非製造分野では必ずしも時系列である必要はない。また、サンプリング分布ではなしに、元の分布が十分応用でき、μとσ（あるいは$\bar{X}$とS）がわかれば、管理図が作成される。UCLとLCLは$\mu \pm 3\sigma$あるいは$\bar{X} \pm 3S$で表される。

$\bar{X} \pm 3S$とは、ほとんど全部を管理状態にあるとして受け入れるという意味である。どうして、ほとんど全部を受け入れておいて、生産管理に役に立つのだろうか。繰り返しになるが、管理図とは偶然原因によるばらつきと異常原因によるばらつきとを分けることであり、それらの責任の所在や改善方法が異なることを管理図を扱う全員が理解することである。たとえば、売上げ予測があるとき、実際の売上げが出てくるたびに予測を微調整したり、在庫の残高に反応して仕入れの注文を大きく変化させたりするのは、偶然原因と異常原因の区別が付いていないことから起こる。個々のデータの上がり下がりに翻弄され、機械の微調整に追われたり原因の究明に常にあたふたすると、もっと問題が大きくなりばらつきが生じてくることが経験的にわかっており、ほうっておいて自

然の流れに任せておいた方が経済的で効率の良い運営ができるのである。つまり、管理図は、個々のデータに注意を払うのではなく、システム全体の状態をつかみ、システム全体の向上を図ることを目的とする。個々のデータにとらわれがちな日常業務に対する視点を移し、森を見ることを可能にする道具である。

2 単一数字による管理の問題点

　ばらつきをばらつきとして把握する管理図によるマネジメントに入る前に、なぜ平均値や予定売上高といったような単一数字による管理ではいけないかについて考えてみよう。これらの問題は大体において前述のデミング博士によって指摘されている問題である。

(1) スローガン及び目標

　"売り上げを10％増加！！"とか"不良率を15％削減！！"とか"20％コストダウン！！"とか、よくこういったスローガンを工場や、販売店や、事務所で見かける。しかしながら、こういうスローガンは多くの場合、全く意味のないことだし、こういう数字自体、全く意味のないことである。どんなに掛け声が元気よくとも、もし我々が今までと同じやり方、同じ予算、同じ設備でやっていたならば、いままでと違う結果を期待することはできない。

　そもそも10％とか15％とか20％の数字はどこから来たのだろうか。たぶん、こういう数字は我々の指の数（足の指も含めて）から来たものだろう。なぜなら、スローガンに出て来る数字は大体20％以下であり、しかも決して13.5％とか28％等ということはなく、非常に数えやすい数字であって、それ以外の何の意味も持たないことが多い。たしかに我々は売り上げを増やしたり、不良率やコストを下げたりしようと日夜努力している。我々が進みたい方向は明確である。しかしながら、どれだけ向上するかは全くの未知数であり、誰にもわからない。ましてや向上する方法が与えられなければ、もし向上しても、それは単に運が良かったに過ぎない。つまり、何らかの異常原因が起きただけである。

　さらにひどい場合には、これらの目標値との関係において、実現値が評価さ

れたりする。たとえば、目標の売り上げ増が10％の時、8％だけ売り上げをのばしたセールスマンがいたとすると、彼は目標値に達しなかった訳だから、ペナルティーを受けたりする。これでは全く"やる気"をなくす。気紛れの数字で人間を管理するのはやめたい。

> **吉田の法則 12-1** 目標値は何の意味もない数字である。それらは指の数（足の指も含めて）から来たものである。だからほとんどの企業が年率20％以上成長できないのである。

(2) 無欠点（Zero Defect）

　職場では、ゼロ・ディフェクト（無欠点、ZD：Zero Defect）、無事故、無欠勤、といったようなスローガンもよく見かけられる。これらも単一数字による管理である。人間は間違いをする。人間の行動で無欠点を望むことはできない。ZDを大声で叫ぶ前に、間違いが起こらないようなシステムを作ることが必要である。簡単な例をあげると、卵の数を数えるときに、10個入れのケースを使って数えていったならば、それぞれのケースには10個卵が入る凹みがあり、9個だけ入れて、1個入れるのを忘れたり、11個入れたりするのはほとんど不可能であり、間違いを極端に減らすことができる。

　もしも作業員が同じ間違いを繰り返す場合には、その作業員を怒鳴ったり、減給しても間違いは減らないであろう。作業員の協力を得て、作業のやり方を変え、間違いにくい状態を作りだすのは管理者の責任である。

　私はある時、コンピューターのディスクドライブを作る会社の製造工程に関係したことがある。その時、その作業員の仕事はサーキットボードにコンピューターのチップをくっつけることであったが、問題は2種類の見かけがそっくりなチップを1つは左手の上の端、もう1つは右手の上の端にくっつけなければならないことであった。当然のことながら作業員はよく間違え、職長によく怒鳴られ、何人もの作業員が入れ替えになったが、一向に間違いは減らなかった。ある時、チームを作ってその問題を取り上げた。作業員達の提案で、今ま

で2つ並んで置いてあったチップが50個入っているチューブに色を塗った。1つのチューブは赤、もう1つは青、そして、右手の上端につけるチップのチューブは右手に置き、左手の端につけるチップのチューブは左手に置くようにした。この作業改訂以来、上記の間違いは皆無になった。これは非常に単純な例ではあるが、何人もの作業員が同じ間違いを繰り返す時は、それは作業員の問題ではなく、システムの問題であることを知るべきだ。しかし現実には、私の見てきたアメリカでは、多くの職場で作業員達が似たような状況下でクビになったり、減俸になったりしていた。

(3) 標準（ノルマ）

　上記の目標に関連して、ほとんどすべての組織で見うけられるのが数量的標準である。たとえば、1日に100個生産しなさいとか、1時間に勧誘の電話を20回しなさいとか、1日に顧客を10人訪問しなさいとか数量的なノルマが課せられている所が多い。こういう標準は、過去において同様な仕事をした、多くの人々の実際の成績の平均である場合が多い。当然のことながら、大体、全体の半分の人は平均以上の仕事をし、残りの半分の人は平均以下の仕事をすることになる。大事なことは、ピッタリ標準と同じ出来高の人は、ほとんどいないということである。逆に言えば半分の人は平均以上で、半分の人は平均以下だから平均は存在する。

　数量的標準には2つの問題点が考えられる。1つは、一度、標準が設定され

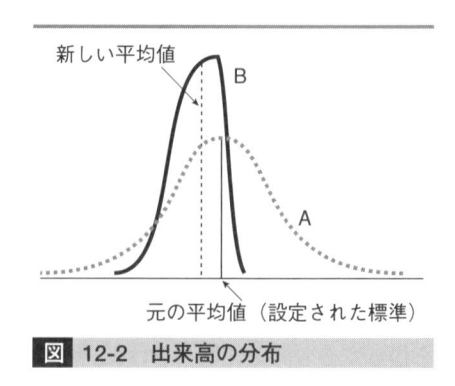

図 12-2　出来高の分布

ると、今まで標準以上の仕事をしていた人達は標準に達した段階でそれ以上あまり仕事をしたがらない。つまり、標準は人間を合格点指向にさせがちであり、それ以上の努力を止めてしまう。

これに反し、これまで標準以下だった人達は何とかして、時折、必要な作業をはぶいてでも、割り当てられた数だけはそろえようとする。したがって、新しい出来高の分散は**図12－2**のBのようになる。

問題なのは、この新しい分散Bでは平均値は元の分散Aよりも低く、数値的標準を作ることによって、出来高の平均は上がるのではなく、むしろ下がるということである。その上、もともと、平均以下だった人達は無理をしてでも標準を満たそうとして、製品の質、仕事の質、サービスの質を下げることになる。つまり、質、量ともに、数量割り当てによって低下する。さらに考慮すべき点は、作業員の働く人間としての誇りである。彼等は、時には自分が十分質の良い仕事をする時間がなかったのを知りながら、その製品を出荷したりすることになる。そして、働く者の気持ちとか勤労意欲とかは、管理者にとっては、全然大事なことではないのだと実感するに到る。

> **吉田の法則 12-2** 従業員の出来高にはばらつきがあり、標準として1つの数字で表わしたり、1つの数字で管理できないということを理解することは、管理者にとって重要なリーダーシップの1つである。

図12－3はある販売会社の支店における売上高の記録である。新任の支店長が来て、"我々の目標値はAだ"といって皆にハッパをかけたらどうであろう。もしも、新しい販売方法、新しい宣伝、新しい訓練等がなければ、A点に到達することは決してない。それだけでなく、到達不可能な目標を与えることは、皆によけい、失望感を味わせるだけだ。

もし、支店長が到達不可能な目標にこだわるなら、何が何でも、売上げを増やそうとし、売掛金の回収が不能となり、不良債権の山となるであろう。不良債権になる可能性を知りながら売らなければならないセールスマンの誇りは、

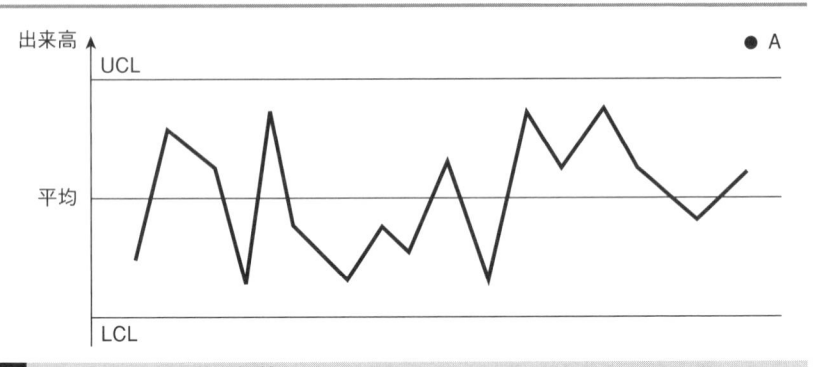

図 12-3　システムと目標値

著しく傷つけられる。したがって、管理者の責任は量や数字だけにとらわれた管理ではなく、質を考えた管理に変わっていかねばならない。

（4）数量のみによる管理から質の管理へ

　2003年3月3日付の朝日新聞は「簡保保険料560億円返還—郵政事業庁財形契約、5万件不正」という見出しで「国営の保険である簡易保険の財形商品で、約35％にあたる約4万9千件の契約が、資格のない人との不正契約だったことが郵政事業庁の内部調査で明らかになった。同庁は、払い込み済みの保険料総額560億4千万円を、契約者に返還した。郵便局職員が契約資格を理解していなかったことが原因という。同庁は今後、個別ケースを調べて悪質な場合は職員の処分を検討する方針だ。……同庁簡易保険部では『職員が財形制度をよく理解していなかったため、事業主の家族でも従業員として働いていれば資格があると考えていたようだ。財形制度の趣旨について十分に周知されていなかった』と釈明している」とある。

　私はこの記事に疑問を持った。第1に、全国に散在する郵便局職員の35％が同じように誤解をしたなら、それは元の条文に誤解を招く不備な点があったはずである。これらは異常原因による誤りではなく偶然原因による誤りであり、これを直すのは郵政事業庁の責任である。

　私が最も注目をしたのは、同記事の最後のほうに書かれた「担当職員には契

約1件を取るごとに手当が支給されている」という1文である。担当職員には1件でも多く契約を取ろうとする動機づけがなされていたのだ。彼等は、それが組織体にどういう影響を与えるかには全く関心がなく、彼等のパフォーマンスを最大にすべく努力したまでである。民間企業であったなら、この一事で会社がつぶれるであろう。

同様に、私が思うに、現在の金融機関の不良債権問題は資金貸付担当者が貸付金の回収可能性を一切考慮せず、貸付金額の数量のみで評価されてきたことが原因の中心にあるとみている。

以上、単一数字のみによる管理の問題点および数量のみによる管理の問題点を列挙したが、これらはばらつきのあるものをばらつきそのものとして捉える重要性を示し、それに対処する手段としての管理図の重要性を示すものでもある。

管理図で大事な点はばらつきを異常原因によるばらつきと偶然原因によるばらつきに分けるということである。こういう考え方を近年話題になっているバランスト・スコア・カード（Balanced Score Card）のいくつかの項目に応用してみよう。

3 管理図のバランスト・スコア・カードへの応用

これまでの会計情報は、一般に過去の取引の記述及びその要約や予算管理に多く用いられるが、戦略的な目的のためには用いられにくい。そこで、バランスト・スコア・カードは会計情報の戦略的運用を主眼として形成されたものである。ここでは、さらに経営の意思決定に直接役立つように、それを管理図と組み合わせて実践性を高めようというものである。管理図に適した計測値は、一般に、比較的安定した（stable）データにのみ応用できることに注意する。そういう観点で、次のような財務比率のデータ等が格好の対象となる。もちろん、これは可能なデータのごく一部である。

1. 特約店別売掛金残高/月間売上高

2. （特約店別売掛金残高＋受取手形残高）/月間売上高
3. 品目別在庫残高/品目別月間売上高
4. 品目別店頭在庫棚スペース/月間品目別売上高
5. 納期遅れ比率
6. 製品別顧客の苦情数
7. 返品率
8. 顧客満足度
9. 従業員満足度
10. 従業員回転率
11. 支店毎の一般管理費/売上高

　企業は投下資本の最も効率的な運用を求められている。固定資産の運用は企業の長期計画によって決定される部分が多く、短期的にすばやい対応を求められることは少ないので、ここでは触れない。一方、流動資産に関しては、すばやい対応が財務状況の急激な改善をもたらす点は注目に値する。つまり、決算書が出てきて、その数字によって諸々の財務比率を計算するのではなく、それが出る前に、財務比率を悪化させる恐れのあるものに事前に警告を発し、改善の方策が取れるような仕組みがなくてはならない。

　その一例として、上記1.の特約店別売掛金残高をその特約店に対する月間売上高で割った比率を全特約店別に計算し、それを元にして管理図を作成する。（**図12－4**を参照のこと。）管理図の縦軸には比率を取り、横軸には特約店に番号をつけ、横に並べたものを用いる。この比率が上部管理限界線（UCL）を超えた場合、その特約店の売り掛け残高は月々の売上げに対して異常に高く、売掛金が滞留している可能性があり、注意を要する。場合によってはアクションを必要としている。この管理図は異常な事態が発生した時にすぐに行動をおこすことを可能にする。企業が毎月こういう資料を自動的に作成するようなプログラムがあれば、きわめて簡単に管理することができるが、そういうものがなくても、卓上計算機で計算しても、簡単に作成できる。また売掛金回収システムがうまく機能しておらず、管理図が安定した状態を示さず、そもそも管理図

が応用できる状態にないことがある。そういう状態の時は、異常原因によるばらつきがかなり多いものなので、まず、この比率が高い順に上位10特約店に関してパレート図（第2章を参照）を作成し、大きな問題に集中して、問題解決することから始めたい。

　同様に、上記の第3番目の品目別在庫残高を品目別月間売上高で割った比率を縦軸にとり、横軸に品目番号を取り、管理図を応用すると、一定の売上げを達成するのに必要以上の在庫を抱えている品目は何かを、見つけ出すことができる。そして、その原因が究明されるならば、その在庫を調整することができる。これは仕入れの担当者や購買部の係長や課長や現場の監督者が責任をもってできることであり、上級管理者はあまり関与する必要がない。しかし、これらの異常原因によるばらつきが除去されたあとに残ったばらつきは、すべて偶然原因であって、仕入れ方法を変えるとか、仕入品を注文してから品物が届くまでのリードタイムを短縮するとか、システム全体を変えなければ減らすことのできないものである。したがって、これは上級管理者の仕事であり、管理限界内のばらつきを減らすことによって、平均値を常に改善して（この場合は、平均比率を低下させて）いかねばならない。

　世界最大の小売商であるウォルマートは仕入先とオンラインで直結している。仕入先はウォルマートの在庫が常に把握でき、注文が来る前にいつ注文が来るかがわかる仕組みになっている。つまり、在庫が一定以下になると、すで

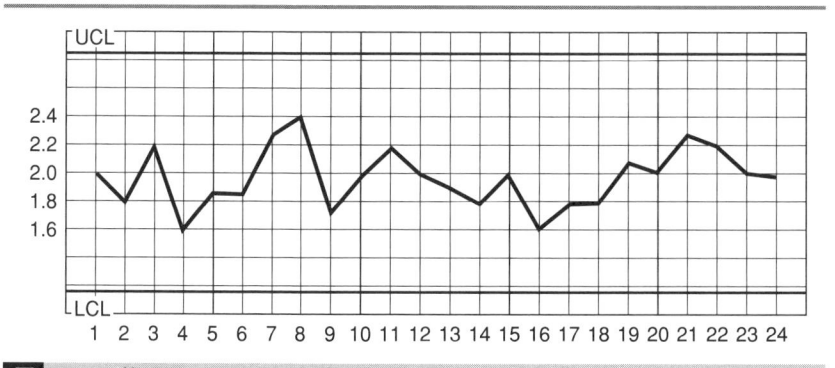

図 12-4　管理図

に生産に取りかかり、注文が来たときにはすぐに出荷できる状態になっている。それによって、ウォルマートの仕入れに関するリードタイムは極端に短くなり、余計な在庫を減らすことができ、同レベルの売上げを維持するのに最小限の在庫しか置かず、巨額の資金を節約し、資金効率をきわめて高くしているといわれている。

　以上の考え方は中小企業でも簡単に応用ができる。私が指導しているある中小企業では、回収期限を過ぎた滞留売掛金が2,500万円以上あったのが250万円以下になったし、在庫も3分の1になった。その結果、かなり余裕資金が出てきて、銀行にお金を返したいのだが、銀行がどうしても借りておいて下さいということで、お付き合いで借りているという状態である。この会社は2001年には売上げが予想以上だったため、例年2回のボーナスを3回出した。

　第2章でセブン-イレブンの例で、棚にならんでいる商品でよく売れるものと売れないものとを調べて、売れるもののスペースを増やして、売れないもののスペースを減らす話をした。これは、上記第4番目の項目で、品目別店頭在庫棚スペースを月間品目別売上高で割った比率を管理図にして管理するとよい。この場合縦軸にはこの比率が来て、横軸には品目が来る。この比率が異常に高い品目は、売上高に比例して非常に場所を取っているものであり、場所の有効利用という点で効率の悪いものである。特に地代の高い場所での業務に関しては、使用したスペースに対してそれに見合う収入が得られたか、常に注意を払う必要がある。なお他の比率が一般に流動資産の効率化に関係しているのに対して、この比率は固定資産の効率的利用と関係している。

　上記の管理図に適したデータのうち、従業員回転率と従業員満足度は、一般に、顧客の満足度に比べてあまり重要視されない傾向にあるが、企業利益に非常に関係している。米国でマルコム・ボールドリッジ経営品質賞を取ったリッツ・カールトン・ホテルでは、メイドを新しく雇っても次から次に辞めていって困っていた。そこで、メイドの待遇を改善すると、メイドが辞めなくなり、新しいメイドを雇うのにかかる費用や新しく訓練するための費用が大幅に浮いてきた。その上、従業員のモラルが上がり、客への応対が著しく改善され、満足した顧客が定着し、さらに他の顧客を連れて来て、利益を大幅に増大させる

結果になった。

　我々が管理図のルールに基づいてばらつきを偶然原因によるばらつきと異常原因によるばらつきに分けるとき、2種類の間違いを起こす可能性がある。第1種の間違いは現実に偶然原因によるばらつきが起きているときに異常原因によるばらつきが起きたとする間違いであり、第2種は現実に異常原因によるばらつきが起きている時に偶然原因によるばらつきが起きたとする間違いである。
　我々は両方を同時に回避することはできない。第1種の間違いを最小にしようとするならば、第2種の間違いは最大になるであろうし、第2種の間違いを最小にしようとするならば、第1種の過ちは最大になるであろう。両者の間違いからくる経済的損失を最少にさせるために3シグマ・ルールが考案された。
　第1種の過ちの例としては月々の交際費や旅費はばらつきがあり、前月とくらべてその増減は説明のできないものであるが、そのわずかな増加の説明を求める管理職を時々見かける。これは説明できないものに対して説明をさせているのである。全国の会社員がこういう説明に使う時間を全部足したなら、膨大な時間になるであろう。勿論、前月と比べて著しく多く使われていたなら説明を要するのは当然のことであるが、管理図はその明らかな境界線を示してくれる。
　第2種の過ちの例としては、経営者や管理者の失敗や監督不行き届きで事業が失敗しているという異常原因が起きているのに、偶然原因とみなし、責任が問われないケースが日本ではよくある。2001年10月7日付の朝日新聞によると、政府系の78の主要特殊法人のうち約7割の53法人が、合計で27兆円超の累積赤字を抱えているということである。これらの特殊法人には、複式簿記による管理と同時に、管理図による経営管理が必要である。

4 • 人事評価制度への応用

　現在の経営の問題の多くは、全分散を平均値とか目標値といった単一の数字で表わそうとするところにある。分散は分散として把握されなければならない。

たとえば、すべての従業員のパフォーマンスを管理図（図12-5）にして見よう。

だれが管理限界線の外にいて、特別な注意を必要としているか、明らかである。下部管理限界線の下にいる人々は特別の助けを必要としている。私的な問題を抱えているかもしれないし、仕事のやり方をよく理解していなかったり、間違った方法を取っているかもしれない。一方、上部管理限界線の上にいる人々からは、なぜ彼等は他の人々よりも良いパフォーマンスか知る必要がある。もしかしたら、他の従業員も彼等から、何か良いやり方が学べるかもしれない。

また、彼等はチャレンジのチャンスを必要としているかもしれない。こういうふうにして、管理者は分散を減らし、平均を向上させることができるはずである。これは第一線で働く下級管理者の仕事である。中級および上級管理者の仕事は偶然原因による変動を減らしシステムを向上させることである。上級管理者は従業員にもっと訓練を与えたり、新しい機械を導入したり、作業手順を改善したりして、システム全体のパフォーマンスを改善しなくてはならない。こういう組織の質および生産性のための環境づくりとでもいえることは、多額の資金的および時間的投資を必要とし、したがって上級管理者の専管事項となる。管理限界線内のばらつきは、システム全体の問題である。いかにそのばらつきが広くとも、その境界線内にある以上、どの従業員も異常な状態を示して

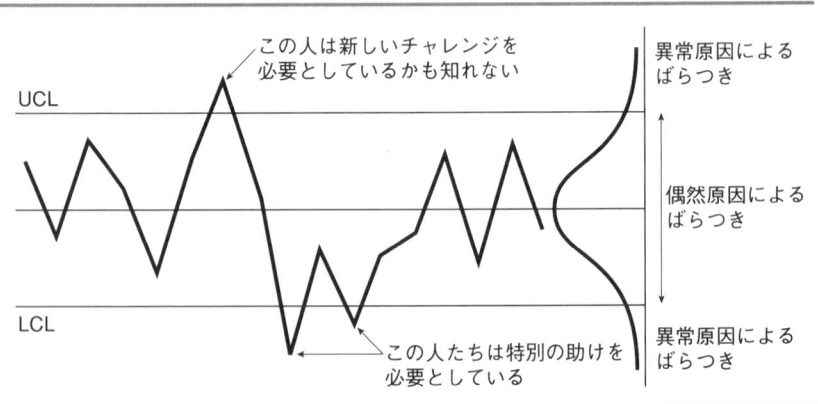

図 12-5　パフォーマンスの管理図

おらず、特別の注意を与える必要のないことを示している。経営者の仕事は、個人個人の業績をいかに向上させるかということではなく、出来高全体のばらつきを下げ、平均値を上げるためには、システムをどう改善すべきかを考えることである。

競争社会のアメリカでは、上はトップマネジメントから下は新入社員やその他の組織の新しいメンバーに至るまで、勤労階級のほとんどの者は年次評価に一喜一憂するとともに、それを非常に恐れている。年次評価は、人々が職場に関して不満を持ったり、上役にたいして不信の念を抱いたり、同僚と敵対関係を持つ最大の要因となる。なぜなら、年次評価の結果は給料に大いに反映され、さらに、良くない評価は、何年か後には、場合によってはクビになる前兆となるからだ。

図12-6は仮想的な例なのだが、2人のパフォーマンスを30年位の長期にわたって比較したものを示してある。

この図では初期の時点ではA'はB'より上で、AはBより良い仕事をしたということで、Aは昇給し、Bは足踏みする。ところが、後の時点では、B"はA"より成績が良く、Bは昇給しAは足踏みすることになる。いわば、A'とかA"はAという人の真の評価ではなく、常に変わる値の一観察点でしかないのだ。つまり、どの人にとっても人間の評価は分散でしか表わすことができず、1つの数

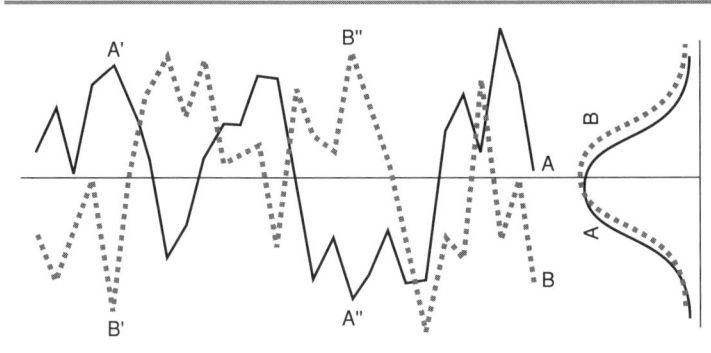

図 12-6　2人のパフォーマンスの比較

字で評価すること自体に無理がある。さらに、それぞれの観察点毎に評価を下すことにあまり意味がない場合が多い。AとBの場合、結局どちらの成績が上だったのか、長期的にみれば大差ない。

　自分にとって不公平と思われる人事評価に対して激怒したり傷つく人は、アメリカでは非常に多い。数年前に郵便局で高圧的な経営にしたがってノルマに追いまくられ、あげくのはて、目標に達しなかった局員が、勤務評定を下げられ、アタマにきて、機関銃を持って局内に乱入し、何人も殺したという事件が一回ならず起きた。この例ほど大々的に社会に取り上げられたわけではないが、毎年何人かの管理職の人達は年次評価の不満から部下にガンで殺されている。人事評価制度は、従業員の間の競争を奨励し、それにより生産性を上げる方策である。ところが、実際には、人事評価がただちに給料に反映されるアメリカでは、人事評価や給料に関する不平不満から来る勤労意欲の低下は、計りしれないものがある。

　従来の日本的経営法では、年次評価制度はあるが、その使い方がアメリカとまるっきり異なっていた。従業員がその組織体に入ると、2、3年ごとに配置転換になり、毎回異なる上役に何年かずつ評価されることになる。そして、20年、30年経つと、1人につき1つの管理図ができ、1人ずつの分散ができあがる。個々の評価には偏見も誤りもあるであろうが、個々の誤りは相殺され、分散として見た場合には、かなり的確に人々を比べることができる。そして、ほとん

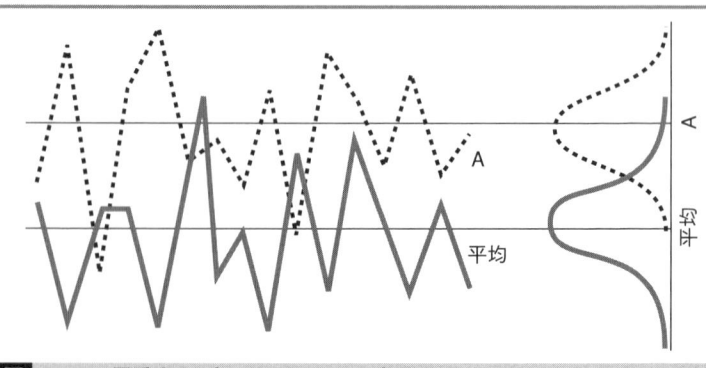

図 12-7　優秀者のパフォーマンスの変遷

どの人々は大差がないということも分かるであろうし、本当に優秀な人は、**図12－7**のように、他の人々とまるっきり違う管理図や分散を示すであろう。

　年功序列制や終身雇用制は、およそ前近代的な非能率の代表のように考えられる傾向があるが、人間を的確に評価するということは長い時間を要するものであり、特に、次のトップマネジメントを決めるのには最適な方法ということがいえる。

　もちろん、証券会社の株のデリバティブを扱う人のように、極めて高度な専門的な知識とカンにより巨額の資金の投資の利回りを瞬間的に左右する人達のグループもあり、スポーツ選手に対するような評価が当てはまる場合もあろうが、すべての人を短期的なその時々のパフォーマンスによってのみ、評価する社会は、いわば人間を使い捨ての対象とみなす危険性をはらむ。

　アメリカで散見されるのだが、若い優秀な人間が入って来た場合、評価する方の管理者はその人間がいずれ自分をぬいて行くであろうことを知り、徹底的に悪い評価を与え、その内にその優秀な人はその組織から追い出されることがある。

　自分が有能だと信じている、現在の若い人達にとって、アメリカのような競争社会は自由で魅力的であろうが、競争社会とは、優秀な人にとっても、組織の中においては、その能力を発揮することは容易ではない。一方、年功序列制や終身雇用制というのは、優秀であれば、そのうちにチャンスは巡ってくる制度ともいえるだろう。現在の、不確定要因が多く変動の激しい経営環境の中で、日本の伝統的な年功序列や終身雇用制はその性格を変えてゆかざるを得ないが、現在の問題の拙速な解決方法としてアメリカ型システムをやみくもに導入していくのは、日本社会の強みを失うばかりか、アメリカ社会の短所のみを引き起こす愚を招くことになろう。

吉田の法則 12-3　管理図的な考え方を、あなたの個人の主観的な生活の質の評価に応用することを勧めたい。生活の質が非常によければ5、やや良いならば4、普通ならば3、やや悪いならば2、非常に悪いならば1という尺度を用い、週に1度あるいは月に1度点をつけて、

あなたの生活の質を管理図に記録していく。あなたがもうこの世の終わりだと思って1をつけたとしよう。しばらくたってからこの管理図を見てみると、底をついたと思った時は、しばらくすると上り坂が待っていることがわかるだろう。これとは逆にあなたが有頂天になって5をつけた時は、その後は少々下り坂が続く前兆で、気を引き締めなければならない時かもしれない。つまり、あなたが日々のできごとの当事者として埋没し、一喜一憂している時に、それをもう少し大きな目で客観的に見ることができるならば、人生という長い目で見た時、少々違う世界が見えてくるのである。私は米国で長く苦しい留学生生活を送ったが、その間自分の管理図をずっと描き続けて、それが精神状態の安定を維持する上で非常に役にたった。

付記：この章の第2節及び第4節の内容は拙著『国際競争力の再生』(日科技連出版)から多くの部分を引用したことをここに記す。

練習問題

問題 1

以下のデータは、ある硝子製品製造業の特約店別の月末の売掛金残高を、月間売上高で割った比率である。

2.6、2.3、3.0、2.2、1.8、2.4、2.2、2.9、2.5、2.1、3.2、2.7、1.8、2.0、2.4、1.8、2.5、3.0、2.0、2.5、2.8、2.2、1.8、2.9、2.2、2.6

1) このデータを用いて、平均値と標準偏差を計算しなさい。
2) 上のデータ及び1)の計算結果を用いて、管理図を作成しなさい。
3) これらのばらつきは、偶然原因によるものか異常原因によるものか述べなさい。
4) 将来、ある特約店でこの比率がいくら以上になったら要注意として、誰が回収活動を起こさねばならないか述べなさい。
5) 異常原因によるばらつきが取り除かれた後、ばらつきや平均の比率を下げるのは誰の責任か。そして、どういう方法が可能か述べなさい。

問題 2

以下のデータは、ある小売商の品目別在庫残高を月間品目別売上高で割った比率である。

5.2、4.9、5.5、5.2、4.7、5.2、5.3、5.0、4.6、5.1、5.0、4.8、5.4、5.3、5.0、5.2、4.9、4.7、5.2、4.9、5.2、4.7、5.2、4.7、5.4、4.8、5.2、5.6、5.0、4.9

1) このデータを用いて、平均値と標準偏差を計算しなさい。
2) 上のデータ及び1)の計算結果を用いて管理図を作成しなさい。
3) これらのばらつきは、偶然原因によるものか異常原因によるものか述べなさい。
4) 将来、ある品目に関して、この比率がいくら以上になったら要注意として、誰が、どういう行動を起こさねばならないか述べなさい。
5) 異常原因による在庫が除去された後、在庫をさらに低減させるのは誰の責任か。そして、どういう方法があるかを述べなさい。

問題 3

以下のデータはある卸売り商の製品別返品率である(単位はパーセント)。

11、13、9、10、9、15、9、13、10、12、13、8、14、12、15、13、11、12、13、10

1) このデータを用いて、平均値と標準偏差を計算しなさい。
2) 上のデータ及び1)の計算結果を用いて、管理図を作成しなさい。
3) これらのばらつきは偶然原因によるものか、異常原因によるものか述べなさい。
4) 将来、ある品目に関して、この比率がいくら以上になったら要注意として、誰が、どういう行動を起こさねばならないか述べなさい。
5) 異常原因による返品率の原因が除去された後、返品率をさらに下げるのは誰の責任か。そして、どういう方法があるか述べなさい。

問題 4

ボールベアリング・メーカーが直径5mmのボールベアリングを作ろうとしている。品質管理担当者が10分毎に1個のボールベアリングをとって、直径を測った記録は次の通りである。

時間	直径					
8:00 − 9:00	5.007	5.008	5.003	5.009	4.998	5.000
9:00 − 10:00	5.003	5.004	5.005	5.003	5.006	5.004
10:00 − 11:00	5.005	5.007	5.008	5.002	4.998	5.001
11:00 − 12:00	5.002	5.004	5.003	5.003	5.001	5.002
13:00 − 14:00	5.001	5.000	4.998	4.997	5.002	5.003
14:00 − 15:00	5.001	4.997	4.996	4.994	5.002	5.001
15:00 − 16:00	4.998	4.996	4.994	4.995	4.992	4.991
16:00 − 17:00	4.996	4.998	4.992	4.996	4.994	4.992

1) ヒストグラムを作成しなさい(ヒント:5.000をゼロとし、最後の2桁だ

けを考慮しなさい。例えば、5.007は＋7で4.997は－3となる）。
2) ランチャート（横軸に時間、縦軸に直径のmmをとった時系列グラフ）を作成しなさい。
3) ヒストグラムではわからなかったことで、ランチャートでわかったことは何ですか。
4) これはランチャートですが、管理図にはなり得ません。なぜですか。

第13章

分布がわからない時の検定
── χ^2(カイ二乗)分布

　前章までは、ユニバースは正規分布であるという仮定のもとに、サンプルの平均及び標準偏差をμ_0やσ_0のようなユニバースのパラメーター(母数)と比較して仮説を検証した。しかし、時にはユニバースの形を仮定するのが困難であり、従ってμやσを推定するのが無理な場合がある。このような場合には小サンプル分布であるχ^2(カイ二乗)分布を用い、仮説を検証する。言い換えれば、χ^2の検証は、ユニバースの平均値や標準偏差を必要とせず、また関心事ではないという点で、これまでの検証とは違うものである。次の2例によって 分布を使った検証の概念をつかんでみよう。

1. χ^2分布の応用例

　第8章では、バランスしたコインを繰り返し投げた場合、左右対称の二項分布が期待されることを学んだ。つまりコインを4回投げて何回表が出るかを記録し、この実験を160回行ったならば、理論的には**図13－1**のような二項分布になることが予想される。しかし、実際に観察された頻度の分布が**図13－2**のようであれば、コインがバランスしているかどうか疑わしくなる。即ち、期待された分布と実際に観察された分布が著しく異なる時、コインがバランスしているという仮説は棄却される。

　同様に、サイコロを600回投げた時、6つの数字の内どれも同じように出てくると予想されるので、観察された頻度の分布は平らな分布が予想される。こ

図 13-1

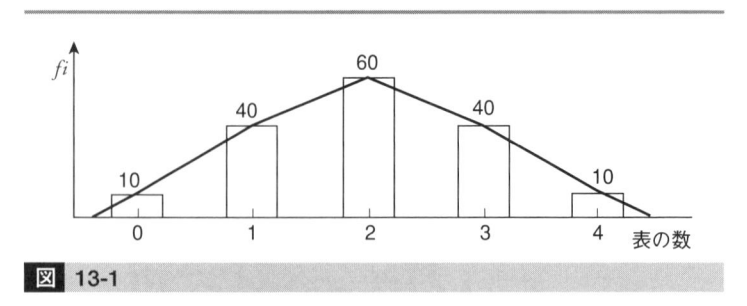

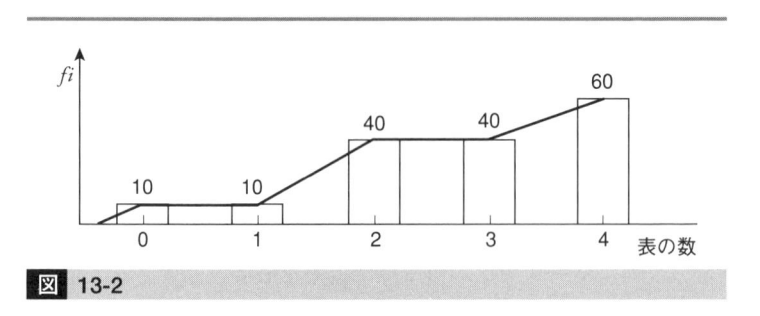

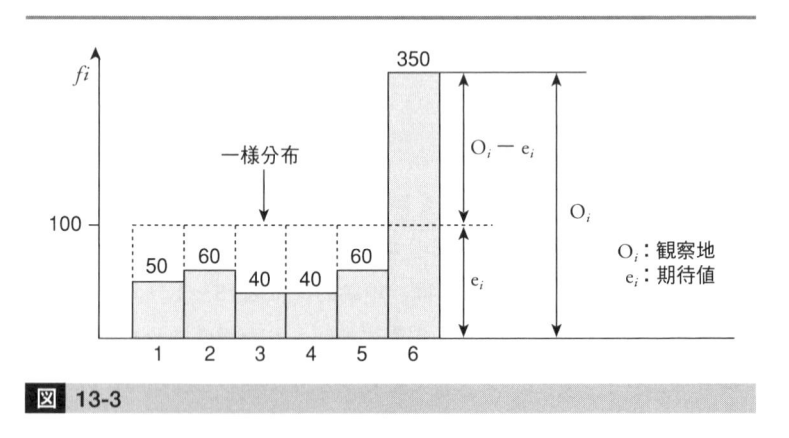

図 13-2

図 13-3

O_i：観察地
e_i：期待値

の平らな分布を一様分布（uniform distribution）という。しかし、この実験の結果が**図13-3**の灰色の分布であった場合、サイコロ自体、バランスしているかどうか疑わしくなる。

上記の2例において、期待される分布と実際に観察された分布を比較し、その差が小さければ2つの分布は同じものと見なし、その差が大きい時には2つの分布は違うものと見なす。χ^2分布は2つの分布は同じものであるという仮説を検証するのに使われる。ここでは、ユニバースの平均値や標準偏差は我々の関心事ではないことに注意。

2 χ^2分布の定義

確率変数X_iが平均値μ_iで分散σ_i^2に分布している時、

$$Z_i = \frac{X_i - \mu_i}{\sigma_i} \qquad (13-1)$$

は$\mu=0$で$\sigma^2=1$の正規分布をしている。これは一般に標準正規分布と呼ばれ、Z値として広く用いられている。その時、$W = Z_1^2 + Z_2^2 + Z_3^2 + \ldots + Z_n^2 = \sum_{i=1}^{n} Z_i^2$はn自由度をもった$\chi^2$（カイ二乗）分布をしている。n自由度をもった$\chi^2$分布は$\chi^2_n$と表わされる。しかし、実際にはピアソンの近似値$\sum \frac{(O_i - e_i)^2}{e_i}$が用いられ、これも$\chi^2$の定義とされる。即ち、

$$\chi^2_n = \sum_{i=1}^{n} Z_i^2 = \sum \frac{(O_i - e_i)^2}{e_i} \qquad (13-2)$$

ここで、O_i = the observed frequency = 観察された頻度

e_i = the expected frequency = 期待された頻度

つまり、式（13-2）は、χ^2の値が大きければ、観察された頻度と実際に起きた頻度との差が大きいことを表わしており、2つの分布は違うものであるということを意味する。χ^2が0に近づくほど、2つの分布の差は小さい。

3 χ^2分布の性格

1. χ^2分布のグラフは**図13-4**のように左に偏っているが、正確な形は自由度により異なる。この分布は左端が閉じていて、右端が開いている。

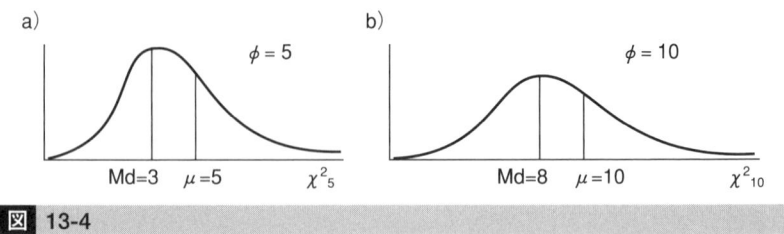

a) $\phi = 5$ Md=3 $\mu=5$ χ^2_5

b) $\phi = 10$ Md=8 $\mu=10$ χ^2_{10}

図 13-4

2. χ^2分布の平均値はその自由度に等しい。標準化された正規分布では、＋－を無視した場合、中心からの平均的な距離が1であるから、Z_i^2の期待値（平均値）は1であり、n個のZ_i^2の合計はnである。
3. χ^2分布のモード（最頻値）はn－2である。例えばχ^2_{10}のモードは
   10－2＝8である。
4. χ^2の分散（σ^2）はその自由度の2倍である。
   $\mathrm{Var}(\chi^2_n) = 2n$
5. 自由度がmとnの2つのχ^2分布が加えられると、自由度m＋nのχ^2分布となる。
   $\chi^2_m + \chi^2_n = \chi^2_{m+n}$
6. サンプル・サイズが大きくなるとχ^2分布は正規分布に近づく。

4 χ^2テーブル

χ^2分布は左右対称な分布ではないので、両側検定をする時は2つの境界値（棄却限界）を特定する必要がある。例えば、両側検定の時、$\alpha=0.10$で自由度が$\phi=n-1=20$であるならば、片側は$\alpha/2=0.05$であり反対側は$1-\alpha/2=0.95$となる。つまり、**図13－5**が示すように、χ^2の境界値は

χ^2上部棄却限界値　　$\chi^2_{uc, \alpha/2=0.05, \phi=20}$＝31.410

χ^2下部棄却限界値　　$\chi^2_{lc, 1-\alpha/2=0.95, \phi=20}$＝10.851

ϕ	p=.99	.95	......	.05
1		.00393		3.841
2				
・				
・				
20		10.851		31.410
・				
・				

図 13-5 χ^2テーブル

χ^2テーブルは巻末に掲載されているので、これらの数字を巻末のテーブルで　確認しよう。

5 適合度(あてはまりの良さ)テスト

χ^2分布は、サンプルがある既知の分布をしたユニバースから来たという仮説を検定するために用いられる。すなわち、観察された度数分布が理論的な分布と比較して、観察された度数が予測された度数と如何によくマッチするかをテストするのに用いられる。

例題 1

工場労働者(blue-color worker)の"blue Monday"は最近では一般的な現象となっている。"blue Monday"の工員のモティベーションは低いのではないかと考えられる。曜日によって不良率に違いがあるかどうかを決定するために100のサンプルを1週間毎日取って、次の結果を得た。

曜日	月	火	水	木	金	合計
不良品数	10	3	0	0	2	15

$\alpha = 5\%$で曜日によって顕著な違いがあるかテストしなさい。

解答

仮説は次のようになる。

H_0：週の曜日により不良率に違いはない

H_1：週の曜日により不良率に顕著な違いがある。

まず**表13－1**のような表を作成する。曜日により不良率に違いがないならば、1週間で観察された頻度の合計15は5日間で均等に起きるはずなので、15÷5＝3が期待頻度である。

表 13-1

(1) O_i	(2) e_i	(3) $O_i - e_i$	(4) $(O_i - e_i)^2$	(5) $(O_i - e_i)^2/e_i$
10	3	7	49	16.33
3	3	0	0	0
0	3	−3	9	3
0	3	−3	9	3
2	3	−1	1	0.33
15	15	0		22.66

この表から$\chi^2 = 22.66$が得られる。χ^2の境界値を決定するためには、自由度が必要である。i番目の観察値の度数をO_iとし度数の総合計が15ならば、

$$O_1 + O_2 + O_3 + O_4 + O_5 = 15$$

ここで、もしもO_1、O_2、O_3、O_4が分っているならば、O_5は自動的に決定される。つまり、4つの数字が自由に動けるので自由度は4（$\phi = 4$）である。また、この例のように分布が1つの場合は、自由度はn－1なので、観察数（n）は5日で、自由度は5－1＝4。

従ってχ^2の境界値は

$\chi^2_{C, \alpha = 0.05, \phi = 4} = 9.488$ となる。

計算されたχ^2値とχ^2の境界値を比較して、

$\chi^2 = 22.66 > \chi^2_C = 9.4488$

したがって、H_0（帰無仮説）は棄却された。つまり、曜日によって不良品率は著しく異なるということが判明した。図で表わすと**図13－6**のようになる。

図 13-6

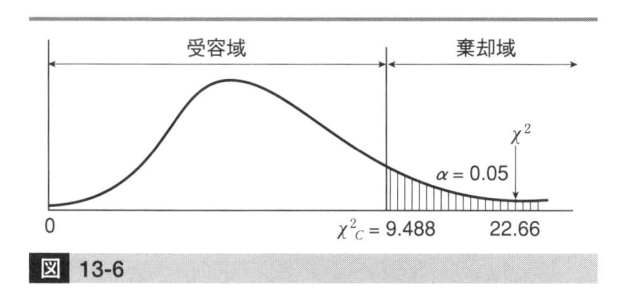

例題 2

ある投資決定ルールは市場平均以上の利益率をもたらすと主張されている。この主張をテストするために次のような実験が行われた。1990年の初めに購入された4種類の株式のそれぞれの毎月の利益率が計算され、パフォーマンスが市場平均の利益率より高いかどうかが記録された。もしもこの投資家が今月は下降局面に入ると予想した場合には、株式を売り、売却金を普通預金に入れることもできる。市場と同じ利回りの時は"以下"のグループに入れた。160ヶ月の記録は次の通り。

"以上"の株数	4	3	2	1	0	合計
観察度数	8	42	65	36	9	160

以下の順序でこの主張を検証しなさい。

a) 帰無仮説及び対立仮説を述べなさい。
b) 理論上の（又は予期される）分布を示しなさい。
c) 上記のデータを用い、χ^2値を計算しなさい。
d) $\alpha = 0.05$のとき、χ^2の境界値を求めなさい。
e) 仮説を検定しなさい。

解答

a) H_0：この投資決定ルールはランダムな選択と変わらない

   H_1：この投資決定ルールはランダムな選択より良い

b) ある株の投資利回りが平均よりよい確率は$\frac{1}{2}$である。もしも選ばれた4

つの株がそれぞれ独立して分布しているならば、"平均以上"の株の数は二項分布である。4つの株がすべて市場平均以上の確率は $P(4)=(\frac{1}{2})^2=\frac{1}{16}$ となる。同様に3株、2株、1株、0株が市場平均以上の利益率を得る確率はそれぞれ次のようになる。

$$P(3) = {}_4C_3 (\frac{1}{2})^3 (\frac{1}{2})^1 = \frac{4!}{3!1!}(\frac{1}{16}) = 4(\frac{1}{16}) = \frac{4}{16}$$

$$P(2) = {}_4C_2 (\frac{1}{2})^2 (\frac{1}{2})^2 = \frac{4!}{2!2!}(\frac{1}{2})^4 = 6(\frac{1}{16}) = \frac{6}{16}$$

$$P(1) = {}_4C_1 (\frac{1}{2})^1 (\frac{1}{2})^3 = \frac{4!}{3!1!}(\frac{1}{2})^4 = 4(\frac{1}{16}) = \frac{4}{16}$$

$$P(0) = {}_4C_0 (\frac{1}{2})^0 (\frac{1}{2})^4 = \frac{4!}{4!0!}(\frac{1}{2})^4 = (\frac{1}{16}) = \frac{1}{16}$$

したがって、総度数合計が160ならば、各予期される度数は次のようになる。

"平均以上"の株数	予期される度数
4	$N \cdot P(4) = 160 (\frac{1}{16}) = 10$
3	$N \cdot P(3) = 160 (\frac{4}{16}) = 40$
2	$N \cdot P(2) = 160 (\frac{6}{16}) = 60$
1	$N \cdot P(1) = 160 (\frac{4}{16}) = 40$
0	$N \cdot P(0) = 160 (\frac{1}{16}) = 10$

図13-7は予期された度数と観察された度数を示している。両者はほとんど差がないことが読み取れる。図13-7では点線が期待度数を示している。

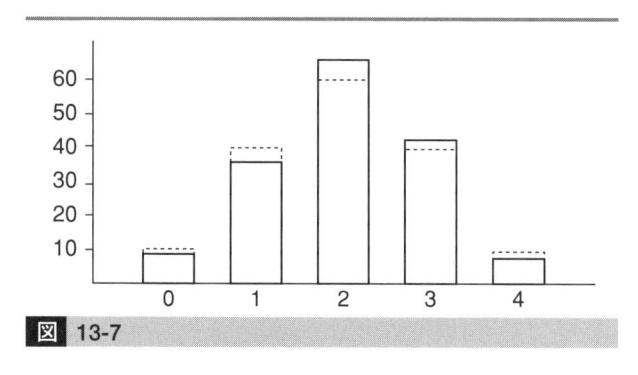

第13章 ● 分布が解らない時の検定—χ^2(カイ二乗)分布

図 13-7

c) 表13−2のような計算表を作成する。

表 13-2

平均以上	O_i	e_i	$O_i - e_i$	$(O_i - e_i)^2$	$(O_i - e_i)^2/e_i$
4	8	10	−2	4	0.4
3	42	40	+2	4	0.1
2	65	60	+5	25	0.42
1	36	40	−4	16	0.4
0	9	10	−1	1	0.1
	160	160			1.42

この表から計算されたχ^2値は1.42である。

d) 自由度が$\phi = 5 - 1 = 4$の時χ^2の境界値は

$\chi^2_{C, \alpha = 0.05, \phi = 4} = 9.49$

e) 計算されたχ^2とχ^2の境界値を比較すると、

$\chi^2 = 1.42 < \chi^2_C = 9.49$

従って、帰無仮説は棄却されない。すなわち、この投資決定ルールはランダムに選ぶ方法と顕著な違いはないということがわかった。

この仮説は、次のように述べることもできる。

H_0:"平均以上"の株数は$p = 0.5$の二項分布である。

この場合、H_0を棄却するということは、分布が二項分布でない場合か$p \neq 0.5$の場合である。

6 独立性のテスト ― 連関表

χ^2分布は、2つの属性の度数分布が関連しているかどうかを決定するのに用いられる。この場合、連関表が用いられる。連関表は2次元の表で、2つの属性のそれぞれがいくつかのグループに区分されている。m行でn列からなる連関表はm×n表という。各行や各列の度数の合計は、周辺度数と呼ばれる。

例題 3

あるマーガリン・メーカーは、個々の消費者の年齢とマーガリンかバターのどちらを好むかの性向は関係があるかどうかを決定しようとしている。サンプルデータは**表13-3**にまとめられている。$\alpha=0.05$で年齢とマーガリンかバターかの選好は相互に独立して分布しているという仮説をテストしなさい。

表 13-3

好みj 年齢i	(B) バター好み	(M) マーガリン好み	行の合計
(O) 40以上	$n_{11}=70$	$n_{12}=90$	$n_{1.}=160$
(L) 40未満	$n_{21}=210$	$n_{22}=30$	$n_{2.}=240$
列の合計	$n_{.1}=280$	$n_{.2}=120$	$n=400$

解答

表13-3において、n_{ij}はi番目の行でj番目の列にある数字を表している。n_{11}は年齢が40歳以上でバターを好む人たちの数をあらわしている。1行目の合計は、何列目かという情報は関係がないので、$n_{1.}$で表される。同様に、1列目の合計では、何行目かということは関係がないので$n_{.1}$で表される。

まず内部の各セルの中の度数の各行や各列にそっての合計が周辺度数であり、周辺度数の合計が度数の総合計である。従って、

$$n_{.1}+n_{.2}=n_{1.}+n_{2.}=n$$

もしもこの2つの属性が相互に独立して分布しているならば、**表13-4**に示されるように個々のセルの中にある確率は周辺確率の積として求められる。

表 13-4

好み 年齢	(B) バター好み	(M) マーガリン好み	周辺確率
(O) 40以上	P(O∩B)=P(O)P(B) =(0.40)(0.70)=0.28	P(O∩M)=P(O)P(M) =(0.40)(0.30)=0.12	P(O)=0.40
(L) 40未満	P(L∩B)=P(L)P(B) =(0.60)(0.70)=0.42	P(L∩M)=P(L)P(M) =(0.60)(0.30)=0.18	P(L)=0.60
周辺確率	P(B)=0.70	P(M)=0.30	P(T)=1

この例では400人いるので、その40%が40歳以上ならば160人が40歳以上ということになる。したがって

$P(O) = 160/400 = 0.40$

$P(L) = 240/400 = 0.60$

同様に

$P(B) = 280/400 = 0.70$

$P(M) = 120/400 = 0.30$

もしもこの2つの分布が統計的に独立しているならば、次の等式が成り立つ。

$P(O \cap B) = P(O)P(B) = (0.40)(0.70) = 0.28$

全体の28%の人が40歳以上でバターを好む。

全体で400人いるから

$nP(O)P(B) = (400)(0.40)(0.70) = (400)(0.28) = 112$

したがって、もしもこの2つの分布が統計的に独立しているならば、112人の人が40歳以上でバターを好むはずである。同様に他のセルに置ける予想頻度は

$nP(O)P(M) = 400(0.40)(0.30) = 48$

$nP(L)P(B) = 400(0.60)(0.70) = 168$

$nP(L)P(M) = 400(0.60)(0.30) = 72$

これをまとめたのが**表13-5**である。

表 13-5 予想度数

好み 年齢	(B) バター好み	(M) マーガリン好み	周辺度数
(O) 40以上	nP(O)P(B)=112	nP(O)P(M)=48	nP(O)=160
(L) 40未満	nP(L)P(B)=168	nP(L)P(M)=72	nP(L)=240
周辺度数	nP(B)=280	nP(M)=120	n=400

もしも仮説が正しいならば、予想された度数と観察された度数は近いはずである。もし両者が著しく異なるならば、仮説は棄却されるべきである。ピアソンの近似式の式 (13-2) 及び表13-3と表13-5から、

$$\chi^2 = \sum \frac{(O_i - e_i)^2}{e_i}$$
$$= \frac{(70-112)^2}{112} + \frac{(210-168)^2}{168} + \frac{(90-48)^2}{48} + \frac{(30-72)^2}{72}$$
$$= \frac{1764}{112} + \frac{1764}{168} + \frac{1764}{48} + \frac{1764}{72}$$
$$= 15.75 + 10.5 + 36.75 + 24.5 = 87.5$$

χ^2の境界値は自由度による。この場合、**表13-6**に示されるように、1つの頻度が決定されると他の頻度は自動的に決定される。従って自由度は1である。一般に$m \times n$の表の場合、自由度 (ϕ) は $\phi = (m-1)(n-1)$ で決定される。

表 13-6

好みj 年齢i	(B) バター好み	(M) マーガリン好み	行の合計
(O) 40以上	X		160
(L) 40未満			240
列の合計	280	120	400

$\alpha = 0.05$で自由度が1の時、χ^2の境界値は3.841であるから、

$$\chi^2 = 87.5 > \chi^2_{C, \alpha=0.05, \phi=1} = 3.841$$

計算されたχ^2はχ^2の境界値よりも大きいので、2つの属性が独立して分布しているという仮説は棄却される。**図13-8**を参照。

第13章 ● 分布が解らない時の検定 — χ^2(カイ二乗)分布

図 13-8

$\chi^2_C = 3.841$　　$\chi^2 = 87.5$　　$\alpha = 0.05$

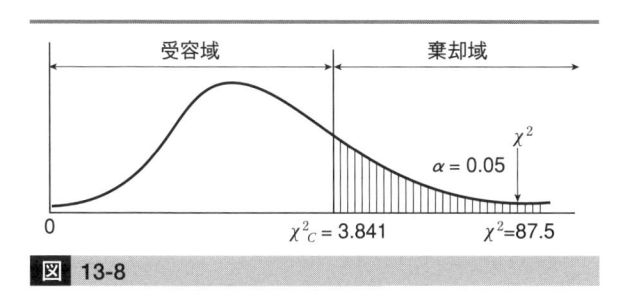

受容域　棄却域

例題 4

あるカーメーカーがニューヨーク、シカゴ、ロサンゼルスの3都市間で新しいタイプの車の人気が顕著に異なるかどうか調べようとしている。サンプルを取った時の結果は次の表にまとめられている。この3都市間で車の人気に顕著な違いはないという仮説を次のステップにしたがって $\alpha = 0.05$ で検証しなさい。

表 13-7

	ニューヨーク	シカゴ	ロサンゼルス	
好き（Do Like）	20	10	30	60
まーまー（So-so）	40	20	10	70
嫌い（Do not like）	40	20	10	70
合計	100	50	50	200

（単位：人数）

a) 帰無仮説及び対立仮説をのべなさい。

b) χ^2 の境界値を求めなさい。

c) 計算された χ^2 値を求めなさい。

d) 結論を述べなさい。

解答

a) H_0：この3都市間でこの車に対する好感度に顕著な違いはない

　H_1：この3都市間でこの車に対する好感度に顕著な違いがある

b) 自由度は

$$\phi = (m-1)(n-1) = (3-1)(3-1) = 2 \times 2 = 4$$

$\chi^2_{C,\alpha=0.05,\phi=4}=9.49$

c）表13－8のような期待確率の計算表を作成する。

表 13-8

市／好み	ニューヨーク (NY)	シカゴ (C)	ロサンゼルス (LA)	周辺確率
	期待頻度			
Do Like	P(DL∩NY)=0.15	P(DL∩C)=0.075	P(DL∩LA)=0.075	P(DL)=0.30
So-so	P(SS∩NY)=0.175	P(SS∩C)=0.0875	P(SS∩LA)=0.0875	P(SS)=0.35
Do not like	P(DNL∩NY)=0.175	P(DNL∩C)=0.0875	P(DNL∩LA)=0.0875	P(DNL)=0.35
周辺確率	P(NY)=0.5	P(C)=0.25	P(LA)=0.25	1.00

Do Like (DL)　So-so (SS)　Do not like (DNL)

また、各セルに於ける同時確率は周辺確率の積であるから、例えば、

P(DL∩NY) = P(DL) P(NY) = (0.30)(0.50) = 0.15

P(SS∩C) = P(SS) P(C) = (0.35)(0.25) = 0.0875

期待頻度は各セルの確率に総数を掛けたものであるから、nP(DL∩NY) = (200)(0.15) = 30

したがって、期待頻度は次のようになる。

表 13-9

市／好み	ニューヨーク (NY)	シカゴ (C)	ロサンゼルス (LA)	周辺度数
	期待頻度			
Do Like	nP(DL∩NY)=30	nP(DL∩C)=15	nP(DL∩LA)=15	nP(DL)=60
So-so	nP(SS∩NY)=35	nP(SS∩C)=17.5	nP(SS∩LA)=17.5	nP(SS)=70
Do not like	nP(DNL∩NY)=35	nP(DNL∩C)=17.5	nP(DNL∩LA)=17.5	nP(DNL)=70
周辺度数	nP(NY)=100	nP(C)=50	nP(LA)=50	200

観察された頻度と**表13－9**から得られる期待される頻度を比較して、**表13－10**が得られる。

第13章 ● 分布が解らない時の検定—χ^2(カイ二乗)分布

表 13-10

好み \ 市	ニューヨーク			シカゴ			ロサンゼルス		
	観察値	期待値	$(O-e)^2$	観察値	期待値	$(O-e)^2$	観察値	期待値	$(O-e)^2$
Do Like	20	30	100	10	15	25	30	15	225
So-so	40	35	25	20	17.5	6.25	10	17.5	56.25
Do not like	40	35	25	20	17.5	6.25	10	17.5	56.25
	100			50			50		

O：Observed 観察値　　e：expected 期待値

表13-10から

$$\chi^2 = \sum \frac{(O_i - e_i)^2}{e_i}$$
$$= \frac{100}{30} + \frac{25}{35} + \frac{25}{35} + \frac{25}{15} + \frac{6.25}{17.5} + \frac{6.25}{17.5} + \frac{225}{15} + \frac{56.25}{17.5} + \frac{56.25}{17.5}$$
$$= 28.571$$

d) 計算されたχ^2とχ^2の境界値を比較すると、

　　　$\chi^2 = 28.571 > \chi^2_C = 9.49$

したがって、3都市でこの車の人気に著しい違いは無いという仮説は棄却される。**図13-9**を参照。

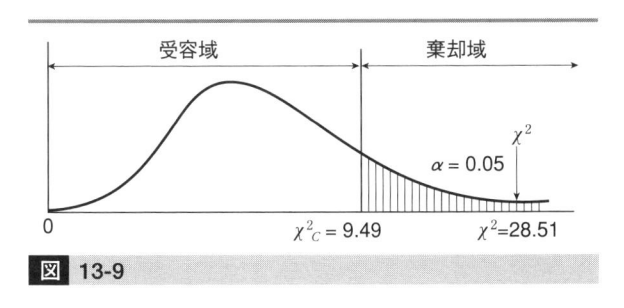

図 13-9
受容域　棄却域
$\alpha = 0.05$
χ^2
0　　$\chi^2_C = 9.49$　　$\chi^2 = 28.51$

吉田の法則 13-1 前章までの統計学は、常に何か測れる尺度があった。そして、まずサンプルを取り、それを分布にし、平均や標準偏差を用いて仮説を検定したり推定したりした。しかしこの章では1つの尺度で測れない、カテゴリーにしか分類できないようなデータで、平均値や標準偏差を用いないでテストを行ってきた。そういう統計をノンパラメトリック統計 (Nonparametric Statistics) といって、統計の1つの大きな分野である。一見、こんなことは統計では扱えないだろうと思えるようなことが統計では扱えるのであり、人を説得したり議論を進めていく上で統計学がいかに強力であるかがわかってくる。したがって、測れそうもない現象だからといって、統計的分析を簡単に諦めてはいけない。

練習問題

問題 ◆ 1

次のようなデータを用いて、例題1と同じ問いに答えなさい。

曜日	月	火	水	木	金
不良品数	8	4	2	2	4

問題 ◆ 2

次のようなデータを用いて、例題2と同じ問いに答えない。

"以上"の株数	4	3	2	1	0	計
観察度数	20	34	59	27	20	160

問題 ◆ 3

次のようなデータを用いて、例題3と同じ問いに答えなさい。

好み＼年齢	(B)バター好み	(M)マーガリン好み	行合計
(O) 40 以上	10	35	45
(L) 40 未満	25	30	55
列合計	35	65	100

問題 4

次のようなデータを用いて、例題4と同じ問いに答えなさい。

	New York	Chicago	Los Angeles	Total
Do like	20	12	18	
So-so	15	10	8	
Do not like	5	8	4	
Total	40	30	30	100

問題 5

ある年のある大学の新卒の初任給は次のようであった。

専攻 ＼ 初任給	$10,000以上	$10,000〜8,000	$8,000以下	合計
ビジネス	90	40	20	150
人文科学	10	40	50	100
工学	50	60	40	150
合計	150	140	110	400

下記の順序に従って、専攻と初任給の間には関係があるか否か決定しなさい。

a．帰無仮説と対立仮説を述べなさい。

b．$\alpha = 0.05$ の時 χ^2 の境界値を求めなさい。

c．上記のデータから χ^2 の計算値を求めなさい。

d．結論を述べなさい。

第13章 ● 分布が解らない時の検定— χ^2(カイ二乗)分布

問題 6

以下のデータを用い下記の順序に従って、教育水準と失業率が関係があるかを決定しなさい。つまり失業率と教育水準とは独立した分布であるという仮説を検定しなさい。以下のデータは各カテゴリーで1000人当たり失業者が何人いるかを示している。

教育水準	高校中退	高校卒業	短大卒業	4年制大学卒	修士終了	合計
失業者数	280	150	80	60	30	600

a. 帰無仮説と対立仮説を述べなさい。
b. 期待度数を求めなさい。
c. 計算された χ^2 値を求めなさい。
d. $a = 0.01$ の時 χ^2 の境界値を求めなさい。
e. 仮説を検定しなさい。

問題 7

州の不動産税削減の新提案に対する大衆の反応を調査した。2000人のサンプルを取った結果は、次の通りである。

反応 / 自宅所有状況	賛成 (F: For)	反対 (A:Against)	合計
住宅所有者（H）	620	280	900
住宅非所有者（NH）	580	520	1,100
合計	1,200	800	2,000

自宅の所有状況が不動産税削減の提案に対する態度と関係があるか、下記の順序に従い決定しなさい。

a. 帰無仮説と対立仮説を述べなさい。
b. 期待度数を求めなさい。

c. サンプル・データのχ^2値を求めなさい。

d. $\alpha = 0.01$の時χ^2の境界値を求めなさい。

e. 仮説を検定しなさい。

問題 8

医学関係者達は管理職のレベルと高血圧とは独立に分布しているかどうかを決定しようとしている。サンプルの結果は次の通り。

	重役クラス	部長クラス	課長クラス	合計
高血圧	80	140	80	300
正常血圧	40	160	400	600
合計	120	300	480	900

下記の順序に従い、管理職のレベルと高血圧とは独立に分布しているという仮説を$\alpha = 0.05$で検定しなさい。

a. 帰無仮説と対立仮説を述べなさい。

b. 期待度数を求めなさい。

c. サンプル・データのχ^2値を求めなさい。

d. $\alpha = 0.05$の時、χ^2の境界値を求めなさい。

e. 仮説を検定しなさい。

問題 9

"中間管理職"という新しい雑誌の編集者達は、この新しい雑誌の受け入れられ方は3つの所得階層によって顕著に異なるか否かを決定しようとしている。400のサンプルビジネスマンの調査の結果は以下の表にまとめられている。異なる所得階層で受け入れられ方に顕著な違いがないかどうか、$\alpha = 0.01$で下記の順序に従って仮説を検定しなさい。

a. 帰無仮説と対立仮説を述べなさい。

b. 期待度数を求めなさい。

c. サンプル・データのχ^2値を求めなさい。

d. $\alpha = 0.05$の時、χ^2の境界値を求めなさい。

e. 仮説を検定しなさい。

購読＼収入	X≥ $50,000	$40,000≤X<$50,000	$30,000≤X<$40,000	合計
購読者	60	50	40	150
非購読者	40	50	160	250
合計	100	100	200	400

問題 10

ある経営統計学の講師は学生の年齢と成績の間に関係があるかどうか決定しようとしている。

成績＼年齢	20代	30代	40代以上	合計
A	150	40	10	200
B	150	130	20	300
C	120	160	20	300
D	80	10	10	100
F	100	0	0	100
Total	600	340	60	1,000

年齢が成績と関係があるか、$\alpha = 0.05$で次の順序で検定しなさい。

a. 帰無仮説と対立仮説を述べなさい。

b. 期待度数を求めなさい。

c. サンプル・データのχ^2値を求めなさい。

d. $\alpha = 0.05$の時χ^2の境界値を求めなさい。

e. 仮説を検定しなさい。

問題 11

あるワインメーカーが3つのテレビコマーシャルA、B、Cで新発売のワインを宣伝した。マーケティングマネージャーは、宣伝の効果は視聴者が女性と男性

で異なるかどうかを検定しようとしている。1,200のサンプルを取った結果は次の表の通りである。

性＼プログラム	A	B	C	合計
女性	300	250	150	700
男性	50	200	250	500
合計	350	450	400	1,200

下記のような順序で、宣伝の効果は性別で異なるかどうかを$α=0.05$で検定しなさい。

a. 帰無仮説と対立仮説を述べなさい。
b. 期待度数を求めなさい。
c. サンプル・データの$χ^2$値を求めなさい。
d. $α=0.05$の時、$χ^2$の境界値を求めなさい。
e. 仮説を検定しなさい。

問題 12

ロサンゼルスの郊外のある大学で、教授の階級と査読付き論文の出版とは関係があるかどうかについて調査がされた。その結果は次の表にまとめられている。下記の順序に従って、$α=0.01$で教授の階級と論文の出版とは関係がないという仮説を検定しなさい。

a. 帰無仮説と対立仮説を述べなさい。
b. 期待度数を求めなさい。
c. サンプル・データの$χ^2$値を求めなさい。
d. $α=0.01$の時、$χ^2$の境界値を求めなさい。
e. 仮説を検定しなさい。

出版＼階級	講師	助教授	準教授	正教授	合計
0	8	18	16	6	48
1〜2	0	2	2	2	6
3〜4	0	0	3	0	3
5以上	0	0	1	2	3
合計	8	20	22	10	60

問題 13

ある銀行検査官は5つの支店の間で不良債権の率に著しい違いがあるかテストしようとしている。各支店から100件の貸付のサンプルを取ったところ、不良債権の数は4、6、10、3、2であった。この5支店間で不良債権の率は同じかどうか検定しなさい。$\alpha = 0.01$で適切な手順を踏みなさい。

第14章

複数のグループを比較するには
―F分布と分散分析

1. はじめに

開発者のR. A. フィッシャーにちなんで名付けられたF分布及び分散分析は、2つの分散が等しいかどうかの仮説の検定に、自然科学でも社会科学でも広く用いられている分析方法である。

2つの分散の比較

例えば、ある投資家が、**図14−1**のようなGMとフォードの株でどちらの株のほうが、株価の変動が激しいかを知りたい時、2つの分散が等しいかどうかをテストすることになる。

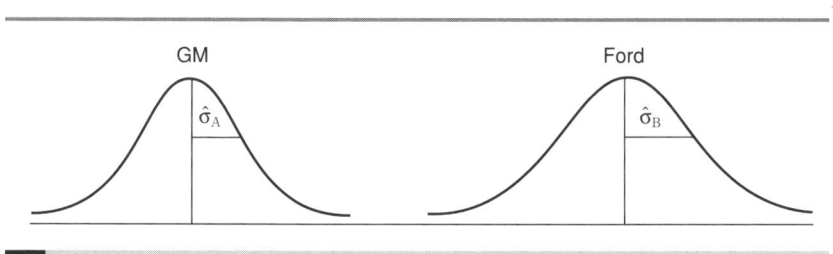

図 14-1

2つの推定された分散の比率 ($\frac{\hat{\sigma}^2_B}{\hat{\sigma}^2_A}$) を計算することによって、2つの分布のばらつき度が比較される。そして、この比率の分布がF分布と呼ばれる。もし

もこの2つの分散が大体等しいならば、この比率は1に近いことが期待される。この比率が1と非常にかけ離れるならば、この2つの分散が等しいとする仮説は棄却されるだろう。なお分散（$\hat{\sigma}_A^2$）についている^の記号は推定値を表している。

多くの平均値の比較

2つの分散の比較は多数の平均値の同等性を検定するのに用いられる。例えば、ある重役は3つのセールスマン・トレーニング・プログラムの効果が著しく違うのかどうか決定したいと望んでいる。

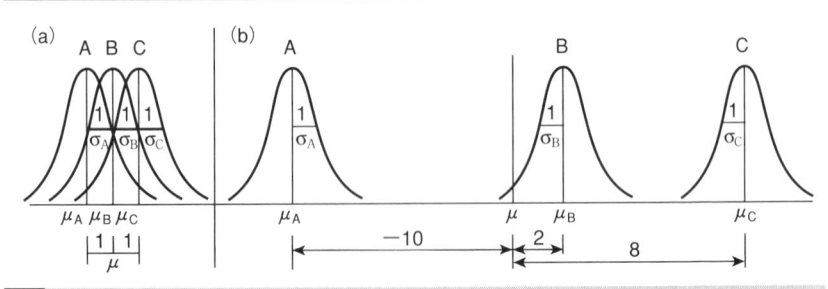

図 14-2

図14−2において、(a)の場合ではこの3つのグループの平均が著しく違うとは言えないが、(b)の場合では著しく違うと言える。

この違いを数式を使って表わしてみよう。3つのプログラムを全体とすると、その全体の平均値（μ）からそれぞれのプログラムA、B、Cはどれぐらいはなれているかを、平均間の平均的ばらつき度（$\hat{\sigma}_A^2$）(variance among) と呼ぶ。図14−2(a)では$\hat{\sigma}_A^2$は次の計算で得られる。

$$\hat{\sigma}_A^2 = \frac{(\mu_A - \mu)^2 + (\mu_B - \mu)^2 + (\mu_C - \mu)^2}{3} = \frac{(-1)^2 + (0)^2 + (1)^2}{3} = \frac{2}{3}$$

そして、それぞれのプログラムのばらつき度の平均（$\hat{\sigma}_W^2$）(variance within) は次の計算で得られる。

$$\hat{\sigma}_W^2 = \frac{\sigma^2_A + \sigma^2_B + \sigma^2_C}{3} = \frac{1+1+1}{3} = 1$$

つまり$\hat{\sigma}_W^2$は3つの分散の平均である。この場合$\hat{\sigma}_A^2$は$\hat{\sigma}_W^2$と著しくは違わない。この2つの分散の比率は

$$\frac{\hat{\sigma}_A^2}{\hat{\sigma}_W^2} = \frac{2/3}{1} = \frac{2}{3}$$

図14－2(b)では平均間の平均的ばらつき度($\hat{\sigma}_A^2$)は

$$\hat{\sigma}_A^2 = \frac{(\mu_A-\mu)^2+(\mu_B-\mu)^2+(\mu_C-\mu)^2}{3}$$
$$= \frac{(-10)^2+(2)^2+(8)^2}{3} = \frac{100+4+64}{3} = \frac{168}{3} = 56$$

これは各プログラム内での平均的なばらつき度($\hat{\sigma}_W^2$)と著しく違う。$\hat{\sigma}_W^2$は次の計算で得られる。

$$\hat{\sigma}_W^2 = \frac{\sigma^2_A + \sigma^2_B + \sigma^2_C}{3} = \frac{1+1+1}{3} = 1$$

これらの2つの分散の比率は

$$\frac{\hat{\sigma}_A^2}{\hat{\sigma}_W^2} = \frac{56}{1} = 56$$

となり、1とは著しくかけ離れている。これは3つのセールスマン・トレーニング・プログラムがその効果において著しく違うことを示している。1から離れるほど(1より大きくても小さくても)グループ間のバラツキの差が大きい。したがって、分散の比率は、多くの平均の同等性のテストに用いられる。図14－2における(a)と(b)との違いが2つの比率の数字の違い、2/3と56との違いになっている。

2 F分布

推定された分散の比率の分布は、自由度(n_1-1、n_2-1)のF分布と定義される。

$$F = \frac{\hat{\sigma}_1^2}{\hat{\sigma}_2^2} = \frac{\frac{\Sigma(Xi_1 - \overline{X}_1)^2}{n_1 - 1}}{\frac{\Sigma(Xi_2 - \overline{X}_2)^2}{n_2 - 1}} \tag{14-1}$$

F分布の正確な形は分母と分子の自由度によるが、**図14-3**のように一般的には左に偏る。右側は裾野が横軸に接触しないが、左側は接触する。分母と分子の自由度が増えると正規分布に近づく。

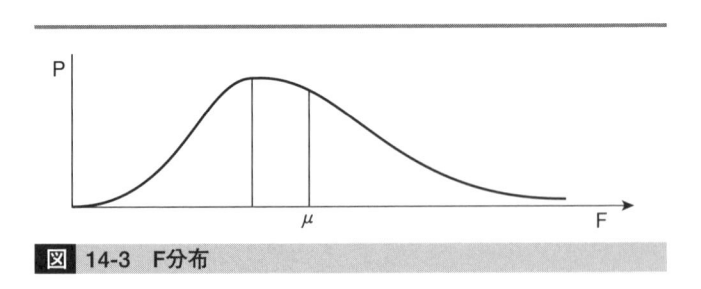

図 14-3　F分布

分散の大きいほうを分子に置くと仮定すると、計算されたF値が与えられたαレベルでのFの境界値を越えると、帰無仮説：$\sigma^2_1 = \sigma^2_2$は棄却される。一方、分母と分子を逆さまにし、小さい方の分散を分子に置いた時、計算されたF値が与えられたαレベルでのFの境界値よりも小さいなら、帰無仮説：$\sigma^2_1 = \sigma^2_2$は棄却される。

Fの境界値を見つけるには、分母と分子の両方の自由度を知る必要がある。

	\multicolumn{5}{c}{$f_1 = \phi_1$}
$f_2 = \phi_2$	1	2	3	4	5
1					・
2					・
3					・
・					・
・					・
・					・
10					3.33
					5.64

図 14-4

例えば、分子の自由度（ϕ_1）が5で分母の自由度（ϕ_2）が10、有意水準（α）が0.05の時、Fの境界値は3.33であることが**図14－4**から読み取れる。これを数学的な表現で書くと下記のようになる。

$$F_{C,\ \alpha=0.05,\phi_1=5,\phi_2=10}=3.33$$

同様に有意水準が0.01の時のFの境界値は5.64となる。

$$F_{C,\ \alpha=0.01,\phi_1=5,\phi_2=10}=5.64$$

これらのF値を巻末のFテーブルで確認して頂きたい。

例題 1

フォードの株価の変動がGMの株価の変動よりも大きいかどうかを決定するために、ある投資家は週間毎のフォードの株価のサンプルを11週と、週間毎のGMの株価のサンプルを21週取った。その結果は次の通りである。

$$\text{フォード}\quad \hat{\sigma}^2_1 = \frac{\Sigma(Xi_1-\overline{X}_1)^2}{n_1-1} = \frac{300}{11-1}$$

$$\text{GM}\quad \hat{\sigma}^2_2 = \frac{\Sigma(Xi_2-\overline{X}_2)^2}{n_2-1} = \frac{200}{21-1}$$

$\alpha = 5\%$で、フォードの株価はGMの株価よりも変動が激しいかどうか検定しなさい。

解答

H_0：$\sigma^2_1 = \sigma^2_2$

H_1：$\sigma^2_1 > \sigma^2_2$

$$F = \frac{\hat{\sigma}^2_1}{\hat{\sigma}^2_2} = \frac{\dfrac{300}{11-1}}{\dfrac{200}{21-1}} = \frac{30}{10} = 3.00$$

$F_{C,\ \alpha=0.05,\phi_1=10,\phi_2=20}=2.35$

$F_C=2.35 < F=3.00$

故に、H_0：$\sigma^2_1 = \sigma^2_2$は棄却された。

次にF比率で分母と分子が入れ替えになった場合を考えよう。

$$F = \frac{\hat{\sigma}^2_1}{\hat{\sigma}^2_2} = \frac{\frac{200}{21-1}}{\frac{300}{11-1}} = \frac{10}{30} = 0.33$$

$$F_{1-\alpha, \phi_1, \phi_2} = \frac{1}{F_{\alpha, \phi_2, \phi_1}}$$

上の式は分布の左側の境界値は右側の境界値の逆数として計算されることを示している。ϕ_1、ϕ_2の位置が逆転していることに注意。

$$F_C = F_{0.95, 20, 10} = \frac{1}{F_{0.05, 10, 20}} = \frac{1}{2.35} = 0.425$$

$$F = 0.33 < F_C = 0.425$$

結論は同じである。**図14-5**を参照。

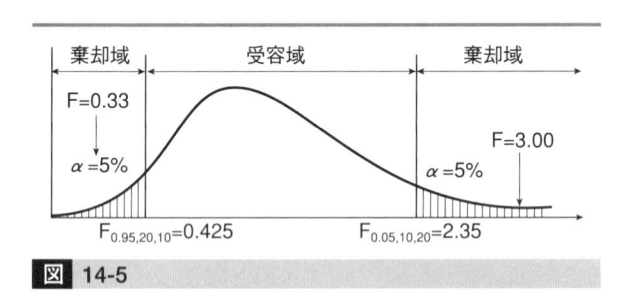

図 14-5

3 ● 記号

第13章においてマトリックスで縦横に加算する作業が出てきたが、この章では縦横に加算する作業が多いので、用いる記号について説明しよう。例えば第2行目を横に全部加算することを考えよう。その場合、1番目のサフィックスは常に2である。2番目のサフィックスは1からkまで変わり、一般項はjで表されている。これを全部加算したものをΣX_{2j}で表す。また単に$T_2.$で表すこともある。これをkで割って2行目の平均を$\bar{X}_2.$で表す。

今度は3列目を縦に全部加算することを考えよう。この場合、2番目のサフ

第14章 ● 複数のグループを比較するには―F分布と分散分析

表 14-1

行＼列	1	2	3	...... i	...... k	行の合計	行の平均
1	X_{11}	X_{12}	X_{13}	......X_{1j}	......X_{1k}	$\Sigma X_{1j}=T_1.$	$\overline{X}_1.$
2	X_{21}	X_{22}	X_{23}	......X_{2j}	......X_{2k}	$\Sigma X_{2j}=T_2.$	$\overline{X}_2.$
3	X_{31}	X_{32}	X_{33}	......X_{3j}	......X_{3k}	$\Sigma X_{3j}=T_3.$	$\overline{X}_3.$
i	X_{i1}	X_{i2}	X_{i3}	......X_{ij}	......X_{ik}	$\Sigma X_{ij}=T_i.$	$\overline{X}_i.$
n	X_{n1}	X_{n2}	X_{n3}	X_{nj}	......X_{nk}	$\Sigma X_{nj}=T_n.$	$\overline{X}_n.$
列の合計	ΣX_{i1} $T._1$	ΣX_{i2} $T._2$	ΣX_{i3} $T._3$	ΣX_{ij} $T._j$	ΣX_{ik} $T._k$	$\Sigma\Sigma X_{ij}$ $=T$	
列の平均	$\overline{X}._1$	$\overline{X}._2$	$\overline{X}._3$	$\overline{X}._j$	$\overline{X}._k$		$\overline{X}$

ィックスは常に3だが1番目のサフィックスは1からnまで変わり、一般項はiで表される。これを縦に全部加算したものをΣX_{i3}で表わす。単に$T._3$と表わすこともある。そしてこの縦の総数の平均は$\overline{X}._3$で表される。

　右の欄外に書いてある"行の合計"は、すべて各行に沿って合計したものである。それをさらに縦に合計すると、1番目のサフィックスiが1からnまで変わる、それら全部を加算するので、もう1つシグマサインが必要になる。つまり$\Sigma\Sigma X_{ij}$は縦横全部加算することを意味し、従ってT（＝Total）と表わすことがある。そして、Tをnkで割ったものが$\overline{X}$である。

4 1元配置の分散分析

1元配置の分散分析で検証するモデルは

　　　$X_{ij} = \mu_j + e_{ij}$
　　　ここで　X_{ij}＝i行でj列の観察値
　　　　　　μ_j＝j列の平均値
　　　　　　e_{ij}＝i行でj列の偶然誤差

このモデルは次のように変形して用いられることがある。

　　　$X_{ij} = \mu + (\mu_j - \mu) + e_{ij}$

$\mu_j - \mu = \beta_j$ と置くことにより、

$X_{ij} = \mu + \beta_j + e_{ij}$ となる。つまり実際の観察値は全体の平均値＋列効果＋誤差として捉えられる。

例題 2

ある化粧品会社が3つの宣伝のメディア：テレビ、ラジオ、新聞の宣伝効果を比較している。これらのメディアに5ヶ月間、同額の宣伝費を投じた。販売増加額は次の通りである。

表 14-2　元のデータ表

サンプル	テレビ	ラジオ	新聞	
1	40	33	32	
2	42	35	32	
3	43	34	34	
4	39	37	34	
5	41	31	33	
合計	205	170	165	
平均	41	34	33	36

（単位：100万ドル）

$\alpha = 5\%$ で仮説を検定しなさい。

解答

$H_0：\mu_{TV} = \mu_{ラジオ} = \mu_{新聞}$

$H_1：\mu_{TV}、\mu_{ラジオ}、\mu_{新聞}$ は等しくない

まず総平方和（SST）（total sum of squares）をグループ内平方和（SSW）（sum of squares within groups）とグループ間平方和（SSA）（sum of squares among groups）に分ける。これらは総変動（SST）、級内変動（SSW）、級間変動（SSA）とも呼ばれている。

$$\text{SST} = \sum_{i=1}^{n} \sum_{j=1}^{k} (X_{ij} - \overline{X})^2 \tag{14-2}$$

$$\mathrm{SSW} = \sum_{i=1}^{n}\sum_{j=1}^{k}(X_{ij}-\overline{X}_{\cdot j})^2 \qquad (14-3)$$

$$\mathrm{SSA} = \sum_{i=1}^{n}\sum_{j=1}^{k}(\overline{X}_{\cdot j}-\overline{X})^2 = n\sum_{j=1}^{k}(\overline{X}_{\cdot j}-\overline{X})^2 \qquad (14-4)$$

総平方和（SST）は2つの部分に分けられる。

$$\sum_{i=1}^{n}\sum_{j=1}^{k}(X_{ij}-\overline{X})^2 = \sum_{i=1}^{n}\sum_{j=1}^{k}(X_{ij}-\overline{X}_{\cdot j})^2 + \sum_{i=1}^{n}\sum_{j=1}^{k}(\overline{X}_{\cdot j}-\overline{X})^2$$

$$= \sum_{i=1}^{n}\sum_{j=1}^{k}(X_{ij}-\overline{X}_{\cdot j})^2 + n\sum_{j=1}^{k}(\overline{X}_{\cdot j}-\overline{X})^2 \qquad (14-5)$$

即ち　SST = SSW + SSA　　　　　　　　　　　　　　　　　　　　(14−6)

さらに、これらの平方和をそれぞれの自由度で割るとそれぞれの分散が得られる。また、SSWの自由度とSSAの自由度の和は、常にSSTの自由度に等しくなければならないので

$$nk - 1 = k(n-1) + (k-1) \qquad (14-7)$$

グループ内分散（mean square within groups：MSW）は

$$MSW = \frac{SSW}{k(n-1)} = \frac{\sum_{i=1}^{n}\sum_{j=1}^{k}(X_{ij}-\overline{X}_{\cdot j})^2}{k(n-1)} \qquad (14-8)$$

グループ間分散（mean square among groups: MSA）は

$$MSA = \frac{SSA}{k-1} = \frac{n\sum_{j=1}^{k}(\overline{X}_{\cdot j}-\overline{X})^2}{k-1} \qquad (14-9)$$

このMSAをMSWで割ったものがF比率として計算される。

$$F = \frac{MSA}{MSW} = \frac{\frac{SSA}{k-1}}{\frac{SSW}{k(n-1)}} = \frac{\frac{n\sum_{j=1}^{k}(\overline{X}_{\cdot j}-\overline{X})^2}{k-1}}{\frac{\sum_{i=1}^{n}\sum_{j=1}^{k}(X_{ij}-\overline{X}_{\cdot j})^2}{k(n-1)}} \qquad (4-10)$$

このF比率の分布がF分布である。

例題2を解くために、まず表14−2の元のデータ表を記号を用いて書いてみよう。

表 14-3　データ表

サンプル	1 テレビ	2 ラジオ	3 新聞	
1	X_{11}=40	X_{12}=33	X_{13}=32	
2	X_{21}=42	X_{22}=35	X_{23}=32	
3	X_{31}=43	X_{32}=34	X_{33}=34	
4	X_{41}=39	X_{42}=37	X_{43}=34	
5	X_{51}=41	X_{52}=31	X_{53}=33	
合計	ΣX_{i1}=205	ΣX_{i2}=170	ΣX_{i3}=165	
平均	$\overline{X}_{\cdot 1}$=41	$\overline{X}_{\cdot 2}$=34	$\overline{X}_{\cdot 3}$=33	$\overline{X}$=36

表14−3のデータを用いて最終的には表14−4のような分散分析表（ANOVAテーブル）（ANOVA=Analysis of Variance）を作成したい。その前に、計算を簡潔に組織的に行うのに**表14−5**のような計算表をまず作成することが、理解と計算を含めた全体の作業をきわめて簡単にする。

表 14-4　ANOVAテーブル

分散の要因	平方和	自由度	分散	F比率
グループ間	SSA=$n\Sigma(\overline{X}_{\cdot j}-\overline{X})^2$	$k-1$	MSA=$\dfrac{SSA}{k-1}$	F=$\dfrac{MSA}{MSW}$
グループ内	SSW=$\Sigma\Sigma(X_{ij}-\overline{X}_{\cdot j})^2$	$k(n-1)$	MSW=$\dfrac{SSW}{k(n-1)}$	
総合計	SST=$\Sigma\Sigma(X_{ij}-\overline{X})^2$	$nk-1$		

表 14-5　計算表

	テレビ			ラジオ			新聞			
	(1)	(2)	(3)	(4)	(5)	(6)	(7)	(8)	(9)	
	X_{i1}	$(X_{i1}-\overline{X})^2$	$(X_{i1}-\overline{X}_{\cdot 1})^2$	X_{i2}	$(X_{i2}-\overline{X})^2$	$(X_{i2}-\overline{X}_{\cdot 2})^2$	X_{i3}	$(X_{i3}-\overline{X})^2$	$(X_{i3}-\overline{X}_{\cdot 3})^2$	
(1)	40	16	1	33	9	1	32	16	1	
(2)	42	36	1	35	1	1	32	16	1	
(3)	43	49	4	34	4	0	34	4	1	
(4)	39	9	4	37	1	9	34	4	1	
(5)	41	25	0	31	25	9	33	9	0	
(6)	41			34			33			36=$\overline{X}$
(7)		135			40			49		224=$\Sigma\Sigma(X_{ij}-\overline{X})^2$
(8)			10			20			4	34=$\Sigma\Sigma(X_{ij}-\overline{X}_{\cdot j})^2$
(9)	25			4			9			38=$\Sigma(\overline{X}_{\cdot j}-\overline{X})^2$

列 (1)、(4)、(7) の数字は表14−3から得られた元の数字である。これらの列の (6) 行目には各グループの平均が入っている。そして、(6) 行目の最後の数字は全体の平均である。

列 (2)、(5)、(8) の数字は各データと総平均との差の2乗である。例えば第1行目、第2列目の数字16は $(40-36)^2$ である。なお、これらの列の縦の合計は (7) 行目に書いてある。(横に加算する時に間違いやすいから (6) 行目に書いてはいけない。) (7) 行目の数字を横に合計したものが $\Sigma\Sigma(X_{ij}-\overline{X})^2=224$ である。

列 (3)、(6)、(9) の数字は各データとそのグループ平均の差の2乗である。例えば第1行、第3列目の数字1は $(40-41)^2$ である。なお、これらの列の縦の合計は (8) 行目に書いてある。(8) 行目の数字を横に足したのが $\Sigma\Sigma(X_{ij}-\overline{X}_{.j})^2 = 34$ である。最後に (6) 行目のグループ平均と総平均の差の2乗は (9) 行目に書いてある。例えば第9行目、第1列目の数字25は $(41-36)^2$ である。(9) 行目の数字を横に合計したものが $\Sigma(\overline{X}_{.j}-\overline{X})^2=38$ である。

その結果、**表14−6**が得られる。

表 14-6　ANOVA

分散の要因	平方和	自由度	分散	F比率
グループ間	$n\Sigma(\overline{X}_{.j}-\overline{X})^2=190$	$k-1=3-1=2$	95	33.53
グループ内	$\Sigma\Sigma(X_{ij}-\overline{X}_{.j})^2=34$	$k(n-1)=3\times 4=12$	2.833	
総合計	$\Sigma\Sigma(X_{ij}-\overline{X})^2=224$	$nk-1=14$		

計算の結果だけを示すと、次のようになる。コンピューターのプリントアウトは、こういう数字だけのものが一般的のようである。

表 14-7　ANOVA

分散の要因	平方和	自由度	分散	F比率
グループ間	190	2	95	33.53
グループ内	34	12	2.8333	
総合計	224	14		

$\alpha=0.05$ でFの境界値は

$F_{C,\phi_1=2,\phi_2=12,\alpha=0.05}=3.88$

$F=33.53 > F_C=3.88$

故に、H_0は棄却された。つまりこれらの3つのメデイアの効果は皆同じではないという結論になった。図示すると**図14－6**のようになる。

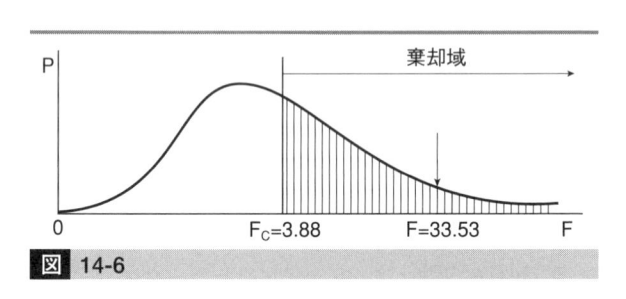

図 14-6

5 ショートカット計算法

このショートカット計算法は第4章のショートカット計算法と考え方は同じである。つまり、図14－2でも明らかなように、分散分析表の数字は元の尺度の原点をどこに置くかによって左右されない。その考えに基づいた上で、次のようなショートカットの公式を用いると計算が簡単になる。

$$\text{SST} = \sum_{i=1}^{n}\sum_{j=1}^{k}(X_{ij} - \overline{X})^2 = \sum_{i=1}^{n}\sum_{j=1}^{k} X_{ij}^2 - \frac{T^2}{kn} \quad (14-11)$$

$$\text{SSW} = \sum_{i=1}^{n}\sum_{j=1}^{k}(X_{ij} - \overline{X}_{\cdot j})^2 = \sum_{i=1}^{n}\sum_{j=1}^{k} X_{ij}^2 - \frac{1}{n}\sum_{j=1}^{k} T^2_{\cdot j} \quad (14-12)$$

$$\text{SSA} = n\sum_{j=1}^{k}(\overline{X}_{\cdot j} - \overline{X})^2 = \frac{1}{n}\sum_{j=1}^{k} T^2_{\cdot j} - \frac{T^2}{kn} \quad (14-13)$$

例題2をこれらの式を使って解いてみよう。

(1) まず、総平均が35位であることに当りをつけて、全データから$X_0 = 35$を引く。
(2) **表14－8**のような計算表を作成する。
(3) 上記のショートカット公式にこの表で得た数字を当てはめる。

表 14-8 計算表（ショートカット法）

サンプル	テレビ X_{i1}	X^2_{i1}	ラジオ X_{i2}	X^2_{i2}	新聞 X_{i3}	X^2_{i3}	
1	5	25	−2	4	−3	9	
2	7	49	0	0	−3	9	
3	8	64	−1	1	−1	1	
4	4	16	2	4	−1	1	
5	6	36	−4	16	−2	4	
Total	30		−5		−10		$15 = \Sigma\Sigma X_{ij} = T$
		190		25		24	$239 = \Sigma\Sigma X^2_{ij}$
	900		25		100		$1025 = \sum_j (\sum_i X_{ij})^2 = \Sigma T^2_{\cdot j}$

　これらの数字を用いて**表14－9**ANOVAテーブルが作成される。
この表と表14－6の平方和の数字とは全く同じである。ただ表14－5と表14－8の計算表を比較してみると、表14－8の方が計算が簡単なことがわかる。この例題は、練習問題のため$\bar{X}$が簡単な数字になるようにデータが作られているが、現実に起きるデータはもっと複雑な数字になるため、この例の比較以上にショートカット法の計算の利点は大きい。コンピュータに頼らずとも概算の答えを出すことができるのである。

表 14-9 ANOVA（ショートカット法）

分散の要因	平方和	自由度	分散	F比率
グループ間	$\frac{1}{n}\sum T^2_{\cdot j} - \frac{T^2}{kn}$ $= \frac{1}{5}(1025) - \frac{(15)^2}{15} = 190$	$k-1 = 3-1 = 2$	95	33.53
グループ内	$\sum\sum X^2_{ij} - \frac{1}{n}\sum T^2_{\cdot j}$ $= 239 - \frac{1}{5}(1025) = 34$	$k(n-1) = 3 \times 4 = 12$	2.833	
総合計	$\sum\sum X^2_{ij} - \frac{T^2}{kn}$ $= 239 - \frac{(15)^2}{(3)(5)} = 224$	$nk-1 = 14$		

6 ・ 2元配置の分散分析法

例題2では3つのメディアの宣伝効果の違いを調べるため、それぞれのメディアにおいて5つのデータを集めている。一方、これらの5つのデータが5つの異なる都市 (1) 札幌 (2) 東京 (3) 名古屋 (4) 大阪 (5) 福岡から来たものであるならば、メディアの違いばかりではなく、都市の違いから来る効果の違いを調べることが出来る。こういう分散分析を2元配置という。

検証するモデルは

$$X_{ij} = \mu + \alpha_i + \beta_j + e_{ij}$$

ここで　X_{ij}＝i行j列にあるデータ

α_i＝i行要因

β_j＝j列要因

e_{ij}＝i行でj列のばらつき要因

総平方和 (SST) は列の平方和 (SSC) と行の平方和 (SSR) と偶然誤差平方和 (SSE) とに分解される。

$$\sum_{i=1}^{n}\sum_{j=1}^{k}(X_{ij}-\overline{X})^2 = k\sum_{i=1}^{n}(\overline{X}_{i.}-\overline{X})^2 + n\sum_{j=1}^{k}(\overline{X}_{.j}-\overline{X})^2$$
$$+\sum_{i=1}^{n}\sum_{j=1}^{k}(X_{ij}-\overline{X}_{i.}-\overline{X}_{.j}+\overline{X})^2 \qquad (14-14)$$

即ち、SST = SSR + SSC + SSE　　　　　　　　　　　　　(14 − 15)

したがって、2元配置のANOVAテーブルは次のようになる。

表 14-10　ANOVA

分散の要因	平方和	自由度	分散	F比率
行平均間	$SSR = k\sum(\overline{X}_{i.}-\overline{X})^2$	$n-1$	$MSR = \dfrac{SSR}{n-1}$	$F = \dfrac{MSR}{MSE}$
列平均間	$SSC = n\sum(\overline{X}_{.j}-\overline{X})^2$	$k-1$	$MSC = \dfrac{SSC}{k-1}$	$F = \dfrac{MSC}{MSE}$
偶然誤差	$SSE = \sum\sum(X_{ij}-\overline{X}_{i.}-\overline{X}_{.j}+\overline{X})^2$	$(n-1)(k-1)$	$MSE = \dfrac{SSE}{(n-1)(k-1)}$	
総合計	$SST = \sum\sum(X_{ij}-\overline{X})^2$	$nk-1$		

ショートカットの計算式は次の通り。

$$\text{SSR} = \frac{1}{k}\sum_{i=1}^{n} T^2_{i\cdot} - \frac{T^2}{nk} \tag{14-16}$$

$$\text{SSC} = \frac{1}{n}\sum_{j=1}^{k} T^2_{\cdot j} - \frac{T^2}{nk} \tag{14-17}$$

$$\text{SSE} = \sum_{i=1}^{n}\sum_{j=1}^{k} X^2_{ij} - \frac{1}{k}\sum_{i=1}^{n} T^2_{i\cdot} - \frac{1}{n}\sum_{j=1}^{k} T^2_{\cdot j} + \frac{T^2}{nk} \tag{14-18}$$

$$\text{SST} = \sum_{i=1}^{n}\sum_{j=1}^{k} X^2_{ij} - \frac{T^2}{nk} \tag{14-19}$$

ショートカットを用いたANOVAは、**表14-11**のようになる。

表 14-11　ANOVA（ショートカット法）

分散の要因	平方和	自由度	分散	F比率
行平均間	$\text{SSR}=\frac{1}{k}\Sigma T^2_{i\cdot} - \frac{T^2}{nk}$	$n-1$	$\text{MSR}=\frac{\text{SSR}}{n-1}$	$F=\frac{\text{MSR}}{\text{MSE}}$
列平均間	$\text{SSC}=\frac{1}{n}\Sigma T^2_{\cdot j} - \frac{T^2}{nk}$	$k-1$	$\text{MSC}=\frac{\text{SSC}}{k-1}$	$F=\frac{\text{MSC}}{\text{MSE}}$
偶然誤差	$\text{SSE}=\Sigma\Sigma X^2_{ij} - \frac{1}{k}\Sigma T^2_{i\cdot} - \frac{1}{n}\Sigma T^2_{\cdot j} + \frac{T^2}{nk}$	$(n-1)(k-1)$	$\text{MSE}=\frac{\text{SSE}}{(n-1)(k-1)}$	
総合計	$\text{SST}=\Sigma\Sigma X^2_{ij} - \frac{T^2}{nk}$	$nk-1$		

以上の式を使って、例題2の2元配置の分散分析は次の通り。

第1の仮説　　$H_0 : \mu_{\cdot 1} = \mu_{\cdot 2} = \mu_{\cdot 3}$

　　H_1：列の平均は皆等しくはない

第2の仮説　　$H_0 : \mu_{1\cdot} = \mu_{2\cdot} = \mu_{3\cdot} = \mu_{4\cdot} = \mu_{5\cdot}$

　　H_1：行の平均は皆等しくはない

計算を容易にするために、次の表を作る。

表14-12から得られた数字を表14-11の式に当てはめると**表14-13**のようになる。

表 14-12　計算表（第1のショートカット法）

サンプル	(1) X_{i1}	X^2_{i1}	(2) X_{i2}	X^2_{i2}	(3) X_{i3}	X^2_{i3}	$T_{i.}$	$T^2_{i.}$	
1	40	1600	33	1089	32	1024	105	11,025	
2	42	1764	35	1225	32	1024	109	11,881	
3	43	1849	34	1156	34	1156	111	12,321	
4	39	1521	37	1369	34	1156	110	12,100	
5	41	1681	31	961	33	1089	105	11,025	
$T_{.j}$	205		170		165		540	58,352	$=\Sigma T^2_{i.}$
ΣX^2_{ij}		8415		5800		5449	$\parallel$ T	19,664	$-\Sigma\Sigma X^2_{ij}$
$T^2_{.j}$	42,025		28,900		27,225		98,150		$=\Sigma T^2_{.j}$

表 14-13　ANOVA（第1のショートカット法）

分散の要因	平方和	自由度	分散	F比率
行平均間	$SSR = \frac{1}{3}(58{,}352) - \frac{(540)^2}{(3)(5)} = 10.666$	$n-1$ $=4$	2.665	0.9142024
列平均間	$SSC = \frac{1}{5}(98{,}150) - \frac{(540)^2}{(3)(5)} = 190$	$k-1$ $=2$	95.0	32.570497
偶然誤差	$SSE = 19{,}664 - \frac{1}{3}(58{,}352) - \frac{1}{5}(98{,}150)$ $+ \frac{(540)^2}{(3)(5)} = 23.334$	$(n-1)(k-1)$ $=8$	2.91675	
総合計	$SST = 19{,}664 - \frac{(540)^2}{(3)(5)} = 224$	$nk-1$ $=14$		

$\alpha = 0.05$でのFの境界値は

$$F_{C, \alpha=0.05, \phi_1=4, \phi_2=8} = 3.84$$

$$F_{C, \alpha=0.05, \phi_1=2, \phi_2=8} = 4.46$$

第1の仮説である、列に関しては、

$$F_C = 4.46 < F_{列} = 32.5704$$

なので、メディアの間に違いがないという仮説は棄却された。

行に関しては

$$F_C = 3.48 > F_{行} = 0.9142$$

したがって第2の仮説、都市間に違いがないという仮説は受容された。

7 2元配置分散分析法のショートカット計算法

(1) 1元配置のショートカット法と同じように総平均に近い数字35を全体から差し引き、数字を簡単にする。これを第2のショートカット法と呼ぶ。
(2) 計算を簡単にする計算表を作成する。

表 14-14 計算表（第2のショートカット法）

テレビ		ラジオ		新聞		総合計		
X_{i1}	X^2_{i1}	X_{i2}	X^2_{i2}	X_{i3}	X^2_{i3}	$T_{i.}$	$T^2_{i.}$	
5	25	−2	4	−3	9	0	0	
7	49	0	0	−3	9	4	16	
8	64	−1	1	−1	1	6	36	
4	16	2	4	−1	1	5	25	
6	36	−4	16	2	4	0	0	
							77	$=\Sigma T^2_{i.}$
30		−5		−10		15		$=T$
	190		25		24	239		$=\Sigma\Sigma X^2_{ij}$
900		25		100		1025		$=\Sigma T^2_{.j}$

これらの数字を表14－11の式にいれると、**表14－15**になる。

表 14-15 ANOVA（第2のショートカット法）

分散の要因	平方和	自由度	分散	F比率
行平均間	$SSR=\frac{1}{3}(77)-\frac{(15)^2}{(3)(5)}=10.666$	$n-1$ $=4$	2.665	0.9142024
列平均間	$SSC=\frac{1}{5}(1025)-\frac{(15)^2}{(3)(5)}=190$	$k-1$ $=2$	95.0	32.570497
偶然誤差	$SSE=239-\frac{1}{3}(77)-\frac{1}{5}(1025)+\frac{(15)^2}{(3)(5)}$ $=23.334$	$(n-1)(k-1)$ $=8$	2.91675	
総合計	$SST=239-\frac{(15)^2}{(3)(5)}=224$	$nk-1$ $=14$		

　この例では、普通の公式を使ったANOVAはあまりにも複雑な数字になるため、計算は省略した。第1のショートカットでも普通の公式より格段に計算はラクであるが、第1と第2の比較である表14－13と表14－15を比べてみると、表14－15の方が数字がずっと簡単になっている。さらにそれに到るまでの計算表の表14－12と**表14－14**を比較してみると、数字がはるかに簡単になって

いる。はじめに全体の平均値に近い丸い数字（＝端数のない）を引くことが第1と第2のショートカット法の違いだが、それによって計算間違いの危険性もずっと少なくなる。

直感と計算結果の突合せ

これまで1元配置及び2元配置の分散分析がどのように行われるかという全体の流れを、例題を用いて示した。その中で公式がどのように使われ、計算がどのように行われ、結論がどう導かれるかについて詳述してきた。ここで、結論がでた時点で、この結論は直感的に考えて、なるほどといえる結果なのか少々検討してみよう。

まず1元配置に関して、3つのメディアがどのようなばらつきをしているか、簡単な絵を描いて見るとよい。この場合、各メディアのデータの中で最大値と最小値は何かを元のデータから読み取り、簡単な山の絵を描いてみる。例えばテレビに関しては最小値は39で最大値は43であるから、39から43までの間に広がる山の絵になる。図14－7を参照。この図で1つのグループ（テレビ）が全然他の分布と重なっていないことがわかる。したがって、3つのメディアの宣伝効果が等しいという仮説が棄却されるのは直感的に言って正しい。これに反し、都市間の分布の違いは殆ど全部の分布において重なっているので、都市間で宣伝効果に差があるとは認められず、都市間で違いがないという仮説が受け入れられるのは、直感的に言っても正しい。こういうように見て来ると、実際に計算をする前に大体結論が推測できるのである。分散分析では、ショートカット法を用いても計算がかなり入ってくる。従って、実際に計算をする前に簡単な絵を描いて直感的な"当たり"をつける習慣をつけよう。

メディア

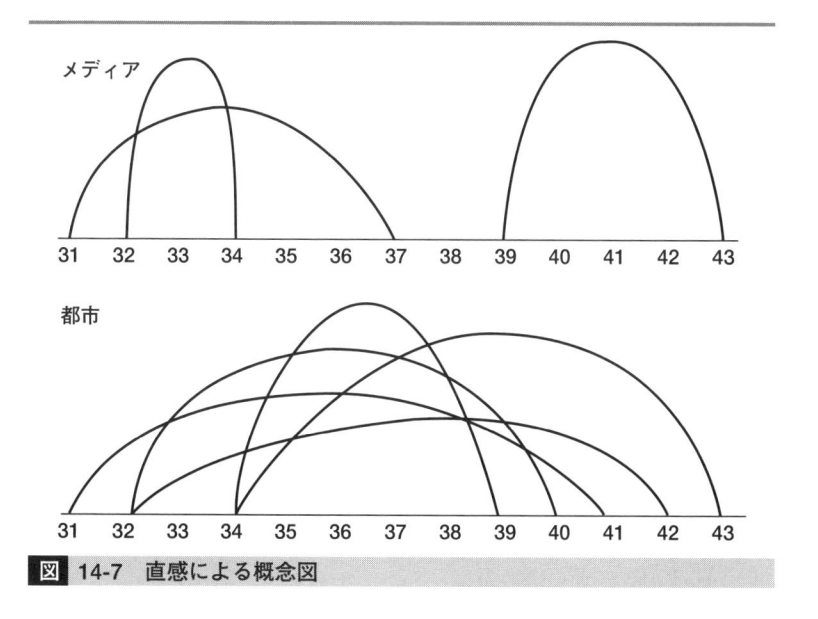

31 32 33 34 35 36 37 38 39 40 41 42 43

都市

31 32 33 34 35 36 37 38 39 40 41 42 43

図 14-7　直感による概念図

例題2の解説が大分長くなったので、まとめの意味で次の問題を考えよう。

例題 3

あるウイスキー会社が個人の教育水準と年収によって、ウイスキーの消費に違いがあるかどうかを調べようとしている。各カテゴリーで同数のサンプルを取ったとして、サンプル平均をまとめたものが次の表である。

表 14-16　元のデータ表

収入＼教育	高校卒	大学卒	修士	合計	平均
$0≤X<$5,000	145	110	103	358	119.333
$5,000≤X<$10,000	132	116	112	360	120
$10,000≤X<$15,000	120	108	104	332	110.666
$15,000≤X<$20,000	132	115	108	355	118.333
$20,000≤X<$25,0000	145	121	112	378	126
合計	674	570	539	1783	
平均	134.8	114.0	107.8		118.8666

（単位：オンス）

以下の手順に従って、

（Ⅰ）1元配置の分散分析（教育による）を行いなさい。

（Ⅱ）2元配置の分散分析を行いなさい。

　　a） H_0及びH_1を述べなさい。

　　b） 計算表を作成しなさい。

　　c） ANOVAテーブル（分散分析表）を作成しなさい。

　　d） $\alpha = 0.05$で仮説を検定しなさい。

解答

（Ⅰ）1元配置の分散分析

　　a） H_0： $\mu_{\cdot 1} = \mu_{\cdot 2} = \mu_{\cdot 3}$

　　　　　　　教育によりウイスキーの消費は違わない

　　　　H_1：消費に違いがある

　　b） この問題は第2のショートカットの計算法を使わないと、計算は非常に困難になる。$X_0 = 120$をすべての観察値から差し引き、次の計算表を作成する。

表 14-17　計算表（第2のショートカット法）

	高校卒		大学卒		修士				
	X_{i1}	X^2_{i1}	X_{i2}	X^2_{i2}	X_{i3}	X^2_{i3}	$T_{i\cdot}$	$T^2_{i\cdot}$	
$0 \leq X < 5$	25	625	−10	100	−17	289	−2	4	
$5 \leq X < 10$	12	144	−4	16	−8	64	0	0	
$10 \leq X < 15$	0	0	−12	144	−16	256	−28	784	
$15 \leq X < 20$	12	144	−5	25	−12	144	−5	25	
$20 \leq X < 25$	25	625	+1	1	−8	64	18	324	
								1137	$= \Sigma T^2_{i\cdot}$
$T_{\cdot j}$	74		−30		−61		−17		$= \Sigma\Sigma X_{ij} = T$
ΣX^2_{ij}		1538		286		817	2641		$= \Sigma\Sigma X^2_{ij}$
$T^2_{\cdot j}$	5476		900		3721		10,097		$= \Sigma T^2_{\cdot j}$

c)

表 14-18 ANOVA

分散の要因	平方和	自由度	分散	F比率
グループ間	$SSA = \frac{1}{n}\Sigma T^2._j - \frac{T^2}{kn}$	$k-1$	$MSA = \frac{SSA}{k-1}$	$F = \frac{MSA}{MSW}$
グループ内	$SSW = \Sigma\Sigma X^2_{ij} - \frac{1}{n}\Sigma T^2._j$	$k(n-1)$	$MSW = \frac{SSW}{k(n-1)}$	
総合計	$SST = \Sigma\Sigma X^2_{ij} - \frac{T^2}{kn}$	$nk-1$		

表14-17からの数字を**表14-18**に入れると、次のような計算になり**表14-19**を得る。

$$SST = 2641 - \frac{(-17)^2}{(3)(5)} = 2641 - \frac{289}{15} = 2641 - 19.266 = 2621.734$$

$$SSW = 2641 - \frac{1}{5}(10,097) = 2,641 - 2,019.4 = 621.6$$

$$SSA = \frac{1}{5}(10,097) - \frac{(-17)^2}{(3)(5)} = 2,019.4 - 19.266 = 2,000.134$$

表 14-19 ANOVA

分散の要因	平方和	自由度	分散	F比率
グループ間	2000.134	2	1000.067	19.306
グループ内	621.6	12	51.8	
総合計	2621.734	14		

d) $\alpha = 0.05$の時、Fの境界値は

$F_{C, \alpha=0.05, \phi_1=2, \phi_2=12} = 3.88$ であるから、

$F = 19.306 > F_C = 3.88$

故に仮説は棄却される。

(Ⅱ) 2元配置の分散分析

a) (1) $H_0: \mu_{.1} = \mu_{.2} = \mu_{.3}$

　　　　教育によりウイスキーの消費は違わない

　　H_1：教育により消費に違いがある

(2) H_0: $\mu_{1.} = \mu_{2.} = \mu_{3.} = \mu_{4.} = \mu_{5.}$

　　年収の違いによりウイスキーの消費は違わない

　　H_1：年収により消費に違いがある。

b) 1元配置でも2元配置でも計算はほとんど変わらないので、前と同じテーブル表14-17の計算表が用いられる。

c)

表 14-20　ANOVA（ショートカット法）

分散の要因	平方和	自由度	分散	F比率
行平均間	$SSR = \frac{1}{k}\Sigma T^2_{i.} - \frac{T^2}{nk}$	$n-1$	$MSR = \frac{SSR}{n-1}$	$F = \frac{MSR}{MSE}$
列平均間	$SSC = \frac{1}{n}\Sigma T^2_{.j} - \frac{T^2}{nk}$	$k-1$	$MSC = \frac{SSC}{k-1}$	$F = \frac{MSC}{MSE}$
偶然誤差	$SSE = \Sigma\Sigma X^2_{ij} - \frac{1}{k}\Sigma T^2_{i.} - \frac{1}{n}\Sigma T^2_{.j} + \frac{T^2}{nk}$	$(n-1)(k-1)$	$MSE = \frac{SSE}{(n-1)(k-1)}$	
総合計	$SST = \Sigma\Sigma X^2_{ij} - \frac{T^2}{nk}$	$nk-1$		

d) $\alpha = 0.05$の時のFの境界値

行について　$F_{C, \alpha=0.05, \phi_1=4, \phi_2=8} = 3.84$

列について　$F_{C, \alpha=0.05, \phi_1=2, \phi_2=8} = 4.46$

表14-17の計算表の数字を**表14-20**の式に入れると、次のようになる。

$$SSR = \frac{1}{5}(1137) - \frac{(-17)^2}{(3)(5)} = 379 - \frac{289}{15} = 379 - 19.266 = 359.734$$

$$SSC = \frac{1}{5}(10,097) - 19.266 = 2,019.4 - 19.266 = 2000.134$$

$$SSE = 2641 - \frac{1}{3}(1137) - \frac{1}{5}(10,097) + 19.266$$
$$= 2641 - 379 - 2019.4 - 19.266 = 261.866$$

$$SST = 2641 - \frac{(-17)^2}{(3)(5)} = 2641 - 19.266 = 2,621.734$$

これらの計算に基づき**表14-21**が作成された。

表 14-21　ANOVA

分散の要因	平方和	自由度	分散	F比率
行平均間	359.734	4	89.9335	2.747
列平均間	2000.134	2	1000.067	30.552
偶然誤差	261.866	8	32.733	
総合計	2621.734	14		

行に関して　$F_{行} = 2.747 < F_C = 3.84$

故に行間には著しい違いはなく、仮説は受容される。

列に関して　$F_{列} = 30.552 > F_C = 4.46$

故に列間には著しい違いがあり、仮説は棄却される。

吉田の法則 14-1　初期の分散分析は、農業において水分の供給量、日射量、肥料等のどのような組合せが一番農作物の生産性を上げるかに関して、非常に成果を挙げた。近年ではこの分野はさらに発展し実験計画法と呼ばれる。新薬の開発やその他の工業製品の開発に至る実験を最適に行うことを可能にし、企業の発展に著しく貢献してきた。実際に用いられる方法は数十の変数を同時に扱うような複雑な物であるが、基本はこの章で学んだこと、つまり複数のグループがある時、そのばらつきと平均値との関係ですべてが決まってくるということである。基本をきっちり把握しておくと、後の理解は極めて簡単である。この章を終えた読者は、図14－7で示したように、どんなに複雑に見えようとも、分散分析の基本は極めて直感的に把握できるものであり、しかもそれでいて実に強力な統計的手法の入り口に立っていることを忘れてはならない。

練習問題

問題 1

5つのデパートのマネージャー達の能力に著しい差があるかどうかを決定するために、トップマネジメントがこれらの5人のマネージャーをそれぞれ5つの店舗にローテーションを組んで経営させた。それぞれの期間での売上高の増加は次の通りである。

	A氏	B氏	C氏	D氏	E氏	合計
第1店舗	238	273	240	290	280	
第2店舗	228	236	220	260	250	
第3店舗	210	233	230	240	242	
第4店舗	216	205	210	231	240	
合計	892	947	900	1021	1012	4772
平均	223	236.75	225	255.25	253	238.6

(単位：千ドル)

下記の順序で1元配置の分散分析をしなさい。

a) 帰無仮説と対立仮説を述べなさい。
b) ANOVAテーブルを作成しなさい。
c) $\alpha = 5\%$ の時、Fの境界値を求めなさい。
d) 結論を述べなさい。

問題 2

上記の問題で、トップマネジメントが、5人のマネージャーの能力ばかりでなく、4店舗の地域による著しい差があるかどうかを検定しようとしている。この章の例題2と同じ手順で検定しなさい。

問題 3

この章の例題2において、販売記録が下記の表のように要約された。次の順序で1元配置の分散分析を行いなさい。

a）帰無仮説と対立仮説を述べなさい。
b）ANOVAテーブルを作成しなさい。
c）α = 5%の時、Fの境界値を求めなさい。
d）結論を述べなさい。
e）この問題と例題2を比較しなさい。
f）もしも1600をこの表のすべてのデータから差し引いたなら、例題2のデータの数字とまったく同じに成ることに留意。

サンプル	テレビ	ラジオ	新聞	
1	1640	1633	1632	
2	1642	1635	1632	
3	1643	1634	1634	
4	1639	1637	1634	
5	1641	1631	1633	
合計	8205	8170	8165	
平均	1641	1634	1633	1636

問題 4

アドバンスト・テクノロジー社のトップマネジメントが、中間管理層の昇進をパフォーマンス（成果）に基づいて決めたいと考えている。4人の候補者を6人の部下がいる部署に順繰りに配属し、部下がそれぞれの候補者の管理能力を評価した。その評価は次の通りである。

| 部下 | 管理者 | | | | |
	A	B	C	D	
1	72	78	74	76	
2	71	73	75	74	
3	64	72	67	68	
4	63	72	68	67	
5	60	72	65	62	
6	71	80	74	75	
合計	401	447	423	422	1693
平均	66.8333	74.5	70.5	70.333	70.5416

2元配置の分散分析を次の順序で行いなさい。

a）帰無仮説と対立仮説を述べなさい。

b）ANOVAテーブルを作成しなさい。

c）$\alpha = 5\%$の時、Fの境界値を求めなさい。

d）結論を述べなさい。

問題 5

ある販売会社のトップマネジメントが、4人のセールスマンの間で能力に著しい違いがあるか否かを決定したいと思っている。5ヶ月の売上記録は下記の通りである。1元配置の分散分析を以下の順序で行いなさい。

a）帰無仮説と対立仮説を述べなさい。

b）ANOVAテーブルを作成しなさい。

c）$\alpha = 5\%$の時、Fの境界値を求めなさい。

d）結論を述べなさい。

サンプル	セールスマン1	セールスマン2	セールスマン3	セールスマン4	
1	9	15	4	14	
2	8	13	3	10	
3	9	18	7	12	
4	7	12	8	9	
5	7	17	3	15	
合計	40	75	25	60	200
平均	8	15	5	12	10

問題 6

ある販売会社のトップマネジメントが、4人のセールスマンの間で能力に著しい違いがあるか否かを決定したいと思っている。5ヶ月の売上記録は、次の通りである。

サンプル	セールスマン1	セールスマン2	セールスマン3	セールスマン4
1	1203	1211	1193	1203
2	1197	1209	1194	1204
3	1197	1207	1198	1202
4	1202	1205	1197	1203
5	1201	1208	1202	1204

下記の順序で分散分析を行いなさい。

a) 帰無仮説と対立仮説を述べなさい。

b) ANOVAテーブルを作成しなさい。

c) $\alpha = 5\%$ の時、Fの境界値を求めなさい。

d) 結論を述べなさい。

問題 7

ある週刊誌を出している出版社が、所得及び教育水準により読者数に著しい違いがないかを調べたいと考えている。読者数のデータは次の通り。

所得＼教育	高卒	大卒	修士終了	合計	平均
$0≤ X <$5,000	85	120	95	300	100
$5,000≤ X <$10,000	89	126	97	312	104
$10,000≤ X <$15,000	86	125	98	309	103
$15,000≤ X <$20,000	92	128	104	324	108
$20,000≤ X <$25,000	98	131	101	330	110
合計	450	630	495	1575	
平均	90	126	99		105

（単位：千人）

（Ⅰ）5段階の所得の分布は無視して、教育のみによる1元配置の分散分析を行いなさい。

（Ⅱ）2元配置の分散分析を行いなさい。

上記の2つの分散分析を以下の順序で行いなさい。

a) 帰無仮説と対立仮説を述べなさい。
b) ANOVAテーブルを作成しなさい。
c) $\alpha = 5\%$の時、Fの境界値を求めなさい。
d) 結論を述べなさい。

問題 8

ある会社の人事部が、教育水準や実務経験年数によって給料に著しい違いがあるかどうかを決定したいと考えている。以下のデータは各カテゴリーにおける給料の平均値である。

（Ⅰ）実務経験年数は無視して、教育水準のみによる1元配置の分散分析を行いなさい。
（Ⅱ）教育水準と実務経験による2元配置の分散分析を行いなさい。
　以上の2つの分散分析をそれぞれ下記の順序で行いなさい。

a) 帰無仮説と対立仮説を述べなさい。
b) ANOVAテーブルを作成しなさい。
c) $\alpha = 5\%$の時、Fの境界値を求めなさい。
d) 結論を述べなさい。

教育＼実務経験年数	高卒	大卒	修士終了	合計	平均
$0 \leq X < 5$	6	9	12	27	9
$5 \leq X < 10$	9	13	17	39	13
$10 \leq X < 15$	12	17	22	51	17
$15 \leq X < 20$	15	21	27	63	21
$20 \leq X < 25$	18	25	32	75	25
合計	60	85	110	255	
平均	12	17	22		17

（単位：千ドル）

問題◆9

ある化粧品会社が、3つの宣伝用メディアとしてテレビ、ラジオ、新聞の宣伝効果を比較している。3つのメディアによる宣伝をそれぞれ6都市で1ヶ月間、同額の金額を使って行った。

都市＼メディア	テレビ	ラジオ	新聞	合計	平均
サクラメント	110	124	90	324	108
サンフランシスコ	107	116	86	309	103
サンノゼ	108	120	87	315	105
フレスノ	125	150	85	360	120
ロサンゼルス	140	170	89	399	133
サンデイエゴ	130	160	85	375	125
合計	720	840	522	2,082	
平均	120	140	87		115.666

（Ⅰ）都市間の違いを無視して、メディアの違いのみによる1元配置の分散分析を行いなさい。

（Ⅱ）2元配置の分散分析を行いなさい。

以上2つの分散分析を下記の順序で行いなさい。

a）帰無仮説と対立仮説を述べなさい。

b）ANOVAテーブルを作成しなさい

c）$\alpha = 5\%$の時、Fの境界値を求めなさい。

d）結論を述べなさい。

問題◆10

ある経済学者が、3つの産業で賃金の顕著な違いがあるか否か決定したいと思っている。これらの産業の時間給賃金は次の通りである。

サンプル	産業			合計
	自動車	鉄鋼	化学	
1	12	9	9	30
2	10	8	9	27
3	14	7	9	30
4	16	12	17	45
合計	52	36	44	132

a) 産業間の違いによる1元配置の分散分析を行いなさい。

b) 4つのサンプルは4つの異なる都市からのデータだとして、産業間と都市間の2元配置の分散分析を行いなさい。

問題 11

大学の新卒の初任給のサンプルデータが、以下の表にまとめられている。

a) $\alpha = 0.05$ で専攻学部で初任給が著しく異なるか否かを決定しなさい。

b) 各学部で成績で分類した時、サンプル1は上位25%、サンプル2は第2四分位（＝その次の25%）、サンプル3は第3四分位（3番目の25%）、サンプル4は第4四分位（＝最後の25%）であるとする。初任給が専攻と成績の両方によって影響を受けているか否かを検定しなさい。$\alpha = 0.05$ とする。

サンプル \ 学部	経営	人文科学	社会科学	合計
1	24	16	20	60
2	19	19	16	54
3	20	15	19	54
4	13	10	13	36
合計	76	60	68	204

第15章 風が吹いたら桶屋はもうかるか——回帰直線

1 はじめに

これまでは1つの変数の分布を問題にしてきた。この章では2つの変数を含むデータが与えられている時、それらの変数の関係を学ぶ。一度この関係が決定されれば、1つの変数を知ることにより、もう1つの変数を推定することができる。そして、この数学的な関係を予測に用いることができる。たとえば予算を作成する時、もし売上高がわかれば、全費用が推定できる。また、マクロの日本全体の個人消費と総所得とは関数関係があるので、総所得がわかれば、マクロの個人消費を予測することができる。ある業界全体の需要予測が発表になれば、その業界に属する特定の会社の売上を、数学的関数関係を用いて予測することができる。風が吹いたら桶屋がもうかるかもテストできる。

回帰線の1つの応用として、損益分岐点を求めることができる。あとで具体的な問題が出てくるが、ここではその概念に関して少々説明しよう。企業は一般に、より多くの利益を挙げることに努力しているが、利益を挙げるためにはある一定以上の売上を達成しなくてはならない。売上を挙げるためには、費用が掛かるが、費用には変動費と固定費がある。変動費は売り上げが伸びるとそれにつれて増えるもので、たとえば、原材料費とか仕入れ原価とかがある。これに対して、固定費は売上の量の如何に関わらずかかるもので、事務所の賃貸料とか固定資産の減価償却費等がこれに当たる。したがって、どの位売上があれば収支がとんとんになるのかを知ることが重要になってくる。総売上 − 総費

用（固定費＋変動費）＝0の点を損益分岐点と言い、その点まで売上が達しないと損失が発生するし、売上がその点を超えると利益が出始める。図で示すと**図15－1**のようになる。

　アメリカで成功した企業は、ガレージから始めたものが少なくない。ガレージから始めたのに成功したのではなく、ガレージから始めたから成功したのである。その本質は固定費をできるだけ切り詰め、ほとんど変動費のみで営業するという利点である。そうすると、損益分岐点が非常に低くなり、わずかな売上によって利益がでてくるので、特にビジネスを始めたばかりの時のように資金繰りに苦しい時には有効である。生存をかけて必死にがんばっている、特に現在の中小企業においても、固定費の流動化によってコスト削減をはかることが手始めとなる。固定費というのはそもそも基本的な経営方針によって決定される。つまり、新しい事務所を建てるのではなく賃貸にするとか、最新の機械を買うのではなく、中古を導入することも必要になる。

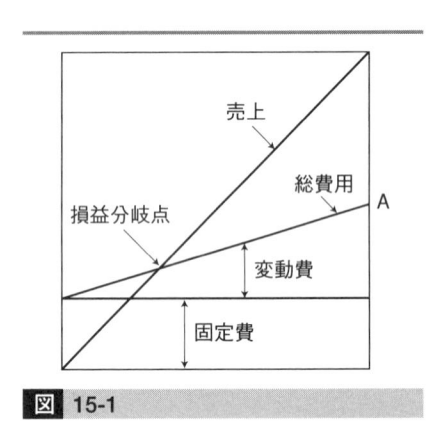

図 15-1

　ところが問題は、扱う製品が幾つもあったり、事務所も幾つもあったりすると、費用項目別にこれは固定費だ、これは変動費だと分けるのが非常に難しく、わかるのは総売上と総費用だけということになる。しかも実際に帳簿から得られたデータはばらつきのあるものであり、簡単な数字は得られない。そこで総売上と総費用を2変数として、毎月とか毎年の帳簿にもとづいてプロットしてみると、これらの2変数の関係が得られ、図15－1のAのような回帰線が得ら

れる。この方法によって、会社全体で収支トントンになる損益分岐点はどの位かがすぐに得られ、大変役に立つ。

この章を通して例題1を用いて説明をすすめる。

例題 1

次のデータが与えられている。

売上 X	1	2	3	4	5
総費用 Y	2	4	3	5	4

(単位:億円)

（a） 散布図を作成せよ。
（b） 最適な直線を求めよ。
（c） この直線を用いて、売上が3.5億円の時、予期される全費用はいくらか。
（d） このモデルを用いて予測した時、予期される誤差はいくらか。
（e） この2つの変数はどの位密接に関連しているか。

2 散布図

2つの変数の間の関係がまったくわからない時、データをX軸、Y軸で表された平面図上にプロットしてみると良い。そうすれば、2変数の関係が基本的には直線的な関係を示すかどうか、また、その関係はどの位強いのかがわかる。1つの変数がわかっている時にもう1つの変数を予測したい時、たとえば、上記のように売上げがわかっている時に総費用を推定しようという時、既知の変数を独立変数とか、説明変数といい、X軸にとる。推定される方の変数を従属変数とか被説明変数とかいい、Y軸にとる。例題1のデータをこの平面図にプロットすると**図15－2**のようになり、これを散布図という。

図15-2から、売上高と総費用の関係は、基本的には売上高が増えれば総費用も増えるということが読み取れる。簡単に言うと、回帰分析というのは、2変数間の関係を回帰線という一番適合性のよい線で表し、それに付随した分析を行うことである。

一番適合性のよい線が、すなわち回帰線である。回帰線の正確な意味はあとで説明することになる。回帰線を見つける簡単な方法は、散布図上のそれぞれの点から垂直な線を回帰線に引いた時、回帰線の上にある点から回帰線までは正の距離、回帰線から下にある点から回帰線までの距離は負の距離と見なし、それを全部加算した時、合計がゼロになるような線である。すなわち、**図15－3**のように全体の点のうち、大体半分が回帰線の上になり、半分が下になるような線である。

　回帰直線は$\hat{Y}=b_0+b_1 X$という式で表される。ここで$\hat{Y}$をYハットと言い、Y

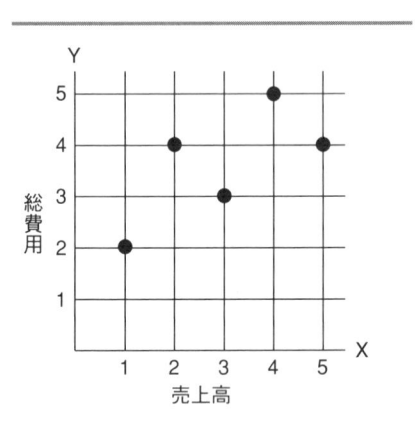

図 15-2 散布図

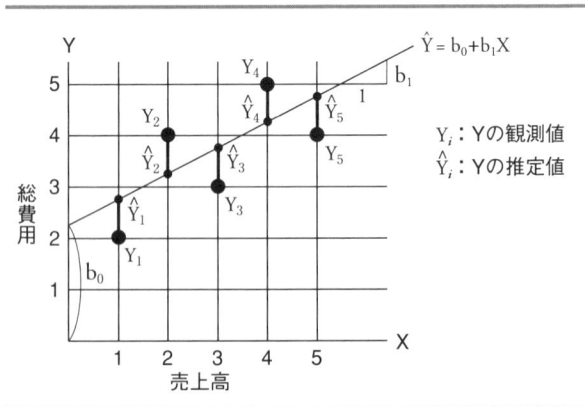

図 15-3 回帰線

の推定値を表す。ここで、与えられたデータから数学的に回帰線を求めるのだが、それはつまり回帰直線のY軸との切片であるb_0とスロープのb_1を求めるという意味である。数学的に得られた線は、**図15-3**のように図上で直感的に求められた直線とあまり違わないはずである。

　グラフを用いることにより、XとYの2変数の間の概算的な関数関係が得られるばかりでなく、b_0やb_1の概算値も視覚的に得ることができる。図15-3の場合、$\hat{Y} = b_0 + b_1 X$のY軸との切片は大体2だし、スロープは大体0.5位だと見当

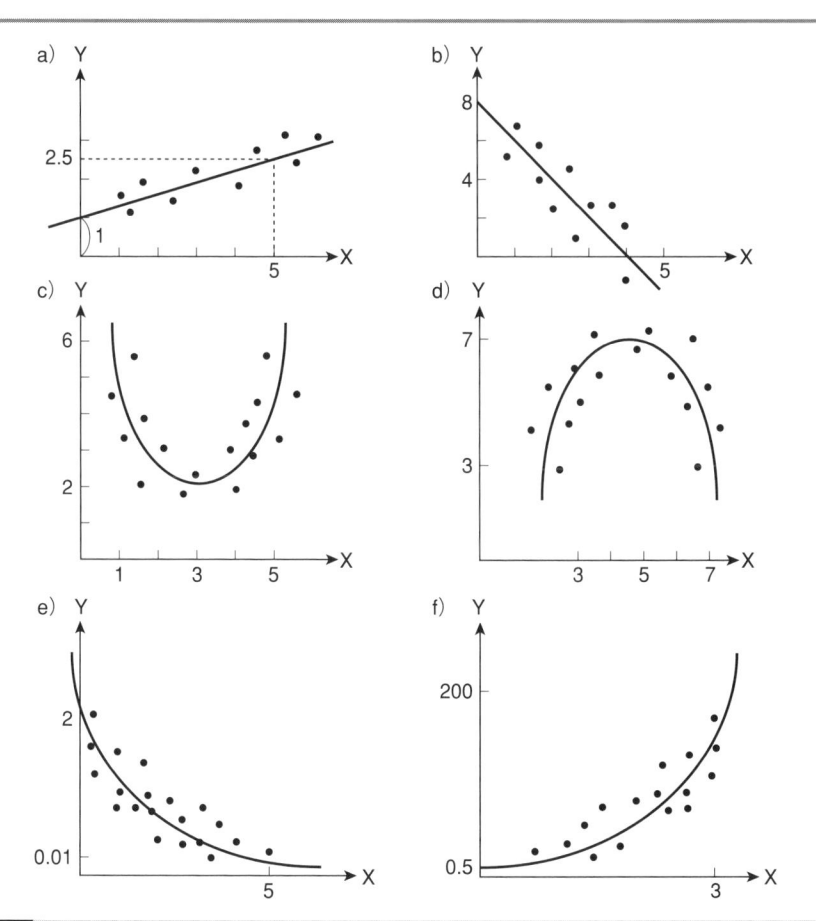

図 15-4　散布図と回帰線

を付けることができる。したがって、グラフから直感的に得られる回帰線の式は $\hat{Y} \approx 2 + 0.5X$ であるということが概算的にいえる。もしもグラフから直感的に得られた回帰線の式と、数学的に計算した式が著しく異なる場合には、計算をもう一度チェックする必要がある。こうすることにより、大きな過ちを簡単に避けられる。

例題1は直線的な関係を表しているが、2変数の関係には色々な関係が考えられる。**図15-4**はいくつかの典型的な関数関係を図に表したものである。

次の6つの式は、図15-4で描かれた基本的な関数関係をそれぞれ式で表したものである。

(a) $\hat{Y} = 1 + 0.3X$

(b) $\hat{Y} = 8 - 2X$

(c) $\hat{Y} = (X-3)^2 + 2 = X^2 - 6X + 11$

(d) $\hat{Y} = -(X-5)^2 + 7 = -X^2 + 10X - 18$

(e) $\hat{Y} = 2e^{-X}$

(f) $\hat{Y} = 0.5e^{2X}$

この章では最も簡単な、説明変数が1つの回帰直線(単回帰直線)のみを学ぶ。これが最も簡単で応用範囲の広い回帰線だからである。

3 回帰方程式

(1) 最小二乗法

散布図が与えられている時、これらの点に最もよくマッチした最適の直線の方程式は、数学的には、最小二乗法によって得られる。この最小二乗法によって得られたYの推定値は、次のような特性を持つ。

第1に、回帰線によって推定されたY値 ($\hat{Y}_i$) と観察されたY値 (Y_i) の差(残差という)の総合計はゼロである。すなわち、

(1) $\Sigma (Y_i - \hat{Y}_i) = 0$

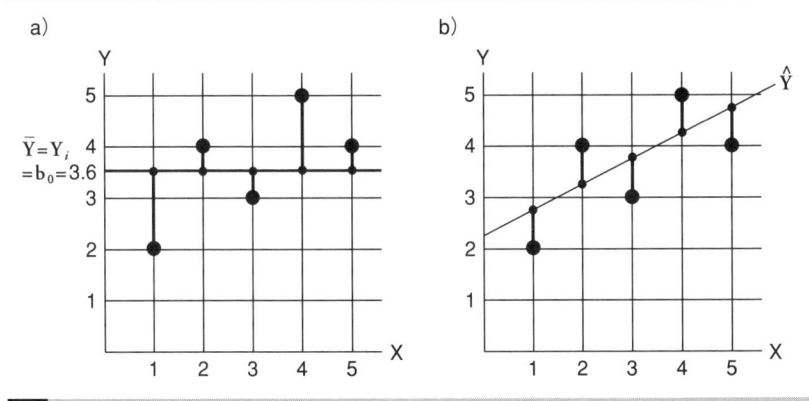

図 15-5　第1の条件を満たす2直線

第2に、残差の二乗の総和は(1)の条件を満たす線の中で最小である。すなわち、

(2) $\Sigma(Y_i - \hat{Y}_i)^2$ が最小

最適の直線を見つけようとする時、第1の条件を満たす複数の直線が可能である。例題1の場合、第一の条件を満たす線は、**図15-5**で示されるように、少なくとも2つ可能である。

図15-5の両方とも$\Sigma(Y_i - \hat{Y}_i) = 0$を満足している。つまり、正の残差と負の残差が相殺しあって、残差の総合計はゼロとなる。しかし、残差の二乗の総和を計算すると図 b) は図 a) と比べて、$\Sigma(Y_i - \hat{Y}_i)^2$がはるかに小さいことが感じとれる。なぜかと言うと、b) では残差は大体同じ程度の大きさだが、a) では残差の大きさがバラバラで、大きな残差を二乗すると非常に大きな数字になるので、$\Sigma(Y_i - \hat{Y}_i)^2$も非常に大きくなる。最小二乗法では二乗の総和が最も小さいものが最適であるという価値基準を用いているので、この場合、a) ではなくb) が最適であると判断されるのである。すなわち、最小二乗法とは、残差の二乗の総和を最小にする方法なので、残差の値が大小ばらつきがある場合よりも、大体同じぐらいの残差がある場合を選ぶ方法である。

(2) 正規方程式

回帰式（回帰方程式）が次のように表わされる時、

$$\hat{Y} = b_0 + b_1 X \qquad (15-1)$$

上記の第1及び第2の条件を満たす回帰係数b_0およびb_1は次のような正規方程式と言われる連立方程式を解くことによって得られる。

$$\sum_{i=1}^{n} Y_i = n\, b_0 + b_1 \sum_{i=1}^{n} X_i \qquad (15-2)$$

$$\sum_{i=1}^{n} X_i Y_i = b_0 \sum_{i=1}^{n} X_i + b_1 \sum_{i=1}^{n} X_i^2 \qquad (15-3)$$

これを解くために**表15－1**のような計算表を作成する。

表 15-1　計算表

(1)	(2)	(3)	(4)
Sales X_i	Total Cost Y_i	(1)×(1) X_i^2	(1)×(2) $X_i Y_i$
1	2	1	2
2	4	4	8
3	3	9	9
4	5	16	20
5	4	25	20
15 $\sum X_i$	18 $\sum Y_i$	55 $\sum X_i^2$	59 $\sum X_i Y_i$

表15－1の1列目と2列目の数字は例題1のデータである。3列目の数字は1列目の数字を二乗して得られる。4列目の数字は1列目と2列目の数字を各行毎に掛け算したものである。また、データの数は5なのでn=5。

これらのデータを式（15－2）及び（15－3）に代入すると、次の連立方程式となる。

$$18 = 5b_0 + 15b_1 \qquad (1)$$
$$59 = 15b_0 + 55b_1 \qquad (2)$$

これを解くと、$b_0 = 2.1$、$b_1 = 0.5$となる。

したがって回帰線は、$\hat{Y} = b_0 + b_1 X = 2.1 + 0.5X$となる。つまりこれが最適

な直線であり、例題1の (b) の答えである。

この式から、

X = 0の時、$\hat{Y} = 2.1 + 0.5 (0) = 2.1$

X = 1の時、$\hat{Y} = 2.1 + 0.5 (1) = 2.6$

X = 2の時、$\hat{Y} = 2.1 + 0.5 (2) = 3.1$

X = 3の時、$\hat{Y} = 2.1 + 0.5 (3) = 3.6$

X = 4の時、$\hat{Y} = 2.1 + 0.5 (4) = 4.1$

X = 5の時、$\hat{Y} = 2.1 + 0.5 (5) = 4.6$

したがって、売上高が3.5億円のときは

$\hat{Y} = 2.1 + 0.5 (3.5) = 3.85$ となり、

総費用の推定額は3.85億円となる。これが例題1の (c) の答えである。このように回帰線はXの値が与えられている時、Yの値を推測（予測）するために使われる。

4 回帰線のまわりの標準誤差（標準偏差）（Se）

回帰直線を用いて、Xの値が与えられた時にYの予測をする時、どの位その予測が正確かを図る1つの尺度が標準誤差（標準偏差）であり、Se（=standard error）で表す。前述したように、Yの観測値（Y_i）とYの予測値（$\hat{Y}_i$）との差（$e_i = Y_i - \hat{Y}_i$）は残差といわれる。その平方和（Σe_i^2）を、これに対応する自由度（実効的な自由に動けるデータの数）で割って、平方根を取ったものが、回帰線のまわりの標準誤差というものである。

すなわち、

$$Se = \sqrt{\frac{\sum_{i=1}^{n}(Y_i - \hat{Y}_i)^2}{n-2}} \qquad (15-4)$$

$\hat{Y}_i$を予測に用いた場合、このSeが平均的な残差である。それは標準偏差が「中心からの平均的な距離」というのと同じような意味である。

例題1に関してSeを計算する場合、**表15−2**の計算表を作成する。

表 15-2　計算表

(1) X_i	(2) Y_i	(3) $\hat{Y}_i$	(4)=(2)−(3) $Y_i - \hat{Y}_i$	(5)=(4)×(4) $(Y_i - \hat{Y}_i)^2$
1	2	2.6	−0.6	0.36
2	4	3.1	0.9	0.81
3	3	3.6	−0.6	0.36
4	5	4.1	0.9	0.81
5	4	4.6	−0.6	0.36
15	18		0	2.70

表15−2からの情報を式15−4に代入すると、

$$\text{Se} = \sqrt{\frac{\sum (Y_i - \hat{Y}_i)^2}{5-2}} = \sqrt{\frac{2.70}{3}} = \sqrt{0.9} = 0.948$$

これが例題1の (d) に対する答えである。つまり、データから得られた回帰線が推定に使われる場合、その平均誤差は0.948億円である。

ショートカット法

$\hat{Y}_i$ が簡単な数字でない場合は、上の式を使った計算は大変面倒になることがある。その時は次のショートカットの式を用いると良い。

$$\text{Se} = \sqrt{\frac{\sum Y_i^2 - b_0 \sum Y_i - b_1 \sum X_i Y_i}{n-2}}$$

この場合には、表15−3の計算表を必要とする。

表 15-3　計算表

(1) Sales X_i	(2) Total Cost Y_i	(3) (1)×(1) X_i^2	(4) (1)×(2) $X_i Y_i$	(5) (2)×(2) Y_i^2
1	2	1	2	4
2	4	4	8	16
3	3	9	9	9
4	5	16	20	25
5	4	25	20	16
15 $\sum X_i$	18 $\sum Y_i$	55 $\sum X_i^2$	59 $\sum X_i Y_i$	70 $\sum Y_i^2$

$$\text{Se} = \sqrt{\frac{\sum Y_i{}^2 - b_0 \sum Y_i - b_1 \sum X_i Y_i}{n-2}}$$

$$= \sqrt{\frac{70 - (2.1)(18) - (0.5)(59)}{5-2}} = \sqrt{\frac{70 - 37.8 - 29.5}{3}} = \sqrt{\frac{2.7}{3}} = \sqrt{0.9} = 0.948$$

予測値の信頼区間

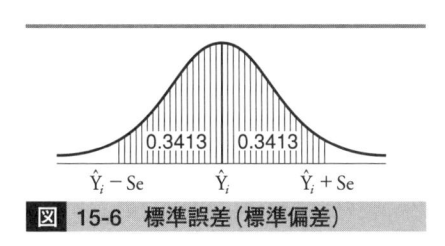

図 15-6 標準誤差（標準偏差）

標準誤差は回帰線を予測のために用いる時、予測値の信頼区間を求めるのに用いられる。たとえば、Zテーブルから1標準誤差（=1Se、すなわちZ=1の時）に対応する確率は0.3413だから、Yの実現値Y_iが$\hat{Y}_i \pm \text{Se}$の間に入る確率は

$$P(\hat{Y}_i - \text{Se} \leq Y_i \leq \hat{Y}_i + \text{Se}) = 0.6826$$

この場合 Se = 0.948 だから

$$P(\hat{Y} - 0.948 \leq Y_i \leq \hat{Y} + 0.948) = 0.6826$$

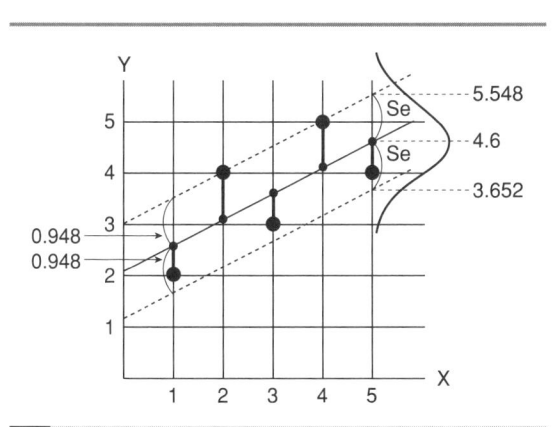

図 15-7 回帰線の標準誤差

この意味する所は、X値が与えられている時にY値を予測した場合、実際のY値が$\hat{Y}\pm 0.948$の間に入る確率は0.6826（68%）であるということである。これは概算の区間推定で、もっと正確な区間推定は回帰線推定値のサンプリングの局面を考慮に入れなければならないが、本書では省略する。

　X = 5の時、$\hat{Y}$ = 2.1+0.5X = 2.1+0.5（5）= 2.1+2.5 = 4.6

　この時、信頼度68.28%に対応する信頼区間は

　4.6 − 0.948 ≤ Y_i ≤ 4.6 + 0.948となり、3.652 ≤ Y_i ≤ 5.548となる。つまり、売上5億円の時に、推定される総費用が3.652億円と5.548億円の間である確率は68.28%である。

　図15−7は、このことを図で表したものである。X値が与えられており、Y値を予測する場合、68.26%の確率で、実際に観察したY値が回帰線から上下にそれぞれ0.948だけ離れた2つの点線の間に入るということを示している。

　同様に、Y値の予測値を求める時、実際値が2標準誤差の間に入る確率は95.44%である。数式で表わすと、

　　P（$\hat{Y}_i$ − 2Se ≤ Y_i ≤ $\hat{Y}_i$+2Se）= 0.9544

Se = 0.948 であるから、信頼係数95.44%の信頼区間は

　　$\hat{Y}_i$ − 2（0.948）≤ Y_i ≤ $\hat{Y}_i$+2（0.948）

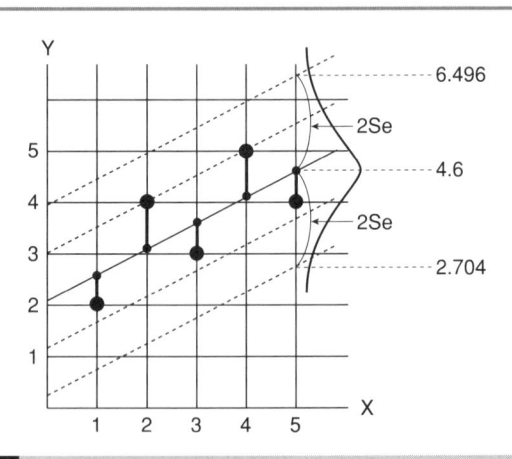

図 15-8　回帰線の信頼区間

$\hat{Y}_i - 1.896 \leq Y_i \leq \hat{Y}_i + 1.896$ となる。

たとえば X= 5 の時、$\hat{Y}$ = 2.1+0.5X の方程式から、Yの推定値は4.6になるので、上の式の$\hat{Y}_i$に4.6を入れると

$2.704 \leq Y_i \leq 6.496$ となる。

つまり、$\hat{Y}$ = 4.6 のとき95.44％の信頼区間は2.704－6.496となる。ということは、X=5の時、Y値を推定する場合、実際値が2.704と6.496の間に入る確率は95.44％であるということである。この状況は**図15－8**に図示されている。

68.26％の信頼区間は±1標準偏差（±1Z）に対応し、95.44％の信頼区間は±2標準偏差（±2Z）に対応しているので、後者は前者の2倍広いことになる。第9章の推定のところで学んだように、信頼度は高いほうが良いのだが、あまり信頼区間が広くなり過ぎると、予測の有用性が減少する。信頼区間の狭い、シャープな推定をするためにはより多くのデータを必要とする。

5 相関

2つの変数がどれぐらい強く関係しているかを測る尺度として、相関を用いる。相関は回帰線との関係において用いられる。しかし、相関分析ではXとY両方とも変数として扱うので、Yが必ずしもXの従属変数として取り扱われる訳ではない。つまり、相関関係はXとYとの間の因果関係を説明するものではない。

たとえば、何百という父親とその息子の背の高さを測ったとしよう。そして息子の背の高さをX軸に取り、父親の背の高さをY軸に取ったとき、高い相関関係があったとしよう。つまり、息子の背が高くて父親の背も高いとき、両者は相関関係が高いといえる。しかし、息子の背の高さは父親の背の高さの原因であると決論づけられるだろうか。つまり、息子の背が高いので、父親の背は高くなったということができるだろうか。明らかに逆である。この例が示すように相関関係は因果関係を示すものではない。XとYが相関関係にあっても、因果関係があるかどうかは別の分析によるものであることに注意。

決定係数

一般に売上が増えれば、総費用も増えるはずである。言い換えると、もし売上が平均以上ならば、費用も平均以上であると考えられる。端的に言えば、相関によって、ある売上が与えられているとき、実測値から総費用の平均までの全偏差のうち回帰線によって何%説明できるかを測ろうとしている。この状況は図15−9に示されている。

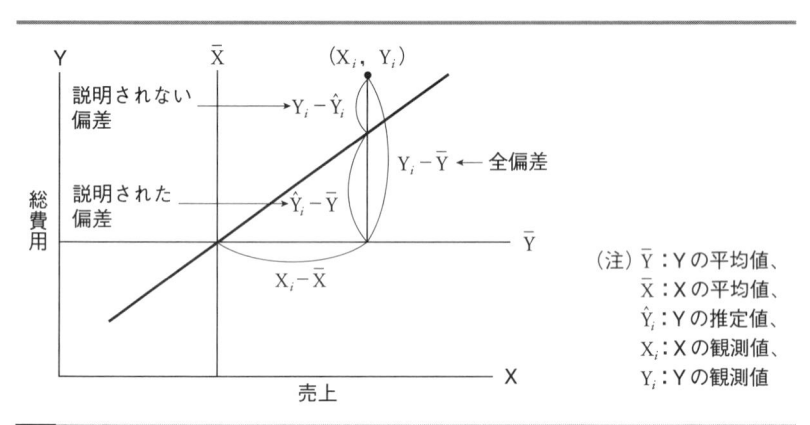

図 15-9 相関関係

図15−9で示されたようにY_iの$\bar{Y}$からの距離は回帰線によって2つの部分 $(Y_i - \hat{Y}_i)$ と $(\hat{Y}_i - \bar{Y})$ に分けられる。すなわち、

$$Y_i - \bar{Y} = (Y_i - \hat{Y}_i) + (\hat{Y}_i - \bar{Y}) \qquad (15-5)$$

これを全ての観測点に関して集計すると、

$$\Sigma (Y_i - \bar{Y}) = \Sigma (Y_i - \hat{Y}_i) + \Sigma (\hat{Y}_i - \bar{Y}) \qquad (15-6)$$

両辺を二乗すると、

$$\Sigma (Y_i - \bar{Y})^2 = \Sigma (Y_i - \hat{Y}_i)^2 + \Sigma (\hat{Y}_i - \bar{Y})^2 \qquad (15-7)$$

公式 (15−6) と (15−7) は、全ばらつきが、回帰線で説明されたばらつき、つまり$\Sigma (\hat{Y}_i - \bar{Y})^2$、と説明されないばらつき、つまり$\Sigma (Y_i - \hat{Y}_i)^2$、にわけられるという意味である。すなわち、

　　　　全ばらつき ＝ 説明されないばらつき＋説明されるばらつき

となる。$\hat{Y}_i$はX値が与えられた時の回帰線上のYの推定値であるから、$(\hat{Y}_i -$

$\bar{Y})$ は推定値が Y の平均値からどの位離れているかを表す偏差である。そして、$\Sigma(\hat{Y}_i-\bar{Y})^2$ は偏差の二乗の総和である。つまり、これが回帰線で説明されるばらつきの部分である。一方、Y_i は個々に観察された Y の実現値であるから、$(Y_i-\hat{Y}_i)$ はその実現値と Y の期待値の差、つまり回帰線で説明できない偏差である。したがって $\Sigma(Y_i-\hat{Y}_i)^2$ は説明できない偏差の二乗の総和である。

　もし、すべての観察された Y 値がすべて回帰線上にあるならば、$Y_i=\hat{Y}_i$ となって、$\Sigma(Y_i-\hat{Y}_i)^2$ はゼロになり、$\Sigma(Y_i-\bar{Y})^2=\Sigma(\hat{Y}_i-\bar{Y})^2$ となる。また、逆に、回帰線が Y 値を予測するのにまったく役に立たないならば、$\Sigma(Y_i-\hat{Y}_i)^2$ は $\Sigma(Y_i-\bar{Y})^2$ と等しくなり、$\Sigma(\hat{Y}_i-\bar{Y})^2$ はゼロとなる。つまり回帰線は図15-5（a）のように $\bar{Y}$ の直線となり、すべてのばらつきは回帰線で説明ができないものである。

　ここで、式15-7の両辺を $\Sigma(Y_i-\bar{Y})^2$ で割ると、次のようになる。

$$1=\frac{\Sigma(Y_i-\hat{Y}_i)^2}{\Sigma(Y_i-\bar{Y})^2}+\frac{\Sigma(\hat{Y}_i-\bar{Y})^2}{\Sigma(Y_i-\bar{Y})^2} \qquad (15-8)$$

　　　　説明されない　　説明された
　　　　ばらつきの％　　ばらつきの％

　上の式で示されたように、式15-7の両辺を全ばらつき、$\Sigma(Y_i-\bar{Y})^2$ で割ると、それぞれのばらつきが全体のばらつきの中で占めるパーセンテージとなる。つまり全ばらつきが回帰線で説明される部分のパーセンテージと説明されないパーセンテージに分けられる。したがってこの2つのパーセンテージを加えると常に1になる。

　式15-8の右辺の2番目の部分を決定係数（r^2）という。すなわち、

$$r^2=\frac{\Sigma(\hat{Y}_i-\bar{Y})^2}{\Sigma(Y_i-\bar{Y})^2} \qquad (15-9)$$

$$決定係数=\frac{説明されたばらつき}{全ばらつき}$$

　決定係数は、全ばらつきのうち回帰線で説明されたばらつきの％はどの位かを示している。

　また、r^2 の平方根を取ったものを相関係数という。

$$r = \pm\sqrt{\frac{\sum(\hat{Y}_i - \bar{Y})^2}{\sum(Y_i - \bar{Y})^2}} \qquad (15-10)$$

式15-8及び15-9から明らかなように、r^2は1よりも大きくなることはできず、また、0よりも小さくなることはできない。すなわち、$0 \leq r^2 \leq 1$。同様に、rは-1よりも小さくなることなく、+1よりも大きくなることもない。すなわち、$-1 \leq r \leq +1$。ここでrの符号は回帰線のスロープ(b_1)の符号と常に一致する。b_1の符号が正ならばrも正で、b_1の符号が負ならばrの符号も負になる。

r^2にしろrにしろ、次のような計算表を作ることによって得られる。

表 15-4 計算表

(1) X_i	(2) Y_i	(3) $\hat{Y}_i$	(4) $\bar{Y}$	(5) $Y_i - \bar{Y}$	(6) $Y_i - \hat{Y}_i$	(7) $\hat{Y}_i - \bar{Y}$	(8) $(Y_i - \bar{Y})^2$	(9) $(Y_i - \hat{Y}_i)^2$	(10) $(\hat{Y}_i - \bar{Y})^2$
1	2	2.6	3.6	−1.6	−0.6	−1.0	2.56	0.36	1.00
2	4	3.1	3.6	0.4	0.9	−0.5	0.16	0.81	0.25
3	3	3.6	3.6	−0.6	−0.6	0	0.36	0.36	0
4	5	4.1	3.6	1.4	0.9	0.5	1.96	0.81	0.25
5	4	4.6	3.6	0.4	−0.6	1.0	0.16	0.36	1.00
15	18			0	0		5.20	2.70	2.50

この表から

$$r^2 = \frac{\sum(\hat{Y}_i - \bar{Y})^2}{\sum(Y_i - \bar{Y})^2} = \frac{2.50}{5.20} = 0.48$$

これはYの全体のばらつきのうち48%のばらつきは回帰線によって説明されることを示している。この平方根を取ると、$r = +0.69$となる。

なお$\hat{Y}_i$の計算はときには非常に大変なので、次のショートカットの式を用いることがある。

$$r^2 = \frac{b_0 \sum Y_i + b_1 \sum X_i Y_i - n\bar{Y}^2}{\sum Y_i^2 - n\bar{Y}^2} \qquad (15-11)$$

これらの記号に該当する数字を代入すると、

$$r^2 = \frac{(2.1)(18) + (0.5)(59) - 5(3.6)^2}{70 - 5(3.6)^2}$$

$$= \frac{37.8+29.5-64.8}{70-64.8} = \frac{2.5}{5.2} = 0.48$$

となる。

両辺のルートをとるとr=＋0.69となる。

例題1の（e）に対する回答としては、決定係数（r^2）を取る場合もあるし、相関係数（r）を取る場合もある。r^2は全体の何パーセントのばらつきが説明変数で説明されるかという意味合いが明確であるが、符合があきらかでない。それに対して、rは具体的な意味合いがあまり明確でないが、符号が付くので、それが正の相関か負の相関かがわかるという利点がある。

相関の意味を図示すると**図15−10**のようになる。相関が高いということは、Yに関するばらつきのうち、回帰線によって説明できる部分が大きいということである。つまり、回帰線の回り近くに実測値が起こるということで、Xの値を知ることによって、Yの値がかなり正確に予測できるということである。相関係数は予測の精度の高低を表すものでもある。

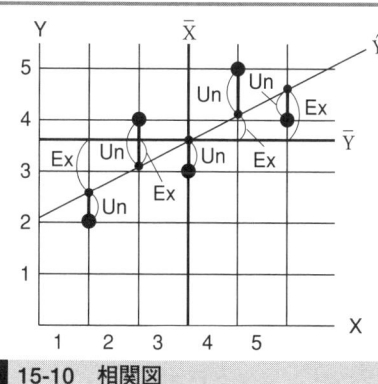

図 15-10　相関図

回帰分析の応用―変動費と固定費の区別

一般に企業で遭遇する問題の1つに、総費用を変動費と固定費に分けるという作業がある。しかしながら、個々に費用が固定費か変動費かを区別することは難しい。たとえば大学において電気代は固定費か変動費かと考えた場合、教

室内に何人の学生がいるかによってでは電気代は変わらない。そういう意味では固定費である。しかし、学生数が増えて、1クラスでは足りなくなり、2クラス開講したら教室がもう1つ要ることになり、変動費となる。したがって、大学全体でわかるのは総費用だけである。そのため、変動費と固定費に分けるのに回帰分析が使われる。例題1のデータを用いて、この応用を示す。

毎年の売上をX軸、費用をY軸にとり、プロットし、計算によって回帰線を得ることによって、この会社の売上に対する費用の2変数の関係がわかった。固定費は売上ゼロの時の費用である。**図15－11（A）**が表わすように、回帰線がY軸と交差する点、すなわち固定費は2.1億円である。また、変動費率は回帰線から0.5であることがわかる。

次に例題1のデータを用いて損益分岐点を求めよう。**図15－11（B）**のように売上をY軸にもとってみる。つまり売上はX軸ばかりでなく、Y軸でも測れるようにする。そうすると売上は45度の直線で表わされ、45度線上の1点からX軸やY軸のどちらに垂線をたらした時にも売上高を読み取ることができるし、この45度線は総費用の直線と交差する。交差した点は、総費用＝売上であるから、つまり損益分岐点であり、$X - \hat{Y} = 0$ となる。データから得られた回帰線は $\hat{Y} = 2.1 + 0.5X$ だから、損益分岐点では $X - \hat{Y} = X - (2.1+0.5X) = 0$。これをXに関して解くと、$1X = 2.1+0.5X$ であるから、$(1-0.5)X = 2.1$ となり、

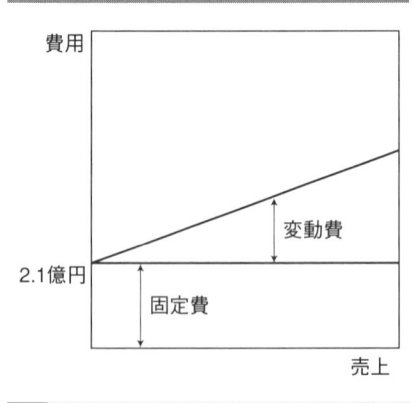

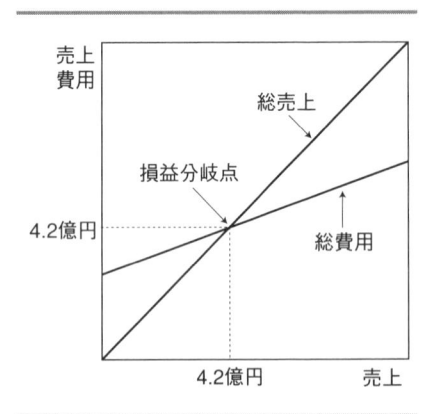

図 15-11（A）

図 15-11（B）

0.5X = 2.1で、X = 4.2。つまり、損益分岐点は4.2億円である。

回帰直線に関して例題1を用いて長い説明となったので、例題2を用いて、簡潔に全体のプロセスを振り返ってみよう。

例題 2

次のようなマクロ経済のデータが与えられている。

国民所得 X	6	7	8	9	10
個人消費 Y	6	5	7	6	9

(単位：兆円)

(a) 散布図を作成しなさい。

(b) 回帰直線を求めよ。

(c) この直線を用いて、国民所得が9.5兆円の時、個人消費の推定額はいくらか。

(d) このモデルを用いて個人消費を予測したときの標準誤差はいくらか。

(e) 決定係数及び相関係数を求めよ。

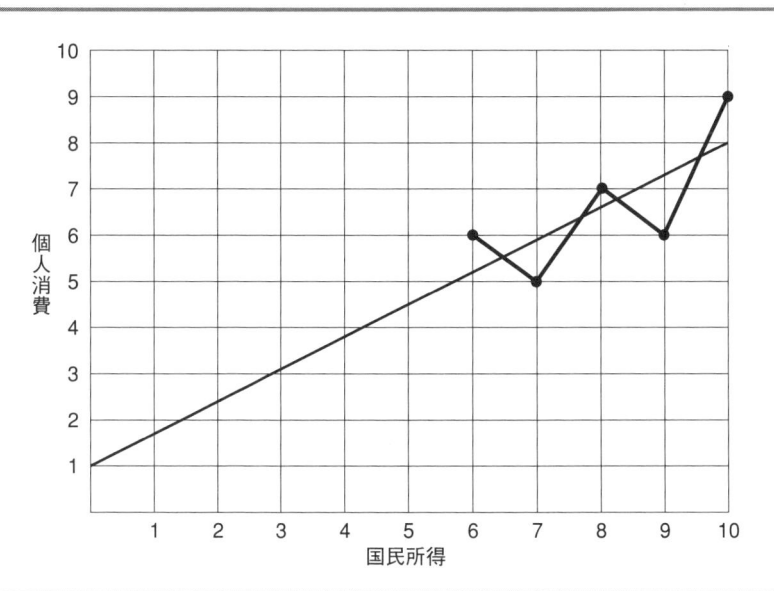

図 15-12 散布図及び回帰線

解答

(a) 散布図の点を直線で結びつけ、それに回帰線を示した図が**図15−12**である。

(b) **表15−5**のような計算表を作成する。

(1) X_i	(2) Y_i	(3)=(1)×(1) X_i^2	(4)=(1)×(2) $X_i Y_i$
6	6	36	36
7	5	49	35
8	7	64	56
9	6	81	54
10	9	100	90
40	33	330	271
$\sum X_i$	$\sum Y_i$	$\sum X_i^2$	$\sum X_i Y_i$

表 15-5 計算表

$$n = 5,\ \bar{X} = \frac{\sum X_i}{n} = \frac{40}{5} = 8,\ \bar{Y} = \frac{\sum Y_i}{n} = \frac{33}{5} = 6.6$$

このようにして得られた情報を次のような正規方程式に代入する。

$$\sum_{i=1}^{n} Y_i = n\,b_0 + b_1 \sum_{i=1}^{n} X_i \qquad (15-2)$$

$$\sum_{i=1}^{n} X_i Y_i = b_0 \sum_{i=1}^{n} X_i + b_1 \sum_{i=1}^{n} X_i^2 \qquad (15-3)$$

次のようなb_0とb_1の連立方程式を解く。

$$33 = 5b_0 + 40b_1 \qquad (1)$$
$$271 = 40b_0 + 330b_1 \qquad (2)$$

式(1)×8
$$264 = 40b_0 + 320b_1 \qquad (3)$$

式(2)−式(3)
$$7 = 0 + 10b_1$$
$$b_1 = 0.7 \qquad (4)$$

式(4)を式(1)に代入
$$33 = 5b_0 + 40(0.7)$$
$$5b_0 = 33 − 28 = 5$$
$$b_0 = 1 \qquad (5)$$

(4) と (5) より、　　　$\hat{Y}_i = 1+0.7X_i$

これが求める回帰直線である。

この回帰直線の式にXの値を代入すると、それぞれのX値に対応したYの推定値が得られる。

$X = 6$の時　　　$\hat{Y} = 1 + 0.7(6) = 1+4.2 = 5.2$
$X = 7$の時　　　$\hat{Y} = 1 + 0.7(7) = 1+4.9 = 5.9$
$X = 8$の時　　　$\hat{Y} = 1 + 0.7(8) = 1+5.6 = 6.6$
$X = 9$の時　　　$\hat{Y} = 1 + 0.7(9) = 1+6.3 = 7.3$
$X = 10$の時　　　$\hat{Y} = 1 + 0.7(10) = 1+7.0 = 8.0$

(c) $X = 9.5$の時　　$\hat{Y} = 1 + 0.7(9.5) = 1+6.65 = 7.65$

すなわち、国民所得が9.5兆円の時、個人消費は7.65兆円になる。

これらの計算を基にして**表15－6**が作成される。

表 15-6　計算表

(1) Y_i	(2) $\hat{Y}_i$	(3)=(1)−(2) $(Y_i-\hat{Y}_i)$	(4)=(3)² $(Y_i-\hat{Y}_i)^2$	(5)=(1)−$\bar{Y}$ $(Y_i-\bar{Y})$	(6)=(5)² $(Y_i-\bar{Y})^2$	(7)=(2)−$\bar{Y}$ $(\hat{Y}_i-\bar{Y})$	(8)=(7)² $(\hat{Y}_i-\bar{Y})^2$
6	5.2	0.8	0.64	−0.6	0.36	−1.4	1.96
5	5.9	−0.9	0.81	−1.6	2.56	−0.7	0.49
7	6.6	0.4	0.16	0.4	0.16	0	0
6	7.3	−1.3	1.69	−0.6	0.36	0.7	0.49
9	8.0	1.0	1.00	2.4	5.76	1.4	1.96
33		0	4.30	0	9.20	0	4.90
$\sum Y_i$	$\sum \hat{Y}_i$	$\sum(Y_i-\hat{Y}_i)$	$\sum(Y_i-\hat{Y}_i)^2$	$\sum(Y_i-\bar{Y})$	$\sum(Y_i-\bar{Y})^2$	$\sum(\hat{Y}_i-\bar{Y})$	$\sum(\hat{Y}_i-\bar{Y})^2$

(d) 表15－6からの情報を式15－4に代入すると

$$Se = \sqrt{\frac{\sum_{i=1}^{n}(Y_i-\hat{Y}_i)^2}{n-2}} \qquad (15-4)$$

$$\mathrm{Se} = \sqrt{\frac{\sum_{i=1}^{n}(Y_i - \hat{Y}_i)^2}{n-2}} = \sqrt{\frac{4.30}{5-2}} = \sqrt{\frac{4.30}{3}} = \sqrt{1.433} = 1.197\,(兆円)$$

これが標準誤差である。

(e) 決定係数及び相関係数は、表15－6からの情報を式（15－9）及び式（15－10）に代入することによって得られる。

$$r^2 = \frac{\sum(\hat{Y}_i - \bar{Y})^2}{\sum(Y_i - \bar{Y})^2} \qquad (15-9)$$

$$r^2 = \frac{\sum(\hat{Y}_i - \bar{Y})^2}{\sum(Y_i - \bar{Y})^2} = \frac{4.90}{9.20} = 0.5326\,(53\%)$$

これが決定係数であり、回帰線はYのばらつきをあまり説明していないと言える。

$$r = \pm\sqrt{\frac{\sum(\hat{Y}_i - \bar{Y})^2}{\sum(Y_i - \bar{Y})^2}} \qquad (15-10)$$

$$r = \pm\sqrt{\frac{\sum(\hat{Y}_i - \bar{Y})^2}{\sum(Y_i - \bar{Y})^2}} = \sqrt{0.5326} = +0.729$$

これが相関係数である。

回帰直線は予測によく用いられるので、予測に関した例を1つ挙げよう。

例題 3

次のような売上のデータが与えられている時に、次期（2004年）の売上予測を求め、以下の問いに答えなさい。

第15章 ●風が吹いたら桶屋はもうかるか──回帰直線

年度 X	1999	2000	2001	2002	2003
売上 Y	5	4	7	6	8

(単位：億円)

(a) 散布図及び回帰線のグラフを作成せよ。
(b) 回帰直線を求めよ。
(c) この直線を用いて、2004年度の売上の予測値を求めよ。
(d) 上記の予測の標準誤差はいくらか。
(e) 決定係数及び相関係数を求めよ。

解答

(a) 年度の入ったデータはそのままでは非常に大きな数字であり、散布図を描くにも回帰直線を計算するにも不便である。そこで2000年を0年（基準年）とすると、それぞれ、1999年が－1年となり、2001年が＋1年、2002年が＋2年、2003年が＋3年となる。

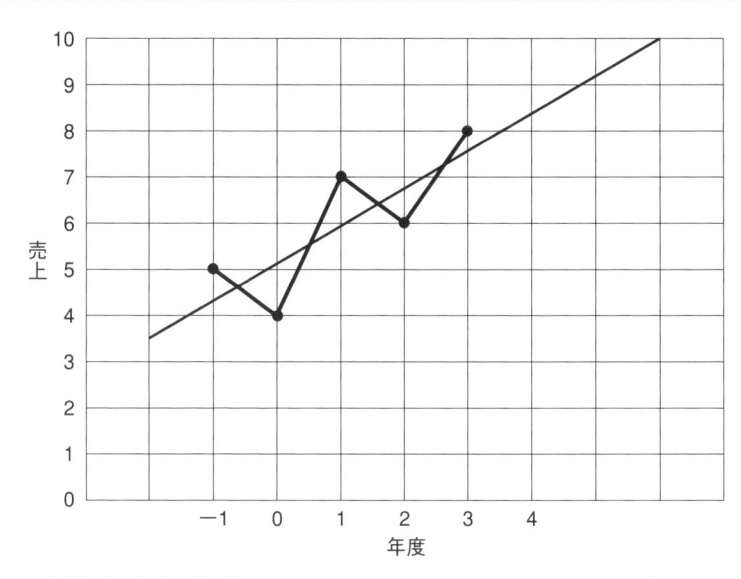

図 15-13　散布図及び回帰線

なお、これは読者の練習としてやってみて頂きたいのだが、基準年をX軸の真ん中である2001年にすると回帰線の計算及びその他の計算が非常に簡単になる。これは、一般には、データ（年度）の数が奇数であることが望まれる。もちろん、偶数個のデータの場合のやり方もあるのだが、半年を時間の1単位としたり、少々工夫を必要とするのでここでは扱わない。

(b) 回帰線を得るために**表15－7**のような計算表を作成する。

表 15-7　計算表

元の尺度		新しい尺度			
X	Y	X	Y	X^2	XY
1999	5	−1	5	1	−5
2000	4	0	4	0	0
2001	7	1	7	1	7
2002	6	2	6	4	12
2003	8	3	8	9	24
		5	30	15	38

表15－7のテーブルから次の正規方程式に数字を代入する。

$$\sum_{i=1}^{n} Y_i = n b_0 + b_1 \sum_{i=1}^{n} X_i \qquad (15-2)$$

$$\sum_{i=1}^{n} X_i Y_i = b_0 \sum_{i=1}^{n} X_i + b_1 \sum_{i=1}^{n} X_i^2 \qquad (15-3)$$

$$30 = 5b_0 + b_1(5) \qquad (1)$$
$$38 = b_0(5) + b_1(15) \qquad (2)$$

(2) − (1) 　　　$8 = 10 b_1$

$$b_1 = 0.8 \qquad (3)$$

(1) と (3) から　　$30 = 5b_0 + (0.8)(5) \qquad (4)$

$$b_0 = 5.2 \qquad (5)$$

(3) と (5) から、　　$\hat{Y} = 5.2 + 0.8X$　　これが求める回帰直線である。

表 15-8　計算表

(1) Y_i	(2) $\hat{Y}_i$	(3) $Y_i - \hat{Y}_i$	(4) $(Y_i - \hat{Y}_i)^2$	(5) $Y_i - \bar{Y}$	(6) $(Y_i - \bar{Y})^2$	(7) $\hat{Y}_i - \bar{Y}$	(8) $(\hat{Y}_i - \bar{Y})^2$
5	4.4	0.6	0.36	−1	1	−1.6	2.56
4	5.2	−1.2	1.44	−2	4	−0.8	0.64
7	6.0	1.0	1.00	+1	1	0	0
6	6.8	−0.8	0.64	0	0	+0.8	0.64
8	7.6	0.4	0.16	+2	4	+1.6	2.56
		0	3.60	0	10	0	6.40

(c) 2004年は我々の新しい尺度ではX＝4に当たるから、

$$\hat{Y} = 5.2+0.8X = 5.2+0.8(4) = 5.2+3.2 = 8.4$$

したがって、2004年度の売上予測は8.4億円となる。

(d) 標準誤差の公式は式15−4から得られる。

$$Se = \sqrt{\frac{\sum_{i=1}^{n}(Y_i - \hat{Y}_i)^2}{n-2}} \qquad (15-4)$$

計算表（**表15−8**）から得られた数字をこの式に入れると、

$$Se = \sqrt{\frac{\sum_{i=1}^{n}(Y_i - \hat{Y}_i)^2}{n-2}} = \sqrt{\frac{3.60}{5-2}} = \sqrt{1.20} = 1.095 億円$$

これが標準誤差である。

(e) 決定係数及び相関係数は表（15−8）の数字を公式（15−9）及び（15−10）に代入することにより得られる。

$$r^2 = \frac{\sum(\hat{Y}_i - \bar{Y})^2}{\sum(Y_i - \bar{Y})^2} \qquad (15-9)$$

$$r^2 = \frac{\sum(\hat{Y}_i - \bar{Y})^2}{\sum(Y_i - \bar{Y})^2} = \frac{6.40}{10} = 0.64 \ (64\%)$$

これが決定係数である。相関度はあまり高くないといえる。回帰方程式を使ってYを予測した場合、予測値の精度はあまり高くない。

この両辺のルートを取ると、

$$r = \pm \sqrt{\frac{\sum (\hat{Y}_i - \bar{Y})^2}{\sum (Y_i - \bar{Y})^2}} \qquad (15-10)$$

$$r = +\sqrt{\frac{\sum (\hat{Y}_i - \bar{Y})^2}{\sum (Y_i - \bar{Y})^2}} = +\sqrt{\frac{6.40}{10}} = +\sqrt{0.64} = +0.8$$

これが相関係数である。

吉田の法則 15-1　回帰直線は予測に使われる。計量経済学は回帰線から始まるといっても過言ではないかもしれない。そして回帰分析は非常に広範囲なビジネス予測という分野の入り口である。しかし、ここでは予測の一般的な限界について述べよう。まず、ここの例ではたった5つのデータ・ポイントしかなかったが、実際にはもっとずっと多く取らねばならず、かなりの時間と金を必要とする。そして、回帰線が得られたからといって遠い将来も予測できると思ってはいけない。せいぜい直近の将来の、データ・ポイントでいうと、1、2先の点の予測に留めておきたい。飛行機が落ちたり、地震が起きたり、どんな精巧な予測モデルでも決して予測できない不確定要因に満ち溢れているのがこの世の常である。そして、繰り返しになるが、常にどの位、予測誤差が出るのか頭に入れて決断をしよう。

吉田の法則 15-2　この世には、現在の理論では決して予測できないものも多いということも知るべきである。その1つとして株価があげられる。株価には、ランダム・ウオーク仮説という理論が確立されており、酔っぱらいの歩行と同じく常に不規則にふらふらとしており、次の1歩が予測されないとされている。株に投資をする人は、ある程度予測に頭を使った上で、あとは神に運命を預けるぐらいの境地でいることである。何よりも大事なことはリスクを分散しておくことで、いかにうまそうに思える話でも、決して全部のたまごを1つのバスケットに入れてはいけない。これが、予測を専門とする統計学者が長年かかって得た知恵である。

練習問題

問題◆1

次のようなデータが与えられている時、

売上　(X)	3	4	5	6	7
総費用 (Y)	4	3	5	7	6

(単位：千ドル)

(a) 回帰直線の式を求めなさい。

(b) 売上が$7,000の時推定される総費用及び利益を求めなさい。

(c) 損益分岐点をもとめなさい。

(d) 推定値の標準誤差を求めなさい。そしてその意味を述べなさい。

(e) 決定係数と相関係数を求めなさい。

問題◆2

次のようなデータが与えられている時、

年　(X)	1999	2000	2001	2002	2003
売上 (Y)	4	6	5	7	8

(単位：百万ドル)

(a) 回帰直線の式を求めなさい。

(b) 2004年の売上を推定しなさい。

(c) 標準誤差を求めなさい。

(d) 決定係数と相関係数を求めなさい。

(ヒント：2001を X = 0 と置いて計算を簡単にしなさい)。

問題 3

次のようなデータが与えられている時、

年　　（X）	1999	2000	2001	2002	2003
売上（Y）	5	4	7	6	8

(単位：百万ドル)

(a) 回帰直線の式を求めなさい。
(b) 2005年の売上を推定しなさい。
(c) 標準誤差を求めなさい。
(d) 決定係数及び相関係数を求めなさい。

問題 4

普通株への投資において、リスクと要求される投資利益率との間には関係があるといわれる。標準偏差で測られた投資リスクが高いならば、投資家は高い補償を求めることになり、高投資利益率となる。10銘柄の株のサンプルから次のようなデータを得た。

リスク　　　　　（X）	1	2	3	4	5	6	7	8	9	10
要求される利回り（Y）	2	4	3	3	6	6	9	6	10	12

(単位：パーセント)

(a) 回帰直線の式を求めなさい。
(b) リスクが8％の時、利回りを推定しなさい。
(c) 標準誤差を求めなさい。
(d) 決定係数と相関係数を求めなさい。

問題 5

次のデータは家具製造業者の売上と総費用の関係である。

売上 (X)	4	5	6	7	8
総費用 (Y)	4	2	5	3	6

(費用:千ドル)

(a) 回帰直線の式を求めなさい。

(b) 売上が$10,000の時、総費用と利益を推定しなさい。

(c) 損益分岐点をもとめなさい。

(d) 標準誤差を求めなさい。

(e) 決定係数と相関係数を求めなさい。

問題 6

全国的なモーテルチェーンのホリデイ・アウトは、その提供するサービスに対し次のような需要関数に直面している。

価格 (P)	1	2	3	4	5
需要量 (Q)	4	5	3	4	2

(単位:価格は百ドル単位、需要は千日室単位)

(a) 回帰直線の式を求めなさい。すなわち $Q = b_0 + b_1 P$ において b_0 と b_1 を決定しなさい。

(b) 価格が$600の時、需要を推定しなさい。

(c) 標準誤差を求めなさい。

(d) 決定係数と相関係数を求めなさい。

第15章 ● 風が吹いたら桶屋はもうかるか——回帰直線

問題◆7

ある自動車会社はある車に関し、次のような需要関数に直面している。

価格　（P）	10	9	8	7	6
需要量（Q）	6	5	8	7	9

(単位：値段は千ドル単位；需要量は年千台単位)

(a) 回帰直線の式を求めなさい。すなわち $Q = b_0 + b_1 P$ において b_0 と b_1 を決定しなさい。

(b) 価格が$8,000の時、何台売れるか推定しなさい。

(c) 標準誤差を求めなさい。

(d) 95%の信頼区間を求めなさい。

(e) 決定係数及び相関係数を求めなさい。

問題◆8

次のデータは、米国のマクロ経済の時系列データである。

	1999	2000	2001	2002	2003
可処分所得（Yd）	3	4	5	6	7
消費　　　（C）	2	5	3	6	4

(単位：10億ドル)

(a) 回帰直線の式を求めなさい。すなわち $C = b_0 + b_1 Yd$ において b_0 と b_1 を決定しなさい。

(b) 可処分所得が80億ドルの時、消費額を推定しなさい。

(c) 標準誤差を求めなさい。

(d) 決定係数と相関係数を求めなさい。

問題 9

ある消費財メーカーでは広告費に使う金額と増加売上高の関係は次のようになっている。

増加売上高 (Y)	4	4	7	10	10
広告費 (X)	3	4	5	6	7

(単位：百万ドル)

(a) 回帰直線の式を求めなさい。
(b) 宣伝費が8（百万ドル）の時、増加売上高を推定しなさい。
(c) 標準誤差を求めなさい。
(d) これは何を測っていますか。
(e) 決定係数と相関係数を求めなさい。
(f) r^2 は何を測っていますか。簡単に述べなさい。

問題 10

フィリップス曲線から失業率が高い時はインフレ率は低いということがわかっている。この関係に関して、次のデータが与えられている。

失業率 (X)	2	3	4	6	10
インフレ率 (Y)	12	9	8	4	2

(単位：パーセント)

(a) 回帰直線の式を求めなさい。
(b) 失業率が8％の時、インフレ率を推定しなさい。
(c) 標準誤差を求めなさい。
(d) これは何を測っていますか。簡単に述べなさい。
(e) 決定係数と相関係数を求めなさい。
(f) r^2 は何を測っていますか。簡単に述べなさい。

問題 11

ニューヨーク市の5つの高級食料品店で売り上げと利益の関係について調べて、次のデータを得た。

店舗	A	B	C	D	E
売上（X）	20	30	40	50	60
利益（Y）	1	2	4	6	12

（単位：千ドル）

(a) 回帰直線の式を求めなさい。
(b) 売上が＄70,000の時、利益を推定しなさい。
(c) 標準誤差を求めなさい。
(d) 決定係数と相関係数を求めなさい。

（ヒント：c及びdに関してはショートカット法を用いなさい）

問題 12

次のようなデータが与えられている時、

売上　（X）	3	4	5	6	7
総費用（Y）	4	3	5	7	6

（単位：千ドル）

(a) 散布図を描きなさい。
(b) 目視により（計算せずに）最適と思われる直線を描きなさい。
(c) グラフからY軸の切片とスロープを決定しなさい。すなわち$Y = b_0 + b_1 X$におけるb_0とb_1とを決定しなさい。
(d) 概算の標準誤差（Se）を求めなさい。
(e) 概算の決定係数と相関係数を求めなさい。
(f) この問題と練習問題1は同じデータなので、貴方の推測と練習問題1の答えを比較して、どこが違うか検討しなさい。

問題 13

次のようなデータが与えられている時、

リスク（σで測定）（X）	1	2	3	4	5	6	7	8	9	10
要求される利回り（Y）	2	4	3	3	6	6	9	6	10	12

前問（練習問題12）の（a）から（e）までの設問に答えなさい。

(f) この問題のデータは練習問題4のデータと同じである。貴方の推測と練習問題4とを比較してどこが違うか検討しなさい。

問題 14

次の自動車のデータが与えられている時、

価格　　　　　（X）	10	9	8	7	6
需要される量（Y）	6	5	8	7	9

（単位：価格は千ドル；数量は年間の台数）

(a) 散布図を描きなさい。
(b) 目視により（計算せずに）最適と思われる直線を描きなさい。
(c) グラフからY軸の切片とスロープを決定しなさい。すなわち$Y=b_0+b_1X$におけるb_0とb_1とを決定しなさい。
(d) 概算の標準誤差（S_e）を求めなさい。
(e) 概算の決定係数と相関係数を求めなさい。
(f) この問題と練習問題7は同じデータなので、貴方の推測と練習問題7の答えを比較してどこが違うか検討しなさい。

第15章 ●風が吹いたら桶屋はもうかるか──回帰直線

問題◆15

次のようなデータが与えられている時、

失業率　　（X）	2	3	4	6	10
インフレ率（Y）	12	9	8	4	2

(単位：パーセント)

前問（練習問題14）の (a) から (e) までと同じ設問に答えなさい。

(f) この問題と練習問題10は同じデータなので、貴方の推測と練習問題10の答えを比較してどこが違うか検討しなさい。

第16章 売上の予測をするには
——需要予測

　企業は、顧客に製品やサービスを提供することによって収入を得る。企業戦略に基づいてオペレーションを遂行する時、まず実行計画を立てる。実行計画の第一歩が需要予測である。つまり提供する製品やサービスに対して、どの位需要があるかを知らなければならない。

1 予測の正確性の測定

　最適な予測の方法を選ぶ前に、予測の正確性を計る尺度が必要である。いくつかの尺度を紹介しよう。

1) 平均誤差（ME：Mean Error）
　平均誤差は次のように定義される。

$$\mathrm{ME} = \frac{\sum e_i}{n} \qquad (16-1)$$

　ここでe_i：i番目の実績値（観測値）（o_i：observed value）と予測値（f_i：forecast value）の誤差、即ち　$e_i = o_i - f_i$

　　　n：全体のデータ数

(1) 大きなME値は予測値が平均的に観測値と比べて＋か－の方に大幅に外れていることを示している。

(2) ＋とか－の同じサインの誤差がつながっていると（これをrunとか連とかいう）予測の正確性が高くない場合が多い。

例えば、＋＋－－－－－－＋＋＋－－－－　の場合、4つのrun（連）があり、2つの＋と、6つの－と3つの＋と4つの－がある。これは比較的波長の長い（回転のおそい）サイクルがある可能性を示している。

2) 平均絶対誤差（MAE：Mean Absolute Error）

平均絶対誤差は次のように定義される。

$$\text{MAE} = \frac{\sum |e_i|}{n} \qquad (16-2)$$

平均誤差MEは＋の誤差と－の誤差が相殺し合って誤差の全体像が出ないので、個々の誤差の絶対値を取ってから平均値を出している。

3) 平均平方誤差（MSE：Mean Square Error）

平均平方誤差は次のように定義される。

$$\text{MSE} = \frac{\sum (e_i)^2}{n} \qquad (16-3)$$

平均絶対誤差MAEと同じように、MSEは＋の誤差と－の誤差が相殺しないように個々の誤差を加算する前に二乗してある。ここでは誤差が二乗されるので、1つか2つの大きな誤差があるとMSEは非常に大きな数字となり、そういう予測モデルは棄却される可能性が高くなる。

以上の予測の正確性の尺度を使って、次の2つのモデルを比較してみよう。

表 16-1 予測モデル1

						合計	平均
実績値	4	3	5	4	6	22	$\dfrac{\sum O_i}{n} = 4.4$
予測値	5	4	5	3	5	22	$\dfrac{\sum f_i}{n} = 4.4$
誤差 (e_i)	−1	−1	0	1	1	0	$ME = \dfrac{\sum e_i}{n} = 0$
絶対誤差 $|e_i|$	1	1	0	1	1	4	$MAE = \dfrac{\sum |e_i|}{n} = 0.8$
平方誤差 $(e_i)^2$	1	1	0	1	1	4	$MSE = \dfrac{\sum (e_i)^2}{n} = 0.8$

表 16-2 予測モデル2

						合計	平均
実績値	4	3	5	4	6	22	$\dfrac{\sum O_i}{n} = 4.4$
予測値	2	3	5	4	8	22	$\dfrac{\sum f_i}{n} = 4.4$
誤差 (e_i)	2	0	0	0	−2	0	$ME = \dfrac{\sum e_i}{n} = 0$
絶対誤差 $|e_i|$	2	0	0	0	2	4	$MAE = \dfrac{\sum |e_i|}{n} = 0.8$
平方誤差 $(e_i)^2$	4	0	0	0	4	8	$MSE = \dfrac{\sum (e_i)^2}{n} = 1.6$

予測モデル1と予測モデル2を比較した時、両方ともMEとMAEはおなじであるが、MSEは予測モデル1の方が小さく、従って、予測モデル1の方がより良いモデルとして選ばれるということを示している。

例題 1

次のような売上の予測値と実績値が与えられている時、ME、MAE、MSEを計算しなさい。

月	1	2	3	4	5	6	7	8	9	10	11	12
予測値	7	7	7	7	7	7	7	7	7	7	7	7
実績値	4	5	6	5	9	13	10	8	6	6	5	3

(単位：百万円)

解答

表16−3を作成する。

平均誤差 = −0.333

平均絶対誤差 = 2.333

平均平方誤差 = 7.5

表 16-3

月	実績 O_i	予測 f_i	誤差 $O_i - f_i$	絶対誤差 $|O_i - f_i|$	平方誤差 $(O_i - f_i)^2$
1	4	7	−3	3	9
2	5	7	−2	2	4
3	6	7	−1	1	1
4	5	7	−2	2	4
5	9	7	2	2	4
6	13	7	6	6	36
7	10	7	3	3	9
8	8	7	1	1	1
9	6	7	−1	1	1
10	6	7	−1	1	1
11	5	7	−2	2	4
12	3	7	−4	4	16
合計	80	84	−4	28	90
平均			−0.333	2.33	7.5

2 ● 予測手法―延長法

不規則な上がり下がりを無視して底流にある基調を捉え、それを将来に延長して予測する方法である。

1) 単純法

予測値は最近観察された値と同じであると見なす方法。すなわち、

$$\hat{Y}_{t+1} = Y_t \tag{16-4}$$

もっと一般的には

$$\hat{Y}_{t+k} = Y_t \quad k = 1、2、\cdots\cdots、n \tag{16-5}$$

ここで　　Y_t：t時点でのYの観察値
　　　　　$\hat{Y}_{t+k}$：t＋k時点でのYの予測値

例題 2

次のように4半期毎の売上のデータが与えられている時、

1) 単純法を用いて4半期毎の売上高を予測しなさい。
2) a) ME、　b) MAE、　c) MSE を求めなさい。
3) 2004年の第1四半期の予測売上はいくらか。
4) 元の時系列と予測の時系列のグラフを描きなさい。

年	2000				2001				2002				2003			
四半期	I	II	III	IV	I	II	III	IV	I	II	III	IV	I	II	III	IV
売上	1	8	5	4	3	6	3	6	1	10	5	4	3	8	7	2

(単位：億円)

解答

単純法では、最新のデータが出てくると、そのデータをそのまま次期の予測として用いる。その結果は**表16－4**の通りである。2000年の第2四半期の予測値は2000年の第1四半期の実績であることに注目すること。

表 16-4

年・期		売上 O_i	予測 f_i	誤差 $e_i = O_i - f_i$	絶対誤差 $|e_i| = |O_i - f_i|$	平方誤差 $e_i^2 = (O_i - f_i)^2$
2000	1	1				
	2	8	1	7	7	49
	3	5	8	−3	3	9
	4	4	5	−1	1	1
2001	1	3	4	−1	1	1
	2	6	3	3	3	9
	3	3	6	−3	3	9
	4	6	3	3	3	9
2002	1	1	6	−5	5	25
	2	10	1	9	9	81
	3	5	10	−5	5	25
	4	4	5	−1	1	1
2003	1	3	4	−1	1	1
	2	8	3	5	5	25
	3	7	8	−1	1	1
	4	2	7	−5	5	25
2004	1		2			
				$\sum e_i = 1$	$\sum |e_i| = 53$	$\sum e_i^2 = 271$

2) a) 平均誤差　$ME = \dfrac{\sum e_i}{15} = \dfrac{1}{15} = 0.0667$

　b) 平均絶対誤差　$MAE = \dfrac{\sum |e_i|}{15} = \dfrac{53}{15} = 3.5333$

　c) 平均平方誤差　$MSE = \dfrac{\sum e_i^2}{15} = \dfrac{271}{15} = 18.0667$

3) 2004年の第1四半期の売上予測値は2億円である。

4) グラフは図16−1のようになる。

図 16-1

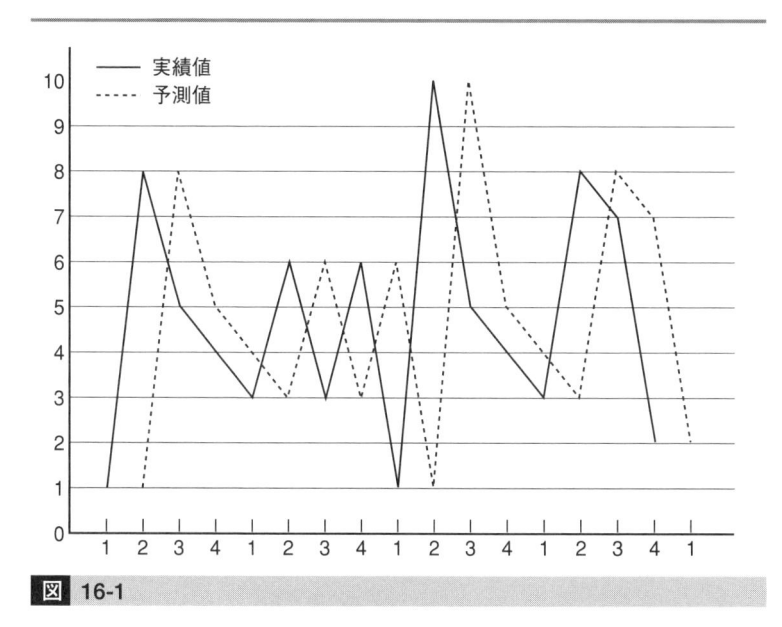

2）スムーズ化法（平滑化法）（Smoothing Method）

時系列が速い上がり下がりの振動を繰り返す時、単純法はうまく予測できない。その場合には、時系列の長期的で基本的な値を短期的なランダムな（不規則な）振動から分離し、その基本的な値を将来に延長する方法をとる。つまり、長期的な将来に有用な情報と、短期的な意味のない情報とを区別し、その長期的な情報を将来に向けて延長するという考え方である。このスムーズ化法には2つの代表的な方法がある。移動平均法と指数スムーズ化法（指数平滑化法）とがある。

a）移動平均法（Moving Average）

移動平均法は最近の実績値の平均を次期の予測値とする予測法である。
数学的には、

$$\hat{Y}_{t+1} = \frac{Y_t + Y_{t-1} + Y_{t-2} + \cdots + Y_{t-i} + \cdots + Y_{t-(n-1)}}{n}$$

$$= \frac{1}{n}\sum_{i=0}^{n-1} Y_{t-i} \qquad (16-6)$$

ここで、 $\hat{Y}_{t+1}$：時系列 Y の t + 1 時における予測値

Y_t：時系列 Y の t 時における実績値

n：平均するために用いられたデータの数

新しい実績値が手に入るとそれが加えられ、最も古い実績値が外される。従って平均するデータの数は常に一定である。つまり最も最近のデータを用いて平均値が常に移動していくので、移動平均法という。n が大きくなると、一般にスムーズ化の程度がすすむが、予測者は常に多くのデータを維持し続けなければならなくなる。n が大きくなると何故スムーズ化がすすむかについては、次の式の展開で示される。

式 (16-6) から、

$$\hat{Y}_{t+1} = \frac{Y_t + Y_{t-1} + Y_{t-2} + \cdots + Y_{t-i} + \cdots + Y_{t-(n-1)}}{n} \qquad (1)$$

1 期前の予測値は

$$\hat{Y}_t = \frac{Y_{t-1} + Y_{t-2} + Y_{t-3} \cdots + Y_{t-(n-1)} + Y_{t-n}}{n} \qquad (2)$$

式 (2) を (1) から差し引くと、

$$\hat{Y}_{t+1} - \hat{Y}_t = \frac{Y_t - Y_{t-n}}{n} \qquad (3)$$

$$\hat{Y}_{t+1} = \hat{Y}_t + \left(\frac{Y_t}{n} - \frac{Y_{t-n}}{n}\right) \qquad (4)$$

これは新しい予測値は前期の予測値に調整項 $\left(\frac{Y_t}{n} - \frac{Y_{t-n}}{n}\right)$ を加えたものであることがわかる。$\left(\frac{Y_t}{n} - \frac{Y_{t-n}}{n}\right)$ は一番古いデータを捨てて一番新しいデータを加えていることを示している。また、n が大きくなると調整項が小さくなり、$\hat{Y}_{t+1}$ が $\hat{Y}_t$ に近くなるため、スムーズ化の効果が進む。

第16章 ●売上の予測をするには—需要予測

例題 3

例題2の売上のデータが与えられている時
1) a) n＝2 及び b) n=4 のときのそれぞれの移動平均法による予測値を求めよ。
2) 上記のそれぞれの場合において、a) 平均誤差（ME）b) 平均絶対誤差（MAE）c) 平均平方誤差（MSE）を求めよ。
3) 元の時系列及び上記2つの予測の時系列をグラフに描け。
4) それぞれn=2及びn=4の時の2004年第1四半期の売上予測は何か。
5) 上記の2つの移動平均法の内で、どちらの方がよいか。そして、それは何故か。

解答

1）と2）

表 16-5

年・期		実績値 売上	2四半期MA予測値				4四半期MA予測値			
			MA2	e_i	$|e_i|$	e_i^2	MA4	e_i	$|e_i|$	e_i^2
2000	1	1								
	2	8								
	3	5	4.5	0.5	0.5	0.25				
	4	4	6.5	−2.5	2.5	6.25				
2001	1	3	4.5	−1.5	1.5	2.25	4.5	−1.5	1.5	2.25
	2	6	3.5	2.5	2.5	6.25	5	1	1	1
	3	3	4.5	−1.5	1.5	2.25	4.5	−1.5	1.5	2.25
	4	6	4.5	1.5	1.5	2.25	4	2	2	4
2002	1	1	4.5	−3.5	3.5	12.25	4.5	−3.5	3.5	12.25
	2	10	3.5	6.5	6.5	42.25	4	6	6	36
	3	5	5.5	−0.5	0.5	0.25	5	0	0	0
	4	4	7.5	−3.5	3.5	12.25	5	−1	1	1
2003	1	3	4.5	−1.5	1.5	2.25	5.5	−2.5	2.5	6.25
	2	8	3.5	4.5	4.5	20.25	5	3	3	9
	3	7	5.5	1.5	1.5	2.25	5.5	1.5	1.5	2.25
	4	2	7.5	−5.5	5.5	30.25	5	−3	3	9
2004	1		4.5				5			
Total				＋17 −20	37	141.5		13.5 −13	26.5	85.25
				−3				0.5		
Mean				−0.214	2.643	10.107		0.04	2.208	7.104

379

MA2の時、2000年第3四半期の予測は

$$\hat{Y}_{2000.3} = \frac{\hat{Y}_{2000.2} + \hat{Y}_{2000.1}}{2} = \frac{8+1}{2} = \frac{9}{2} = 4.5$$

同様にMA2の時の2000年第4四半期の予測は

$$\hat{Y}_{2000.4} = \frac{\hat{Y}_{2000.3} + \hat{Y}_{2000.2}}{2} = \frac{5+8}{2} = \frac{13}{2} = 6.5$$

3)

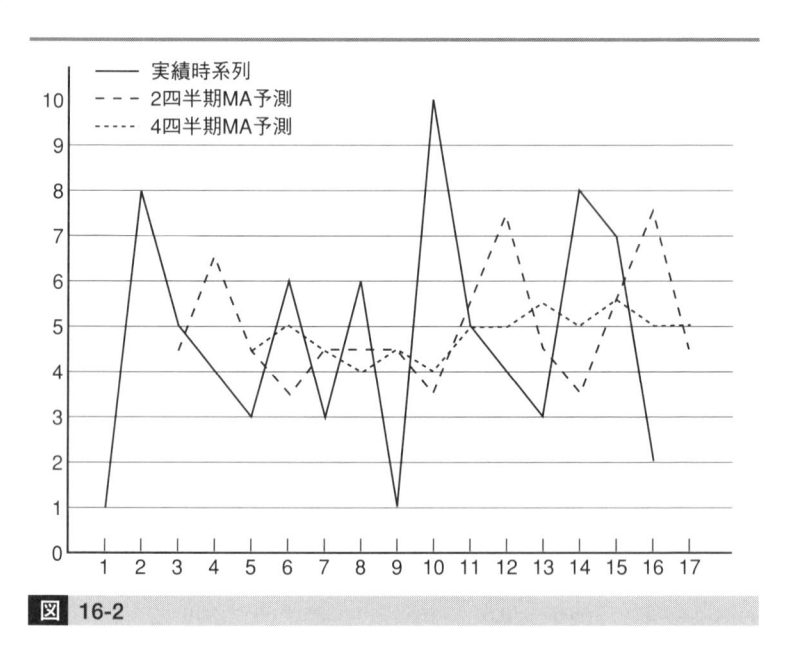

図 16-2

4) 2004年の第1四半期の売上予測は、n=2の場合4.5(億円)、n=4の場合5(億円)となる。

5)

	2四半期MA		4四半期MA
平均誤差	$\|-0.214\|$	>	$\|0.04\|$
平均絶対誤差	2.643	>	2.208
平均平方誤差	10.107	>	7.104

第16章 ●売上の予測をするには—需要予測

この例題のように短期の上がり下がりの激しいデータでは、nが大きい方がスムーズ化効果が大きく、より長期的で基本的な値を捉えているといえる。3基準による比較でも誤差がより少ない。よってnが大きい方が良い予測モデルといえる。

例題 4

次のような売上の実績のデータが与えられている時に、a) n=2及びb) n=4の移動平均法を用いて、次期の売上（2004年第1四半期）の予測をしなさい。

年	2001				2002				2003			
四半期	I	II	III	IV	I	II	III	IV	I	II	III	IV
売上	12	10	11	9	10	8	9	8	8	10	9	12

1) グラフを描きなさい。
2) 実際の計算をする前に、(a) n = 2、と (b) n = 4のどちらの移動平均法が3つの正確性の尺度1) ME、2) MAE、3) MSEにおいて、より良い予測かを推測し、それは何故かを述べなさい。
3) 実際に両方の移動平均時系列を求めなさい。
4) 各々の移動平均法において、次期（2004年第1四半期）の予測値は何か。
5) 上記2つの移動平均時系列のグラフを描きなさい。
6) n=2とn=4の両方の移動平均の時系列に関して、a) ME、b) MAE、c) MSEを計算しなさい。
7) 簡潔にあなたの推測は正しかったかどうか、そしてそれは何故か述べなさい。
8) あなたが選ばなかった方の移動平均を用いていたならば、どうなっていたかを簡潔に述べなさい。

解答

1) 元の実績の時系列は**図16－3**に実線で描いてある。
2) この時系列は、速い回転のサイクル（周期の短いサイクル）と遅い回転のサ

イクル（周期の長いサイクル）が混合していることに注目。そして遅いサイクルのほうが速いサイクルよりも、上がり下がりの振幅が大きいことにも注目する必要がある。こういう時はnが大きいと、レベルが変わっていっている時に、それに対する対応が遅くなり、誤差が大きくなる。よって、小さいnの方がより良いモデルといえる。

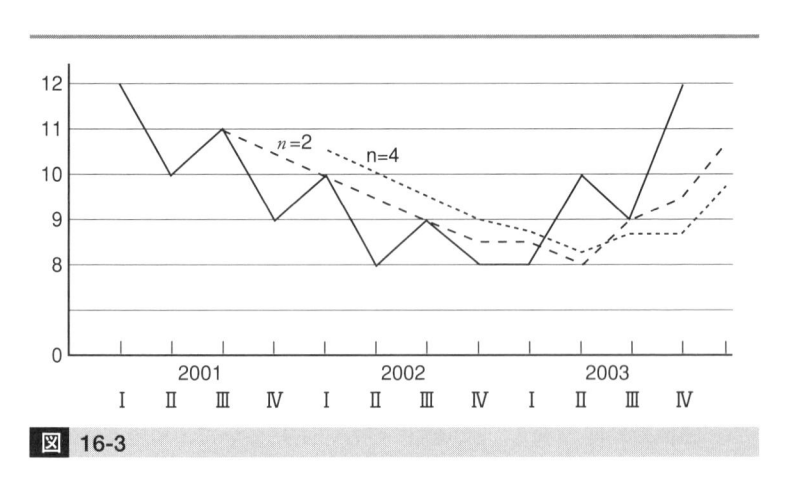

図 16-3

ME、MAE、MSEの計算は次の表で示されている。

表 16-6

年・期		元の時系列	n=2				n=4			
			予測値	E_i	AE_i	SE_i	予測値	E_i	AE_i	SE_i
1980	I	12								
	II	10								
	III	11	11.00	0.00	0.00	0.00				
	IV	9	10.50	−1.50	1.50	2.25				
1981	I	10	10.00	0.00	0.00	0.00	10.50	−0.50	0.50	0.25
	II	8	9.50	−1.50	1.50	2.25	10.00	−2.00	2.00	4.00
	III	9	9.00	0.00	0.00	0.00	9.50	−0.50	0.50	0.25
	IV	8	8.50	−0.50	0.50	0.25	9.00	−1.00	1.00	1.00
1982	I	8	8.50	−0.50	0.50	0.25	8.75	−0.75	0.75	0.56
	II	10	8.00	2.00	2.00	4.00	8.25	1.75	1.75	3.06
	III	9	9.00	0.00	0.00	0.00	8.75	0.25	0.25	0.06
	IV	12	9.50	2.50	2.50	6.25	8.75	3.25	3.25	10.56
			10.50				9.75			
	合計			0.50	8.50	15.25		0.50	10.00	19.75
	平均			0.05	0.85	1.53		0.06	1.25	2.47

3) 表16－6を作ることによって求められる。
4) 表16－6から、次期の予測値はn=2の時は10.50、n=4の時は9.75となる。
5) 表16－6に基いて図16－3の点線のグラフが描かれている。
6) 予測誤差は次のようになり、3つの尺度ともn=2のほうが誤差が少ないことを示している。

	ME	MAE	MSE
n = 2	0.05	0.85	1.53
n = 4	0.06	1.25	2.47

7) と8) は上記2) を参照。

不規則な波動を除去する効果

移動平均には、不規則な波動からくる＋と－の誤差を相互に相殺して、長期的な基調となる情報を取りだす機能があり、これを将来に延長することによって予測が得られる。

季節性を除去する効果

移動平均法には、不規則な波動だけではなく季節性を除去する効果もある。**図16－4**は季節性のある製品（エア・コン、暖房器具、アイスクリームなど）の売上高の時系列とすると、12ヶ月の移動平均をとると、季節要因の影響を受けない値を得ることができる。
即ち、MA1=MA2＝MA3となる。

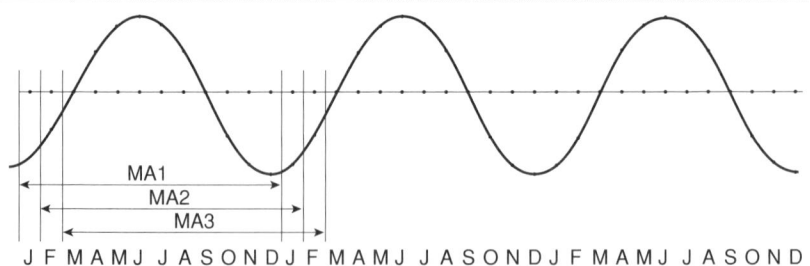

図 16-4

b) 指数スムーズ化法（指数平滑化法）（ES：Exponential Smoothing）
 1) 移動平均法はn個の最近のデータに同じウエイトをかけるが、それ以前のデータはまったく無視する。
 2) 指数スムーズ化法では、現時点に近い方のデータに最大のウエイトをかけ、データが遡るにつれてウェイトを指数関数的に減少させる方法である。

一般に、ESは次のように定義される。
$$\hat{Y}_{t+1} = a\hat{Y}_t + (1-a)Y_t \tag{16-7}$$
ここで　　a：スムーズ化定数　で $0 \leq a \leq 1$
　　　　$\hat{Y}_{t+1}$：次期の予測値
　　　　$\hat{Y}_t$：今期の予測値
　　　　Y_t：今期の実績値

上の式は、新しい予測が今期の予測と今期の実績との加重平均であることを示している。

一般にaは試行錯誤で決められ、MSEが最小になるように選ぶ。基本的には、図16-2のような、波長の短い（回転の速い）サイクルが波長の長い（回転の遅い）サイクルより支配的（上がり下がりの振幅が大きい）ならば、aの値を大きくする。図16-3のような、波長の長いサイクルが波長の短いサイクルよりも支配的ならばaを小さくする。

式 (16-7) がなぜ指数スムーズ化法とよばれるのかを次に示そう。

$$\hat{Y}_{t+1} = a\hat{Y}_t + (1-a)Y_t \tag{1}$$

$$\hat{Y}_t = a\hat{Y}_{t-1} + (1-a)Y_{t-1} \tag{2}$$

$$\hat{Y}_{t-1} = a\hat{Y}_{t-2} + (1-a)Y_{t-2} \tag{3}$$

$$\hat{Y}_{t-2} = a\hat{Y}_{t-3} + (1-a)Y_{t-3} \tag{4}$$

$$\hat{Y}_{t-3} = a\hat{Y}_{t-4} + (1-a)Y_{t-4} \tag{5}$$

式 (5) を式 (4) に代入すると、

$$\hat{Y}_{t-2} = a[a\hat{Y}_{t-4} + (1-a)Y_{t-4}] + (1-a)Y_{t-3}$$
$$= a^2\hat{Y}_{t-4} + a(1-a)Y_{t-4} + (1-a)Y_{t-3} \tag{6}$$

式 (6) を式 (3) に代入すると

$$\hat{Y}_{t-1} = a[a^2\hat{Y}_{t-4} + a(1-a)Y_{t-4} + (1-a)Y_{t-3}] + (1-a)Y_{t-2}$$
$$= a^3\hat{Y}_{t-4} + a^2(1-a)Y_{t-4} + a(1-a)Y_{t-3} + (1-a)Y_{t-2} \tag{7}$$

式 (7) を式 (2) に代入すると

$$\hat{Y}_t = a[a^3\hat{Y}_{t-4} + a^2(1-a)Y_{t-4} + a(1-a)Y_{t-3} + (1-a)Y_{t-2}] + (1-a)Y_{t-1}$$
$$= a^4\hat{Y}_{t-4} + a^3(1-a)Y_{t-4} + a^2(1-a)Y_{t-3} + a(1-a)Y_{t-2} + (1-a)Y_{t-1}$$
$$= a^4\hat{Y}_{t-4} + (1-a)[a^3\hat{Y}_{t-4} + a^2Y_{t-3} + aY_{t-2} + Y_{t-1}] \tag{8}$$

同様に

$$\hat{Y}_{t+1} = a^5\hat{Y}_{t-4} + (1-a)[a^4\hat{Y}_{t-4} + a^3Y_{t-3} + a^2Y_{t-2} + aY_{t-1} + Y_t] \tag{9}$$

一般に全部でn期があるときに、式 (9) の右辺の第2項の [ ] の中の順序を逆にすると、

$$\hat{Y}_{t+1} = a^{n+1}\hat{Y}_{t-n} + (1-a)[1Y_t + aY_{t-1} + a^2Y_{t-2} + \cdots + a^nY_{t-n}] \tag{10}$$

0<a<1 でnが非常に大きい時、$a^{n+1}Y_{t-n}$ はゼロに近づく。なぜなら、a^{n+1} がゼロに近づくからである。したがって、式 (10) の右辺の第1項は0とみなせる。つまり、

$$\hat{Y}_{t+1} = (1-a)[1Y_t + aY_{t-1} + a^2Y_{t-2} + \cdots + a^nY_{t-n}]$$
$$= (1-a)\sum_{k=0}^{n} a^k Y_{t-k} \tag{11}$$

式(11)から明らかなように0<a<1の時、a^kはkが大きくなるにつれて小さくなる。したがって、古い実績値は徐々にウエイトが下がっていく。**図16-5**を参照のこと。

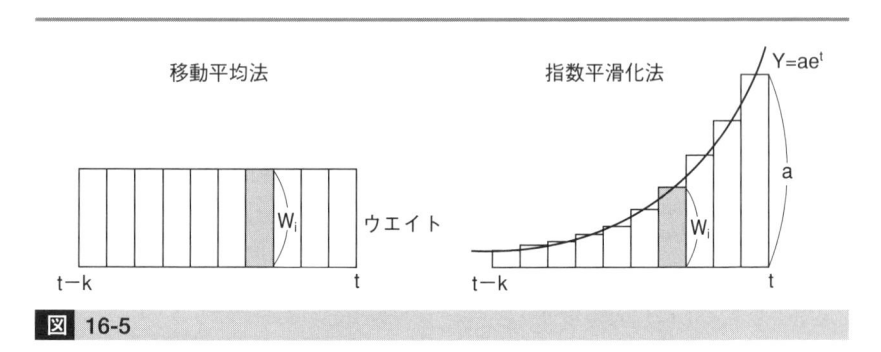

図 16-5

例題 5

例題2のデータを用いて、

1) a) a = 0.2、b) a = 0.5、c) a = 0.8.（四捨五入で小数点2位まで維持）の時の指数スムーズ化した時系列を求めなさい。
2) 1)の3つのケースをa) ME、b) MAE、c) MSE で評価しなさい。
3) 元の時系列及び3つの予測の時系列をグラフで示しなさい。
4) a) a = 0.2、b) a = 0.5、c) a = 0.8のそれぞれの場合において、2004年第1四半期の予測をしなさい。
5) どのスムーズ化定数が一番よい予測をもたらすか、そしてなぜか。

第16章 ● 売上の予測をするには―需要予測

解答

1)

a) $a = 0.2$のとき

表 16-7

		Y_t	$(1-a)Y_t = (0.8)Y_t$	$a\hat{Y}_t = (0.2)\hat{Y}_t$	$(0.8)Y_t + (0.2)\hat{Y}_t = \hat{Y}_{t+1}$	$\hat{Y}_t$
2000	1	1				
	2	8	6.4	0.20	6.60	1.00
	3	5	4.0	1.32	5.32	6.60
	4	4	3.2	1.06	4.26	5.32
2001	1	3	2.4	0.85	3.25	4.26
	2	6	4.8	0.65	5.45	3.25
	3	3	2.4	1.09	3.49	5.45
	4	6	4.8	0.70	5.50	3.49
2002	1	1	0.8	1.10	1.90	5.50
	2	10	8.0	0.38	8.38	1.90
	3	5	4.0	1.68	5.68	8.38
	4	4	3.2	1.14	4.34	5.68
2003	1	3	2.4	0.87	3.27	4.34
	2	8	6.4	0.65	7.05	3.27
	3	7	5.6	1.41	7.01	7.05
	4	2	1.6	1.40	3.00	7.01
2004	1					3.00

2000年第2四半期の予測は前期の予測がないため、2000年第1四半期の実績値を用いる。

2000年第3四半期の予測値 ($\hat{Y}_{2000.3}$) は

$\hat{Y}_{2000.3} = (0.2)(前期の予測値) + (0.8)(前期の実績値)$

$= (0.2)(\hat{Y}_{2000.2}) + (0.8)(Y_{2000.2}) = (0.2)(1.0) + (0.8)(8) = 0.2 + 6.4 = 6.6$

$= \hat{Y}_{2000.3} = 2000年第3四半期の予測値$

b) a = 0.5のとき

表 16-8

		Y_t	$(1-a)Y_t=(0.5)Y_t$	$a\hat{Y}_t=(0.5)\hat{Y}_t$	$(0.5)Y_t+(0.5)\hat{Y}_t=\hat{Y}_{t+1}$	$\hat{Y}_t$
2000	1	1				
	2	8	4.00	0.50	4.50	1.00
	3	5	2.50	2.25	4.75	4.50
	4	4	2.00	2.38	4.38	4.75
2001	1	3	1.50	2.19	3.69	4.38
	2	6	3.00	1.85	4.85	3.69
	3	3	1.50	2.43	3.93	4.85
	4	6	3.00	1.97	4.97	3.93
2002	1	1	0.50	2.49	2.99	4.97
	2	10	5.00	1.50	6.50	2.99
	3	5	2.50	3.25	5.75	6.50
	4	4	2.00	2.88	4.88	5.75
2003	1	3	1.50	2.44	3.94	4.88
	2	8	4.00	1.97	5.97	3.94
	3	7	3.50	2.99	6.49	5.97
	4	2	1.00	3.25	4.25	6.49
2004	1					4.25

c) a = 0.8のとき

表 16-9

		Y_t	$(1-a)Y_t=(0.2)Y_t$	$a\hat{Y}_t=(0.8)\hat{Y}_t$	$(0.2)Y_t+(0.8)\hat{Y}_t=\hat{Y}_{t+1}$	$\hat{Y}_t$
2000	1	1				
	2	8	1.60	0.80	2.40	1.00
	3	5	1.00	1.92	2.92	2.40
	4	4	0.80	2.34	3.14	2.92
2001	1	3	0.60	2.51	3.11	3.14
	2	6	1.20	2.49	3.69	3.11
	3	3	0.60	2.95	3.55	3.69
	4	6	1.20	2.84	4.04	3.55
2002	1	1	0.20	3.23	3.43	4.04
	2	10	2.00	2.75	4.74	3.43
	3	5	1.00	3.79	4.79	4.74
	4	4	0.80	3.83	4.63	4.79
2003	1	3	0.60	3.70	4.30	4.63
	2	8	1.60	3.44	5.04	4.30
	3	7	1.40	4.03	5.43	5.04
	4	2	0.40	4.34	4.74	5.43
2004	1					4.74

表16-7、8、9、をまとめた、実績値及びESによる3つの指数スムーズ化した数値は**表16-10**に示す。

表 16-10

年・四半期実績		売上	ES a=0.2	ES a=0.5	ES a=0.8
2000	1	1			
	2	8	1	1	1
	3	5	6.6	4.5	2.4
	4	4	5.32	4.75	2.92
2001	1	3	4.26	4.38	3.14
	2	6	3.25	3.69	3.11
	3	3	5.45	4.85	3.69
	4	6	3.49	3.93	3.55
2002	1	1	5.50	4.97	4.04
	2	10	1.90	2.99	3.43
	3	5	8.38	6.50	4.74
	4	4	5.68	5.75	4.79
2003	1	3	4.34	4.88	4.63
	2	8	3.27	3.94	4.30
	3	7	7.05	5.97	5.04
	4	2	7.01	6.49	5.43
2004	1		3.00	4.25	4.74

2) 3つのケースのa) ME、b) MAE、c) MSE は、それぞれ**表16-11、16-12、16-13**で示される。

$a = 0.2$の時

表 16-11

年・四半期	O_i 実績値	f_i 予測値 a=0.2	$e_i = O_i - f_i$	$|e_i| = |O_i - f_i|$	$(e_i)^2 = (O_i - f_i)^2$
2000 1	1				
2	8	1.00	7.00	7.00	49.00
3	5	6.60	−1.60	1.60	2.56
4	4	5.32	−1.32	1.32	1.74
2001 1	3	4.26	−1.26	1.26	1.59
2	6	3.25	2.75	2.75	7.56
3	3	5.45	−2.45	2.45	6.00
4	6	3.49	2.51	2.51	6.30
2002 1	1	5.50	−4.50	4.50	20.25
2	10	1.90	8.10	8.10	65.61
3	5	8.38	−3.38	3.38	11.42
4	4	5.68	−1.68	1.68	2.82
2003 1	3	4.34	−1.34	1.34	1.80
2	8	3.27	4.73	4.73	22.37
3	7	7.05	−0.05	0.05	0.00
4	2	7.01	−5.01	5.01	25.10
2004 1		3.00			
合計			2.50	47.68	224.12
平均			0.17	3.18	14.94

第16章 ● 売上の予測をするには―需要予測

a = 0.5の時

表 16-12

年・四半期	O_i 実績値	f_i 予測値 a=0.5	$e_i = O_i - f_i$	$\|e_i\| = \|O_i - f_i\|$	$(e_i)^2 = (O_i - f_i)^2$
2000 1	1				
2	8	1.00	7.00	7.00	49.00
3	5	4.50	0.50	0.50	0.25
4	4	4.75	−0.75	0.75	0.56
2001 1	3	4.38	−1.38	1.38	1.90
2	6	3.69	2.31	2.31	5.34
3	3	4.85	−1.85	1.85	3.42
4	6	3.93	2.07	2.07	4.28
2002 1	1	4.97	−3.97	3.97	15.76
2	10	2.99	7.01	7.01	49.14
3	5	6.50	−1.50	1.50	2.25
4	4	5.75	−1.75	1.75	3.06
2003 1	3	4.88	−1.88	1.88	3.53
2	8	3.94	4.06	4.06	16.48
3	7	5.97	1.03	1.03	1.06
4	2	6.49	−4.49	4.49	10.16
2004 1		4.25			
合計			6.41	41.55	176.19
平均			0.43	2.77	11.75

a = 0.8の時

表 16-13

年・四半期	O_i 実績値	f_i 予測値 a=0.8	$e_i = O_i - f_i$	$|e_i| = |O_i - f_i|$	$(e_i)^2 = (O_i - f_i)^2$
2000　1	1				
2	8	1.00	7.00	7.00	49.00
3	5	2.40	2.60	2.60	6.76
4	4	2.92	1.08	1.08	1.17
2001　1	3	3.14	−0.14	0.14	0.12
2	6	3.11	2.89	2.89	8.35
3	3	3.69	−0.69	0.69	0.48
4	6	3.55	2.45	2.45	6.00
2002　1	1	4.04	−3.04	3.04	9.24
2	10	3.43	6.57	6.57	43.16
3	5	4.74	0.26	0.26	0.07
4	4	4.79	−0.79	0.79	0.62
2003　1	3	4.63	−1.63	1.63	2.66
2	8	4.30	3.70	3.70	13.69
3	7	5.04	1.96	1.96	3.84
4	2	5.43	−3.43	3.43	11.76
2004　1		4.74			
合計			18.79	38.23	156.92
平均			1.25	2.55	10.46

表 16-14

	(a) a=0.2	(b) a=0.5	(c) a=0.8
平均誤差	0.17	0.43	1.25
平均絶対誤差	3.18	2.77	2.55
平均平方誤差	14.94	11.75	10.46

3）実績及び予測の時系列のグラフは**図16－6**の通り。表16－10から作られる。

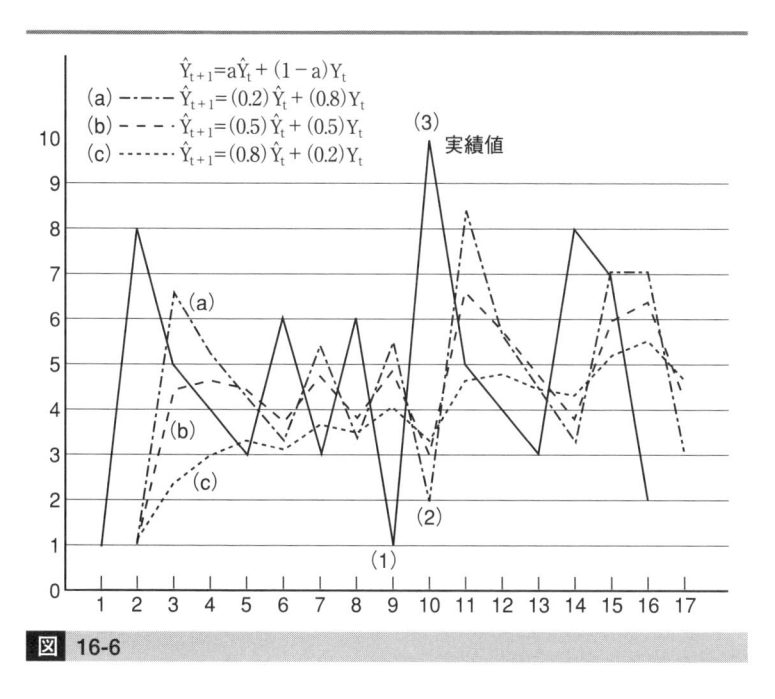

第16章 ● 売上の予測をするには—需要予測

$$\hat{Y}_{t+1} = a\hat{Y}_t + (1-a)Y_t$$

(a) —·— $\hat{Y}_{t+1} = (0.2)\hat{Y}_t + (0.8)Y_t$
(b) – – – $\hat{Y}_{t+1} = (0.5)\hat{Y}_t + (0.5)Y_t$
(c) ······ $\hat{Y}_{t+1} = (0.8)\hat{Y}_t + (0.2)Y_t$

図 16-6

4) 2004年第1四半期の予測

　　　$a = 0.2$の時　　$Y_t = 3.00$
　　　$a = 0.5$の時　　$Y_t = 4.25$
　　　$a = 0.8$の時　　$Y_t = 4.74$

5) スムージング定数が大きくなるにつれて、平均絶対誤差も平均平方誤差も小さくなる。したがって$a = 0.8$が最も良い予測といえる。しかし、この例のようにかなり異常な実績値からスタートした時には、最初の平均誤差が大きいため、調整のスピードが遅くなる傾向がある。ただし、調整期のあとでは、3つのどの誤差(ME、MAE、MSE)においても、$a = 0.8$が最良の結果をもたらすといえる。この異常値の問題をさける1つの方法は、最近の4期の平均を取ってその点からスタートすることである。

例題 6

次のような売上のデータが与えられている時、指数スムージング法を用いて次期の売上を予測しなさい。

年	2001				2002				2003			
四半期	I	II	III	IV	I	II	III	IV	I	II	III	IV
売上	12	10	11	9	10	8	9	8	8	10	9	12

1) グラフを描きなさい。
2) 実際の計算をする前に（a）$a=0.2$ と（b）$a=0.8$ の2つのスムージング定数の内、ME、MAE、MSEの3つの尺度で測った時どちらが良いか、また、それは何故かを述べなさい。
3) それぞれの定数を用いて、指数スムージングした時系列を計算しなさい。
4) 次期（2004年第1四半期）の売上を予測しなさい。
5) 指数スムージングした時系列のグラフを描きなさい。
6) それぞれの予測の時系列にいてa) ME、b) MAE、c) MSEを計算しなさい。
7) あなたの予測は正しかったか否か、そして、その理由はなにかについて述べなさい。

解答

1) と 5)

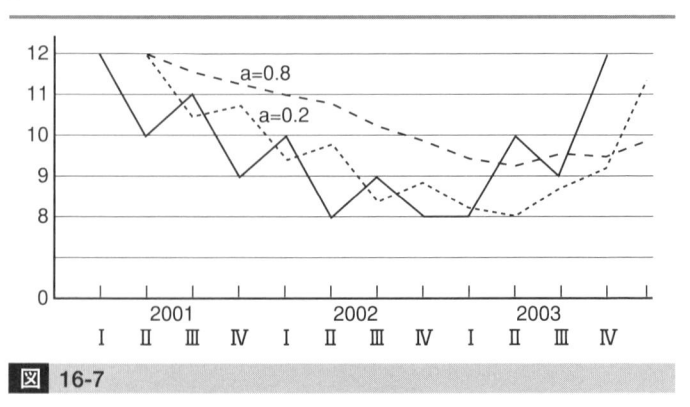

図 16-7

2) と7) グラフは6年サイクルの半分を示しているとみられる。この場合のように、波長の長い波が支配的で（振幅が大きい）、顕著なサイクルを描くときは、a = 0.2の方が直近の観察されたデータが波長の短い波をより多く反映するため、現実に近い可能性が高い。従ってa = 0.2の方が良い。a=0.8の場合は水準の調整に時間がかかり、新しい水準との距離が大きくなる傾向がある。**図16−7**を参照。

3)
表 16-15

年・四半期			a=0.2				a=0.8			
			予測	E_i	AE_i	SE_i	予測	E_i	AE_i	SE_i
2001	I	12	12.00	0.00	0.00	0.00	12.00	0.00	0.00	0.00
	II	10	12.00	−2.00	2.00	4.00	12.00	−2.00	2.00	4.00
	III	11	10.40	0.60	0.60	0.36	11.60	−0.60	0.60	0.36
	IV	9	10.88	−1.88	1.88	3.53	11.48	−2.48	2.48	6.15
2002	I	10	9.38	0.62	0.62	0.39	10.98	−0.98	0.98	0.97
	II	8	9.88	−1.88	1.88	3.52	10.79	−2.79	2.79	7.77
	III	9	8.38	0.62	0.62	0.39	10.23	−1.23	1.23	1.51
	IV	8	8.88	−0.88	0.88	0.77	9.98	−1.98	1.98	3.94
2003	I	8	8.18	−0.18	0.18	0.03	9.59	−1.59	1.59	2.52
	II	10	8.04	1.96	1.96	3.86	9.27	0.73	0.73	0.53
	III	9	9.61	−0.61	0.61	0.37	9.42	−0.42	0.42	0.17
	IV	12	9.12	2.88	2.88	8.29	9.33	2.67	2.67	7.12
2003	I		11.42				9.87			
合計				−0.72	14.10	25.50		−10.67	17.47	35.04
平均				−0.07	1.28	2.32		−0.97	1.59	3.19

4) a=0.2 の時は予測値は11.42、 a=0.8の時は予測値は9.87

6)

	ME	MAE	MSE
a = 0.2	−0.07	1.28	2.32
a = 0.8	−0.97	1.59	3.19

7) ME、MAE、MSEの比較において皆a=0.8よりも a=0.2の方が誤差が少なく、より良い選択であり、予測は正しかった。

> **吉田の法則 16-1** 売上予測はほとんどの企業で求められる重要な作業の1つである。移動平均法や指数スムーズ化法はこの分野での1つの選択肢である。次の章とならんで、この章は時系列分析といわれる統計学の分野で、時系列分析は非常に奥の深く難解なものもある。しかし実際の予測の方法には色々な選択肢があり、自分がよく理解し、納得する方法を用いることが重要である。この場合も過去のデータからノイズとシグナルを分離し、そのシグナルを将来に延長するという基本的な考え方を把握すると、後は比較的頭に入りやすくなる。

練習問題

問題 ◆ 1

つぎのような売上のデータが与えられている時、移動平均法を用いて次期（2004年第1四半期）の売上を予測しなさい。

年	2001				2002				2003			
四半期	I	II	III	IV	I	II	III	IV	I	II	III	IV
売上	4	9	8	5	4	7	6	3	4	7	8	5

1) グラフを描きなさい。
2) 実際に計算を始める前に、(a) n=2 と (b) n = 4 とではどちらの移動平均法が3つの正確性の尺度 (1) ME、(2) MAE、(3) MSEの点でよりよい予測となるか推測しなさい。そして、それは何故かを述べなさい。
3) 実際に両方の移動平均時系列を求めなさい。
4) 各々の移動平均法において、次期（2004年第1四半期）の予測値は何か。
5) 元のグラフと同じ紙面に上記2つの移動平均時系列のグラフを描きなさい。
6) n=2 と n=4 の両方の移動平均の時系列に関して、a) ME、b) MAE、c) MSEを計算しなさい。
7) 簡潔にあなたの推測は正しかったかどうか、そしてそれは何故か述べなさい。
8) あなたが選ばなかった方の移動平均を用いていたならば、どうなっていたかを簡潔に述べなさい。

問題 ◆ 2

次のような売上のデータが与えられている時、指数スムーズ化法を用いて次期の売上の予測をしなさい。

年	2001				2002				2003			
四半期	I	II	III	IV	I	II	III	IV	I	II	III	IV
売上	4	9	8	5	4	7	6	3	4	7	8	5

1) グラフを描きなさい。
2) 実際に計算を始める前に、(a) a=0.2 と (b) a=0.8 とではどちらの指数スムーズ化法が3つの正確性の尺度 (1) ME、(2) MAE、(3) MSEの点でよりよい予測となるか推測しなさい。そして、それは何故かを述べなさい。
3) a) a = 0.2 と b) a = 0.8. の時の指数スムーズ化した時系列を求めなさい。四捨五入で小数点2位まで維持しなさい。
4) a) a = 0.2 と b) a = 0.8のそれぞれの場合において、2004年第1四半期の予測をしなさい。
5) 元の時系列を描いた同じグラフに、2つの予測の時系列をグラフで示しなさい。
6) 上記の両方の場合の正確性の尺度である、(a) ME、(b) MAE、(c) MSEを計算しなさい。
7) どのスムーズ化定数が一番よい予測をもたらすか、そしてなぜか述べなさい。

問題 3

次のようなデータが与えられている時、上記練習問題1をくり返しなさい。

年	2001				2002				2003			
四半期	I	II	III	IV	I	II	III	IV	I	II	III	IV
売上	5	2	3	8	7	4	5	10	9	6	7	10

問題 4

次のようなデータが与えられている時、上記練習問題2をくり返しなさい。

年	2001				2002				2003			
四半期	I	II	III	IV	I	II	III	IV	I	II	III	IV
売上	5	2	3	8	7	4	5	10	9	6	7	10

問題 5

次のようなデータが与えられている時、練習問題1の問いに答えなさい。

年	2001				2002				2003			
四半期	I	II	III	IV	I	II	III	IV	I	II	III	IV
売上	9	7	8	6	7	4	5	4	5	7	6	8

問題 6

次のようなデータが与えられている時、練習問題2の問いに答えなさい。

年	2001				2002				2003			
四半期	I	II	III	IV	I	II	III	IV	I	II	III	IV
売上	9	7	8	6	7	4	5	4	5	7	6	8

問題 7

次のようなデータが与えられている時、練習問題1の問いに答えなさい。

年	2001				2002				2003			
四半期	I	II	III	IV	I	II	III	IV	I	II	III	IV
売上	6	8	7	10	9	11	10	11	9	10	7	6

問題 8

次のようなデータが与えられている時、練習問題2の問いに答えなさい。

年	2001				2002				2003			
四半期	I	II	III	IV	I	II	III	IV	I	II	III	IV
売上	6	8	7	10	9	11	10	11	9	10	7	6

第17章 一般的な経済時系列予測法
——時系列の分解予測法

1. はじめに

　経済や経営に関する多くの時系列は、様々な時系列がありながらも、いくつかの共通の側面を持っている。歴史的に、経済学者は経済時系列を1) トレンド（長期的傾向）2) 季節変動　3) サイクル変動　4) 不規則変動という4つの部分に分けてきた。

1) トレンド　　　傾向は上昇傾向か下降傾向に分けられる。たまに水平傾向もある。傾向は直線的なものもあれば、曲線的なものもある。
2) 季節変動　　　決まった振幅と決まった周期で繰り返されるサイクルを、それが1週間のサイクルでも、1月でも、1年でも、季節変動と呼ぶ。
3) サイクル変動　季節変動以外に見られる大きなうねりをサイクル変動という。それは必ずしも振幅や周期が一定しているとは限らない。
4) 不規則変動　　上記の3つの要因で説明できないすべての変動要因をいう。

　時系列を4つの部分に分けるには、一般に次のようなモデルを用いる。

　加算型分解予測法
$$Y_t = T_t + S_t + C_t + I_t \tag{17-1}$$

乗法型分解予測法

$$Y_t = T_t \times S_t \times C_t \times I_t \tag{17-2}$$

ここで　Y_t：元の時系列でt時における値
　　　　T_t：(trend) t時に於けるトレンド
　　　　S_t：(seasonal) t時に於ける季節変動要因
　　　　C_t：(cyclical) t時に於けるサイクル変動要因
　　　　I_t：(irregular) t時に於ける不規則変動要因

2 時系列の4つの部分

時系列を上記の4つの部分に分解する方法を学ぶ前に、それぞれの部分が観測された時系列においてどのように関連し、そしてどのように予測に使われるのかを調べてみよう。

次のような時系列が与えられているとき、**表17-1**はこの時系列から計算され分解された4つの部分を表に示したものである。

年	1999				2000				2001			
四半期	I	II	III	IV	I	II	III	IV	I	II	III	IV
データ	17.4	24.3	28.3	24.9	22.2	27.8	31.6	27.2	24.6	29.8	33.6	29.2

年	2002				2003			
四半期	I	II	III	IV	I	II	III	IV
データ	27.2	34.1	37.8	34.9	33.6	40.1	44.2	41.3

表 17-1

年・四半期		トレンド	季節変動	サイクル変動	不規則変動	時系列
1999	1	21	−4	0.5	−0.1	17.4
	2	22	1	1	0.3	24.3
	3	23	4	1.5	−0.2	28.3
	4	24	−1	2	−0.1	24.9
2000	1	25	−4	1.5	−0.3	22.2
	2	26	1	1	−0.2	27.8
	3	27	4	0.5	0.1	31.6
	4	28	−1	0	0.2	27.2
2001	1	29	−4	−0.5	0.1	24.6
	2	30	1	−0.1	−0.2	29.8
	3	31	4	−1.5	0.1	33.6
	4	32	−1	−2	0.2	29.2
2002	1	33	−4	−1.5	−0.3	27.2
	2	34	1	−1.0	0.1	34.1
	3	35	4	−0.5	0.2	37.8
	4	36	−1	0	−0.1	34.9
2003	1	37	−4	0.5	0.1	33.6
	2	38	1	1	0.1	40.1
	3	39	4	1.5	−0.3	44.2
	4	40	−1	2	0.3	41.3

表17−1の見方は、例えば2001年の第1四半期のYの値は

$$24.6 = 29 + (-4) + (-0.5) + 0.1$$

となっているのがわかる。表17−1をグラフにしたのが**図17−1**である。つまり、表17−1と図17−1は明らかに加算式の分解予測法が用いられていることを示している。

$$Y_t = T_t + S_t + C_t + I_t \tag{17-1}$$

図 17-1

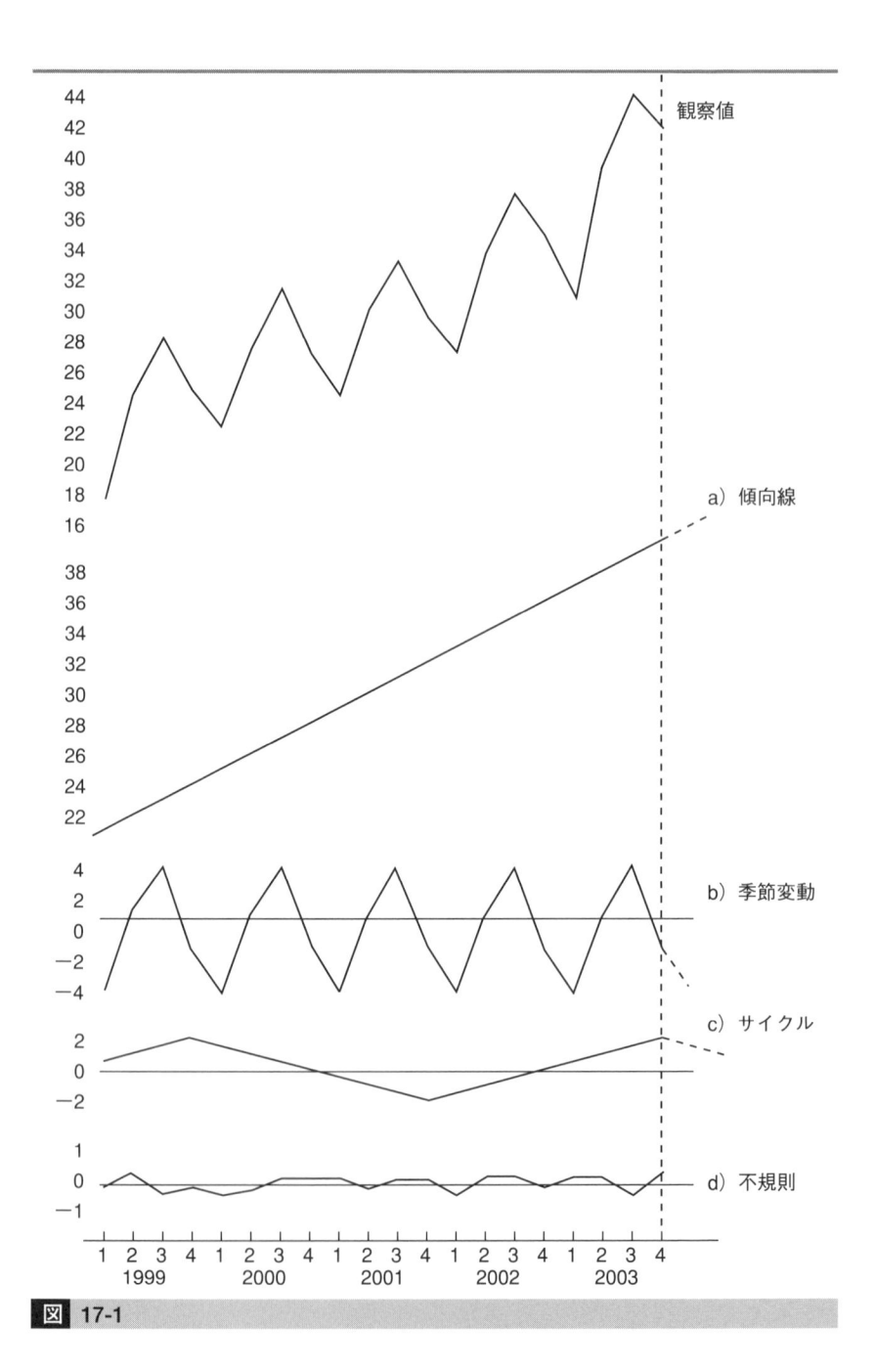

このデータ及びグラフを用いて2004年の第1四半期を予測しよう。第1に、傾向線を延長して、2004年の第1四半期の値を読む。その値は41である。第2に、この期の季節変動を見ると、それは－4である。第3に、ここには4年サイクルがあることがわかる。このサイクル変動の値は1.5である。不規則変動は予測できないので、ゼロとみなす。したがって、2004年の第1四半期の予測は上の3つの合計である。即ち、

$$Y_t = 41 + (-4) + (1.5) = 38.5$$

2004年の第1四半期の予測値は38.5である。

加算式のモデルは、時系列を4つの部分に分けるのに最も簡単な方法でわかり易いので、概念を説明するため、表17－1ならびに図17－1を示した。しかし、ほとんどの経済関係の時系列に用いられる予測モデルは、加算式ではなく乗法式（掛け算式　公式17－2）である。次のセクションでは、乗法式の予測モデルが用いられる理由とその計算方法を学ぶ。

3 ● 分解法による予測

時系列を分解予測する方法であるが、図17－1を見ると、はじめに回帰線等の方法を用いて傾向をまず取り除き、その残差の移動平均から季節変動要因を除去するのが自然のようにみえるが、実際にはこの順序はとれない。

図17－2に見られるように、時系列から傾向線を取り除いた残差の移動平均、つまり残差の真ん中は、ゼロあるいはゼロに近い数字になる。季節変動指数を計算するためには、回帰線やその他の方法によって、時間の関数としての傾向線で長期的傾向が除去された後の残差を、その残差の移動平均で割る。その割る時の分母が、ゼロのときは、答えが存在しない。そのため、まず傾向線を取り除くという順序はとれない。従って、分解予測法は次の順序で行う。1) 季節性の除去、2) 長期的傾向の除去、3) サイクルの除去、という順序で行う。そのためには、乗法式のモデル（公式17－2）が用いられ、一般にはこれを分解予測法と呼ぶ。

図 17-2

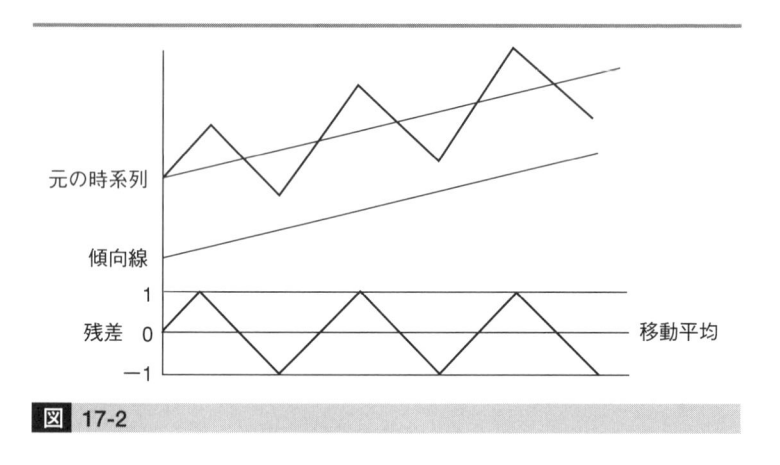

例題 1

分解予測法を用いて、2004年の毎期の売上を予測しなさい。

年 時間	2000				2001				2002				2003			
四半期	1	2	3	4	1	2	3	4	1	2	3	4	1	2	3	4
売上	1	8	7	4	3	8	7	6	3	14	9	8	5	14	13	10

(単位：億円)

解答

公式17-2を用い、この時系列を4つの部分に分解する。

$$Y_t = T_t \times S_t \times C_t \times I_t \tag{17-2}$$

この解答は3セクションにわたって説明される。

4 季節性の除去

第1に、季節変動を除去する。そのためには季節変動指数を用いて季節性を隔離しなければならない。そのためにまず季節変動指数を計算する必要がある。前章で学んだように、4つの四半期の移動平均を用いると、季節変動要因や不

規則変動要因の＋−が相殺されて、元の時系列の季節変動要因や不規則変動要因は除去される（図16−4を参照）。したがって、その後に残るのは長期的傾向とサイクル変動だけである。

$$MA = \frac{Y}{S \times I} = \frac{T \times S \times C \times I}{S \times I} = T \times C$$

表17−2の(3)列を見ても、移動平均は徐々に増えて上昇の傾向線を示している。つまり、トレンドと大きなサイクルを残しているのがわかる。

したがって、元の時系列を移動平均で割ると、残るのは季節変動と不規則変動だけである。即ち、

$$\frac{Y}{MA} = \frac{T \times S \times C \times I}{T \times C} = S \times I$$

この（Y/MAの）時系列には季節変動と不規則変動が混合しているので、季節変動だけを隔離しようというわけである。

表 17-2

時間		(1) 元の 時系列	(2) 移動 合計	(3) 移動平均 (MA)	(4) 中心化した 移動平均 (CMA)	(5)=(1)÷(4) 季節変動指数 （元の時系列の CMAに対する比率）
2000	1	1				
	2	8				
	3	7	20	5	5.25	1.333
	4	4	22	5.5	5.5	0.727
2001	1	3	22	5.5	5.5	0.545
	2	8	22	5.5	5.75	1.391
	3	7	24	6	6	1.167
	4	6	24	6	6.75	0.889
2002	1	3	30	7.5	7.75	0.387
	2	14	32	8	8.25	1.697
	3	9	34	8.5	8.75	1.029
	4	8	36	9	9	0.889
2003	1	5	36	9	9.5	0.526
	2	14	40	10	10.25	1.366
	3	13	42	10.5		
	4	10				

(1) 季節変動指数の計算

表17 – 2がどういう計算に基づいて作成されたかを説明しよう。

ステップ1　移動合計を計算する。最初の移動合計は

　　$1 + 8 + 7 + 4 = 20$　となる。

すべてのデータに関して移動合計を計算して(2)列目に記入する。2列目の数字は1列目の数字に比べて半スペースずれていることに注目すること。

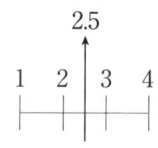

```
              2.5
               ↑
      1   2   3   4
      |   |   |   |
      ┼───┼───┼───┼
```

上の図でもわかるように4つのデータがある時、その真ん中の位置は2ではなく、2.5である。従って第2列の移動合計は半スペースずれているわけである。

前章では次期の予測のために、移動平均は過去のデータの平均のために用いた期間の後に書き込まれたが、ここでは移動平均は移動平均に含まれる移動年間の年間平均を出すために用いられている。したがって、移動合計はこの移動期間の真ん中に記入される。つまり、最初の数字は5期目に書き込まれるのではなく、2.5期目に書き込まれるのである。表17 – 2においては、2列目と3列目が他の列に比べて半スペースずれている。定規を水平にあててみるとよくわかる。

ステップ2　2列目の移動合計を、合計したデータの数で割ると3列目の移動平均が得られる。移動平均の最初の数字は20/4=5となる。四半期のデータでは4期移動平均を用いるのが一般的である。月毎のデータでは12カ月の移動平均を用いる。

ステップ3　要求されているのは各四半期に対応した移動平均であって、半期ずれた移動平均ではないので、続いている2期の中心化した移動平均(CMA：Centered Moving Average)の平均を求める。第4列の最初の数字は $\dfrac{5+5.5}{2}$ =5.25となる。第4列目の時系列は、季節変動要因及び不規則変動要因の除去さ

れたものである。つまり、その年のトータルを4期で割った平均である。

ステップ4 第1列の数字を第4列の数字で割ると、季節変動指数になる。これが第5列の数字である。第1列の数字は季節要因と不規則変動要因を含んでいて、第4列は含んでいない。

第1列目の数字を第4列目の数字で割った比率が、1よりも著しく高い時は、その期の需要が平均よりも高く忙繁期であることを示しているし、その比率が1よりも著しく低ければ、閑散期をしめしている。

(2) 季節変動指数の決定

表17-2で得られた季節変動指数は**表17-3**にまとめられている。問題は、これらの季節変動指数には不規則変動要因も含まれていることである。季節変動指数を不規則変動要因から分離するために、平均値を取りたいところなのだが、平均値は戦争、ストライキ、大地震その他の大事故等で異常値の影響を受ける時があるので、その時はメディアンを用いる。

季節変動指数の合計は正確に4ではないので、合計が丁度4になるように個々の季節変動指数を調整しなければならない。平均値に関しては、$4/3.982 = 1.0045203$なので、各季節変動指数に1.0045203をかけると、合計が4になる。同様にメディアンに関しては、$4/3.973 = 1.0067958$なので、各季節変動指数に1.0067958を掛けて合計すると4になる。

この調整を加えた季節変動指数は、表17-3の最後の2行に示してある。

表 17-3　季節変動指数

年 \ 四半期	1	2	3	4		
2000			1.333	0.727		
2001	0.545	1.391	1.167	0.889		
2002	0.387	1.697	1.029	0.889		
2003	0.526	1.366				
平均	0.486	1.485	1.176	0.835	合計	3.982
メディアン	0.526	1.391	1.167	0.889	合計	3.973

季節変動指数のトータルが4になるための調整項

平均値に対しては $\dfrac{4}{3.982} = 1.0045203$

メディアンに対しては $\dfrac{4}{3.973} = 1.0067958$

平均	0.488	1.492	1.181	0.839	合計	4.000
メディアン	0.530	1.400	1.175	0.895	合計	4.000

(3) 季節調整済み時系列

　元の時系列、季節変動指数、及び季節調整済み時系列は、**表17－4**にまとめられている。この場合、メディアンが季節調整指数として用いられている。元の時系列を季節変動指数で割って、季節調整済み時系列が得られる。即ち、各行毎に(2)列目の数字が(3)列目の数字で割られ、(4)列目の数字が得られる。

　なぜこういうことをするのかを考えてみよう。例えば第2四半期のアイスクリームの売上が第1四半期より高いと言っても、すぐに喜んではいけない。問題は、例年この季節の売上は年平均（を月割りにしたもの）より4割高いのなら（季節変動指数が1.40の場合）平年並みだということであり、喜ぶに当たらない。逆に、第4四半期のアイスクリームの売上が年平均の95％売れているならば、季節変動指数が0.895の場合、この季節としては例年より売れていることになり、おおいに喜ぶべきである。こういう数字は季節調整済み時系列をみることによって得られる。

　図17－3は元の時系列と季節調整済み時系列を示している。季節変動調整済みの時系列では、季節変動要因が取り除かれていることがわかる。この時系列

には傾向要因、サイクル要因、不規則変動要因が残っている。つまり

$$\frac{Y}{S} = \frac{T \times S \times C \times I}{S} = T \times C \times I$$

表 17-4

(1) 時間		(2) 元の時系列	(3) 季節変動指数	(4) = (2) ÷ (3) 季節調整済み時系列
2000	1	1	0.530	1.89
	2	8	1.400	5.71
	3	7	1.175	5.96
	4	4	0.895	4.47
2001	1	3	0.530	5.66
	2	8	1.400	5.71
	3	7	1.175	5.96
	4	6	0.895	6.70
2002	1	3	0.530	5.66
	2	14	1.400	10.00
	3	9	1.175	7.66
	4	8	0.895	8.94
2003	1	5	0.530	9.43
	2	14	1.400	10.00
	3	13	1.175	11.06
	4	10	0.895	11.17

図 17-3

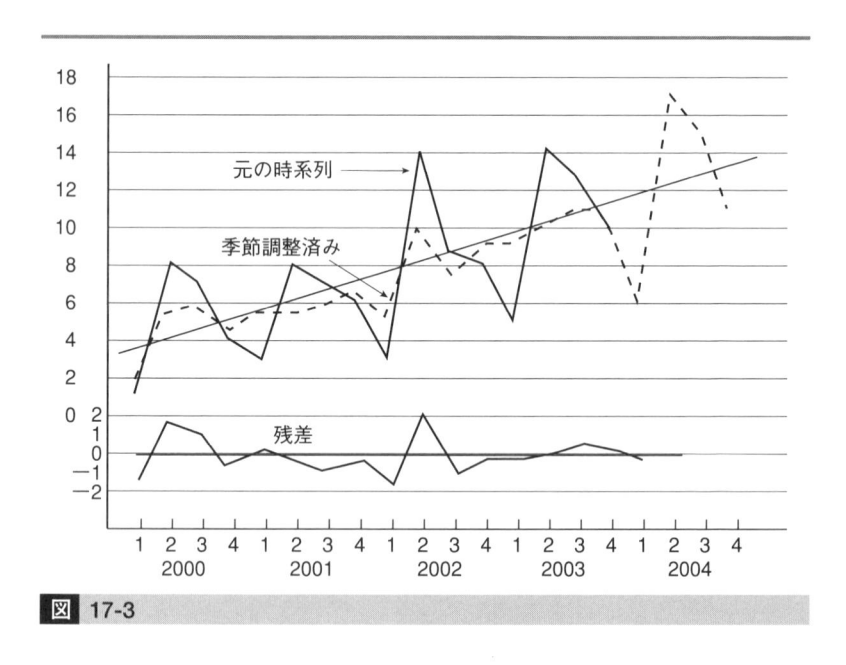

5 ・ 長期傾向要因の除去

次のステップは、季節調整済み時系列からトレンド（長期傾向要因）を除去することである。トレンドを除去するのに2つの主要な方法がある。1) グラフから直感的に得る方法と2) 回帰線による方法、である。

第1の方法は目の子でグラフ上に最適と思われる直線を引く。

第2の方法はここで示すように、回帰線を用いる方法である。ときには曲線の回帰線を用いることが必要な場合もあるが、それは省略する。

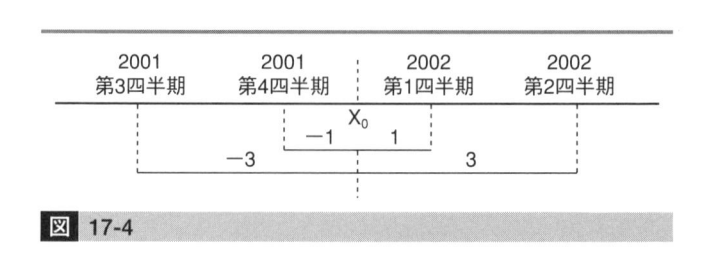

| 2001 第3四半期 | 2001 第4四半期 | 2002 第1四半期 | 2002 第2四半期 |

X_0 の位置で -1, 1、全体で -3, 3

図 17-4

現在の例では偶数のデータがあるので、計算を簡単にするために、少々工夫を必要としている。

まず、全時系列の中心を2002年1月1日とみなす。なぜなら、それが2001年第4四半期と2002年の第1四半期の真ん中にあるからである。つまり、X_0 = 2002年1月1日とする。また、時間の単位を四半期の2分の1とする。例えば、2002年の第1四半期の期央（期の真ん中）は2002年1月1日から1単位離れていることになるのでX= +1となる。同様に2002年の第2期の期央はX= +3となる。この状況は**図17－4**に示されている。同様に各4半期の中央が奇数をとることになる。その結果、**表17－5**のような回帰線の計算表が得られる。この表から得られた情報を次のような回帰線の正規方程式に代入すると、

$$\Sigma Y_i = nb_0 + b_1 \Sigma x_i$$
$$\Sigma x_i Y_i = b_0 \Sigma x_i + b_1 \Sigma x_i^2$$

回帰線を得るための計算は次のようになる。

$115.98 = 16b_0$ (1)

$341.62 = b_1(1360)$ (2)

(1)から $b_0 = 7.24875 \approx 7.25$ (3)

(2)から $b_1 = 0.2511911 \approx 0.25$ (4)

したがって得られた回帰線は

$\hat{Y} = 7.25 + 0.25x$　ここでXの1単位は四半期の半分である　(5)

表 17-5

X_i		x_i	Y_i	x_i^2	$x_i Y_i$	$\hat{Y}_i$	$\hat{Y}_i - Y_i$
2000	1	−15	1.89	225	−28.35	3.5	−1.61
	2	−13	5.71	169	−74.23	4	1.71
	3	−11	5.96	121	−65.56	4.5	1.46
	4	−9	4.47	81	−40.23	5	−0.53
2001	1	−7	5.66	49	−39.62	5.5	0.16
	2	−5	5.71	25	−28.55	6	−0.29
	3	−3	5.96	9	−17.88	6.5	−0.54
	4	−1	6.70	1	−6.70	7	−0.30
2002	1	1	5.66	1	5.66	7.5	−1.84
	2	3	10.00	9	30.00	8	2.00
	3	5	7.66	25	38.30	8.5	−0.84
	4	7	8.94	49	62.58	9	−0.06
2003	1	9	9.43	81	84.87	9.5	−0.07
	2	11	10.00	121	110.00	10	0
	3	13	11.06	169	143.78	10.5	0.56
	4	15	11.17	225	167.55	11	0.17
		0	115.98	1360	341.62	116	−0.02

　これがトレンド線 (長期傾向線) である。ここで、$\Sigma (\hat{Y}_i - Y_i)$ はゼロではない。なぜなら、傾向線は四捨五入をしてあるので、その影響をうけてここではゼロではない。この直線のスロープが0.25というのは、四半期の半分の期間を1単位としたので、毎四半期毎に0.5 (百万円)、つまり50万円増えることが予想される。

　このトレンドを取り除いた後、残差に一定のパターンが観察されるならば、さらにサイクルを抽出することが可能である。そして、その長期のサイクルやパターンをグラフ上で除去することもできるし、前と同じようにサイクル指数を計算し、サイクル要因を抽出し、不規則変動要因を隔離することもできる。

　もしトレンドと季節変動を取り除いた後、残差に特別のパターンがなければ、さらなる分解は不必要である。そこで分解作業は終わる。

6 予測

　最後に残された仕事は、2004年の四半期毎の予測をすることである。トレン

第17章 ● 一般的な経済時系列予測法──時系列の分解予測法

ド線から次のような4四半期の売上が予測された。

2004年第1四半期 × = 17　　$\hat{Y} = 7.25 + 0.25 (17) = 11.5$
2004年第2四半期 × = 19　　$\hat{Y} = 7.25 + 0.25 (19) = 12.0$
2004年第3四半期 × = 21　　$\hat{Y} = 7.25 + 0.25 (21) = 12.5$
2004年第4四半期 × = 23　　$\hat{Y} = 7.25 + 0.25 (23) = 13.0$

これらは季節変動要因の入っていない予測である。したがって、これらの数字を季節変動指数を用いて季節性を回復しなければならない。

季節変動指数は0.530（第1四半期）、1.400（第2四半期）、1.175（第3四半期）、0.895（第4四半期）であるから、トレンド線からの予測数字にこの季節変動指数を掛ける必要がある。

2004年第1四半期　11.5 × 0.530 = 6.095
2004年第2四半期　12.0 × 1.400 = 16.8
2004年第3四半期　12.5 × 1.175 = 14.6875
2004年第4四半期　13.0 × 0.895 = 11.635

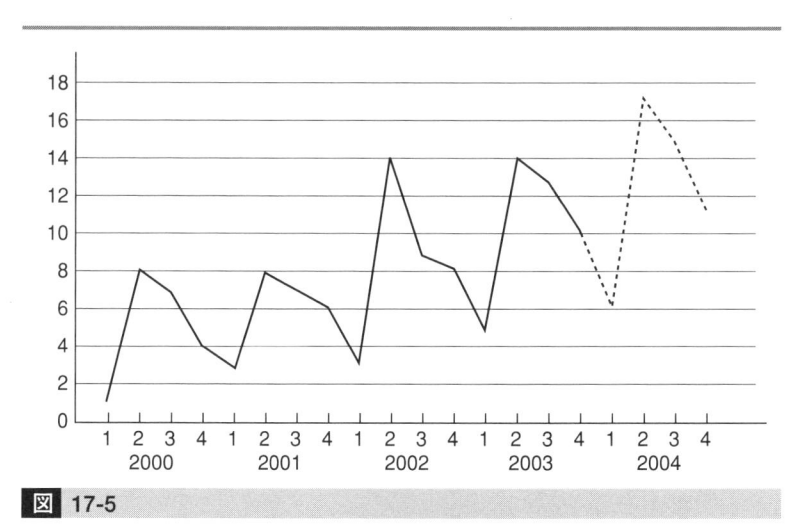

図 17-5

これが2004年の四半期毎の予測であり、**図17-5**に示されている。

季節要因除去のプロセスでは、元の時系列を季節変動指数で割って季節調整済み時系列を得た。ここではその反対のプロセスで、季節性を除去した季節調整済みのデータを将来に延長して得た毎期の予測に、季節変動指数を掛けて、元の時系列の季節性を回復しなければならない。図17-5で示されたように、この時系列にはトレンドと季節要因が入っている。これらの2つの要因は別々に将来に延長され、組み合わせて2004年の四半期毎の予測が得られた訳である。

吉田の法則 17-1　読者は色々な予測法を学んできた。そして時系列分析という予測を主たる目的とした統計学の一分野もあることを知った。しかしながら、それでも株価は予測できないということを、繰り返しではあるが、強調したい。株の売買で極めて富豪になった人は世界で数えるほどの人しかいないのである。

たとえば**図17-6**のように株価が変動してるとしよう。この図を見て、Aで株を買い、Bで売り、Cで買い、Dで売ったならば簡単に儲けられるはずである。しかし、これらの山とか谷は現在から過去を振り返ってはじめてわかることであり、その時点においては、それが山か谷かはわからない。しかもB時点でCまで上がることが確実になったならば、多くの人がその株を買うだろうから、価格が急速に上がり、**図17-7**のように底はもう底ではなくなる。つまり儲けるチャンスはじきに消え去る。つまり株式市場では非常に流動性の高い市場価格が形成されているため、統計的

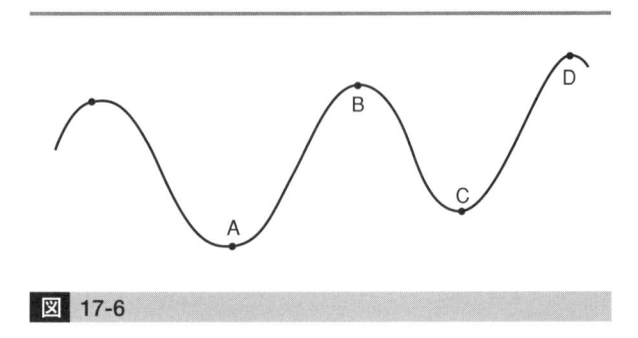

図 17-6

予測法は応用できず、株価の予測はできないとされている。これをランダム・ウォーク(random walk)仮説という。つまり酔っ払いの足取りのごとく、行く先は全く予測がつかないという訳である。

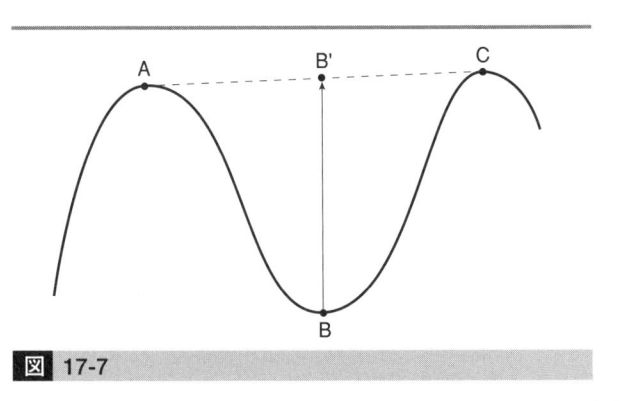

図 17-7

吉田の法則 17-2 あなた方読者は長い時間をかけてこの本を勉強して、ついにこの本の終わりまで来た。おめでとう。大いにお祝いをし、自分を褒め、誇りを持って欲しい。それが、次のさらに大きなチャレンジに対する最大の活力になるであろう。

吉田の法則 17-3 以前から生産工程ではPDCA(P＝Plan、D＝Do、C＝Check、A＝Act)を回すことが強調されて来た。PDCAとは、初めにこうやったらうまく行くだろうと考えてプランを立てる。それから、それを実際に実行してみる。実行した結果をよくチェックして、色々なことを直したり改善したりする行動を取り、さらに新たにプランを立て、前と同じPDCAのサイクルを回す。これをぐるぐる回すことにより、完成に近づけていく。これこそが現場における"学ぶ"ということなのである。理工系の学部では、理論を学んだ後には実験をし、その結果によっては改良を加え、更に実験をくりかえし、改善をするというPDCAが日常的に回っている。1980年代の終わりにデミング先生は、Checkでは十分ではなくStudyでなければならないといわれ、我々はPDSAと呼ん

でいる。

　しかしながら、文科系は学問の対象が社会であり組織体であるため、実験ができないという本質的な問題を抱えている。そのため真の"学ぶ"ということは、学校を卒業して現場に出て実践を始める時から始まる。その時、現実をデータとして把握し、それを解析してはじめてアクションが取れるのである。つまり統計学は、工学系における実験に相当する重要性を持っている。

　日米の産業の生産性を比較してみると、サービスの分野における日本の生産性は米国の約6割であるといわれている。そしてサービスの分野で主導的な役割を果たしているのは、文科系の人達が圧倒的に多い。つまり文科系の人達が統計学を十分身につけ、PDSAを回し続け、組織体の競争力を付けることが、今、最も求められているのである。

練習問題

問題 1

次のような時系列が与えられている時、次のステップを踏んで季節調整をしなさい。

年	2001				2002				2003			
四半期	I	II	III	IV	I	II	III	IV	I	II	III	IV
売上	5	2	3	8	7	4	5	10	9	6	7	10

1) (a) 移動合計 (b) 移動平均 (c) 中心化した移動平均 (CMA) 及び (d) 季節変動指数 (元の時系列のCMAに対する比率) を計算しなさい。
2) 指数の平均値を用いて、季節変動指数を計算しなさい。
3) 季節変動指数の合計が4.000になるように調整しなさい。
4) 季節変動指数を用いて、元の時系列を調整しなさい。
5) 元の時系列と季節調整した時系列を (同一の) グラフに描きなさい。
6) グラフから直感的に傾向線を求めて描きなさい。
7) 傾向線と季節変動指数を用いて、翌年の4半期毎の予測をしなさい。
8) 上記の5) のグラフと同じグラフに予測のグラフを点線で描きなさい。

問題 2

以下のデータを用いて上記の1の問題に答えなさい。

年	2001				2002				2003			
四半期	I	II	III	IV	I	II	III	IV	I	II	III	IV
売上	4	9	8	5	4	7	6	3	4	7	8	5

問題 3

以下のデータを用いて、上記の1の問題に答えなさい。

年	2001				2002				2003			
四半期	I	II	III	IV	I	II	III	IV	I	II	III	IV
売上	13	15	16	14	11	13	14	12	7	9	10	8

問題 4

以下のデータを用いて、上記の1の問題に答えなさい。

年	2001				2002				2003			
四半期	I	II	III	IV	I	II	III	IV	I	II	III	IV
売上	1	3	4	2	3	5	6	4	5	7	8	6

問題 5

以下のデータを用いて、上記の1の問題に答えなさい。

年	2001				2002				2003			
四半期	I	II	III	IV	I	II	III	IV	I	II	III	IV
売上	15	13	14	12	14	12	13	11	13	11	12	10

問題 6

以下のデータを用いて、下記の手順で季節調整しなさい。

年	2001				2002				2003			
四半期	I	II	III	IV	I	II	III	IV	I	II	III	IV
売上	12	10	11	9	10	8	9	8	8	10	9	12

1) (a) 移動合計 (b) 移動平均 (c) 中心化した移動平均 (CMA) 及び (d) 季節変

動指数（元の時系列のCMAに対する比率）を計算しなさい。
2) 指数の平均値を用いて、季節変動指数を計算しなさい。
3) 季節変動指数の合計が4.000になるように調整しなさい。
4) 季節変動指数を用いて、元の時系列を調整しなさい。
5) 元の時系列と季節調整した時系列を（同一の）グラフに描きなさい。

練習問題 解答

第3章

1. a)

年間収入	階級	階級値	データ	頻度
0以上 — 2500未満	0≦X＜ 2500	1250	/	1
2500 — 5000	2500≦X＜ 5000	3750	////	4
5000 — 7500	5000≦X＜ 7500	6250	/	1
7500 — 10000	7500≦X＜10000	8750	///// //	7
10000 — 12500	10000≦X＜12500	11250	///	3
12500 — 15000	12500≦X＜15000	13750	///// //	7
15000 — 17500	15000≦X＜17500	16250	////	4
17500 — 20000	17500≦X＜20000	18750	///	3
20000 — 22500	20000≦X＜22500	21250	//	2
22500 — 25000	22500≦X＜25000	23750	/	1
25000 — 27500	25000≦X＜27500	26250		0
27500 — 30000	27500≦X＜30000	28750	/	1

(単位：千円)

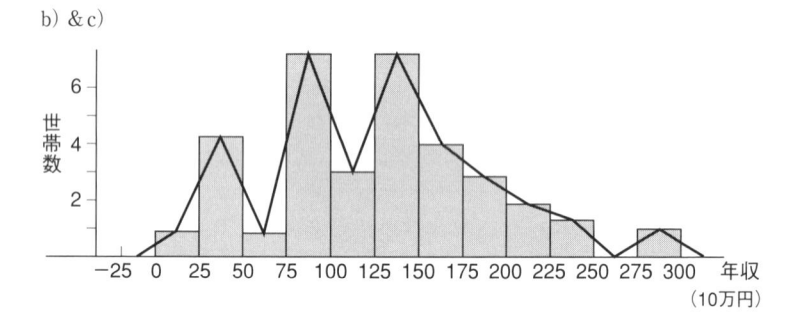

b) & c)

d)

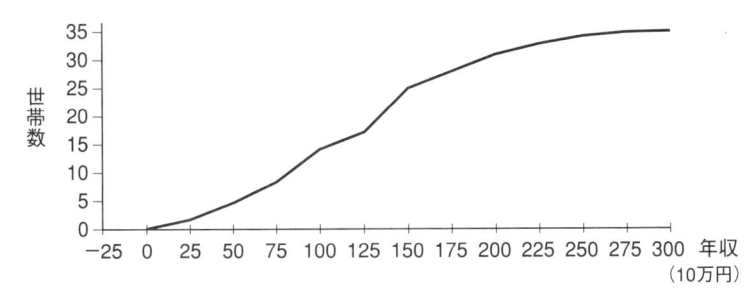

階級	度数	累積度数
0≦X＜ 2500	1	1
2500≦X＜ 5000	4	5
5000≦X＜ 7500	1	6
7500≦X＜10000	7	13
10000≦X＜12500	3	16
12500≦X＜15000	7	23
15000≦X＜17500	4	27
17500≦X＜20000	3	30
20000≦X＜22500	2	32
22500≦X＜25000	1	33
25000≦X＜27500	0	33
27500≦X＜30000	1	34

e) 階級幅￥5000,000の方が適切である。なぜなら図3-2はこの解答b）の図よりもスムーズな分布であるから、全体的な絵を把握することがより容易である。したがって、図3-2の方が平均値、最頻値、メディアンの概算値を得るのが容易である。

2.

卵			ミルク			オレンジジュース		
価格	度数	累積度数	価格	度数	累積度数	価格	度数	累積度数
56	3	3	63	2	2	110	1	1
57	4	7	64	4	6	111	4	5
58	6	13	65	8	14	112	2	7
59	5	18	66	3	17	113	5	12
60	2	20	67	2	19	114	3	15
	20		68	1	20	115	2	17
				20		116	2	19
						117	1	20
							20	

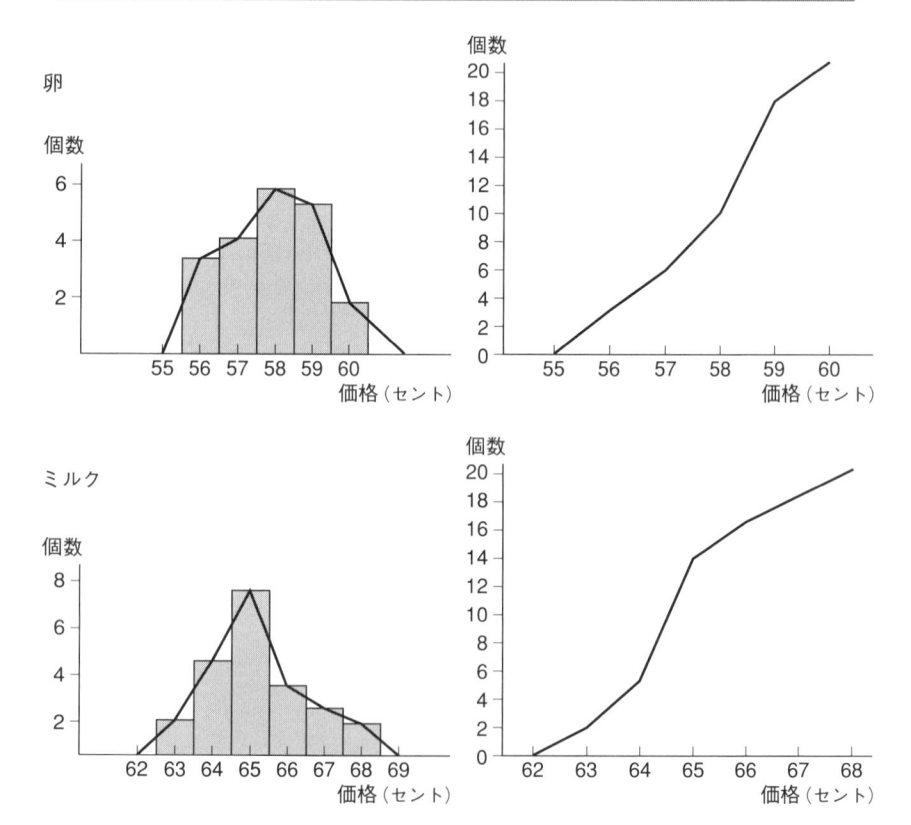

卵

ミルク

オレンジジュース

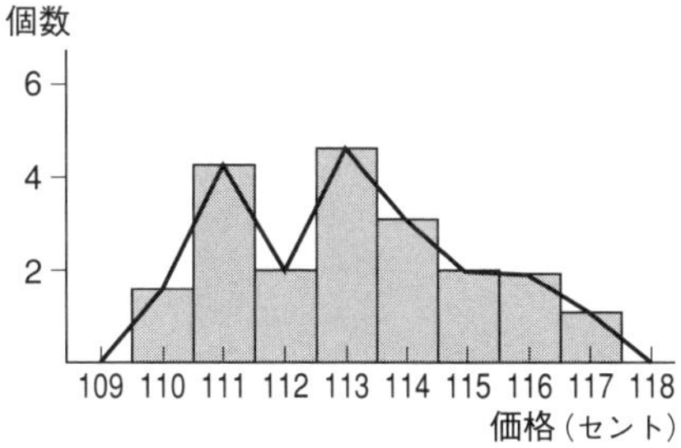

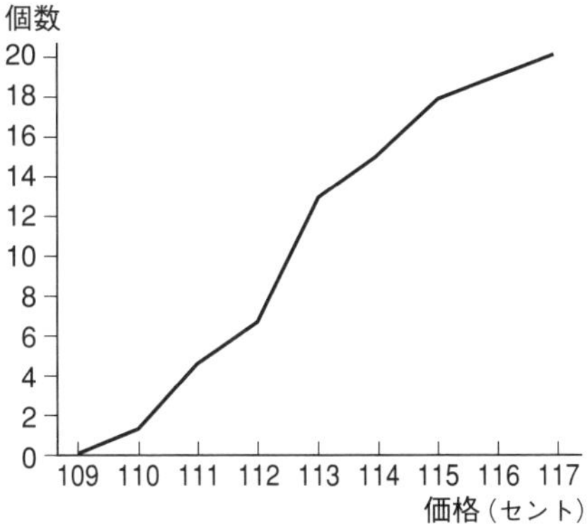

3.

モデルA

ガス・マイレージ	データ	度数	累積度数
18	///	3	3
19	///// /	6	9
20	///// ///	8	17
21	/////	5	22
22	///	3	25
		25	

モデルB

ガス・マイレージ	データ	度数	累積度数
23	//	2	2
24	//	2	4
25	///	3	7
26	///	3	10
27	////	4	14
28	/////	5	19
29	////	4	23
30	//	2	25
		25	

モデルC

ガス・マイレージ	データ	度数	累積度数
25	////	4	4
26	///// ///// /////	15	19
27	///// /	6	25
		25	

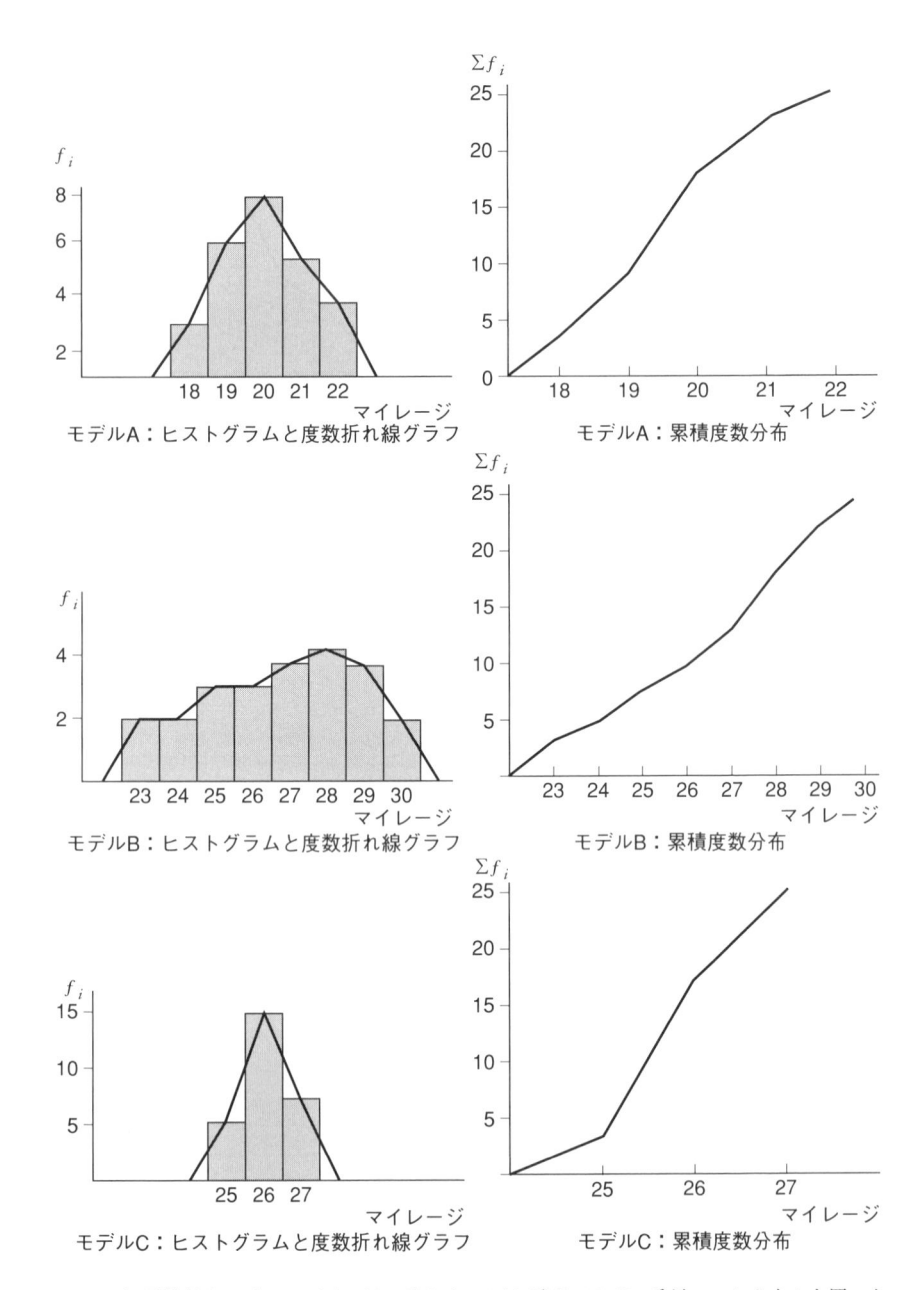

モデルA：ヒストグラムと度数折れ線グラフ

モデルA：累積度数分布

モデルB：ヒストグラムと度数折れ線グラフ

モデルB：累積度数分布

モデルC：ヒストグラムと度数折れ線グラフ

モデルC：累積度数分布

d) 平均的なマイレージはBが一番高く、Cが2番目でAが一番低い。しかもAを買ったならどんなに運がよくてもBとCの最低に及ばない。BとCの間では平均はBの方が

426

高そうだが、ばらつきも多く、リスクを避ける人はCを選ぶであろう。

4.

セールスマン A			セールスマン B			セールスマン C		
X_i	f_i	C.F.	X_i	f_i	C.F.	X_i	f_i	C.F.
10	3	22	12	6	22	10	5	22
9	4	19	10	3	16	9	4	17
8	6	15	9	2	13	8	3	13
7	5	9	8	1	11	7	3	10
6	4	4	7	1	10	6	2	7
	22		6	1	9	5	2	5
			5	1	8	4	2	3
			4	1	7	3	1	1
			3	1	6		22	
			0	5	5			
				22				

b) , c) , & d) 省略

5.

収益率	データ	度数	累積度数
$-5 \leq x < 0$	/////	5	5
$0 \leq x < 5$	///// ///	8	13
$5 \leq x < 10$	///// ///// ////	14	27
$10 \leq x < 15$	///// ////	9	36
$15 \leq x < 20$	/////	5	41
$20 \leq x < 25$	///	3	44
$25 \leq x < 30$	///	3	47
$30 \leq x < 35$	///	3	50
		50	

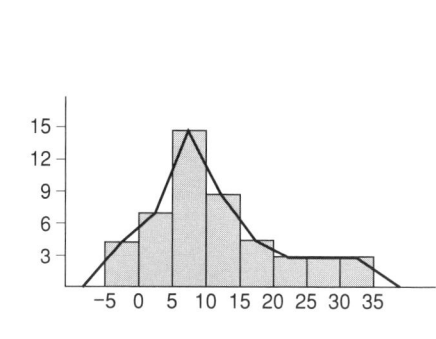

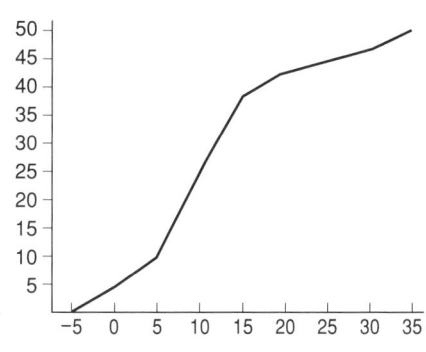

6. a)

週給	データ	f_i	X_i	$X_i f_i$	Σf_i
0≤X<100	//	2	50	100	2
100≤X<200	///	3	150	450	5
200≤X<300	////	4	250	1000	9
300≤X<400	///// /	6	35	2100	15
		15		3650	

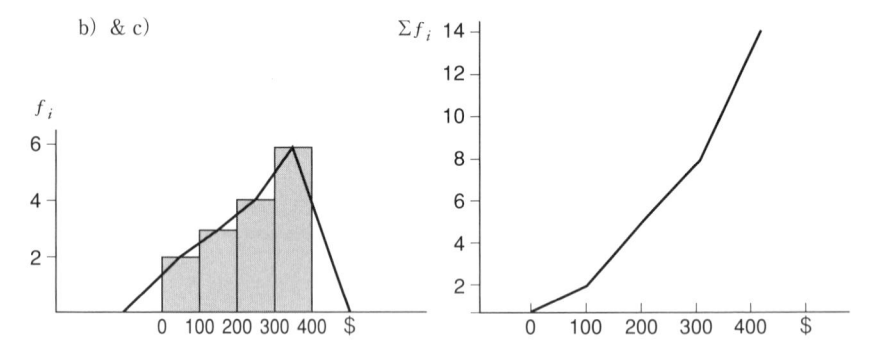

b) & c)

7.

普通株 A

収益率	データ	度数	累積度数
−5≤X< 0		0	
0≤X< 5		0	
5≤X<10	///// ////	9	9
10≤X<15	///// /////	10	19
15≤X<20	///// /	6	25
20≤X<25		0	
25≤X<30		0	
		25	

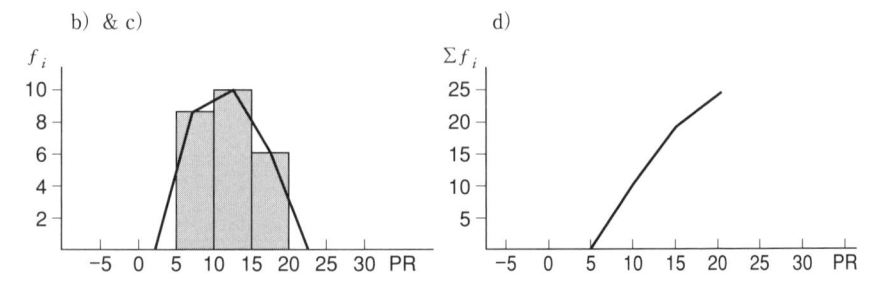

b) & c)   d)

普通株 B

収益率	データ	度数	累積度数
$-5 \leq X < 0$	//	2	2
$0 \leq X < 5$	///	3	5
$5 \leq X < 10$	////	4	9
$10 \leq X < 15$	/////	5	14
$15 \leq X < 20$	///// /	6	20
$20 \leq X < 25$	///	3	23
$25 \leq X < 30$	//	2	25
		25	

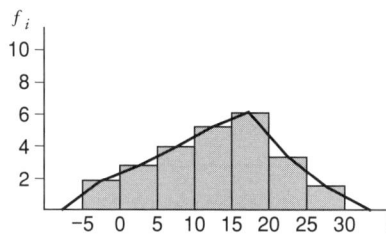

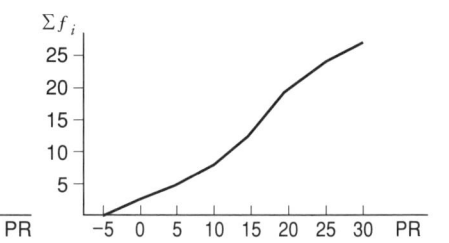

b) & c)

普通株 C

収益率	データ	度数	累積度数
$-5 \leq X < 0$	///// //	7	7
$0 \leq X < 5$	///// ///	8	15
$5 \leq X < 10$	///// /	6	21
$10 \leq X < 15$	////	4	25
$15 \leq X < 20$		0	
$20 \leq X < 25$		0	
$25 \leq X < 30$		0	
		25	

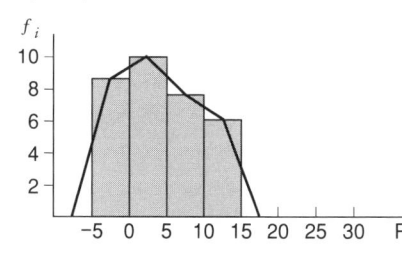

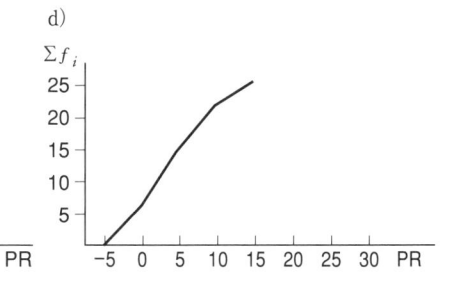

b) & c)

d)

e) A,B,Cの概算の平均利回りはそれぞれ12.5％、12.5％、2.5％である。平均利回りとしてはAとBは大体同じでCは劣る。投資の利回りが散らばる範囲、即ち投資の危険性はAよりもBの方がずっと多い。BとCを比較するとCの収益率が下のほうに固まっている分劣る。投資家はCよりもBのほうが高い利回りを期待できる。したがって投資の選好順はAが一番でBが2番でCが3番となる。

8. a)

階級	度数 フィラデルフィア	ダラス	累積度数 フィラデルフィア	ダラス
0≤X＜10000	35	26	0.07	0.07
10000≤X＜20000	78	62	0.15	0.15
20000≤X＜30000	124	108	0.25	0.27
30000≤X＜40000	110	90	0.22	0.23
40000≤X＜50000	64	53	0.13	0.13
50000≤X	89	61	0.18	0.15
合計	500	400	1.00	1.00

b) フィラデルフィア 35/500 = 0.07　　ダラス 26/400 = 0.065

四捨五入した後は両市とも大体同じ割合、7％あるが、四捨五入する前はフィラデルフィアの方が少々高い率の貧困層がある。

c) フィラデルフィア

第4章

1. a) μ = 12,205.9　　(b) Md = 12,250　　(c) 最頻値 = 12,500
2. a) μ = 12,647.06　　(b) Md = 13,035.71　　(c) 最頻値 = 8750 と 13,750
3. データが34ある時、2番目の問題のように12階級は多すぎる。その結果ヒストグラムや度数折れ線グラフでは不規則なでこぼこが多すぎる。データをまとめることの大きな目的は、データの全体像を把握するためである。2番目の問題はこの目的を達成することは出来ない。したがって、第1の分類が一般には好ましい。

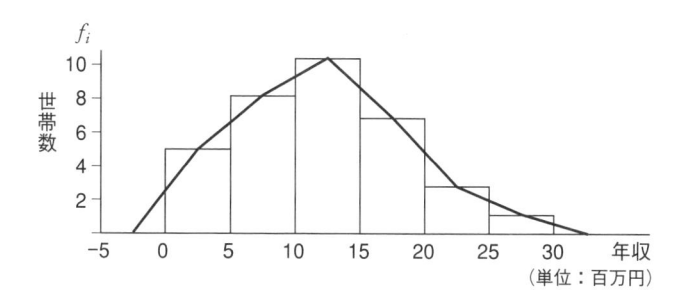

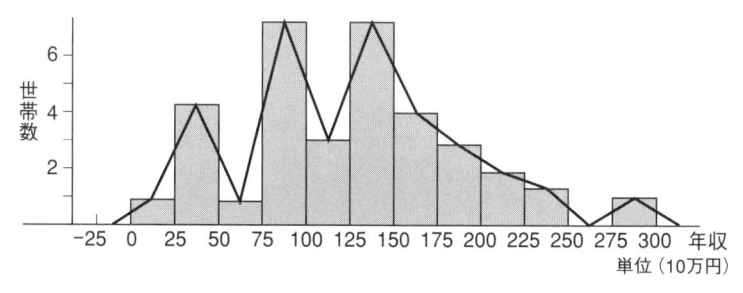

[Two histograms with frequency polygons shown at top of page — axes: 世帯数 (vertical) vs 年収 (horizontal). First: units 百万円, range −5 to 30. Second: units 10万円, range −25 to 300.]

4. 卵 $\mu = 57.95$　最頻値 $= 58$　メディアン $= 58$　ミルク $\mu = 65.1$　最頻値 $= 65$
   メディアン $= 65$　オレンジ・ジュース $\mu = 113.2$　最頻値 $= 113$　メディアン $= 113$

5. モデル A − 平均値：$\mu = \dfrac{\sum X_i f_i}{N} = \dfrac{499}{25} = 19.96$ マイル。　メディアン：式 (4−3) を用いて行間を読む必要がある。　メディアン：20 マイル　最頻値：20 マイル

   モデル B − 平均値：$\mu = \dfrac{\sum X_i f_i}{N} = \dfrac{671}{25} = 26.84$　メディアン：27　最頻値：28

   モデル C − 平均値：$\mu = \dfrac{\sum X_i f_i}{N} = \dfrac{652}{25} = 26.08$　メディアン：26　最頻値：26

6. 販売員 A − 平均値：$\mu = \dfrac{\sum X_i f_i}{N} = \dfrac{173}{22} = 7.863$　メディアン：8　最頻値：8

   販売員 B − 平均値：$\mu = \dfrac{\sum X_i f_i}{N} = \dfrac{153}{22} = 6.9545$　メディアン：8.5　最頻値：12

   販売員 C − 平均値：$\mu = \dfrac{\sum X_i f_i}{N} = 7.454$　メディアン：8　最頻値：10

7. 平均値：11.2　メディアン：9.46　最頻値：7.5

8. $\$9,307.7$

9. 12.53%

10. 平均値 $\$223.33$　最頻値 $\$350$　メディアン $\$250$

11. 17.14%

12. $\$9,312.5$

13. 1) 省略　2) a) $\mu = 37.0$　b) $\text{Md} = 40.833$　c) 最頻値 $= 45$

14. 1) プログラム A　a) $\mu = 3.94$　b) $\text{Md} = 4$　c) 最頻値 $= 4$
    プログラム B　a) $\mu = 4.00$　b) $\text{Md} = 4.025$　c) 最頻値 $= 4$

2) プログラム B の方が良い。両方の代表値は近いが、B の分布はAの分布よりも中心値に近く寄り集まっているので、リスクがよりすくなく、従って、Bの方が良い。

15. 1) プロジェクト A   a) 10.02   b) 9&10   c) 10.05
     プロジェクト B   a) 9.3   b) 9   c) 9.275

2) Aのほうが利益率は一般に高いが分布がより散らばっていてリスクが高い。どちらを選ぶかは個々の投資家の投資選好による。(詳しくは5章を参照)

16. a) $\mu = 7.5$ b) $Md = 7.083$ c) 最頻値 $= 2.5$

第5章

1. 1) $\mu = 80$ $\sigma \approx 3.33$ 2) $\mu = 80$ $\sigma \approx 5.87$ 3) $\mu = 75.75$ $\sigma \approx 1.48$
    4) $\mu = 55.25$ $\sigma \approx 37.4$ 5) $\mu = 70$ $\sigma \approx 3.32$

2. 1) $\mu = 8$ $\sigma \approx 1.23$ 2) $\mu = 8$ $\sigma \approx 1.27$ 3) $\mu = 8.12$ $\sigma \approx 1.109$
    4) $\mu = 14.815$ $\sigma \approx 1.187$
    5) $\mu = 3.03$ $\sigma \approx 1.1916$ 6) $\mu = 7.941$ $\sigma = 1.257$ 7) $\mu = 7.9$ $\sigma = 1.044$
    8) $\mu = 79.75$ $\sigma \approx 6.01$ 9) $\mu = 7.945$ $\sigma = 1.024$

3. $\sigma = 2$

4. $\sigma = 4$

5. $\sigma = 4$

6. $\mu = 16.8$ $\sigma = 30.3$

7. ケース1: $\mu = 803.1$ $\sigma = 1.418$ ケース2: $\mu = 600.02$ $\sigma = 1.349$

8. $\mu = 16.845$ $\sigma = 1.549$

9. $\mu = 308.12$ $\sigma = 1.109$

10.

普通株	A	B	C	D	E
絶対的ばらつき度のランク	3	2	4	1	5
相対的ばらつき度のランク	4	1	3	2	4

11. $\mu = 18.2\%$ $\sigma = 1.72\%$ $v = 0.094$

12. $\mu = 5.2\%$ $\sigma = 7.81\%$ $v = 1.502$

13. 1) プロジェクト A   a) $\mu = 11.76$ b) $\sigma = 3.48$ c) $v = 0.296$
     プロジェクト B   a) $\mu = 11.12$ b) $\sigma = 1.61$ c) $v = 0.145$

2) Aの期待利益率はBのそれよりも少々高い、しかしAにおけるリスク(σ)はBの2倍以上である。平均的な投資家はBへの投資の方を好むであろう。

14.

	μ	σ	v	ランク
普通株 A	14.983	2.225	0.148	3
普通株 B	16.983	2.225	0.131	2
普通株 C	16.983	1.009	0.0589	1

15. a) モデル A : $\mu = 21.978$ $\sigma = 2.165$ $v = 0.0985$
     モデル B : $\mu = 20.911$ $\sigma = 1.723$ $v = 0.0823$

b) モデルAは平均のガス・マイレージがBより高いがリスクも高い。リスクを取る傾向のある消費者はAを選ぶであろうし、リスクを避ける消費者はBを選ぶであろう。

第6章

1. (a) 1/13 (b) 1/4 (c) 1/4 (d) 1/2 (e) 1/2 (f) 1/52 (g) 7/13 (h) 1/2
  (i) 1/2 (j) 3/4 (k) 1/26 (l) 1/4 (m) 3/4 (n) ϕ (o) 1/52
2. (a) 1/13 (b) 1/13 (c) 1/4 (d) 1/4 (e) 1/2 (f) ϕ (g) 7/13
  (h) 4/13 (i) 1/2 (j) 1/2 (k) 1/26 (l) 1/52 (m) 7/13 (n) ϕ (o) 1/52
3. (a) 0.4 (b) 0.2 (c) 0.4 (d) 0.3 (e) 0.3 (f) 0.12 (g) 0.88
4. (a) 0.3 (b) 0.6 (c) 0.68 (d) 0.56 (e) 14/17 = 0.823
5. 3/7
6. 0.56
7. 0.75
8. (a) 0.24 (b) 0.31 (c) 0.774 (d) 0.63
9. (a) 0.012 (b) 0.020 (c) 0.375
10. (a) 10 (b) 60 (c) 120 (d) 100
11. (a) 48 (b) 8! (c) 45 (d) 36
12. (a) 60
13. $_{10}P_8$
14. $_8C_5$
15. $_8C_2 \times {}_7C_2$
16. a) 0.6 b) 0.3 c) 0.2 d) 0.3 e) 0.4
17. $_{50}C_2 = 1225$
18. $E(X) = 17.0$ $\sigma_x = 4.58$
19. $(0.8)(0.90)(0.95) = 0.684$
20. $_5P_5 = 120$

第7章

1. (a) 0.4987 (b) 0.9678 (c) 0.1056 (d) 0.1151 (e) 0.9104
2. (a) 0.0668 (b) 0.0228 (c) 0.1587 (d) 0.0215
3. (a) 0.0228 (b) 0.9987 (c) 0.3413 (d) 0.8185
4. (a) $X \geq 72.8$ (b) $X \geq 68.40$ (c) $X \geq 57.45$ (d) $X \leq 43.55$
5. (a) 0.4938 (b) 0.9394 (c) 0.0901 (d) 0.8907 (e) 0.9270
6. (a) 0.0228 (b) 0.8413 (c) 0.0215 (d) 0.9772
7. (a) 0.4893 (b) 0.9429 (c) 0.1469 (d) 0.9535 (e) 0.0606
8. (a) 0.0062 (b) 0.0668 (c) 0.1587 (d) 0.1359 (e) 1.0

9. (a) 7.80   (b) 12.16   (c) 4.81   (d) 15.625   (e) 11.90
10. (a) 66.45   (b) 53.30   (c) 67.20   (d) 66.70   (e) 63.50 or 96.50
11. (a) 0.1587   (b) 0.3085   (c) 0.1783   (d) 0.3108   (e) 0.1587
12. (a) 0.0359   (b) 0.2420   (c) 0.0761   (d) 0.4796   (e) 0.4207
13. (a) 46.45   (b) 71.6   (c) 76.7   (d) 73.3   (e) 67.2 又は92.8
14. (a) 0.0062   (b) 0.0013   (c) 0.0606   (d) 0.9104
15. (a) 0.0228   (b) 0.0918
16. (a) $\sigma = 6.079\%$ (b) $\sigma = 15.625\%$
17. (a) $301   (b) $616
18. (a) 0.0052   (b) 0.0013   (c) 0.0606   (d) 0.9464   (e) 0.9977

第8章

1. (a) 0.347   (b) 0.069   (c) 0.0046
2. (a) 0.2916   (b) 0.0486   (c) 0.0036   (d) 0.0001
3. 0.0579
4. 0.5953043
5. (a) 0.634   (b) 0.264   (c) 0.0211393
6. a) 1 と 12   b) 0.274844
7. $\mu = 9.6$ $\sigma_X = 1.3856$
8. a) 1 と 8   b) 0.1063756
9. $\mu = 16$ $\sigma_X = 1.7888$
10. a) 0.1216   b) 0.3918
11. a) 1 と 15   b) 0.25965
12. a) $_{20}C_5 = 15{,}504$ b) $1/_{20}C_5 = 0.0000644$
13. a) 5^{20} b) -1 $(1/5)^{20}$ b) -2 $(1/5)^{20} + {}_{20}C_{19}(4/5)^1(1/5)^{19}$
    $\approx 8.493465 \times 10^{-13}$
14. a) $2^{20} = 1{,}048{,}576$ b) 1) $1/2^{20}$ 2) $20/2^{20}$

第9章

1. 2138 1940 1667 0892 0844 0420 1015 0685 2824 1733
2. 1211 1051 1392 0628 0348 0337 1262 0724 0166 0633
3. a) $\bar{x} = 20$ b) S = 0.816
4. a) $\bar{x} = 9.9$ b) S = 2.1
5. a) 0.0548   b) 0.2119   c) 0
6. a) 0.0062   b) 0.0228   c) 0.927
7. a) 0.0049   b) 0.0985   c) 0.6985   d) 0.7597

8. a) 0.1587　　b) 0.0228
9. a) 0.75　　　b) 0.9544
10. a) 0.75　　　b) 0.9544
11. a) 0.84　　　b) 0.9876
12. a) $\bar{x}$ = $24,400　　b) S= $9,980　　c) 0.72%　　d) $6,338.40
13. a) $\bar{x}$ = 16%　b) 3.0789%　　c) 0.0047　　d) 0.209　　e) 0.4844
14. a) 0.975　　b) 0.10　　c) 0.8　　d) 0.49　　e) 0.14

第10章

1. a) 0.01　　b) 1.0804 -- 1.1196　　c) 否
2. a) 6%　　b) 0.6%　　c) 9.013 -- 10.987
3. a) 1000　b) 100　　c) 4,835.5 -- 5,164.5
4. a) 1000　b) 97.125　c) 5,840.23 -- 6,159.77
5. n = 10,609
6. n = 1600
7. (a) $6,000　(b) $1,000　(c) $125　(d) 5,755 -- 6,245
8. 2653
9. 4000
10. (a) 180　　(b) 10　　(c) 1　　(d) 177.425 -- 182.575
11. 1,537
12. 400
13. a) $\bar{x}$ = $18　b) Sx = $3　c) S$\bar{x}$ = 0.3　d) 17.2275 -- 18.7725
14. a) $\bar{x}$ = 12.5%　b) Sx = 5%　c) S$\bar{x}$ = 0.625　d) 10.891 -- 14.109

第11章

1. (a) H_0 : μ = 1000　H_1 : μ >1000　　(b) 20　　(c) 2.5　　(d) 1.645
　(e) H_0 : μ = 1000を棄却する。
2. H_0 : μ = 30を棄却する。
3. 100
4. (a) (1) H_0 : μ = 1200　H_1 : μ >1200　　(2) 20　　(3) 3　　(4) 2.33
　(4) H_0 : μ = 1200を棄却する。
　(b) 0.0038
5. (a) (1) H_0 : μ = 300　H_1 : μ ≠ 300　　(2) 0.5　　(3) 2　　(4) 1.96　　(5) H_0を棄却する
　(b) 0.0207
6. (a) (1) H_0 : μ = 20,000　H_1 : μ >20,000　　(2) 400　　(3) 5　　(4) 1.645　　(5) H_0を棄却する。

(b) 殆ど 0

7. $\alpha = 0.002$ $Z_c = 3.08$ H_0を受容する。 $\beta = 0.1788$
     $\alpha = 0.005$ $Z_c = 2.81$ H_0を受容する。 $\beta = 0.117$
     $\alpha = 0.01$ $Z_c = 2.575$ H_0を受容する。 $\beta = 0.077$
     $\alpha = 0.02$ $Z_c = 2.33$ H_0を受容する。 $\beta = 0.0475$
     $\alpha = 0.04$ $Z_c = 2.05$ H_0を受容する。 $\beta = 0.0256$
     $\alpha = 0.05$ $Z_c = 1.96$ H_0を棄却する。 $\beta = 0.0207$
     $\alpha = 0.10$ $Z_c = 1.645$ H_0を棄却する。 $\beta = 0.0093$

8. $\bar{x} = 5.1$ $Z_{\bar{x}} = 0.2 < Z_c = 2.575$ H_0を受容する。
     $\bar{x} = 5.5$ $Z_{\bar{x}} = 1 < Z_c$ H_0を受容する。
     $\bar{x} = 5.8$ $Z_{\bar{x}} = 1.6 < Z_c$ H_0を受容する。
     $\bar{x} = 6.0$ $Z_{\bar{x}} = 2 < Z_c$ H_0を受容する。
     $\bar{x} = 6.5$ $Z_{\bar{x}} = 3 > Z_c$ H_0を棄却する。

9. $n = 64$ $\sigma_{\bar{x}} = 0.05$ $Z_{\bar{x}} = 2 < Z_c$ H_0を受容する。 $\beta = 0.077$
     $n = 100$ $\sigma_{\bar{x}} = 0.4$ $Z_{\bar{x}} = 2.5 < Z_c$ H_0を受容する。 $\beta = 0.0077$
     $n = 144$ $\sigma_{\bar{x}} = 0.333$ $Z_{\bar{x}} = 3 > Z_c$ H_0を棄却する。 $\beta = 0$
     $n = 400$ $\sigma_{\bar{x}} = 0.2$ $Z_{\bar{x}} = 5 > Z_c$ H_0を棄却する。 $\beta = 0$
     $n = 10,000$ $\sigma_{\bar{x}} = 0.04$ $Z_{\bar{x}} = 25 > Z_c$ H_0を棄却する。 $\beta = 0$

10. 1) a) $H_0 : \mu = 3,500$ $H_1 : \mu \neq 3,500$ b) $\sigma_x = \$50$ c) 2   d) 1.96
     e) H_0を棄却する。
    2) $\beta =$ 殆どゼロ

11. a) 1) $H_0 : \mu = 350$ $H_1 : \mu \neq 350$ 2) 5   3) -2 4) -1.96 5) H_0を棄却する。
     b) $\beta = 14.92\%$

12. a) $H_0 : \mu \geq 25,000$ $H_1 : \mu < 25,000$ b) -2.492 c) -5 d) H_0を棄却する。

13. a) $H_0 : \mu = 1\text{kg}$ $H_1 : \mu \neq 1\text{kg}$ b) $t_c = -2.131$（両側検定）   c) $t = -2.0$
     d) H_0を受容する。

14. a) 1) $H_0 : \mu = 300$ $H_1 : \mu \neq 300$ 2) 4   3) -3.75 4) ± 1.96
     5) H_0を棄却する。   b) 0.0012

第12章

1. 1) $\bar{x} = 2.4$ $\sigma \approx 0.4$
   2) UCL $= \bar{x} + 3\sigma = 2.4 + 3(0.4) = 3.6$、LCL $= \bar{x} - 3\sigma = 2.4 - 3(0.4) = 1.2$

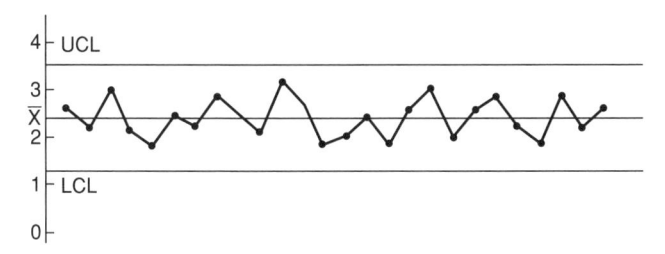

3) これらは全て偶然原因によるものである。
4) 現場の担当者及び係長等の下級管理職の人達が回収活動をとるべきであり、上級管理者の手を煩わせる必要のないものである。
5) 偶然原因は回収条件を徹底するとか、改善するとか、社員にもっと回収に関する訓練を与えるとかして、システム自体を改善しなければ減らすことは出来ない。したがって上級管理職の責任である。

2. 1) $\bar{x} = 5.06$　$\sigma \approx 0.256$
2) UCL = $\bar{x} + 3\sigma = 5.6 + 3(0.256) = 5.828$；LCL = $\bar{x} - 3\sigma = 5.6 - 3(0.256) = 4.292$

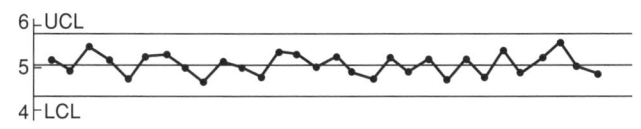

3) これらは全て偶然原因によるものである。
4) 上記の問題1の4)の答えとおなじ。
5) 上級管理職(トップマネジメント)の責任である。

3. 1) $\bar{x} = 11.6$　$\sigma \approx 2.0$
2) UCL = $\bar{x} + 3\sigma = 11.6 + 3(2) = 17.6$；LCL = $\bar{x} - 3\sigma = 11.6 - 3(2) = 5.6$

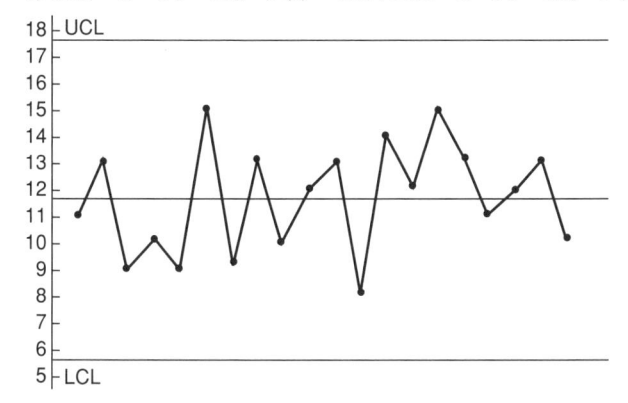

4. 1) ヒストグラム

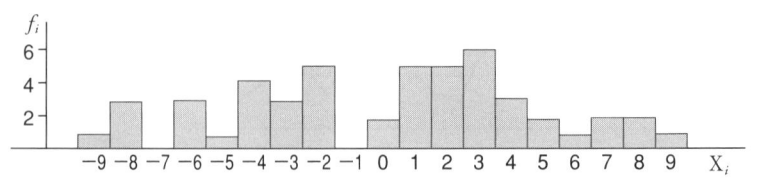

2) ラインチャート

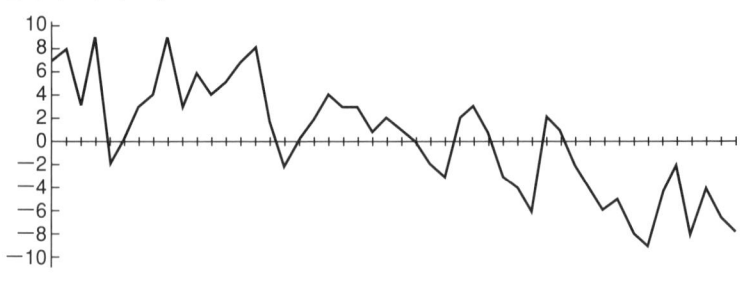

3) 時間とともに平均値が下がって来て定常時系列（平均値が時間とともに変わらない）ではないことがわかる。

4) 管理図は定常時系列でないものに応用することはできない。第2章で学んだパレート図等を用いて不安定な原因を追求し、取り除いてから始めて安定した時系列となり、管理図の手法を用いることが出来る。

第13章

1. $\chi^2 = 6 < \chi_c^2 = 9.488$ H_0を受容する。（より正確にはH_0を棄却しない。）

2. $\chi^2 = 25.142 > \chi_c^2 = 9.49$ H_0を棄却する。

3. $\chi^2 = 5.87 > \chi_c^2 = 3.841$ H_0を棄却する。

4. $\chi^2 = 4.172 < \chi_c^2 = 9.49$ H_0を棄却しない。

5. a) H_0：初任給に違いはない。 H_1：初任給に違いがある。
b) 9.488   c) 75.266   d) $\chi^2 = 75.266 < \chi_c^2 = 9.488$ H_0を棄却する。

6. a) H_0：教育水準による失業率に違いはない。 H_1:教育水準による違いが著しくある。
b) すべてのカテゴリーで $e_i = 120$ c) $\chi^2 = 331.66$ d) $\chi_c^2 = 13.277$
e) H_0を棄却する。

7. a) H_0：不動産税削減に対する態度は住宅を所有しているか否かと関係がない。
  H_1：上記の両者は関係がある。
b) e (H,F) = 540, e (H,A) = 360   e (NH,F) = 660,   e (NH,A) = 440
c) $\chi^2 = 53.872$ d) $\chi_c^2 = 6.635$ e) H_0を棄却する。

8. a) H_0：管理職のレベルと高血圧は関係がない。
H_1：両者は関係がある。
b)

	重役	部長	課長	合計
高血圧	40	100	160	300
正常血圧	80	200	320	600
合計	120	300	480	900

c) $\chi^2 = 144$　d) $\chi_c^2 = 5.991$　e) H_0 を棄却する。

9. a) H_0：異なる所得階層によって新しい雑誌の受け入れられ方が著しく違わない。
H_1：異なる所得階層によって受け入れられ方が著しく違う。
b)

購読	X≥ 50,000	40,000≤X<$50,000	$30,000≤X<40,000	合計
購読者	37.5	37.5	75	150
非購読者	62.5	62.5	125	250
合計	100	100	200	400

c) $\chi^2 = 54.3997$　d) $\chi_c^2 = 9.210$　e) H_0 を棄却する。

10. a) H_0：年齢と成績は関係がない（独立に分布している）。
H_1：年齢と成績は無関係ではない。
b)

	20代	30代	40代以上	合計
A	120	68	12	200
B	180	102	18	300
C	180	102	18	300
D	60	34	34	100
F	60	34	6	100
合計	600	340	60	1,000

c) $\chi^2 = 177.347$　d) $\chi_c^2 = 15.507$　e) H_0 を棄却する。

11. a) H_0：宣伝の効果に違いはない。　H_1：違いがある。
b)

	A	B	C	合計
女性	204.17	262.50	233.33	700
男性	145.83	187.50	166.67	500
合計	350.0	450.0	400.0	1,200

c) $\chi^2 = 180.803$　d) $\chi_c^2 = 5.991$　e) H_0 を棄却する。

12. a) H_0：階級と出版とは関係がない（両者は独立に分布している）。
H_1：関係がある（両者は独立に分布していない）。
b)

	講師	助教授	準教授	正教授	合計
0	6.40	16.00	17.60	8.00	48
1—2	0.80	2.00	2.20	1.00	6
3—4	0.40	1.00	1.10	0.50	3
5以上	0.40	1.00	1.10	0.50	3
合計	8.00	20.00	22.00	10.00	60

c) $\chi^2 = 13.204$　d) $\chi_c^2 = 21.666$　e) H_0を棄却しない（受容する）。

13. a) H_0：5支店間で不良債権の率は著しく違わない。
H_1：5支店間で不良債権の率は著しく異なる。
b) $\chi^2 = 8.0$　c) $\chi_c^2 = 13.277$　d) H_0を棄却しない。

第14章

1. $F = 2.15 < F_c = 3.06$　H_0を棄却しない。
2. 行間では　$F = 17.98 > F_c = 3.49$　H_0を棄却する。
列間では　$F = 9.47 > F_c = 3.26$　H_0を棄却する。
3. 本文の例題2と同じ答。
4. 行間では　$F = 23.23 > F_c = 2.90$　H_0を棄却する。
列間では　$F = 17.52 > F_c = 3.29$　H_0を棄却する。
5. $F = 19.828 > F_c = 3.24$　H_0を棄却する。
6. $F = 17.29 > F_c = 3.24$　H_0を棄却する。
7. I.　$F = 93.187 > F_c = 3.88$　H_0を棄却する。
II. 行間では　$F = 11.29 > F_c = 3.84$　H_0を棄却する。

列間では　F = 412.94 > F_c = 4.46　H_0を棄却する。
8. I.　F = 2.999 < F_c = 3.88　H_0を棄却しない。
   II. 行間では　F_c = 3.84 < F = 48　H_0を棄却する。
      列間では　F_c = 4.46 < F = 50　H_0を棄却する。
9. SST = 12,188　　SSW = 3,592　　SSA = 8,596　　SSR = 2,218　　SSC = 8,596
   SSE = 1,374
   I.　F = 17.948 > F_c = 3.68　H_0を棄却する。
   II. 行間では　F = 3.22 < F_c = 3.33　H_0を棄却しない。
      列間では　F = 31.28 > F_c = 4.10　H_0を棄却する。
10. I.　F = 1.756 < F_c = 4.26　H_0を棄却しない。
   II. 行間では　F_c = 4.76 < F = 8.25　H_0を棄却する。
      列間では　F_c = 6.14 > F = 6.00　H_0を棄却しない。
11. I.　F = 1.0746 < F_c = 4.26　H_0を棄却しない。
   II. 行間では　F_c = 4.76 < F = 8.308　H_0を棄却する。
      列間では　F_c = 6.14 > F = 3.693　H_0を棄却しない。

第15章

1. a) y = 1 + 0.8X　　b) $6,600　$400　　c) $5,000　　d) 1.095
   与えられたxの値からyの値を推定する時、その推定値の平均的な誤差を標準誤差という。この場合、誤差が1.095より少ない確率は概算68.26%である。
   e) r^2 = 0.64　r = +0.8
2. a) y = 6 + 0.9X　　b) 8.7　　c) 0.7956　　d) r^2 = 0.81　r = +0.9
3. a) y = 6 + 0.8X　　b) $9.2（百万ドル単位）　　c) 1.095　　d) r^2 = 0.64　r = +0.8
4. a) Y = 0.6 + 1X　　b) Y = 8.6　　c) 1.432　　d) r^2 = 0.811　r ≈ 0.901
5. a) Y = 1 + 0.5x　　b) TC（総費用）= $6,000　利益 = $4,000　　c) $2,000　d) 1.58
   e) r^2 = 0.25　r = +0.5
6. a) q = 5.1 − 0.5p　　b) 2,100　　c) 0.948　　d) r^2 = 0.48　r ≈ −0.69
7. a) q = 13.4 − 0.8p　　b) 7,000　　c) 1.095　　d) P (4.8538 ≤ Y_i ≤ 9.1462) = 0.95
   e) r^2 = 0.64　r = −0.8
8. a) c = 1.5 + 0.5Yd　b) $5.5（十億ドル単位）　　c) 1.58　　d) r^2 = 0.25　r ≈ 0.5
9. a) y = −2 + 1.8X　　b) $12.4（百万ドル単位）　　c) 1.095　　d) これは回帰線を用いて予測した場合の平均的誤差を測るものである。　e) r^2 = 0.9　r ≈ +0.95
   f) これはyにおける全ばらつきのうち回帰線で説明される部分の割合を表わす。
10. a) Y = 13 − 1.2X　　b) Y = 3.4　　c) 1.459　　d) 9 − d) の答とおなじ
   e) r^2 = 0.90　r = −0.948　　f) 9 − (f) の答と同じ。
11. a) Y = −5.4 + 0.26X　　b) $12.8（千ドル単位）　　c) 1.67　　d) r^2 = 0.889　r = 0.94

12. a) &b)

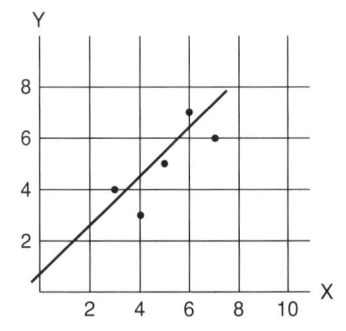

c) $Y \approx 1 + 8/9X$ 又は $Y \approx 1 + 0.9X$ d) $Se \approx 1$ e) $r^2 \approx 0.6$ $r = 0.77$
f) 以上の推測は練習問題1の答えに非常に近いことがわかる。

13. a) &b)

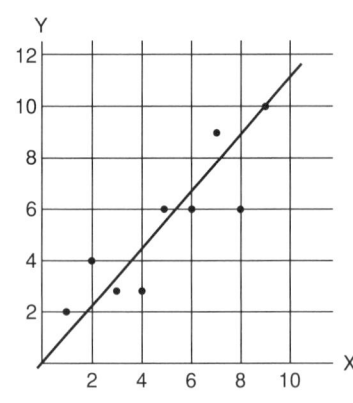

c) $Y \approx 1.1X$ $b_0 = 0$ $b_1 = 1.1$ d) $Se \approx 1$ e) $r^2 \approx 0.9$ $r = 0.949$
f) スロープ (b_1) は少々高く推定され、Se は少々低く推定された。これはX=8の時の比較的大きな誤差によってもたらされた。

14. a) & b)

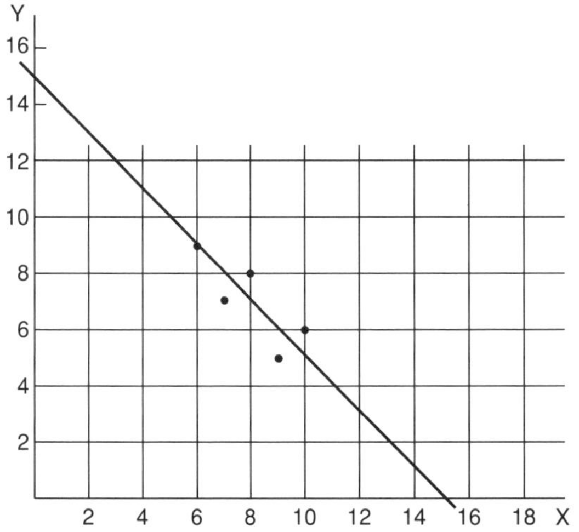

c) $Y \approx 15 - 1X$　　d) $Se \approx 1$　　e) $r^2 \approx 0.6$　$r = -0.77$

f) これらの推定はかなり良いと思われる。

15. a) &b)

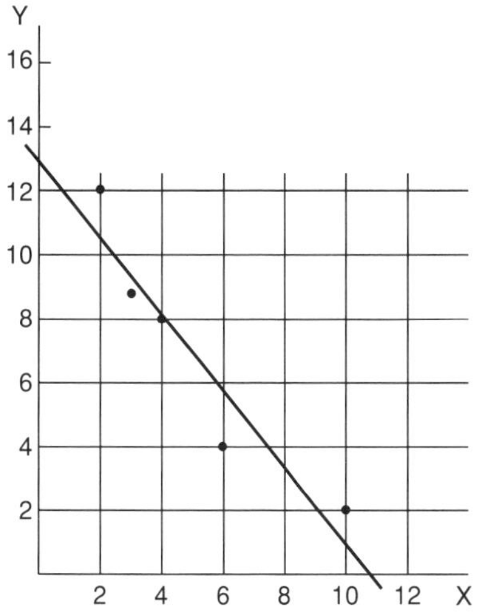

c) Y = 13 - 13/11 X   or   Y ≈ 13 - 1.2X   d) Se ≈ 1   e) r^2 = 0.8   r ≈ -0.89

f) データがX軸に関して3から10までばらつき、またY軸にかんしても2から12までばらついているのに回帰線のまわりに極めて近寄っているので、Seを過少評価したようだ。又、相関の度合いは非常に高いと予想されたが、実際は予想を超えた。

第16章

1. 1) & 5)

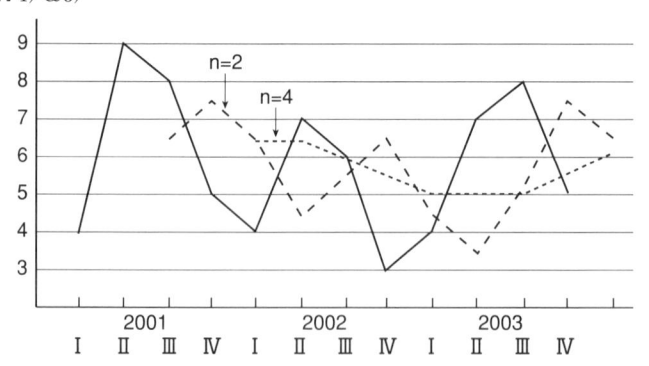

2) 4半期毎の季節性があるのでn = 4が良い。

3) a=0.2の時

年	2001				2002				2003			
四半期	I	II	III	IV	I	II	III	IV	I	II	III	IV
売上			6.50	8.50	6.50	4.50	5.50	6.50	4.50	3.50	5.50	7.50

a=0.8の時

年	2001				2002				2003			
四半期	I	II	III	IV	I	II	III	IV	I	II	III	IV
売上					6.5	6.5	6.0	5.5	5.5	5.0	5.0	5.5

4) n=2の時 6.50 、n=4の時6.0

6) n=2の時、ME=-0.2、MAE=2.30、MSE=6.45。n=4の時、ME ≈ -0.13 MAE = 1.5   MSE ≈ 3.38

7) 推測は正しかった。理由は8) を参照。

8) もしも n = 2が用いられたならば、予測値は2期おくれて振幅するであろう。その結果誤差はより大きくなる。

注目：n = 2の時、ME ≈ -0.20   MAE = 2.30   MSE ≈ 6.45

2. 1) & 5)

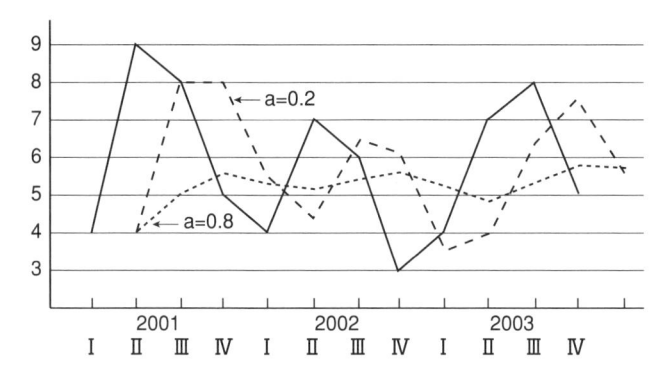

2) 時系列がかなり速い振動を繰り返しているので全体として a = 0.8 の方がよい。しかしながら、出発点での観測値が異常に低かったので、それを修正するのに時間が掛かる。したがって、ME は高めになる。

3)

a=0.2

年	2001				2002				2003			
四半期	I	II	III	IV	I	II	III	IV	I	II	III	IV
売上	4	8	8		5.6	4.32	6.46	6.09	3.62	3.92	6.38	7.68

a=0.8

	2001				2002				2003			
	I	II	III	IV	I	II	III	IV	I	II	III	IV
		4	5	5.6	5.48	5.18	5.55	5.64	5.11	4.89	5.31	5.85

4) a=0.2 の時 5.54、a=0.8 の時 5.68 6) a=0.2 の時、 ME = 0.17、MAE = 2.14、MSE = 6.63。 a=0.8 の時 ME = 0.76 MAE = 1.98 MSE = 5.51。

7) 推測は正しかった。この時系列は速い振動があるので誤差、a=0.2 を用いると特に MSE が大きくなる。したがってスムーズ化定数は大きい方がよい。

3. 1) & 5)

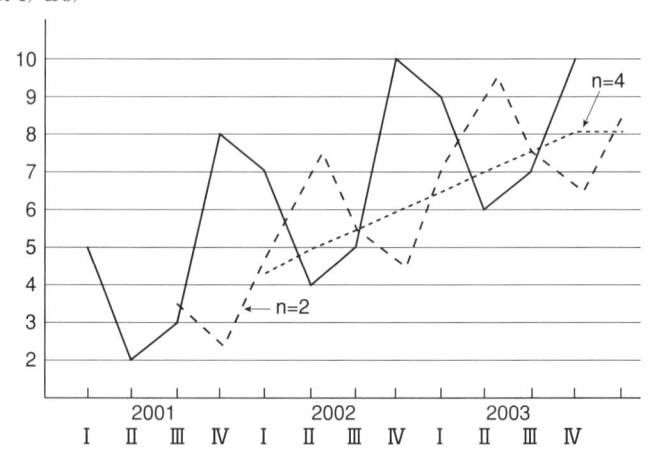

2) 4半期毎の季節性があるのでn = 4の方がよい。この時系列はトレンドがあるので、長いタイム・ラグのために、MEはかならずしもn=2の時よりも小さくはない。しかし、MAE及びMSEは小さいはずである。

3) a) n=2の時

年	2001				2002				2003			
四半期	I	II	III	IV	I	II	III	IV	I	II	III	IV
売上			3.50	2.50	5.50	7.50	5.50	4.50	7.50	9.50	7.50	6.50

b) n=4の時

年	2001				2002				2003			
四半期	I	II	III	IV	I	II	III	IV	I	II	III	IV
					4.50	5.00	5.50	6.00	6.50	7.00	7.50	8.00

4) n=2の時 8.50、n=4の時 8.00

6) n=2の時 ME=0.90、MAE=2.60、MSE=10.25。n=4の時、ME = 1.00 MAE = 1.75 MSE = 4.38

7) 推測は正しかった。理由は8) を参照。

8) もしもn=2が用いられたならば、予測された値は最も最近の観察値を反映し、従ってトレンドにより接近する。しかし、短い移動平均期間のために季節性は除去することは出来ない。従って、MEはより小さいかも知れないが、MAEもMSEもより大きくなるはずである。

4. 1) & 5)

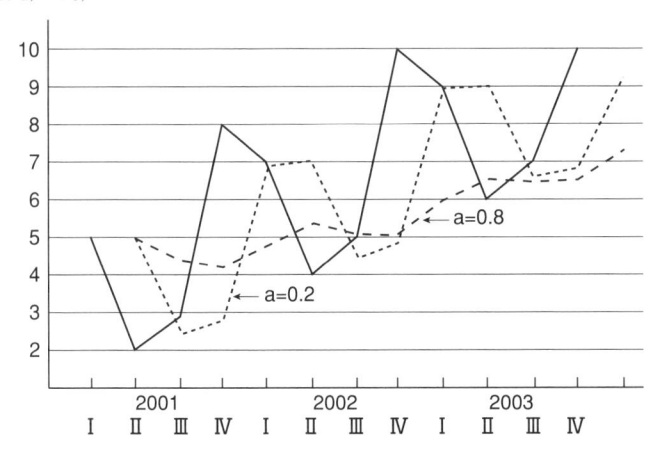

[グラフ: 2001年Ⅰ期〜2003年Ⅳ期の時系列データ、a=0.2 と a=0.8 の平滑化曲線]

2) 時系列が速く振動しているので全体的に a = 0.8 の方がよい。しかしながら、上方トレンドがあるので、スムーズ化した時系列は元の時系列から遅れてタイムラグを生じる可能性がある。その結果誤差は予想よりも大きい場合がある。

3) a) a=0.2 の時

年	2001				2002				2003			
四半期	Ⅰ	Ⅱ	Ⅲ	Ⅳ	Ⅰ	Ⅱ	Ⅲ	Ⅳ	Ⅰ	Ⅱ	Ⅲ	Ⅳ
売上		5.00	2.60	2.92	6.98	7.00	4.60	4.92	8.98	9.00	6.60	6.92

b) a=0.8 の時

年	2001				2002				2003			
四半期	Ⅰ	Ⅱ	Ⅲ	Ⅳ	Ⅰ	Ⅱ	Ⅲ	Ⅳ	Ⅰ	Ⅱ	Ⅲ	Ⅳ
売上		5.00	4.40	4.12	4.90	5.32	5.05	5.04	6.03	6.63	6.50	6.60

4) a=0.2 の時 9.38、a=0.8 の時 7.28

6) a=0.2 の時、ME=0.50、MAE=2.13、MSE=8.05。a=0.8 の時、ME = 1.04 MAE = 2.20 MSE = 7.07

7) 推測は正しくなかった。傾向線（トレンド）におけるタイムラグのほうが季節性より支配的であった。理由は 8) を参照のこと。

8) a = 0.2 の時、ME = 0.50、MAE = 2.13、MSE = 8.05。a = 0.8 の時、MSE だけが a = 0.2 の場合よりも小さい。季節要因よりも傾向線（トレンド）の影響のほうが支配的であったために ME も MAE もより大きかった。もし a = 0.2 が用いられたならば、ME と MAE ともにより小さくなる。

5. 1) & 5)

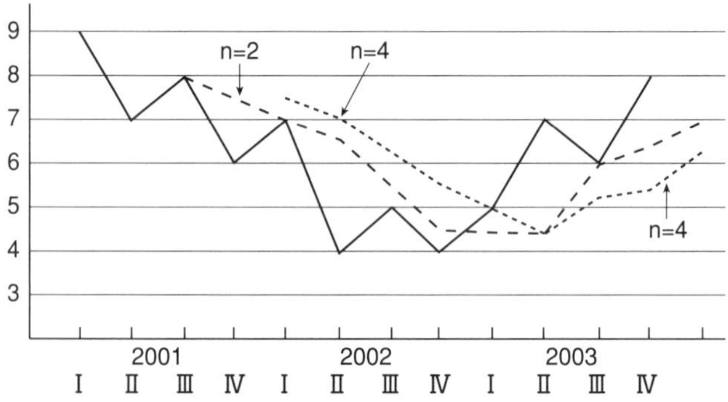

2) n = 2の方が良い、何故なら長期のサイクルが短期のサイクルよりも振幅が支配的であるから。

3)

2001				2002				2003				2004
Ⅰ	Ⅱ	Ⅲ	Ⅳ	Ⅰ	Ⅱ	Ⅲ	Ⅳ	Ⅰ	Ⅱ	Ⅲ	Ⅳ	Ⅰ
for n = 2		8	7.5	7.0	6.5	5.5	4.5	4.5	4.5	6.0	6.5	7.0
for n = 4				7.50	7.00	6.25	5.50	5.00	4.50	5.25	5.50	6.50

4) n=2の時7.0、 n=4の時6.5

6) n = 2の時、ME = −0.05　MAE = 0.95　MSE = 1.78

n = 4の時、ME = −0.06　MAE = 1.50　MSE = 3.27

7) ME、MAE、MSEで示されたようにn=2の方が良い。サイクル周期の長い波長があり、長い期間の移動平均法は実際の時系列に遅れてサイクルを追うことになり、タイムラグを生ずる。

6. 1) & 5)

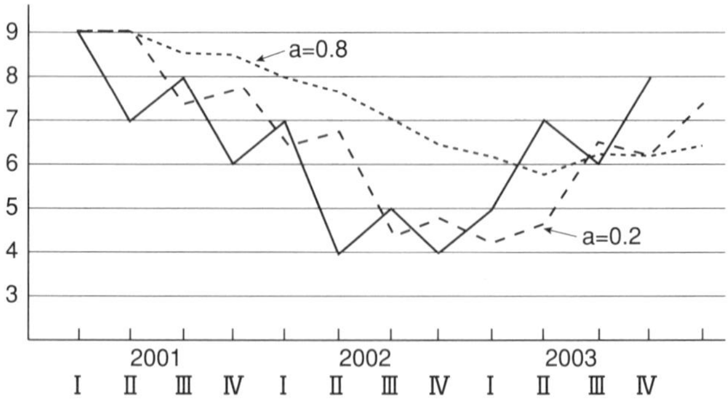

練習問題 ● 解答

2) 長期のサイクルの振幅が支配的なので、最も最近観察されたデータが最も重いウエイトを占めるべきである。その結果 a = 0.2 は a = 0.8 よりも良い。

3)

	2001				2002				2003				2004
	I	II	III	IV	I	II	III	IV	I	II	III	IV	I
a=0.2の時	9	9	7.4	7.88	6.38	6.88	4.58	4.92	4.18	4.84	6.57	6.11	7.62
a=0.8の時	9	9	8.6	8.48	7.98	7.79	7.03	6.62	6.10	5.88	6.10	6.08	6.47

4) a = 0.2 の時 7.62、a = 0.8 の時 6.47

6) a = 0.2 の時、ME = −.16 MAE = 1.34 MSE = 2.44
   a = 0.8 の時、ME = −1.15 MAE = 1.70 MSE = 3.91

7) 推測は正しかった。なぜなら a = 0.8 の時、ME、MAE、MSE ではかる誤差は大きいから。

7. 1) & 5)

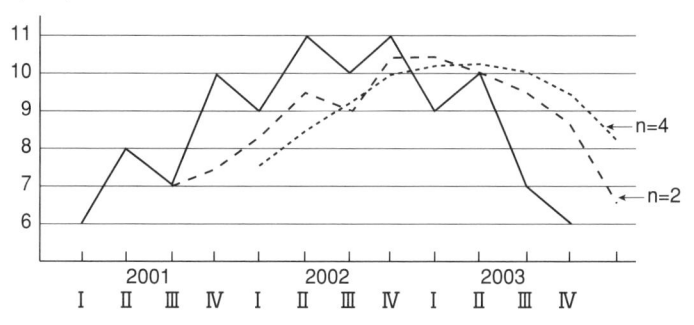

2) 周期の長いサイクルの振幅が支配的なので n = 2 の方が良い。短い移動平均のほうが長い移動平均よりも移動平均の値を急速に調整できるから。

3)

	2001				2002				2003				2004
	I	II	III	IV	I	II	III	IV	I	II	III	IV	I
n = 2 の時			7	7.5	8.50	9.50	10.00	10.50	10.50	10.00	9.50	8.50	6.50
n = 4 の時					7.75	8.50	9.25	10.00	10.25	10.25	10.00	9.25	8.00

4) n = 2 の時 6.50、 n = 4 の時 8.00

6) n = 2 の時、ME = −0.15 MAE = 1.15 MSE = 2.38
   n = 4 の時、ME = −0.28 MAE = 1.66 MSE = 3.82

7) 推測は正しかった。n=4 を選んだならば、予測値が実際値にかなり遅れてついて行っているため誤差は大きかったであろう。

8. 1) & 5)

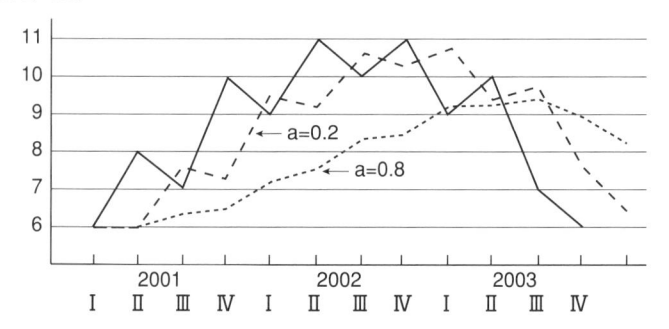

[グラフ: 2001年Iから2003年IVまでの時系列データ、a=0.2とa=0.8の平滑化曲線]

2) 周期の長いサイクルが支配的なのでa = 0.2のほうが良い。最も最近に観察されたデータが最も重いウエイトを課せられるべきである。

3)

	2001				2002				2003				2004
	I	II	III	IV	I	II	III	IV	I	II	III	IV	I
a=0.2の時	6.00	6.00	7.60	7.12	9.42	9.08	10.62	10.12	10.82	9.36	9.87	7.57	6.31
a=0.8の時	6.00	6.00	6.40	6.52	7.22	7.52	8.26	8.61	9.09	9.07	9.25	8.80	8.24

4) a = 0.2の時6.31、a = 0.8の時8.24

5) 省略

6) a = 0.2の時、ME = 0.04 MAE = 1.47 MSE = 2.92
   a = 0.8の時、ME = 1.02 MAE = 1.95 MSE = 4.91

7) 推測は正しかった。a=0.8を選んだならば、スムーズ化した時系列が遅れて実際値を追う(タイムラグがあるため)ので、誤差が大きくなる。

第17章

1.

	2001				2002				2003			
	I	II	III	IV	I	II	III	IV	I	II	III	IV
1) 季節変動指数			0.632	1.524	1.217	0.640	0.740	1.379	1.161	0.750		
4) SATS	4.227	2.894	4.396	5.542	5.918	5.787	7.327	6.927	7.609	8.681	10.258	6.927

SATS (Seasonally Adjusted Time Series): 季節変動調整済み時系列

	I	II	III	IV	合計
2)	1.189	0.695	0.6865	1.4515	4.022
3)	1.183	0.691	0.682	1.444	4.000

5)、6) & 8)

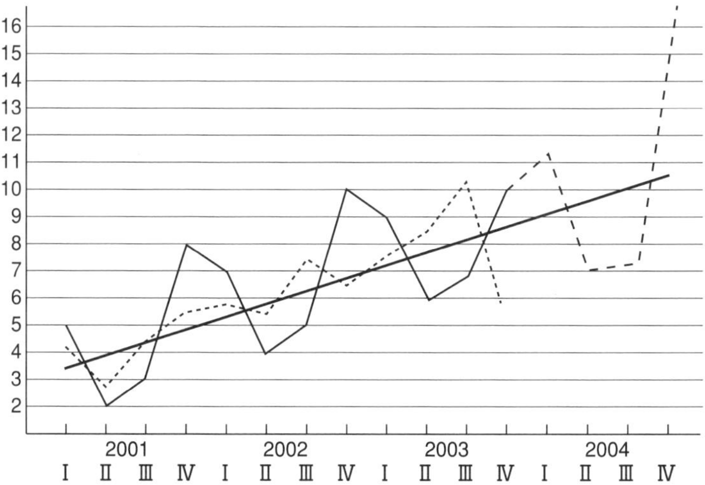

7) 2004	I	II	III	IV
トレンド線の延長	9.7	10.2	10.7	11.3
各4半期の予測	11.475	7.048	7.295	16.317

2.

	2001				2002				2003			
	I	Ⅱ	Ⅲ	Ⅳ	I	Ⅱ	Ⅲ	Ⅳ	I	Ⅱ	Ⅲ	Ⅳ
1) 季節変動指数			1.231	0.800	0.696	1.333	1.200	0.60	0.762	1.217		
4) SATS	5.378	6.915	6.450	6.999	5.378	5.378	4.837	4.199	5.378	5.378	6.450	6.999

	I	II	III	IV	合計
2)	0.729	1.275	1.2155	0.700	3.9195
3)	0.744	1.302	1.240	0.714	4.000

5)、6) & 8)

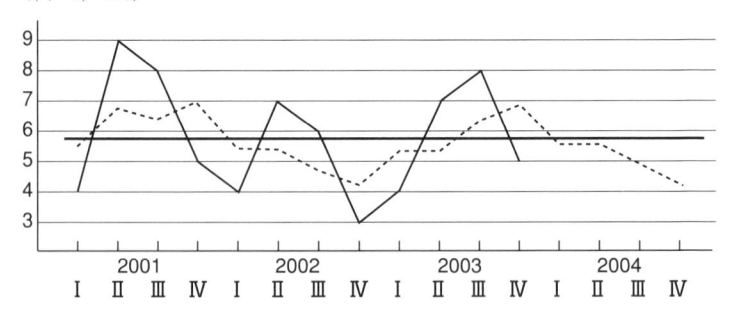

7) グラフから判断して、トレンドはないので、傾向線はY=5.8ぐらいで水平線となる。従って、水平線を延長した。

	2004	I	II	III	IV
水平線の延長		5.8	5.8	5.8	5.8

8) 上記7)の答えと同じ。しかし、2年周期のサイクルがあるように見受けられる。従って、2年前のパターンが繰り返されると仮定して、4半期毎の予測は4、7、6、3という事も出来る。

3.

		2001				2002				2003			
		I	II	III	IV	I	II	III	IV	I	II	III	IV
1)	SI			1.123	1.018	0.830	1.020	1.167	1.091	0.700	1.000		
4)	SATS	16.88	14.76	13.89	13.19	14.29	12.79	12.15	11.31	9.09	8.86	8.68	7.54

SI (Seasonal Index)：季節変動指数

		I	II	III	IV	
2)	SI	0.770	1.017	1.152	1.061	4.00
3)	SI	0.765	1.010	1.145	1.0545	3.9745

練習問題 ● 解答

5)、6) & 8)

[グラフ: 2001年Ⅰ期から2004年Ⅳ期までの推移を示す折れ線グラフと傾向線]

7) 2004	Ⅰ	Ⅱ	Ⅲ	Ⅳ
傾向線の延長	7.2	6.5	5.8	5.0
4半期毎の予測	5.544	6.604	6.682	5.306

4.

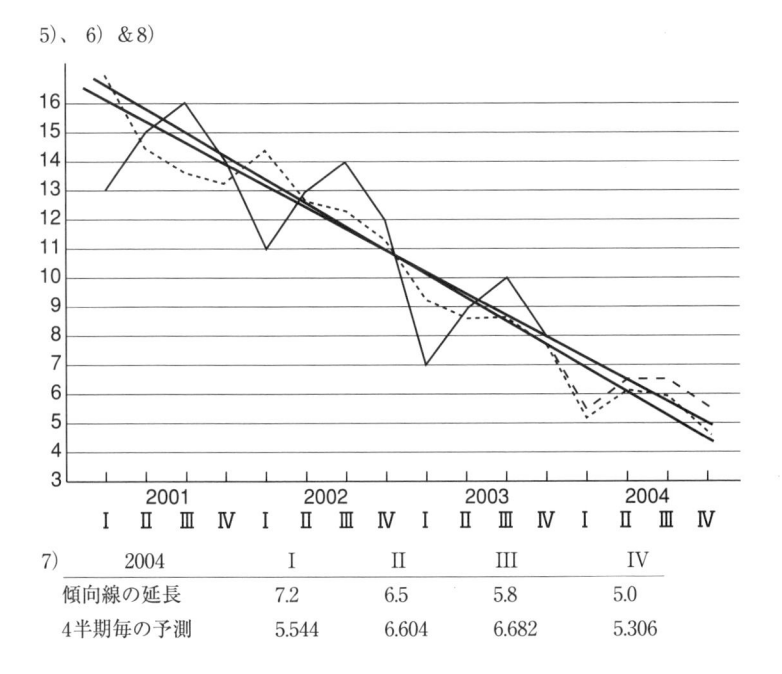

	2001				2002				2003			
	Ⅰ	Ⅱ	Ⅲ	Ⅳ	Ⅰ	Ⅱ	Ⅲ	Ⅳ	Ⅰ	Ⅱ	Ⅲ	Ⅳ
1) SI			1.455	0.615	0.800	1.176	1.263	0.762	0.870	1.120		
4) SATS	1.207	2.633	2.966	2.926	3.621	4.388	4.449	5.853	6.035	6.143	5.932	8.779

	Ⅰ	Ⅱ	Ⅲ	Ⅳ	合計
2) 調整前のSI	0.835	1.148	1.359	0.689	4.031
3) 調整後のSI	0.828	1.140	1.349	0.683	4.000

5)、6) & 8)

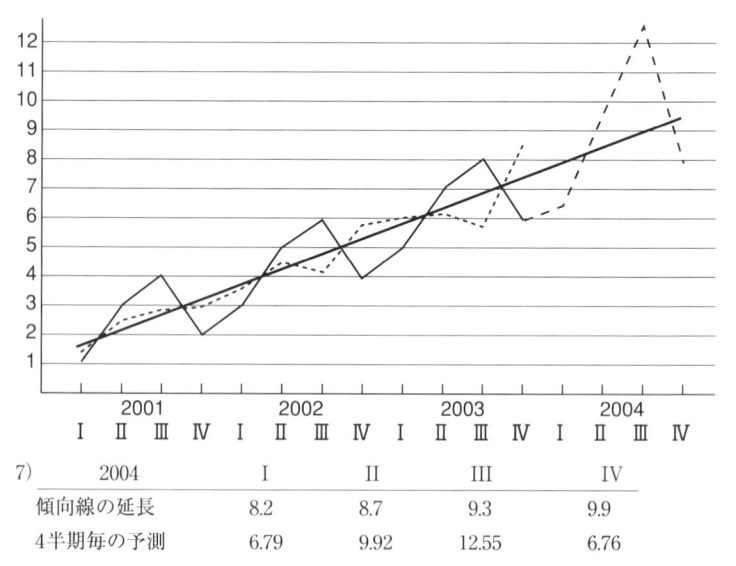

7)
2004	I	II	III	IV
傾向線の延長	8.2	8.7	9.3	9.9
4半期毎の予測	6.79	9.92	12.55	6.76

5.

	2001				2002				2003			
	I	II	III	IV	I	II	III	IV	I	II	III	IV
1)			1.047	0.914	1.087	0.951	1.051	0.907	1.095	0.946		
4)	13.749	13.699	13.346	13.172	12.832	12.645	12.393	12.075	11.916	11.591	11.439	10.977

1) の数字はSI (Seasonal Index)：季節変動指数
4) の数字はSATS：季節変動調整済み時系列

	I	II	III	IV	合計
2) 調整前のSI	1.091	0.9485	1.049	0.9105	3.999
3) 調整後のSI	1.091	0.949	1.049	0.911	4.000

5)、6) &8)

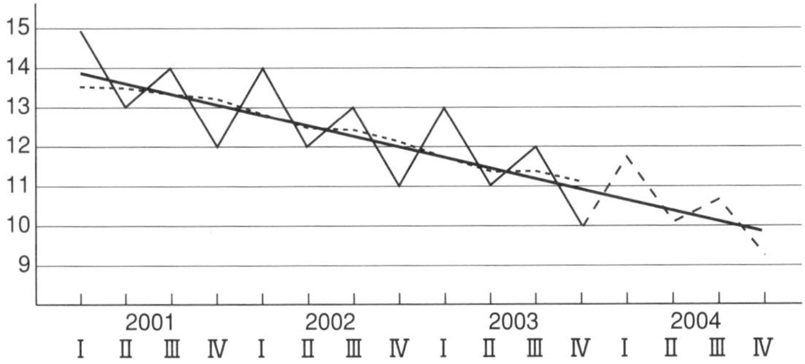

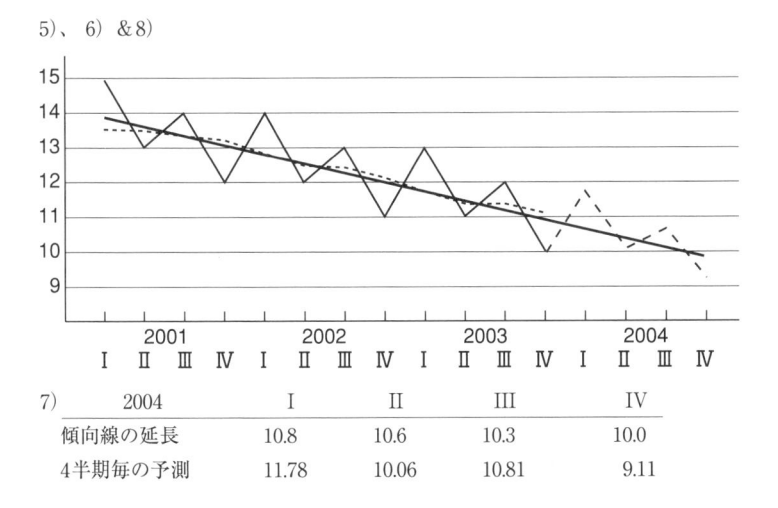

7) 2004	I	II	III	IV
傾向線の延長	10.8	10.6	10.3	10.0
4半期毎の予測	11.78	10.06	10.81	9.11

6.

	2001				2002				2003			
	I	II	III	IV	I	II	III	IV	I	II	III	IV
1)			1.073	0.923	1.081	0.901	1.059	0.941	0.914	1.081		
4)	11.989	10.056	10.286	9.624	9.991	8.045	8.415	8.555	7.993	10.056	8.415	12.832

	I	II	III	IV
2) 調整前のSI	0.9975	0.991	1.066	0.932
3) 調整後のSI	1.001	0.995	1.069	0.935

5)

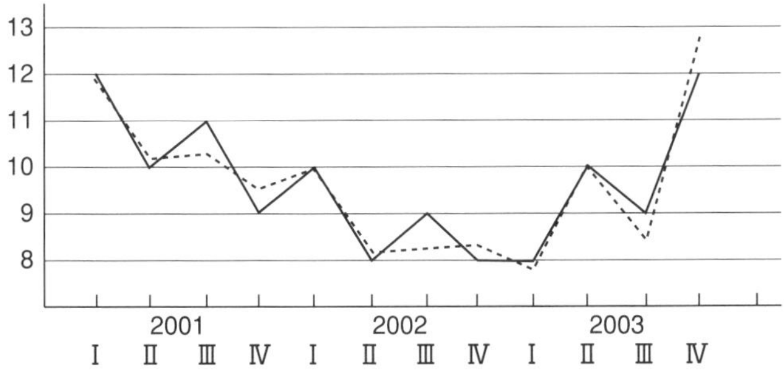

付録

1. 正規分布表

Z	.00	.01	.02	.03	.04	.05	.06	.07	.08	.09
.0	.0000	.0040	.0080	.0120	.0160	.0199	.0239	.0279	.0319	.0359
.1	.0398	.0438	.0478	.0517	.0557	.0596	.0636	.0675	.0714	.0753
.2	.0793	.0832	.0871	.0910	.0948	.0987	.1026	.1064	.1103	.1141
.3	.1179	.1217	.1255	.1293	.1331	.1368	.1406	.1443	.1480	.1517
.4	.1554	.1591	.1628	.1664	.1700	.1736	.1772	.1808	.1844	.1879
.5	.1915	.1950	.1985	.2019	.2054	.2088	.2123	.2157	.2190	.2224
.6	.2257	.2291	.2324	.2357	.2389	.2422	.2454	.2486	.2517	.2549
.7	.2580	.2611	.2642	.2673	.2704	.2734	.2764	.2794	.2823	.2852
.8	.2881	.2910	.2939	.2967	.2995	.3023	.3051	.3078	.3106	.3133
.9	.3159	.3186	.3212	.3238	.3264	.3289	.3315	.3340	.3365	.3389
1.0	.3413	.3438	.3461	.3485	.3508	.3531	.3554	.3577	.3599	.3621
1.1	.3643	.3665	.3686	.3708	.3729	.3749	.3770	.3790	.3810	.3830
1.2	.3849	.3869	.3888	.3907	.3925	.3944	.3962	.3980	.3997	.4015
1.3	.4032	.4049	.4066	.4082	.4099	.4115	.4131	.4147	.4162	.4177
1.4	.4192	.4207	.4222	.4236	.4251	.4265	.4279	.4292	.4306	.4319
1.5	.4332	.4345	.4357	.4370	.4382	.4394	.4406	.4418	.4429	.4441
1.6	.4452	.4463	.4474	.4484	.4495	.4505	.4515	.4525	.4535	.4545
1.7	.4554	.4564	.4573	.4582	.4591	.4599	.4608	.4616	.4625	.4633
1.8	.4641	.4649	.4656	.4664	.4671	.4678	.4686	.4693	.4699	.4706
1.9	.4713	.4719	.4726	.4732	.4738	.4744	.4750	.4756	.4761	.4767
2.0	.4772	.4778	.4783	.4788	.4793	.4798	.4803	.4808	.4812	.4817
2.1	.4821	.4826	.4830	.4834	.4838	.4842	.4846	.4850	.4854	.4857
2.2	.4861	.4864	.4868	.4871	.4875	.4878	.4881	.4884	.4887	.4890
2.3	.4893	.4896	.4898	.4901	.4904	.4906	.4909	.4911	.4913	.4916
2.4	.4918	.4920	.4922	.4925	.4927	.4929	.4931	.4932	.4934	.4936
2.5	.4938	.4940	.4941	.4943	.4945	.4946	.4948	.4949	.4951	.4952
2.6	.4953	.4955	.4956	.4957	.4959	.4960	.4961	.4962	.4963	.4964
2.7	.4965	.4966	.4967	.4968	.4969	.4970	.4971	.4972	.4973	.4974
2.8	.4974	.4975	.4976	.4977	.4977	.4978	.4979	.4979	.4980	.4981
2.9	.4981	.4982	.4983	.4983	.4984	.4984	.4985	.4985	.4986	.4986
3.0	.4987	.4987	.4987	.4988	.4988	.4989	.4989	.4989	.4990	.4990

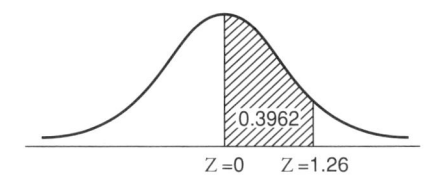

$P(0 \leq Z \leq 1.26) = 0.3962$

2．乱数表

列 行	(1)	(2)	(3)	(4)	(5)	(6)	(7)	(8)	(9)	(10)	(11)	(12)	(13)	(14)
1	10480	15011	01536	02011	81647	91646	69179	14194	62590	36207	20969	99570	91291	90700
2	22368	46573	25595	85393	30995	89198	27982	53402	93965	34095	52666	19174	39615	99505
3	24130	48360	22527	97265	76393	64809	15179	24830	49340	32081	30680	19655	63348	58629
4	42167	93093	06243	61680	07856	16376	39440	53537	71341	57004	00849	74917	97758	16379
5	37570	39975	81837	16656	06121	91782	60468	81305	49684	60672	14110	06927	01263	54613
6	77921	06907	11008	42751	27756	53498	18602	70659	90655	15053	21916	81825	44394	42880
7	99562	72905	56420	69994	98872	31016	71194	18738	44013	48840	63213	21069	10634	12952
8	96301	91977	05463	07972	18876	20922	94595	56869	69014	60045	18425	84903	42508	32307
9	89579	14342	63661	10281	17453	18103	57740	84378	25331	12566	58678	44947	05585	56941
10	85475	36857	43342	53988	53060	59533	38867	62300	08158	17983	16439	11458	18593	64952
11	28918	69578	88231	33276	70997	79936	56865	05859	90106	31595	01547	85590	91610	78188
12	63553	40961	48235	03427	49626	69445	18663	72695	52180	20847	12234	90511	33703	90322
13	09429	93969	52636	92737	88974	33488	36320	17617	30015	08272	84115	27156	30613	74952
14	10365	61129	87529	85689	48237	52267	67689	93394	01511	26358	85104	20285	29975	89868
15	07119	97336	71048	08178	77233	13916	47564	81056	97735	85977	29372	74461	28551	90707
16	51085	12765	51821	51259	77452	16308	60756	92144	49442	53900	70960	63990	75601	40719
17	02368	21382	52404	60268	89368	19885	55322	44819	01188	65255	64835	44919	05944	55157
18	01011	54092	33362	94904	31273	04146	18594	29852	71585	85030	51132	01915	92747	64951
19	52162	53916	46369	58586	23216	14513	83149	98736	23495	64350	94738	17752	35156	35749
20	07056	97628	33787	09998	42698	06691	76988	13602	51851	46104	88916	19509	25625	58104
21	48663	91245	85828	14346	09172	30168	90229	04734	59193	22178	30421	61666	99904	32812
22	54164	58492	22421	74103	47070	25306	76468	26384	58151	06646	21524	15227	96909	44592
23	32639	32363	05597	24200	13363	38005	94342	28728	35806	06912	17012	64161	18296	22851
24	29334	27001	87637	87308	58731	00256	45834	15398	46557	41135	10367	07684	36188	18510
25	02488	33062	28834	07351	19731	92420	60952	61280	50001	67658	32586	86679	50720	94953
26	81525	72295	04839	96423	24878	82651	66566	14778	76797	14780	13300	87074	79666	95725
27	29676	20591	68086	26432	46901	20849	89768	81536	86645	12659	92259	57102	80428	25280
28	00742	57392	39064	66432	84673	40027	32832	61362	98947	96067	64760	64584	96096	98253
29	05366	04213	25669	26422	44407	44048	37937	63904	45766	66134	75470	66520	34693	90449
30	91921	26418	64117	94305	26766	25940	39972	22209	71500	64568	91402	42416	07844	69618
31	00582	04711	87917	77341	42206	35126	74087	99547	81817	42607	43808	76655	62028	76630
32	00725	69884	62797	56170	86324	88072	76222	36086	84637	93161	76038	65855	77919	88006
33	69011	65797	95876	55293	18988	27354	26575	08625	40801	59920	29841	80150	12777	48501
34	25976	57948	29888	88604	67917	48708	18912	82271	65424	69774	33611	54262	85963	03547
35	09763	83473	73577	12908	30883	18317	28290	35797	05998	41688	34952	37888	38917	88050
36	91567	42595	27958	30134	04024	86385	29880	99730	55536	84855	29080	09250	79656	73211
37	17955	56349	90999	49127	20044	59931	06115	20542	18059	02008	73708	83517	36103	42791
38	46503	18584	18845	49618	02304	51038	20655	58727	28168	15475	56942	53389	20562	87338
39	92157	89634	94824	78171	84610	82834	09922	25417	44137	48413	25555	21246	35509	20468
40	14577	62765	35605	81263	39667	47358	56873	56307	61607	49518	89656	20103	77490	18062
41	98427	07523	33362	64270	01638	92477	66969	98420	04880	45585	46565	04102	46880	45709
42	34914	63976	88720	82765	34476	17032	87589	40836	32427	70002	70663	88863	77775	69348
43	70060	28277	39475	46473	23219	53416	94970	25832	69975	94884	19661	72828	00102	66794
44	53976	54914	06990	67245	68350	82948	11398	42878	80287	88267	47363	46634	06541	97809
45	76072	29515	40980	07391	58745	25774	22987	80059	39911	96189	41151	14222	60697	59583
46	90725	52210	83974	29992	65831	38857	50790	83765	55657	14361	31720	57375	56228	41546
47	64364	67412	33339	31926	14883	24413	59744	92351	97473	89286	35931	04110	23726	51900
48	08962	00358	31662	25388	61642	34072	81249	35648	56891	69352	48373	45578	78547	81788
49	95012	68379	93526	70765	10593	04542	76463	54328	02349	17247	28865	14777	62730	92277
50	15664	10493	20492	38391	91132	21999	59516	81652	27195	48223	46751	22923	32261	85653

Handbook of Tables for Probability and Statistics (2nd.) Edited by William H. Beyar, © 1968, Reprinted by permission of CRC Press.

付録

乱数表

列 行	(1)	(2)	(3)	(4)	(5)	(6)	(7)	(8)	(9)	(10)	(11)	(12)	(13)	(14)
51	16408	81899	04153	53381	79401	21438	83035	92350	36693	31238	59649	91754	72772	02338
52	18629	81953	05520	91962	04739	13092	97662	24822	94730	06496	35090	04822	86772	98289
53	73115	35101	47498	87637	99016	71060	88824	71013	18735	20286	23153	72924	35166	43040
54	57491	16703	23167	49323	45021	33132	12544	41035	80780	45393	44812	12515	98931	91202
55	30405	83946	23792	14422	15059	45799	22716	19792	09983	74353	68668	30429	70735	25499
56	16631	35006	85900	98275	32388	52390	16815	69298	82732	38480	73817	32523	41961	44437
57	96773	20206	42559	78985	05300	22164	24369	54224	35028	19687	11052	91491	60383	19746
58	38935	64202	14349	82674	66523	44133	00697	35552	35970	19124	63318	29686	03387	59846
59	31624	76384	17403	53366	44167	64486	64758	75366	76554	31601	12614	33072	60332	92325
60	78919	19474	23632	27889	47914	02584	37680	20801	72152	39339	34806	08930	85001	87820
61	03931	33309	57047	74211	63445	17361	62825	39908	05607	91284	68833	25570	38818	46920
62	74426	33278	43972	10119	89917	15665	52872	73823	73144	88662	88970	74492	51805	99378
63	09066	00903	20795	95545	92648	45454	09552	88815	16553	51125	79375	97525	16296	66092
64	42238	12426	87025	14267	20979	04508	64535	31355	86064	29472	47689	05974	52468	16834
65	16153	08002	26504	41744	81959	65642	74240	56302	00033	67107	77510	70625	28725	34191
66	21457	40742	29860	96783	29400	21840	15035	34537	33310	06116	95240	15957	16572	06004
67	21581	57802	02050	89728	17937	37621	47075	42080	97403	48626	68995	43805	33386	21597
68	55612	78095	83197	33732	05810	24813	86902	60397	16489	03264	88525	42786	05269	92532
69	44657	66999	99324	51281	84463	60563	79312	93454	68876	25471	93911	25650	12682	73572
70	91340	84979	46949	81973	37949	61028	43997	15268	80644	43942	89203	71795	99533	50501
71	91227	21199	31935	27022	84067	05462	35216	14486	29891	68607	41867	14951	91696	85065
72	50001	38140	66321	19924	72163	09538	12151	06878	91903	18749	34405	56087	82790	70925
73	65390	05224	72958	28609	81406	39147	25549	48542	42627	45233	57202	94617	23772	07896
74	27504	96131	83944	41575	10573	08619	64482	73923	36152	05184	94142	25299	84387	34925
75	37169	94851	39117	89632	00959	16487	65536	49071	39782	17095	02330	74301	00275	48280
76	11508	70225	51111	38351	19444	66499	71945	05422	13442	78675	84081	66938	93654	59894
77	37449	30362	06694	54690	04052	53115	62757	95348	78662	11163	81651	50245	34971	52924
78	46515	70331	85922	38329	57015	15765	97161	17869	45349	61796	66345	81073	49106	79860
79	30986	81223	43416	58353	21532	30502	32305	86482	05174	07901	54339	58861	74818	46942
80	63798	64995	46583	09765	44160	78128	83991	42865	92520	83531	80377	35909	81250	54238
81	82486	84846	99254	67632	43218	50076	21361	64816	51202	88124	41870	52689	51275	83556
82	21885	32906	92431	09060	64297	51674	64126	62570	26123	05155	59194	52799	28225	85762
83	60336	98782	07408	53458	13564	59089	26445	29789	85205	41001	12535	12133	14645	23541
84	43937	46891	24010	25560	86355	33941	25786	54990	71899	15475	95434	98227	21824	19585
85	97656	63175	89303	16275	07100	92063	21942	18611	47348	20203	18534	03862	78095	50136
86	03299	01221	05418	38982	55758	92237	26759	86367	21216	98442	08303	56613	91511	75928
87	79626	06486	03574	17668	07785	76020	79924	25651	83325	88428	85076	72811	22717	50585
88	85636	68335	47539	03129	65651	11977	02510	26113	99447	68645	34327	15152	55230	93448
89	18039	14367	61337	06177	12143	46609	32989	74014	64708	00533	35398	58408	13261	47908
90	08362	15656	60627	36478	65648	16764	53412	09013	07832	41574	17639	82163	60859	75567
91	79556	29068	04142	16268	15387	12856	66227	38358	22478	73373	88732	09443	82558	05250
92	92608	82674	27072	32534	17075	27698	98204	63863	11951	34648	88022	56148	34925	56031
93	23982	25835	40055	67006	12293	02753	14827	22235	35071	99704	37543	11601	35503	85171
94	09915	96306	05908	97901	28395	14186	00821	80703	70426	75647	76310	88717	37890	40129
95	50937	33300	26695	62247	69927	76123	50842	43834	86654	70959	79725	93872	28117	19833
96	42488	78077	69882	61657	34136	79180	97526	43092	04098	73571	80799	76536	71255	64239
97	46764	86273	63003	93017	31204	36692	40202	35275	57306	55543	53203	18098	47625	88684
98	03237	45430	55417	63282	90816	17349	88298	90183	36600	78406	06216	95787	42579	90730
99	86591	81482	52667	61583	14972	90053	89534	76036	49199	43716	97548	04379	46370	28672
100	38534	01715	94964	87288	65680	43772	39560	12918	86537	62738	19636	51132	25739	56947

乱数表

列 行	(1)	(2)	(3)	(4)	(5)	(6)	(7)	(8)	(9)	(10)	(11)	(12)	(13)	(14)
101	13284	16834	74151	92027	24670	36665	00770	22878	02179	51602	07270	76517	97275	45960
102	21224	00370	30420	03883	96648	89428	41583	17564	27395	63904	41548	49197	82277	24120
103	99052	47887	81085	64933	66279	80432	65793	83287	34142	13241	30590	97760	35848	91983
104	00199	50993	98603	38452	87890	94624	69721	57484	67501	77638	44331	11257	71131	11059
105	60578	06483	28733	37867	07936	98710	98539	27186	31237	80612	44488	97819	70401	95419
106	91240	18312	17441	01929	18163	69201	31211	54288	39296	37318	65724	90401	79017	62077
107	97458	14229	12063	59611	32249	90466	33216	19358	02591	54263	88449	01912	07436	50813
108	35249	38646	34475	72417	60514	69257	12489	51924	86871	92446	36607	11458	30440	52639
109	38980	46600	11759	11900	46743	27860	77940	39298	97838	95145	32378	68038	89351	37005
110	10750	52745	38749	87366	58959	53731	89295	59062	39404	13198	59960	70408	29812	83126
111	36247	27850	73958	20673	37800	63835	71051	84724	52492	22342	78071	17456	96104	18327
112	70994	66986	99744	72438	01174	42159	11392	20724	54322	36923	70009	23233	65438	59685
113	99638	94702	11463	18148	81386	80431	90628	52506	02016	85151	88598	47821	00265	82525
114	72055	15774	43857	99805	10419	76939	25993	03544	21560	83471	43989	90770	22965	44247
115	24038	65541	85788	55835	38835	59399	13790	35112	01324	39520	76210	22467	83275	32286
116	74976	14631	35908	28221	39470	91548	12854	30166	09073	75887	36782	00268	97121	57676
117	35553	71628	70189	26436	63407	91178	90348	55359	80392	41012	36270	77786	89578	21059
118	35676	12797	51434	82976	42010	26344	92920	92155	58807	54644	58581	95331	78629	73344
119	74815	67523	72985	23183	02446	63594	98924	20633	58842	85961	07648	70164	34994	67662
120	45246	88048	65173	50989	91060	89894	36063	32819	68559	99221	49475	50558	34698	71800
121	76509	47069	86378	41797	11910	49672	88575	97966	32466	10083	54728	81972	58975	30761
122	19689	90332	04315	21358	97248	11188	39062	63312	52496	07349	79178	33692	57352	72862
123	42751	35318	97513	61537	54955	08159	00337	80778	27507	95478	21252	12746	37554	97775
124	11946	22681	45045	13964	57517	59419	58045	44067	58716	58840	45557	96345	33271	53464
125	96518	48688	20996	11090	48396	57177	83867	86464	14342	21545	46717	72364	86954	55580
126	35726	58643	76869	84622	39098	36083	72505	92265	23107	60278	05822	46760	44294	07672
127	39737	42750	48968	70536	84864	64952	38404	94317	65402	13589	01055	79044	19308	83623
128	97025	66492	56177	04049	80312	48028	26408	43591	75528	65341	49044	95495	81256	53214
129	62814	08075	09788	56350	76787	51591	54509	49295	85830	59860	30883	89660	96142	18354
130	25578	22950	15227	83291	41737	79599	96191	71845	86899	70694	24290	01551	80092	82118
131	68763	69576	88991	49662	46704	63362	56625	00481	73323	91427	15264	06969	57048	54149
132	17900	00813	64361	60725	88974	61005	99709	30666	26451	11528	44323	34778	60342	60388
133	71944	60227	63551	71109	05624	43836	58254	26160	32116	63403	35404	57146	10909	07346
134	54684	93691	85132	64399	29182	44324	14491	55226	78793	34107	30374	48429	51376	09559
135	25946	27623	11258	65204	52832	50880	22273	05554	99521	73791	85744	29276	70326	60251
136	01353	39318	44961	44972	91766	90262	56073	06606	51826	18893	83448	31915	97764	75091
137	99083	88191	27662	99113	57174	35571	99884	13951	71057	53961	61448	74909	07322	80960
138	52021	45406	37945	75234	24327	86978	22644	87779	23753	99926	63898	54886	18051	96314
139	78755	47744	43776	83098	03225	14281	83637	55984	13300	52212	58781	14905	46502	04472
140	25282	69106	59180	16257	22810	43609	12224	25643	89884	31149	85423	32581	34374	70873
141	11959	94202	02743	86847	79725	51811	12998	76844	05320	54236	53891	70226	38632	84776
142	11644	13792	98190	01424	30078	28197	55583	05197	47714	68440	22016	79204	06862	94451
143	06307	97912	68110	59812	95448	43244	31262	88880	13040	16458	43813	89416	42482	33939
144	76285	75714	89585	99296	52640	46518	55486	90754	88932	19937	57119	23251	55619	23679
145	55322	07589	39600	60866	63007	20007	66819	84164	61131	81429	60676	42807	78286	29015
146	78017	90928	90220	92503	83375	26986	74399	30885	88567	29169	72816	53357	15428	86932
147	44768	43342	20696	26631	43140	69744	82928	24989	94237	46138	77426	39039	55596	12641
148	25100	19336	14605	86603	51680	97673	24261	02464	86563	74812	60069	71674	15478	47642
149	83612	46623	62876	85197	07824	91392	58317	37726	84628	42221	10268	20692	15699	29167
150	41347	81666	82961	60413	71020	83658	02415	33322	66036	98712	46795	16308	28413	05417

付録

乱数表

列行	(1)	(2)	(3)	(4)	(5)	(6)	(7)	(8)	(9)	(10)	(11)	(12)	(13)	(14)
151	38128	51178	75096	13609	16110	73533	42564	59870	29399	67834	91055	89917	51096	89011
152	60950	00455	73254	96067	50717	13878	03216	78274	65863	37011	91283	33914	91303	49326
153	90524	17320	29832	96118	75792	25326	22940	24904	80523	38928	91374	55597	97567	38914
154	49897	18278	67160	39408	97056	43517	84426	59650	20247	19293	02019	14790	02852	05819
155	18494	99209	81060	19488	65596	59787	47939	91225	98768	43688	00438	05548	09443	82897
156	65373	72984	30171	37741	70203	94094	87261	30056	58124	70133	18936	02138	59372	09075
157	40653	12843	04213	70925	95360	55774	76439	61768	52817	81151	52188	31940	54273	49032
158	51638	22238	56344	44587	83231	50317	74541	07719	25472	41602	77318	15145	57515	07633
159	69742	99303	62578	83575	30337	07488	51941	84316	42067	49692	28616	29101	03013	73449
160	58012	74172	67488	74580	47992	69482	58624	17106	47538	13452	22620	24260	40155	74716
161	18348	19855	42887	08279	43206	47077	42637	45606	00011	20662	14642	49984	94509	56380
162	59614	09193	58064	29086	44385	45740	70752	05663	49081	26960	57454	99264	24142	74648
163	75688	28630	39210	52897	62748	72658	98059	67202	72789	01869	13496	14663	87645	89713
164	13941	77802	69101	70061	35460	34576	15412	81304	58757	35498	94830	75521	00603	97701
165	96656	86420	96475	86458	54463	96419	55417	41375	76886	19008	66877	35934	59801	00497
166	03363	82042	15942	14549	38324	87094	19069	67590	11087	68570	22591	65232	85915	91499
167	70366	08390	69155	25496	13240	57407	91407	49160	07379	34444	94567	66035	38918	66708
168	47870	36605	12927	16043	53257	93796	52721	73120	48025	76074	95605	67422	41646	14557
169	79504	77606	22761	30518	28373	73898	30550	76684	77366	32276	04690	61667	64798	66276
170	46967	74841	50923	15339	37755	98995	40162	89561	69199	42257	11647	47603	48779	97907
171	14558	50769	35444	59030	87516	48193	02945	00922	48189	04724	21263	20892	92955	90251
172	12440	25057	01132	38611	28135	68089	10954	10097	54243	06460	50856	65435	79377	53890
173	32293	29938	68653	10497	98919	46587	77701	99119	93165	67788	17638	23097	21468	36992
174	10640	21875	72462	77981	56550	55999	87310	69643	45124	00349	25748	00844	96831	30651
175	47615	23169	39571	56972	20628	21788	51736	33133	72696	32605	41569	76148	91544	21121
176	16948	11128	71624	72754	49084	96303	27830	45817	67867	18062	87453	17226	72904	71474
177	21258	61092	66634	70335	92448	17354	83432	49608	66520	06442	59664	20420	39201	69549
178	15072	48853	15178	30730	47481	48490	41436	25015	49932	20474	53821	51015	79841	32405
179	99154	57412	09858	65671	70655	71479	63510	31357	56968	06729	34465	70685	04184	25250
180	08759	61089	23706	32994	35426	36666	63988	98844	37533	08269	27021	45886	22835	78451
181	67323	57839	61114	62192	47547	58023	64630	34886	98777	75442	95592	06141	45096	73117
182	09255	13986	84834	20764	72206	89393	34548	93438	88730	61805	78955	18952	46436	58740
183	36304	74712	00374	10107	85061	69228	81969	92216	03568	39630	81869	52824	50937	27954
184	15884	67429	86612	47367	10242	44880	12060	44309	46629	55105	66793	93173	00480	13311
185	18745	32031	35303	08134	33925	03044	59929	95418	04917	57596	24878	61733	92834	64454
186	72934	40086	88292	65728	38300	42323	64068	98373	48971	09049	59943	36538	05976	82118
187	17626	02944	20910	57662	80181	38579	24580	90529	52303	50436	29401	57824	86039	81062
188	27117	61399	50967	41399	81636	16663	15634	79717	94696	59240	25543	97989	63306	90946
189	93995	18678	90012	63645	85701	85269	62263	68331	00389	72571	15210	20769	44686	96176
190	67392	89421	09623	80725	62620	84162	87368	29560	00519	84545	08004	24526	41252	14521
191	04910	12261	37566	80016	21245	69377	50420	85658	55263	68667	78770	04533	14513	18099
192	81453	20283	79929	59839	23875	13245	46808	74124	74703	35769	95588	21014	37078	39170
193	19480	75790	48539	23703	15537	48885	02861	86587	74539	65227	90799	58789	96257	02708
194	21456	13162	74608	81011	55512	07481	93551	72189	76261	91206	89941	15132	37738	59284
195	89406	20912	46189	76316	25538	87212	20748	12831	57166	35026	16817	79121	18929	40628
196	09866	07414	55977	16419	01101	69343	13305	94302	80703	57910	36933	57771	42546	03003
197	86541	24681	23421	13521	28000	94917	07423	57523	97234	63951	42876	46829	09781	58160
198	10414	96941	06205	72222	07167	83902	97640	69507	10600	08858	07895	44472	64220	27040
199	49942	06683	41479	58982	56288	42853	92196	20632	62045	78812	35895	51851	83534	10689
200	23995	68882	42291	23374	24299	27024	67460	94783	40937	16961	26053	78749	46704	21983

461

3．t分布表

$a/2$ \ ϕ	.45	.40	.35	.30	.25	.20	.15	.10	.05	.025	.01	.005
1	.158	.325	.510	.727	1.000	1.376	1.963	3.078	6.314	12.706	31.821	63.657
2	.142	.289	.445	.617	.816	1.061	1.386	1.886	2.920	4.303	6.965	9.925
3	.137	.277	.424	.584	.765	.978	1.250	1.638	2.353	3.182	4.541	5.841
4	.134	.271	.414	.569	.741	.941	1.190	1.533	2.132	2.776	3.747	4.604
5	.132	.267	.408	.559	.727	.920	1.156	1.476	2.015	2.571	3.365	4.032
6	.131	.265	.404	.553	.718	.906	1.134	1.440	1.943	2.447	3.143	3.707
7	.130	.263	.402	.549	.711	.896	1.119	1.415	1.895	2.365	2.998	3.499
8	.130	.262	.399	.546	.706	.889	1.108	1.397	1.860	2.306	2.896	3.355
9	.129	.261	.398	.543	.703	.883	1.100	1.383	1.833	2.262	2.821	3.250
10	.129	.260	.397	.542	.700	.879	1.093	1.372	1.812	2.228	2.764	3.169
11	.129	.260	.396	.540	.697	.876	1.088	1.363	1.796	2.201	2.718	3.106
12	.128	.259	.395	.539	.695	.873	1.083	1.356	1.782	2.179	2.681	3.055
13	.128	.259	.394	.538	.694	.870	1.079	1.350	1.771	2.160	2.650	3.012
14	.128	.258	.393	.537	.692	.868	1.076	1.345	1.761	2.145	2.624	2.977
15	.128	.258	.393	.536	.691	.866	1.074	1.341	1.753	2.131	2.602	2.947
16	.128	.258	.392	.535	.690	.865	1.071	1.337	1.746	2.120	2.583	2.921
17	.128	.257	.392	.534	.689	.863	1.069	1.333	1.740	2.110	2.567	2.898
18	.127	.257	.392	.534	.688	.862	1.067	1.330	1.734	2.101	2.552	2.878
19	.127	.257	.391	.533	.688	.861	1.066	1.328	1.729	2.093	2.539	2.861
20	.127	.257	.391	.533	.687	.860	1.064	1.325	1.725	2.086	2.528	2.845
21	.127	.257	.391	.532	.686	.859	1.063	1.323	1.721	2.080	2.518	2.831
22	.127	.256	.390	.532	.686	.858	1.061	1.321	1.717	2.074	2.508	2.819
23	.127	.256	.390	.532	.685	.858	1.060	1.319	1.714	2.069	2.500	2.807
24	.127	.256	.390	.531	.685	.857	1.059	1.318	1.711	2.064	2.492	2.797
25	.127	.256	.390	.531	.684	.856	1.058	1.316	1.708	2.060	2.485	2.787
26	.127	.256	.390	.531	.684	.856	1.058	1.315	1.706	2.056	2.479	2.779
27	.127	.256	.389	.531	.684	.855	1.057	1.314	1.703	2.052	2.473	2.771
28	.127	.256	.389	.530	.683	.855	1.056	1.313	1.701	2.048	2.467	2.763
29	.127	.256	.389	.530	.683	.854	1.055	1.311	1.699	2.045	2.462	2.756
30	.127	.256	.389	.530	.683	.854	1.055	1.310	1.697	2.042	2.457	2.750
31	.12560	.25335	.38532	.52440	.67449	.84162	1.03643	1.28155	1.64485	1.95996	2.32634	2.57582

Reprinted with permission of Macmillan Publishing Co., Inc. from STATISTICAl METHODS FOR RESEARCH WORKERS, 14th ed., by Ronald A. Fisher. Copyright (c) 1970 University of Adelaide.
この表のリプリントの許可は、Kosaku Yoshida, "*Elementary Statistics for Business and Economics*", Goodfield International Publishing Co.,1989,　に与えられたものである。

4. χ^2分布表

ϕ \ α	.99	.98	.95	.90	.80	.70	.50	.30	.20	.10	.05	.02	.01
1	.000157	.000628	.00393	.0158	.0642	.148	.455	1.074	1.642	2.706	3.841	5.412	6.635
2	.0201	.0404	.103	.211	.446	.713	1.386	2.408	3.219	4.605	5.991	7.824	9.210
3	.115	.185	.352	.584	1.005	1.424	2.366	3.665	4.642	6.251	7.815	9.837	11.345
4	.297	.429	.711	1.064	1.649	2.195	3.357	4.878	5.989	7.779	9.488	11.668	13.277
5	.554	.752	1.145	1.610	2.343	3.000	4.351	6.064	7.289	9.236	11.070	13.388	15.086
6	.872	1.134	1.635	2.204	3.070	3.828	5.348	7.231	8.558	10.645	12.592	15.033	16.812
7	1.239	1.564	2.167	2.833	3.822	4.671	6.346	8.383	9.803	12.017	14.067	16.622	18.475
8	1.646	2.032	2.733	3.490	4.594	5.527	7.344	9.524	11.030	13.362	15.507	18.168	20.090
9	2.088	2.532	3.325	4.168	5.380	6.393	8.343	10.656	12.242	14.684	16.919	19.679	21.666
10	2.558	3.059	3.940	4.865	6.179	7.267	9.342	11.781	13.442	15.987	18.307	21.161	23.209
11	3.053	3.609	4.575	5.578	6.989	8.148	10.341	12.899	14.631	17.275	19.675	22.618	24.725
12	3.571	4.178	5.226	6.304	7.807	9.034	11.340	14.011	15.812	18.549	21.026	24.054	26.217
13	4.107	4.765	5.892	7.042	8.634	9.926	12.340	15.119	16.985	19.812	22.362	25.472	27.688
14	4.660	5.368	6.571	7.790	9.467	10.821	13.339	16.222	18.151	21.064	23.685	26.873	29.141
15	5.229	5.985	7.261	8.547	10.307	11.721	14.339	17.322	19.311	22.307	24.996	28.259	30.578
16	5.812	6.614	7.962	9.312	11.152	12.624	15.338	18.418	20.465	23.542	26.296	29.633	32.000
17	6.408	7.255	8.672	10.085	12.002	13.531	16.338	19.511	21.615	24.769	27.587	30.995	33.409
18	7.015	7.906	9.390	10.865	12.857	14.440	17.338	20.601	22.760	25.989	28.869	32.346	34.805
19	7.633	8.567	10.117	11.651	13.716	15.352	18.338	21.689	23.900	27.204	30.144	33.687	36.191
20	8.260	9.237	10.851	12.443	14.578	16.266	19.337	22.775	25.038	28.412	31.410	35.020	37.566
21	8.897	9.915	11.591	13.240	15.445	17.182	20.337	23.858	26.171	29.615	32.671	36.343	38.932
22	9.542	10.600	12.338	14.041	16.314	18.101	21.337	24.939	27.301	30.813	33.924	37.659	40.289
23	10.196	11.293	13.091	14.848	17.187	19.021	22.337	26.018	28.429	32.007	35.172	38.968	41.638
24	10.856	11.992	13.848	15.659	18.062	19.943	23.337	27.096	29.553	33.196	36.415	40.270	42.980
25	11.524	12.697	14.611	16.473	18.940	20.867	24.337	28.172	30.675	34.382	37.652	41.566	44.314
26	12.195	13.409	15.379	17.292	19.820	21.792	25.336	29.246	31.795	35.563	38.885	42.856	45.642
27	12.879	14.125	16.151	18.114	20.703	22.719	26.336	30.319	32.912	36.741	40.113	44.140	46.963
28	13.565	14.847	16.928	18.939	21.588	23.647	27.336	31.391	34.027	37.916	41.337	45.419	48.278
29	14.256	15.574	17.708	19.768	22.475	24.577	28.336	32.461	35.139	39.087	42.557	46.693	49.588
30	14.953	16.306	18.493	20.599	23.364	25.508	29.336	33.530	36.250	40.256	43.773	47.962	50.892

Reprinted with permission of Macmillan Publishing Co., Inc. from STATISTICAL METHODS FOR RESEARCH WORKERS, 14th ed., by Ronald A. Fisher. Copyright (c) 1970 University of Adelaide.
この表のリプリントの許可は、Kosaku Yoshida, "*Elementary Statistics for Business and Economics*", Goodfield International Publishing Co.,1989, に与えられたものである。

5. F分布表

5% (Roman Type) and 1% (Bold Face Type) Points for the Distribution of F

ϕ_2 \ ϕ_1	1	2	3	4	5	6	7	8	9	10	11	12	14	16	20	24	30	40	50	75	100	200	500	∞
1	161 **4,052**	200 **4,999**	216 **5,403**	225 **5,625**	230 **5,764**	234 **5,859**	237 **5,928**	239 **5,981**	241 **6,022**	242 **6,056**	243 **6,082**	244 **6,106**	245 **6,142**	246 **6,169**	218 **6,208**	219 **6,234**	250 **6,258**	251 **6,286**	252 **6,302**	253 **6,323**	253 **6,334**	254 **6,352**	254 **6,361**	254 **6,366**
2	18.51 **98.49**	19.00 **99.00**	19.16 **99.17**	19.25 **99.25**	19.30 **99.30**	19.33 **99.33**	19.36 **99.34**	19.37 **99.36**	19.38 **99.38**	19.39 **99.40**	19.40 **99.41**	19.41 **99.42**	19.42 **99.43**	19.43 **99.44**	19.41 **99.45**	19.45 **99.46**	19.46 **99.47**	19.47 **99.48**	19.47 **99.48**	19.48 **99.49**	19.49 **99.49**	19.49 **99.49**	19.50 **99.50**	19.50 **99.50**
3	10.13 **34.12**	9.55 **30.82**	9.28 **29.46**	9.12 **28.71**	9.01 **28.24**	8.94 **27.91**	8.88 **27.67**	8.84 **27.49**	8.81 **27.34**	8.78 **27.23**	8.76 **27.13**	8.74 **27.05**	8.71 **26.92**	8.69 **26.83**	8.66 **26.69**	8.64 **26.60**	8.62 **26.50**	8.60 **26.41**	8.58 **26.35**	8.57 **26.27**	8.56 **26.23**	8.54 **26.18**	8.54 **26.14**	8.53 **26.12**
4	7.71 **21.20**	6.94 **18.00**	6.59 **16.69**	6.39 **15.98**	6.26 **15.52**	6.16 **15.21**	6.00 **14.98**	6.04 **14.80**	6.00 **14.66**	5.96 **14.54**	5.93 **14.45**	5.91 **14.37**	5.87 **14.24**	5.84 **14.15**	5.80 **14.02**	5.77 **13.93**	5.74 **13.83**	5.71 **13.74**	5.70 **13.69**	5.68 **13.61**	5.66 **13.57**	5.65 **13.52**	5.64 **13.48**	5.63 **13.46**
5	6.61 **16.26**	5.79 **13.27**	5.41 **12.06**	5.19 **11.39**	5.05 **10.97**	4.95 **10.67**	4.88 **10.45**	4.82 **10.27**	4.78 **10.15**	4.74 **10.05**	4.70 **9.96**	4.68 **9.89**	4.64 **9.77**	4.60 **9.68**	4.56 **9.55**	4.53 **9.47**	4.50 **9.38**	4.46 **9.29**	4.44 **9.24**	4.42 **9.17**	4.40 **9.13**	4.38 **9.07**	4.37 **9.04**	4.36 **9.02**
6	5.99 **13.74**	5.14 **10.92**	4.76 **9.78**	4.53 **9.15**	4.39 **8.75**	4.28 **8.47**	4.21 **8.26**	4.15 **8.10**	4.10 **7.98**	4.06 **7.87**	4.03 **7.79**	4.00 **7.72**	3.96 **7.60**	3.92 **7.52**	3.87 **7.39**	3.84 **7.31**	3.81 **7.23**	3.77 **7.14**	3.75 **7.09**	3.72 **7.02**	3.71 **6.99**	3.69 **6.94**	3.68 **6.90**	3.67 **6.88**
7	5.59 **12.25**	4.74 **9.55**	4.35 **8.45**	4.12 **7.85**	3.97 **7.46**	3.87 **7.19**	3.79 **7.00**	3.73 **6.84**	3.68 **6.71**	3.63 **6.62**	3.60 **6.54**	3.57 **6.47**	3.52 **6.35**	3.49 **6.27**	3.44 **6.15**	3.41 **6.07**	3.38 **5.98**	3.34 **5.90**	3.32 **5.85**	3.20 **5.78**	3.28 **5.75**	3.25 **5.70**	3.2 **5.67**	3.23 **5.65**
8	5.32 **11.26**	4.46 **8.65**	4.07 **7.59**	3.84 **7.01**	3.69 **6.63**	3.58 **6.37**	3.50 **6.19**	3.44 **6.03**	3.39 **5.91**	3.34 **5.82**	3.31 **5.74**	3.28 **5.67**	3.23 **5.56**	3.20 **5.48**	3.15 **5.36**	3.12 **5.28**	3.08 **5.20**	3.06 **5.11**	3.03 **5.06**	3.00 **5.00**	2.98 **4.96**	2.96 **4.91**	2.94 **4.88**	2.93 **4.86**
9	5.12 **10.56**	4.26 **8.02**	3.86 **6.99**	3.63 **6.42**	3.48 **6.06**	3.37 **5.80**	3.29 **5.62**	3.23 **5.47**	3.18 **5.35**	3.13 **5.26**	3.10 **5.18**	3.07 **5.11**	3.02 **5.00**	2.98 **4.92**	2.93 **4.80**	2.90 **4.73**	2.86 **4.64**	2.82 **4.56**	2.80 **4.51**	2.77 **4.45**	2.76 **4.41**	2.73 **4.36**	2.72 **4.33**	2.71 **4.31**
10	4.96 **10.04**	4.10 **7.56**	3.71 **6.55**	3.48 **5.99**	3.33 **5.64**	3.22 **5.39**	3.14 **5.21**	3.07 **5.06**	3.02 **4.95**	2.97 **4.85**	2.94 **4.78**	2.91 **4.71**	2.86 **4.60**	2.82 **4.52**	2.77 **4.41**	2.74 **4.33**	2.70 **4.25**	2.67 **4.17**	2.64 **4.12**	2.61 **4.05**	2.59 **4.01**	2.56 **3.96**	2.55 **3.93**	2.54 **3.91**
11	4.84 **9.65**	3.98 **7.20**	3.59 **6.22**	3.36 **5.67**	3.20 **5.32**	3.09 **5.07**	3.01 **4.88**	2.95 **4.74**	2.90 **4.63**	2.86 **4.54**	2.82 **4.46**	2.79 **4.40**	2.74 **4.29**	2.70 **4.21**	2.65 **4.10**	2.61 **4.02**	2.57 **3.94**	2.53 **3.86**	2.50 **3.80**	2.47 **3.74**	2.45 **3.70**	2.42 **3.66**	2.41 **3.62**	2.40 **3.60**
12	4.75 **9.33**	3.88 **6.93**	3.49 **5.95**	3.26 **5.41**	3.11 **5.06**	3.00 **4.82**	2.92 **4.65**	2.85 **4.50**	2.80 **4.39**	2.76 **4.30**	2.72 **4.22**	2.69 **4.16**	2.64 **4.05**	2.60 **3.98**	2.54 **3.86**	2.50 **3.78**	2.46 **3.70**	2.42 **3.61**	2.40 **3.56**	2.36 **3.49**	2.35 **3.46**	2.32 **3.41**	2.31 **3.38**	2.30 **3.36**
13	4.67 **9.07**	3.80 **6.70**	3.41 **5.74**	3.18 **5.20**	3.02 **4.86**	2.92 **4.62**	2.84 **4.44**	2.77 **4.30**	2.72 **4.19**	2.67 **4.10**	2.63 **4.02**	2.60 **3.96**	2.55 **3.85**	2.51 **3.78**	2.46 **3.67**	2.42 **3.59**	2.38 **3.51**	2.34 **3.42**	2.32 **3.37**	2.28 **3.30**	2.26 **3.27**	2.24 **3.21**	2.22 **3.18**	2.21 **3.16**

付録

ϕ_1 \ ϕ_2	1	2	3	4	5	6	7	8	9	10	11	12	14	16	20	24	30	40	50	75	100	200	500	●	ϕ_1 \ ϕ_2
14	4.60 8.86	3.74 6.51	3.34 5.56	3.11 5.03	2.96 4.69	2.85 4.46	2.77 4.28	2.70 4.14	2.65 4.03	2.60 3.94	2.56 3.86	2.53 3.80	2.48 3.70	2.44 3.62	2.39 3.51	2.35 3.43	2.31 3.34	2.27 3.26	2.24 3.21	2.21 3.14	2.19 3.11	2.16 3.06	2.14 3.02	2.13 3.00	14
15	4.54 8.68	3.68 6.36	3.20 5.42	3.06 4.89	2.90 4.56	2.79 4.32	2.70 4.14	2.64 4.00	2.59 3.89	2.55 3.80	2.51 3.73	2.48 3.67	2.43 3.56	2.39 3.48	2.33 3.36	2.29 3.29	2.25 3.20	2.21 3.12	2.18 3.07	2.15 3.00	2.12 2.97	2.10 2.92	2.08 2.89	2.07 2.87	15
16	4.49 8.53	3.63 6.23	3.24 5.29	3.01 4.77	2.85 4.44	2.74 4.20	2.66 4.03	2.59 3.89	2.54 3.78	2.49 3.69	2.45 3.61	2.42 3.55	2.37 3.45	2.33 3.37	2.28 3.25	2.24 3.18	2.20 3.10	2.16 3.01	2.13 2.96	2.09 2.89	2.07 2.86	2.04 2.80	2.02 2.77	2.01 2.75	16
17	4.45 8.49	3.59 6.11	3.20 5.18	2.96 4.67	2.81 4.34	2.70 4.10	2.62 3.93	2.55 3.79	2.50 3.68	2.45 3.59	2.41 3.52	2.38 3.45	2.33 3.35	2.29 3.27	2.23 3.16	2.19 3.08	2.15 3.00	2.11 2.92	2.08 2.86	2.04 2.79	2.02 2.76	1.99 2.70	1.97 2.67	1.96 2.65	17
18	4.41 8.28	3.55 6.01	3.16 5.09	2.93 4.58	2.77 4.25	2.66 4.01	2.58 3.85	2.51 3.71	2.46 3.60	2.41 3.51	2.37 3.44	2.34 3.37	2.29 3.27	2.25 3.19	2.19 3.07	2.15 3.00	2.11 2.91	2.07 2.83	2.04 2.78	2.00 2.71	1.98 2.68	1.95 2.62	1.93 2.59	1.92 2.57	18
19	4.38 8.18	3.52 5.93	3.13 5.01	2.90 4.59	2.74 4.17	2.63 3.94	2.55 3.77	2.48 3.63	2.43 3.52	2.38 3.43	2.34 3.36	2.31 3.30	2.26 3.19	2.21 3.12	2.15 3.00	2.11 2.92	2.07 2.84	2.02 2.76	2.00 2.70	1.96 2.63	1.94 2.60	1.91 2.54	1.90 2.51	1.88 2.49	19
20	4.35 8.10	3.49 5.85	3.10 4.94	2.87 4.43	2.71 4.10	2.60 3.87	2.52 3.71	2.45 3.56	2.40 3.45	2.35 3.37	2.31 3.30	2.28 3.23	2.23 3.13	2.18 3.05	2.12 2.94	2.08 2.86	2.04 2.77	1.99 2.69	1.96 2.63	1.92 2.56	1.90 2.53	1.87 2.47	1.85 2.44	1.84 2.42	20
21	4.32 8.02	3.47 5.78	3.07 4.87	2.81 4.37	2.68 4.04	2.57 3.81	2.49 3.65	2.42 3.51	2.37 3.40	2.32 3.31	2.28 3.24	2.25 3.17	2.20 3.07	2.15 2.99	2.09 2.88	2.05 2.80	2.00 2.72	1.96 2.63	1.93 2.58	1.80 2.51	1.87 2.47	1.84 2.42	1.82 2.38	1.81 2.36	21
22	4.30 7.94	3.44 5.72	3.05 4.82	2.82 4.31	2.66 3.99	2.55 3.76	2.47 3.59	2.40 3.45	2.35 3.35	2.30 3.26	2.26 3.18	2.23 3.12	2.18 3.02	2.13 2.94	2.07 2.83	2.03 2.75	1.98 2.67	1.93 2.58	1.91 2.53	1.87 2.46	1.84 2.42	1.81 2.37	1.80 2.33	1.78 2.31	22
23	4.28 7.88	3.42 5.66	3.03 4.76	2.80 4.26	2.64 3.94	2.53 3.71	2.45 3.54	2.38 3.41	2.32 3.30	2.28 3.21	2.24 3.14	2.20 3.07	2.14 2.97	2.10 2.89	2.04 2.78	2.00 2.70	1.96 2.62	1.01 2.53	1.88 2.48	1.84 2.41	1.82 2.37	1.79 2.32	1.77 2.28	1.76 2.26	23
24	4.26 7.82	3.40 5.61	3.01 4.72	2.78 4.22	2.62 3.90	2.51 3.67	2.43 3.50	2.36 3.36	2.30 3.25	2.26 3.17	2.22 3.09	2.18 3.03	2.13 2.93	2.09 2.85	2.02 2.74	1.98 2.66	1.94 2.58	1.80 2.49	1.86 2.44	1.82 2.36	1.80 2.33	1.76 2.27	1.74 2.23	1.73 2.21	24
25	4.24 7.77	3.38 5.57	2.99 4.68	2.76 4.18	2.60 3.86	2.49 3.63	2.41 3.46	2.34 3.32	2.28 3.21	2.24 3.13	2.20 3.05	2.16 2.99	2.11 2.89	2.06 2.81	2.00 2.70	1.96 2.62	1.92 2.54	1.87 2.45	1.84 2.40	1.80 2.32	1.77 2.29	1.74 2.23	1.72 2.19	1.71 2.17	25
26	4.22 7.72	3.37 5.53	2.98 4.64	2.74 4.14	2.59 3.82	2.47 3.59	2.39 3.42	2.32 3.29	2.27 3.17	2.22 3.09	2.18 3.02	2.15 2.96	2.10 2.86	2.05 2.77	1.99 2.66	1.95 2.58	1.90 2.50	1.85 2.41	1.82 2.36	1.78 2.28	1.76 2.25	1.72 2.19	1.70 2.15	1.69 2.13	26

The function F=e with exponent $2z$, is computed in part from Fishers table V1 (7). Additional entries are by interpolation, mostly graphical.

ϕ_1 / ϕ_2	1	2	3	4	5	6	7	8	9	10	11	12	14	16	20	24	30	40	50	75	100	200	500	●	ϕ_1 / ϕ_2
27	4.21 / 7.68	3.35 / 5.49	2.96 / 4.60	2.73 / 4.11	2.57 / 3.79	2.46 / 3.56	2.37 / 3.39	2.30 / 3.26	2.25 / 3.14	2.20 / 3.06	2.16 / 2.98	2.13 / 2.93	2.08 / 2.83	2.03 / 2.74	1.97 / 2.63	1.93 / 2.55	1.88 / 2.47	1.84 / 2.38	1.80 / 2.33	1.76 / 2.25	1.74 / 2.31	1.71 / 2.16	1.68 / 2.12	1.67 / 2.10	27
28	4.20 / 7.64	3.34 / 5.45	2.95 / 4.57	2.71 / 4.07	2.56 / 3.76	2.44 / 3.53	2.36 / 3.36	2.29 / 3.23	2.24 / 3.11	2.19 / 3.03	2.15 / 2.95	2.12 / 2.90	2.06 / 2.89	2.02 / 2.71	1.96 / 2.60	1.91 / 2.52	1.87 / 2.44	1.81 / 2.35	1.78 / 2.30	1.75 / 2.22	1.72 / 2.18	1.69 / 2.13	1.67 / 2.09	1.65 / 2.06	28
29	4.18 / 7.60	3.33 / 5.42	2.93 / 4.54	2.70 / 4.04	2.54 / 3.73	2.43 / 3.50	2.35 / 3.33	2.28 / 3.20	2.22 / 3.08	2.18 / 3.00	2.14 / 2.92	2.10 / 2.87	2.05 / 2.77	2.00 / 2.68	1.94 / 2.57	1.90 / 2.49	1.85 / 2.41	1.80 / 2.32	1.77 / 2.27	1.73 / 2.19	1.71 / 2.15	1.68 / 2.10	1.65 / 2.06	1.64 / 2.03	29
30	4.17 / 7.56	3.32 / 5.39	2.92 / 4.51	2.69 / 4.02	2.53 / 3.70	2.42 / 3.47	2.34 / 3.30	2.27 / 3.17	2.21 / 3.06	2.16 / 2.98	2.12 / 2.90	2.09 / 2.84	2.04 / 2.74	1.99 / 2.66	1.93 / 2.55	1.89 / 2.47	1.84 / 2.38	1.79 / 2.29	1.76 / 2.24	1.72 / 2.16	1.69 / 2.13	1.66 / 2.07	1.64 / 2.03	1.62 / 2.01	30
32	4.15 / 7.50	3.30 / 5.34	2.90 / 4.46	2.67 / 3.97	2.51 / 3.66	2.40 / 3.42	2.32 / 3.25	2.25 / 3.12	2.19 / 3.01	2.14 / 2.94	2.10 / 2.86	2.07 / 2.80	2.02 / 2.70	1.97 / 2.62	1.91 / 2.51	1.86 / 2.42	1.82 / 2.34	1.76 / 2.25	1.74 / 2.20	1.69 / 2.12	1.67 / 2.08	1.64 / 2.02	1.61 / 1.98	1.59 / 1.96	32
34	4.13 / 7.44	3.28 / 5.29	2.88 / 4.42	2.65 / 3.93	2.49 / 3.61	2.38 / 3.38	2.30 / 3.21	2.23 / 3.08	2.17 / 2.97	2.12 / 2.89	2.08 / 2.82	2.05 / 2.76	2.00 / 2.66	1.95 / 2.58	1.89 / 2.47	1.84 / 2.38	1.80 / 2.30	1.74 / 2.21	1.71 / 2.15	1.67 / 2.08	1.64 / 2.04	1.61 / 1.98	1.59 / 1.94	1.57 / 1.91	34
36	4.11 / 7.39	3.26 / 5.25	2.86 / 4.38	2.63 / 3.89	2.48 / 3.58	2.36 / 3.35	2.28 / 3.18	2.21 / 3.04	2.15 / 2.94	2.10 / 2.86	2.06 / 2.78	2.03 / 2.72	1.98 / 2.62	1.93 / 2.54	1.87 / 2.43	1.82 / 2.35	1.78 / 2.26	1.72 / 2.17	1.69 / 2.12	1.65 / 2.04	1.62 / 2.00	1.59 / 1.94	1.56 / 1.90	1.55 / 1.87	36
38	4.10 / 7.35	3.25 / 5.21	2.85 / 4.34	2.62 / 3.86	2.46 / 3.54	2.35 / 3.32	2.26 / 3.15	2.19 / 3.02	2.14 / 2.91	2.09 / 2.82	2.05 / 2.75	2.02 / 2.69	1.96 / 2.59	1.92 / 2.51	1.85 / 2.40	1.80 / 2.32	1.76 / 2.22	1.71 / 2.14	1.67 / 2.08	1.63 / 2.00	1.60 / 1.97	1.57 / 1.90	1.54 / 1.86	1.53 / 1.84	38
40	4.08 / 7.31	3.23 / 5.18	2.84 / 4.31	2.61 / 3.83	2.45 / 3.51	2.34 / 3.29	2.25 / 3.12	2.18 / 2.99	2.12 / 2.88	2.07 / 2.80	2.04 / 2.73	2.00 / 2.66	1.95 / 2.56	1.90 / 2.49	1.84 / 2.37	1.79 / 2.29	1.74 / 2.20	1.69 / 2.11	1.66 / 2.05	1.61 / 1.97	1.59 / 1.94	1.55 / 1.88	1.53 / 1.84	1.51 / 1.81	40
42	4.07 / 7.27	3.22 / 5.15	2.83 / 4.29	2.59 / 3.80	2.44 / 3.49	2.32 / 3.26	2.24 / 3.10	2.17 / 2.96	2.11 / 2.86	2.06 / 2.77	2.02 / 2.70	1.99 / 2.64	1.94 / 2.54	1.89 / 2.46	1.82 / 2.35	1.78 / 2.26	1.73 / 2.17	1.68 / 2.08	1.64 / 2.02	1.60 / 1.94	1.57 / 1.91	1.54 / 1.85	1.51 / 1.80	1.49 / 1.78	42
44	4.06 / 7.24	3.21 / 5.12	2.82 / 4.26	2.58 / 3.78	2.43 / 3.46	2.31 / 3.24	2.23 / 3.07	2.16 / 2.94	2.10 / 2.84	2.05 / 2.75	2.01 / 2.68	1.98 / 2.62	1.92 / 2.52	1.88 / 2.44	1.81 / 2.32	1.76 / 2.24	1.72 / 2.15	1.66 / 2.06	1.63 / 2.00	1.58 / 1.92	1.56 / 1.88	1.52 / 1.82	1.50 / 1.78	1.48 / 1.75	44
46	4.05 / 7.21	3.20 / 5.10	2.81 / 4.24	2.57 / 3.76	2.42 / 3.44	2.30 / 3.22	2.22 / 3.05	2.14 / 2.92	2.09 / 2.82	2.04 / 2.73	2.00 / 2.66	1.97 / 2.60	1.91 / 2.50	1.87 / 2.42	1.80 / 2.30	1.75 / 2.22	1.71 / 2.13	1.65 / 2.04	1.62 / 1.98	1.57 / 1.90	1.54 / 1.86	1.51 / 1.80	1.48 / 1.76	1.46 / 1.72	46
48	4.04 / 7.19	3.19 / 5.08	2.80 / 4.22	2.56 / 3.74	2.41 / 3.42	2.30 / 3.20	2.21 / 3.04	2.14 / 2.90	2.08 / 2.80	2.03 / 2.71	1.99 / 2.64	1.96 / 2.58	1.90 / 2.48	1.86 / 2.40	1.79 / 2.28	1.74 / 2.20	1.70 / 2.11	1.64 / 2.02	1.61 / 1.96	1.56 / 1.88	1.53 / 1.84	1.50 / 1.78	1.47 / 1.73	1.45 / 1.70	48

付録

ϕ_2 \ ϕ_1	1	2	3	4	5	6	7	8	9	10	11	12	14	16	20	24	30	40	50	75	100	200	500	●	ϕ_1 \ ϕ_2
50	4.03 7.17	3.18 5.06	2.79 4.20	2.56 3.72	2.40 3.41	2.29 3.18	2.20 3.02	2.13 2.88	2.07 2.78	2.02 2.70	1.98 2.62	1.95 2.56	1.90 2.46	1.85 2.39	1.78 2.26	1.74 2.18	1.69 2.10	1.63 2.00	1.60 1.94	1.55 1.86	1.52 1.82	1.48 1.76	1.46 1.71	1.44 1.68	50
55	4.02 7.12	3.17 5.01	2.78 4.16	2.54 3.68	2.38 3.37	2.27 3.15	2.18 2.98	2.11 2.85	2.05 2.75	2.00 2.66	1.97 2.59	1.93 2.53	1.88 2.43	1.83 2.35	1.76 2.23	1.72 2.15	1.67 2.06	1.61 1.96	1.58 1.90	1.52 1.82	1.50 1.78	1.46 1.71	1.43 1.66	1.41 1.64	55
60	4.00 7.08	3.15 4.98	2.76 4.13	2.52 3.65	2.37 3.34	2.25 3.12	2.17 2.95	2.10 2.82	2.04 2.72	1.99 2.63	1.95 2.56	1.92 2.50	1.86 2.40	1.81 2.32	1.75 2.20	1.70 2.12	1.65 2.03	1.59 1.93	1.56 1.87	1.50 1.79	1.48 1.74	1.44 1.68	1.41 1.63	1.39 1.60	60
65	3.99 7.04	3.14 4.95	2.76 4.10	2.51 3.62	2.36 3.31	2.24 3.09	2.15 2.93	2.08 2.79	2.02 2.70	1.98 2.61	1.94 2.54	1.90 2.47	1.85 2.37	1.80 2.30	1.73 2.18	1.68 2.09	1.63 2.00	1.57 1.90	1.54 1.84	1.49 1.76	1.46 1.71	1.42 1.64	1.39 1.60	1.37 1.56	65
70	3.98 7.01	3.13 4.92	2.74 4.08	2.50 3.60	2.35 3.29	2.23 3.07	2.14 2.91	2.07 2.77	2.01 2.67	1.97 2.59	1.93 2.51	1.89 2.45	1.84 2.35	1.79 2.28	1.72 2.15	1.67 2.07	1.62 1.98	1.56 1.88	1.53 1.82	1.47 1.74	1.45 1.69	1.40 1.62	1.37 1.56	1.35 1.53	70
80	3.96 6.96	3.11 4.88	2.72 4.64	2.48 3.56	2.33 3.25	2.21 3.04	2.12 2.87	2.05 2.74	1.99 2.64	1.95 2.55	1.91 2.48	1.88 2.41	1.82 2.32	1.77 2.24	1.70 2.11	1.65 2.03	1.60 1.94	1.54 1.84	1.51 1.78	1.45 1.70	1.42 1.65	1.38 1.57	1.35 1.52	1.32 1.49	80
100	3.91 6.90	3.09 4.82	2.70 3.98	2.46 3.51	2.30 3.20	2.19 2.99	2.10 2.82	2.03 2.69	1.97 2.59	1.92 2.51	1.88 2.43	1.85 2.36	1.79 2.26	1.75 2.19	1.08 2.06	1.63 1.98	1.57 1.89	1.51 1.79	1.48 1.73	1.42 1.64	1.39 1.59	1.34 1.51	1.30 1.46	1.28 1.43	100
125	3.92 6.84	3.07 4.78	2.68 3.94	2.44 3.47	2.29 3.17	2.17 2.95	2.08 2.79	2.01 2.65	1.95 2.56	1.90 2.47	1.86 2.40	1.83 2.33	1.77 2.23	1.72 2.15	1.65 2.03	1.60 1.94	1.55 1.85	1.49 1.75	1.45 1.68	1.39 1.59	1.36 1.54	1.31 1.46	1.27 1.40	1.25 1.37	125
150	3.91 6.81	3.06 4.75	2.67 3.91	2.43 3.44	2.27 3.14	2.16 2.92	2.07 2.76	2.00 2.62	1.94 2.53	1.89 2.44	1.85 2.37	1.82 2.30	1.76 2.20	1.71 2.12	1.64 2.00	1.59 1.91	1.54 1.83	1.47 1.72	1.44 1.66	1.37 1.56	1.34 1.51	1.29 1.43	1.25 1.37	1.22 1.33	150
200	3.89 6.76	3.04 4.71	2.65 3.88	2.41 3.41	2.26 3.11	2.14 2.90	2.05 2.73	1.98 2.60	1.92 2.50	1.87 2.41	1.83 2.34	1.80 2.28	1.74 2.17	1.69 2.09	1.62 1.97	1.57 1.88	1.52 1.79	1.45 1.69	1.42 1.62	1.35 1.53	1.32 1.48	1.26 1.39	1.22 1.33	1.19 1.28	200
400	3.86 6.70	3.02 4.66	2.02 3.83	2.39 3.36	2.23 3.06	2.12 2.85	2.03 2.69	1.96 2.55	1.90 2.46	1.85 2.37	1.81 2.29	1.78 2.23	1.72 2.12	1.67 2.04	1.60 1.92	1.54 1.84	1.49 1.74	1.42 1.64	1.38 1.57	1.32 1.47	1.28 1.42	1.22 1.32	1.16 1.24	1.13 1.19	400
1000	3.85 6.66	3.00 4.62	2.61 3.80	2.38 3.34	2.22 3.04	2.10 2.82	2.02 2.66	1.95 2.53	1.89 2.43	1.84 2.34	1.80 2.26	1.76 2.20	1.70 2.09	1.65 2.01	1.58 1.89	1.53 1.81	1.47 1.71	1.41 1.61	1.36 1.54	1.30 1.44	1.26 1.38	1.19 1.28	1.13 1.19	1.08 1.11	1000
●	3.84 6.64	2.99 4.60	2.60 3.78	2.37 3.32	2.21 3.02	2.09 2.80	2.01 2.64	1.94 2.51	1.88 2.41	1.83 2.32	1.79 2.24	1.75 2.18	1.69 2.07	1.64 1.99	1.57 1.87	1.52 1.79	1.46 1.69	1.40 1.59	1.35 1.52	1.28 1.41	1.24 1.36	1.17 1.25	1.11 1.15	1.00 1.00	●

Reprinted by permission from STATISTICAL METHODS by George W. Snedecor and William G Cochran (c) 1967 by The Iowa State University Press, Ames, Iowa 50010. この表のリプリントの許可は、Kosaku Yoshida, "*Elementary Statistics for Business and Economics*", Goodfield International Publishing Co., 1989, にあたえられたものである。

6．二項分布表

N	k	0.01	0.05	0.1	0.2	0.3	0.4	P 0.5	0.6	0.7	0.8	0.9	0.95	0.99
1	0	.990	.950	.900	.800	.700	.600	.500	.400	.300	.200	.100	.050	.010
	1	.010	.050	.100	.200	.300	.400	.500	.600	.700	.800	.900	.950	.990
2	0	.980	.903	.810	.640	.490	.360	.250	.160	.090	.040	.010	.002	.000
	1	.020	.095	.180	.320	.420	.480	.500	.480	.420	.320	.180	.095	.020
	2	.000	.003	.010	.040	.090	.160	.250	.360	.490	.640	.810	.903	.980
3	0	.970	.857	.729	.512	.343	.216	.125	.064	.027	.008	.001	.000	.000
	1	.029	.135	.243	.384	.441	.432	.375	.288	.189	.096	.027	.007	.000
	2	.000	.007	.027	.096	.189	.288	.375	.432	.441	.384	.243	.135	.029
	3	.000	.000	.001	.008	.027	.084	.125	.216	.343	.512	.729	.857	.970
4	0	.961	.815	.656	.410	.240	.130	.063	.026	.008	.002	.000	.000	.000
	1	.039	.171	.292	.410	.412	.346	.250	.154	.076	.026	.004	.000	.000
	2	.001	.014	.049	.154	.265	.346	.375	.346	.265	.154	.049	.014	.001
	3	.000	.000	.004	.026	.076	.154	.250	.346	.412	.410	.292	.171	.039
	4	.000	.000	.000	.002	.008	.026	.063	.130	.240	.410	.656	.815	.961
5	0	.951	.774	.590	.328	.168	.078	.031	.010	.002	.000	.000	.000	.000
	1	.048	.204	.328	.410	.360	.259	.156	.077	.028	.006	.000	.000	.000
	2	.001	.021	.073	.205	.309	.346	.313	.230	.132	.051	.008	.001	.000
	3	.000	.001	.008	.051	.132	.230	.313	.346	.309	.205	.073	.021	.001
	4	.000	.000	.000	.006	.028	.077	.156	.259	.360	.410	.328	.204	.048
	5	.000	.000	.000	.000	.002	.010	.031	.078	.168	.328	.590	.774	.951
6	0	.941	.735	.531	.262	.118	.047	.016	.004	.001	.000	.000	.000	.000
	1	.057	.232	.354	.393	.303	.187	.094	.037	.010	.002	.000	.000	.000
	2	.001	.031	.098	.246	.324	.311	.234	.138	.060	.015	.001	.000	.000
	3	.000	.002	.015	.082	.185	.276	.313	.276	.185	.082	.015	.002	.000
	4	.000	.000	.001	.015	.060	.138	.234	.311	.324	.246	.098	.031	.001
	5	.000	.000	.000	.002	.010	.037	.094	.187	.303	.393	.354	.232	.057
	6	.000	.000	.000	.000	.001	.004	.016	.047	.118	.262	.531	.735	.941
7	0	.932	.698	.478	.210	.082	.028	.008	.002	.000	.000	.000	.000	.000
	1	.066	.257	.372	.367	.247	.131	.055	.017	.004	.000	.000	.000	.000
	2	.002	.041	.124	.275	.318	.261	.164	.077	.025	.004	.000	.000	.000
	3	.000	.004	.023	.115	.227	.290	.273	.194	.097	.029	.003	.000	.000
	4	.000	.000	.003	.029	.097	.194	.273	.290	.227	.115	.023	.004	.000
	5	.000	.000	.000	.004	.025	.077	.164	.261	.318	.275	.124	.041	.002
	6	.000	.000	.000	.000	.004	.017	.055	.131	.247	.367	.372	.257	.066
	7	.000	.000	.000	.000	.000	.002	.008	.028	.082	.210	.478	.698	.932
8	0	.923	.663	.430	.168	.058	.017	.004	.001	.000	.000	.000	.000	.000
	1	.075	.279	.383	.336	.198	.090	.031	.008	.001	.000	.000	.000	.000
	2	.003	.051	.149	.294	.296	.209	.109	.041	.010	.001	.000	.000	.000
	3	.000	.005	.033	.147	.254	.279	.219	.124	.047	.009	.000	.000	.000
	4	.000	.000	.005	.046	.136	.232	.273	.232	.136	.046	.005	.000	.000
	5	.000	.000	.000	.009	.047	.124	.219	.279	.254	.147	.033	.005	.000
	6	.000	.000	.000	.001	.010	.041	.109	.209	.296	.294	.149	.051	.003
	7	.000	.000	.000	.000	.001	.008	.031	.090	.198	.336	.383	.279	.075
	8	.000	.000	.000	.000	.000	.001	.004	.017	.058	.168	.430	.663	.923
9	0	.914	.630	.387	.134	.040	.010	.002	.000	.000	.000	.000	.000	.000
	1	.083	.299	.387	.302	.156	.060	.018	.004	.000	.000	.000	.000	.000
	2	.003	.063	.172	.302	.267	.161	.070	.021	.004	.000	.000	.000	.000
	3	.000	.008	.045	.176	.267	.251	.164	.074	.021	.003	.000	.000	.000
	4	.000	.001	.007	.066	.172	.251	.246	.167	.074	.017	.001	.000	.000
	5	.000	.000	.001	.017	.074	.167	.246	.251	.172	.066	.007	.001	.000
	6	.000	.000	.000	.003	.021	.074	.164	.251	.267	.176	.045	.008	.000
	7	.000	.000	.000	.000	.004	.021	.070	.161	.267	.302	.172	.063	.003
	8	.000	.000	.000	.000	.000	.004	.018	.060	.156	.302	.387	.299	.083
	9	.000	.000	.000	.000	.000	.000	.002	.010	.040	.134	.387	.630	.914

							P						
N	k	0.01	0.05	0.1	0.2	0.3	0.4	0.5	0.6	0.7	0.8	0.9	0.95	0.99
10	0	.904	.599	.349	.107	.028	.006	.001	.000	.000	.000	.000	.000	.000
	1	.091	.315	.387	.268	.121	.040	.010	.002	.000	.000	.000	.000	.000
	2	.004	.075	.194	.302	.233	.121	.044	.011	.001	.000	.000	.000	.000
	3	.000	.010	.057	.201	.267	.215	.117	.042	.009	.001	.000	.000	.000
	4	.000	.001	.011	.088	.200	.251	.205	.111	.037	.006	.000	.000	.000
	5	.000	.000	.001	.026	.103	.201	.246	.201	.103	.026	.001	.000	.000
	6	.000	.000	.000	.006	.037	.111	.205	.251	.200	.088	.011	.001	.000
	7	.000	.000	.000	.001	.009	.042	.117	.235	.267	.201	.057	.010	.000
	8	.000	.000	.000	.000	.001	.011	.044	.121	.233	.302	.194	.075	.004
	9	.000	.000	.000	.000	.000	.002	.010	.040	.121	.268	.387	.315	.091
	10	.000	.000	.000	.000	.000	.000	.001	.006	.028	.107	.349	.599	.904
11	0	.895	.569	.314	.086	.020	.004	.000	.000	.000	.000	.000	.000	.000
	1	.099	.329	.384	.236	.093	.027	.005	.001	.000	.000	.000	.000	.000
	2	.005	.087	.213	.295	.200	.089	.027	.005	.001	.000	.000	.000	.000
	3	.000	.014	.071	.221	.257	.177	.081	.023	.004	.000	.000	.000	.000
	4	.000	.001	.016	.111	.220	.236	.161	.070	.017	.002	.000	.000	.000
	5	.000	.000	.002	.039	.132	.221	.226	.147	.057	.010	.000	.000	.000
	6	.000	.000	.000	.010	.057	.147	.226	.221	.132	.039	.002	.000	.000
	7	.000	.000	.000	.002	.017	.070	.161	.236	.220	.111	.016	.001	.000
	8	.000	.000	.000	.000	.004	.023	.081	.177	.257	.221	.071	.014	.000
	9	.000	.000	.000	.000	.001	.005	.027	.089	.200	.295	.213	.087	.005
	10	.000	.000	.000	.000	.000	.001	.005	.027	.093	.236	.384	.329	.099
	11	.000	.000	.000	.000	.000	.000	.000	.004	.020	.086	.314	.569	.895
12	0	.886	.540	.282	.069	.014	.002	.000	.000	.000	.000	.000	.000	.000
	1	.107	.341	.377	.206	.071	.017	.003	.000	.000	.000	.000	.000	.000
	2	.006	.099	.230	.283	.168	.064	.016	.002	.000	.000	.000	.000	.000
	3	.000	.017	.085	.236	.240	.142	.054	.012	.001	.000	.000	.000	.000
	4	.000	.002	.021	.133	.231	.213	.121	.042	.008	.001	.000	.000	.000
	5	.000	.000	.004	.053	.158	.227	.193	.101	.029	.003	.000	.000	.000
	6	.000	.000	.000	.016	.079	.177	.226	.177	.079	.016	.000	.000	.000
	7	.000	.000	.000	.003	.029	.101	.193	.227	.158	.053	.004	.000	.000
	8	.000	.000	.000	.001	.008	.042	.121	.213	.231	.133	.021	.002	.000
	9	.000	.000	.000	.000	.001	.012	.054	.142	.240	.236	.085	.017	.000
	10	.000	.000	.000	.000	.000	.002	.016	.064	.168	.283	.230	.099	.006
	11	.000	.000	.000	.000	.000	.000	.003	.017	.071	.206	.377	.341	.107
	12	.000	.000	.000	.000	.000	.000	.000	.002	.014	.069	.282	.540	.886
13	0	.878	.513	.254	.055	.010	.001	.000	.000	.000	.000	.000	.000	.000
	1	.115	.351	.367	.179	.054	.011	.002	.000	.000	.000	.000	.000	.000
	2	.007	.111	.245	.268	.139	.045	.010	.001	.000	.000	.000	.000	.000
	3	.000	.021	.100	.246	.218	.111	.035	.006	.001	.000	.000	.000	.000
	4	.000	.003	.028	.154	.234	.184	.087	.024	.003	.000	.000	.000	.000
	5	.000	.000	.006	.069	.180	.221	.157	.066	.014	.001	.000	.000	.000
	6	.000	.000	.001	.023	.103	.197	.209	.131	.044	.006	.000	.000	.000
	7	.000	.000	.000	.006	.044	.131	.209	.197	.103	.023	.001	.000	.000
	8	.000	.000	.000	.001	.014	.066	.157	.221	.180	.069	.006	.000	.000
	9	.000	.000	.000	.000	.003	.024	.087	.184	.234	.154	.028	.003	.000
	10	.000	.000	.000	.000	.001	.006	.035	.111	.218	.246	.100	.021	.000
	11	.000	.000	.000	.000	.000	.001	.010	.045	.139	.268	.245	.111	.007
	12	.000	.000	.000	.000	.000	.000	.002	.011	.054	.179	.367	.351	.115
	13	.000	.000	.000	.000	.000	.000	.000	.001	.010	.055	.254	.513	.878
14	0	.869	.488	.229	.044	.007	.001	.000	.000	.000	.000	.000	.000	.000
	1	.123	.359	.356	.154	.041	.007	.001	.000	.000	.000	.000	.000	.000
	2	.008	.123	.257	.250	.113	.032	.006	.001	.000	.000	.000	.000	.000
	3	.000	.026	.114	.250	.194	.085	.022	.003	.000	.000	.000	.000	.000
	4	.000	.004	.035	.172	.229	.155	.061	.014	.001	.000	.000	.000	.000
	5	.000	.000	.008	.086	.196	.207	.122	.041	.007	.000	.000	.000	.000
	6	.000	.000	.001	.032	.126	.207	.183	.092	.023	.002	.000	.000	.000
	7	.000	.000	.000	.009	.062	.157	.209	.157	.062	.009	.000	.000	.000

N	k	0.01	0.05	0.1	0.2	0.3	0.4	P 0.5	0.6	0.7	0.8	0.9	0.95	0.99
	8	.000	.000	.000	.002	.023	.092	.183	.207	.126	.032	.001	.000	.000
	9	.000	.000	.000	.000	.007	.041	.122	.207	.196	.086	.008	.000	.000
	10	.000	.000	.000	.000	.001	.014	.061	.155	.229	.172	.035	.004	.000
	11	.000	.000	.000	.000	.000	.003	.022	.085	.194	.250	.114	.026	.000
	12	.000	.000	.000	.000	.000	.001	.006	.032	.113	.250	.257	.123	.008
	13	.000	.000	.000	.000	.000	.000	.001	.007	.041	.154	.356	.359	.123
	14	.000	.000	.000	.000	.000	.000	.000	.001	.007	.044	.229	.488	.869
15	0	.860	.463	.206	.035	.005	.000	.000	.000	.000	.000	.000	.000	.000
	1	.130	.366	.343	.132	.031	.005	.000	.000	.000	.000	.000	.000	.000
	2	.009	.135	.267	.231	.092	.022	.003	.000	.000	.000	.000	.000	.000
	3	.000	.031	.129	.250	.170	.063	.014	.002	.000	.000	.000	.000	.000
	4	.000	.005	.043	.188	.219	.127	.042	.007	.001	.000	.000	.000	.000
	5	.000	.001	.010	.103	.206	.186	.092	.024	.003	.000	.000	.000	.000
	6	.000	.000	.002	.043	.147	.207	.153	.061	.012	.001	.000	.000	.000
	7	.000	.000	.000	.014	.081	.177	.196	.118	.035	.003	.000	.000	.000
	8	.000	.000	.000	.003	.035	.118	.196	.177	.081	.014	.000	.000	.000
	9	.000	.000	.000	.001	.012	.061	.153	.207	.147	.043	.002	.000	.000
	10	.000	.000	.000	.000	.003	.024	.092	.186	.206	.103	.010	.001	.000
	11	.000	.000	.000	.000	.001	.007	.042	.127	.219	.188	.043	.005	.000
	12	.000	.000	.000	.000	.000	.002	.014	.063	.170	.250	.129	.031	.000
	13	.000	.000	.000	.000	.000	.000	.003	.022	.092	.231	.267	.135	.009
	14	.000	.000	.000	.000	.000	.000	.000	.005	.031	.132	.343	.366	.130
	15	.000	.000	.000	.000	.000	.000	.000	.000	.005	.035	.206	.463	.860
16	0	.851	.440	.185	.028	.003	.000	.000	.000	.000	.000	.000	.000	.000
	1	.138	.371	.329	.113	.023	.003	.000	.000	.000	.000	.000	.000	.000
	2	.010	.146	.275	.211	.073	.015	.002	.000	.000	.000	.000	.000	.000
	3	.000	.036	.142	.246	.146	.047	.009	.001	.000	.000	.000	.000	.000
	4	.000	.006	.051	.200	.204	.101	.028	.004	.000	.000	.000	.000	.000
	5	.000	.001	.014	.120	.210	.162	.067	.014	.001	.000	.000	.000	.000
	6	.000	.000	.003	.055	.165	.198	.122	.039	.006	.000	.000	.000	.000
	7	.000	.000	.000	.020	.101	.189	.175	.084	.019	.001	.000	.000	.000
	8	.000	.000	.000	.006	.049	.142	.196	.142	.049	.006	.000	.000	.000
	9	.000	.000	.000	.001	.019	.084	.175	.189	.101	.020	.000	.000	.000
	10	.000	.000	.000	.000	.006	.039	.122	.198	.165	.055	.003	.000	.000
	11	.000	.000	.000	.000	.001	.014	.067	.162	.210	.120	.014	.001	.000
	12	.000	.000	.000	.000	.000	.004	.028	.101	.204	.200	.051	.006	.000
	13	.000	.000	.000	.000	.000	.001	.009	.047	.146	.246	.142	.036	.000
	14	.000	.000	.000	.000	.000	.000	.002	.015	.073	.211	.275	.146	.010
	15	.000	.000	.000	.000	.000	.000	.000	.003	.023	.113	.329	.371	.138
	16	.000	.000	.000	.000	.000	.000	.000	.000	.003	.028	.185	.440	.851
17	0	.843	.418	.167	.023	.002	.000	.000	.000	.000	.000	.000	.000	.000
	1	.145	.374	.315	.096	.017	.002	.000	.000	.000	.000	.000	.000	.000
	2	.012	.158	.280	.191	.058	.010	.001	.000	.000	.000	.000	.000	.000
	3	.001	.041	.156	.239	.125	.034	.005	.000	.000	.000	.000	.000	.000
	4	.000	.008	.060	.209	.187	.080	.018	.002	.000	.000	.000	.000	.000
	5	.000	.001	.017	.136	.208	.138	.047	.008	.001	.000	.000	.000	.000
	6	.000	.000	.004	.068	.178	.184	.094	.024	.003	.000	.000	.000	.000
	7	.000	.000	.001	.027	.120	.193	.148	.057	.009	.000	.000	.000	.000
	8	.000	.000	.000	.008	.064	.161	.185	.107	.028	.002	.000	.000	.000
	9	.000	.000	.000	.002	.028	.107	.185	.161	.064	.008	.000	.000	.000
	10	.000	.000	.000	.000	.009	.057	.148	.193	.120	.027	.001	.000	.000
	11	.000	.000	.000	.000	.003	.024	.094	.184	.178	.068	.004	.000	.000
	12	.000	.000	.000	.000	.001	.008	.047	.138	.208	.136	.017	.001	.000
	13	.000	.000	.000	.000	.000	.002	.018	.080	.187	.209	.060	.008	.000
	14	.000	.000	.000	.000	.000	.000	.005	.034	.125	.239	.156	.041	.001
	15	.000	.000	.000	.000	.000	.000	.001	.010	.058	.191	.280	.158	.012
	16	.000	.000	.000	.000	.000	.000	.000	.002	.017	.096	.315	.374	.145
	17	.000	.000	.000	.000	.000	.000	.000	.000	.002	.023	.167	.418	.843

							P							
N	k	0.01	0.05	0.1	0.2	0.3	0.4	0.5	0.6	0.7	0.8	0.9	0.95	0.99
18	0	.835	.397	.150	.018	.002	.000	.000	.000	.000	.000	.000	.000	.000
	1	.152	.376	.300	.081	.013	.001	.000	.000	.000	.000	.000	.000	.000
	2	.013	.168	.284	.172	.046	.007	.001	.000	.000	.000	.000	.000	.000
	3	.001	.047	.168	.230	.105	.025	.003	.000	.000	.000	.000	.000	.000
	4	.000	.009	.070	.215	.168	.061	.012	.001	.000	.000	.000	.000	.000
	5	.000	.001	.022	.151	.202	.115	.033	.004	.000	.000	.000	.000	.000
	6	.000	.000	.005	.082	.187	.166	.071	.015	.001	.000	.000	.000	.000
	7	.000	.000	.001	.035	.138	.189	.121	.037	.005	.000	.000	.000	.000
	8	.000	.000	.000	.012	.081	.173	.167	.077	.015	.001	.000	.000	.000
	9	.000	.000	.000	.003	.039	.128	.185	.128	.039	.003	.000	.000	.000
	10	.000	.000	.000	.001	.015	.077	.167	.173	.081	.012	.000	.000	.000
	11	.000	.000	.000	.000	.005	.037	.121	.189	.138	.035	.001	.000	.000
	12	.000	.000	.000	.000	.001	.015	.071	.166	.187	.082	.005	.000	.000
	13	.000	.000	.000	.000	.000	.004	.033	.115	.202	.151	.022	.001	.000
	14	.000	.000	.000	.000	.000	.001	.012	.061	.168	.215	.070	.009	.000
	15	.000	.000	.000	.000	.000	.000	.003	.025	.105	.230	.168	.047	.001
	16	.000	.000	.000	.000	.000	.000	.001	.007	.046	.172	.284	.168	.013
	17	.000	.000	.000	.000	.000	.000	.000	.001	.013	.081	.300	.376	.152
	18	.000	.000	.000	.000	.000	.000	.000	.000	.002	.018	.150	.397	.835
19	0	.826	.377	.135	.014	.001	.000	.000	.000	.000	.000	.000	.000	.000
	1	.159	.377	.285	.068	.009	.001	.000	.000	.000	.000	.000	.000	.000
	2	.014	.179	.285	.154	.036	.005	.000	.000	.000	.000	.000	.000	.000
	3	.001	.053	.180	.218	.087	.017	.002	.000	.000	.000	.000	.000	.000
	4	.000	.011	.080	.218	.149	.047	.007	.001	.000	.000	.000	.000	.000
	5	.000	.002	.027	.164	.192	.093	.022	.002	.000	.000	.000	.000	.000
	6	.000	.000	.007	.095	.192	.145	.052	.008	.001	.000	.000	.000	.000
	7	.000	.000	.001	.044	.153	.180	.096	.024	.002	.000	.000	.000	.000
	8	.000	.000	.000	.017	.098	.180	.144	.053	.008	.000	.000	.000	.000
	9	.000	.000	.000	.005	.051	.146	.176	.098	.022	.001	.000	.000	.000
	10	.000	.000	.000	.001	.022	.098	.176	.146	.051	.005	.000	.000	.000
	11	.000	.000	.000	.000	.008	.053	.144	.180	.098	.017	.000	.000	.000
	12	.000	.000	.000	.000	.002	.024	.096	.180	.153	.041	.001	.000	.000
	13	.000	.000	.000	.000	.001	.008	.052	.145	.192	.095	.007	.000	.000
	14	.000	.000	.000	.000	.000	.002	.022	.093	.192	.164	.027	.002	.000
	15	.000	.000	.000	.000	.000	.001	.007	.047	.149	.218	.080	.011	.000
	16	.000	.000	.000	.000	.000	.000	.002	.017	.087	.218	.180	.053	.001
	17	.000	.000	.000	.000	.000	.000	.000	.005	.036	.154	.285	.179	.014
	18	.000	.000	.000	.000	.000	.000	.000	.001	.009	.068	.285	.377	.159
	19	.000	.000	.000	.000	.000	.000	.000	.001	.014	.135	.377	.826	
20	0	.818	.358	.122	.012	.001	.000	.000	.000	.000	.000	.000	.000	.000
	1	.165	.377	.270	.058	.007	.000	.000	.000	.000	.000	.000	.000	.000
	2	.016	.189	.285	.137	.028	.003	.000	.000	.000	.000	.000	.000	.000
	3	.001	.060	.190	.205	.072	.012	.001	.000	.000	.000	.000	.000	.000
	4	.000	.013	.090	.218	.130	.035	.005	.000	.000	.000	.000	.000	.000
	5	.000	.002	.032	.175	.179	.075	.015	.001	.000	.000	.000	.000	.000
	6	.000	.000	.009	.109	.192	.124	.037	.005	.000	.000	.000	.000	.000
	7	.000	.000	.002	.055	.164	.166	.074	.015	.001	.000	.000	.000	.000
	8	.000	.000	.000	.022	.114	.180	.120	.035	.004	.000	.000	.000	.000
	9	.000	.000	.000	.007	.065	.160	.160	.071	.012	.000	.000	.000	.000
	10	.000	.000	.000	.002	.031	.117	.176	.117	.031	.002	.000	.000	.000
	11	.000	.000	.000	.000	.012	.071	.160	.160	.065	.007	.000	.000	.000
	12	.000	.000	.000	.000	.004	.035	.120	.180	.114	.022	.000	.000	.000
	13	.000	.000	.000	.000	.001	.015	.074	.166	.164	.055	.002	.000	.000
	14	.000	.000	.000	.000	.000	.005	.037	.124	.192	.109	.009	.000	.000
	15	.000	.000	.000	.000	.000	.001	.015	.075	.179	.175	.032	.002	.000
	16	.000	.000	.000	.000	.000	.000	.005	.035	.130	.218	.090	.013	.000
	17	.000	.000	.000	.000	.000	.000	.001	.012	.072	.205	.190	.060	.001
	18	.000	.000	.000	.000	.000	.000	.000	.003	.028	.137	.285	.189	.016
	19	.000	.000	.000	.000	.000	.000	.000	.000	.007	.058	.270	.377	.165
	20	.000	.000	.000	.000	.000	.000	.000	.000	.001	.012	.122	.358	.818

この表のリプリントの許可は、Kosaku Yoshida, "*Elementary Statistics for Business and Economics*", Goodfield International Publishing Co.,1989, に与えられたものである。

索引 INDEX

[英・数字]

1元配置の分散分析	311
F比率	313
F分布	305, 307, 313
KJ法	20
tテーブル	197, 198
t分布	196, 197, 228
Z値	142, 192, 199, 203, 213, 214, 218
Zテーブル	145, 190, 192, 203, 345

[ア行]

アウトライヤー	55
α（アルファ）	197, 237, 239
一様分布	282
移動平均法	377, 378, 383

[カ行]

χ（カイ）二乗分布	283
回帰式	342
回帰線	335, 336, 338, 339, 340, 343, 345, 347, 348, 349, 350, 356, 450
回帰直線	339, 340, 356
回帰分析	352
回帰方程式	342, 360
階級	32, 33, 48
階級値	31
カイ二乗	281
確率	97, 104
確率の乗法公式	113
確率の法則	110
確率変数	128
加算型分解予測法	401
加重平均	58
仮説の検定	196
片側検定	245
下部管理限界線（LCL）	259, 260, 261, 272
管理図	259, 260, 261, 262, 267, 268, 270, 272, 274, 275
棄却域	237, 238
季節調整指数	410
季節変動	401
季節変動指数	405, 406, 409, 410, 416
期待値	129, 130
帰無仮説	236, 238, 242, 243
級間変動（SSA）	312
級内変動（SSW）	312
境界値	197, 238
空事象	101
区間推定	211, 228
組み合わせ	126
グループ間分散	313
グループ間平方和	312
グループ内分散	313
グループ内平方和	312
傾向線	405
決定係数	349, 351, 356, 359
検定	237, 242
根元事象	98, 108

[サ行]

サイクル	405
サイクル変動	401
最小二乗法	340
魚の骨図	22
算術平均	45
散布図	337
サンプリング分布	185, 190, 212, 213
サンプリング論	177
サンプル	12, 177
サンプル標準偏差	177, 181, 211
サンプル平均	177, 181, 211, 215

索引

サンプル平均X	182
サンプル平均値	238
サンプル平均の分布	188
事象	98, 99, 100
指数スムーズ化法	377, 384, 385
指数平滑化法	377, 384
実験的確率	105
終身雇用制	275
シューハート博士，ウォルター・A	259
自由度	197, 229, 307
主観的確率	107
受容域	237, 238
需要予測	371
順列	123
条件付確率	112, 115, 116
上部管理限界線（UCL）	259, 260, 261, 268, 272
乗法型分解予測法	402
人事評価	274
信頼区間	213, 214, 215, 216, 219, 228, 345
親和図	21, 22, 23
親和図法	20
スムージング定数	393
スムーズ化法	377
正規分布	34, 140
正規分布表	199, 213
生産管理	261
積事象	101, 102
説明されないばらつき	348
説明されるばらつき	348
ゼロ・ディフェクト	263
相関	347
相関係数	349, 351, 356, 359, 360
相関分析	347
総平方和（SST）	312, 318
総変動（SST）	312

[タ行]

代表値	11, 12
対立仮説	236
単回帰直線	340
単純法	375
チェックシート	23, 24, 25, 32
チェビシェフの定理	203
チェビシェフの不等式	200, 201
中央値	53, 54, 55, 56
中心極限定理	188, 189, 190, 191, 203
ツリー・ダイアグラム	115, 119, 121, 122, 124
デミング博士	259, 262
点推定	211
統計的仮説	236
統計的仮説検定	235
投資無差別曲線	86
特性要因図	22, 23
度数折れ線グラフ	34, 139
度数順位表	25
度数分布表	32, 33, 38, 47
トレンド（長期的傾向）	401, 412
トレンド線	414

[ナ行]

二項分布	157
年功序列制	275

[ハ行]

排反	98, 99, 101
排反事象	100
パスカルの三角形	161
外れ値	55, 56
ばらつき	12, 13, 14, 15, 16, 38
ばらつき度	11, 12, 67, 68
バランスト・スコア・カード	267
パレート原理	26
パレート図	26, 27
ヒストグラム	32, 33, 38, 139

標準(ノルマ)	264, 265		[ヤ行]	
標準誤差	343, 345	有意水準		197, 237
標準正規分布	196	ユニバース		45, 213
標準偏差	68, 69, 70, 72, 76, 78, 141	ユニバース標準偏差		211
標準偏差の公式	69	ユニバース平均		211, 213, 214
標本空間	98, 99, 100	余事象		99, 116, 117
標本抽出論	177			
標本平均の分布	185, 186		[ラ行]	
品質管理	14, 259	乱数表		180
不規則変動	401	ランダム・サンプリング		179, 203
複合事象	108	両側検定		244, 284
フレーム	178	理論的確率		104
ブレーン・ストーミング	20, 21, 22	累積相対度数		26
分解予測法	405	累積度数折れ線グラフ		36
分散	130, 275	累積度数分布		35
分散分析	305	列挙的調査		179
分散分析表	314			
分析的調査	179		[ワ行]	
平滑化法	377	和事象		100
平均誤差	371			
平均絶対誤差	372, 393			
平均値	141			
平均平方誤差	372, 393			
ベイズの定理	114, 115, 117			
β(ベータ)	237, 239			
ベルヌーイ,ヤコブ	157			
ベルヌーイ試行	157			
ベルヌーイ分布	157			
ベン図	99			
変動係数	84			
ポアソン分布	169			
ポーター,マイケル	26			
母集団	45, 177			

[マ行]	
マルコム・ボールドリッジ経営品質賞	270
μ(ミュー)	46
モード	56, 57

著者略歴──**吉田 耕作**（よしだ・こうさく）

カリフォルニア州立大学名誉教授、ジョイ・オブ・ワーク推進協会理事長。吉田耕作経営研究所代表。1938年東京生まれ。62年早稲田大学商学部卒業、68年モンタナ大学で修士号（ファイナンス）取得。75年ニューヨーク大学でデミング博士、モルゲンシュタイン博士に学び、博士号（統計学）を取得。75年から99年までカリフォルニア州立大学で教鞭をとり、2001年から2007年まで青山学院大学大学院国際マネジメント研究科教授。86年から93年までデミング4日間セミナー「質と生産性と競争力」でデミング博士の助手を務めた。競争力強化のコンサルタントとして、米国連邦政府、メキシコ石油公社、ヒューズ航空機、ＮＴＴコムウエア、ＮＥＣなどを指導。主な著書に、"Elementary Statistics for Business and Economics"（Goodfield International Publishing）、『国際競争力の再生』（日科技連出版）、『経営のための直感的統計学』『ジョイ・オブ・ワーク』『統計的思考による経営』（以上、日経ＢＰ社）。
ホームページ：http://www.joy-of-work.com

本書のために著者が作成した指導用教材をご希望の方は、下記住所の日経BP社出版局「直感的統計学」係まで申し込んで下さい。無料で差し上げます。

直感的統計学

2006年　4月17日　第1版第 1 刷発行
2019年12月　6日　第1版第12刷発行

著　者──	吉田耕作
発行者──	村上広樹
発行所──	日経BP社
発　売──	日経BPマーケティング

〒105-8308　東京都港区虎ノ門4-3-12
https://www.nikkeibp.co.jp/books

装丁──	花村　広
本文デザイン──	内田隆史
製作──	クニメディア株式会社
印刷・製本──	株式会社シナノ

本書の無断複写・複製（コピー等）は著作権法上の例外を除き、禁じられています。購入者以外の第三者による電子データ化および電子書籍化は、私的使用を含め一切認められておりません。
©Kosaku Yoshida 2006　Printed in Japan
ISBN 978-4-8222-4510-8

本書に関するお問い合わせ、ご連絡は下記にて承ります。
https://nkbp.jp/booksQA

好評既刊

ザ・トヨタウェイ実践編（上・下）

ジェフリー・K・ライカー／デイビッド・マイヤー著、稲垣公夫訳
定価：各2520円（税5％込み）

なぜトヨタ生産方式を導入しても成果が上がらないのか。
トヨタ方式をマニュアルとしてではなく、思想まで理解するための実践本。

ザ・トヨタウェイ（上・下）

ジェフリー・K・ライカー著、稲垣公夫訳
定価：各2310円（税5％込み）

純利益１兆円を突破した世界最強メーカーを支える14原則を徹底解明。
トヨタ研究の第一人者が20年かけて「発見」した哲学の全貌。

コトづくりのちから

常盤文克著
定価：1470円（税5％込み）

集団の力を飛躍的に引き上げていくマネジメントがコトづくり。
モノづくりの地平を超え、イノベーションを導く、その正体とは何か。

モノづくりのこころ

常盤文克著
定価：1470円（税5％込み）

花王の名経営者は研究者出身。
組織の壁を破るマネジメント、異質な知を融合する方法論を提示する。

最強の経営手法ＴＯＣ

山中克敏著、加藤治彦解説
定価：1680円（税5％込み）

三重県名張市の耐熱塗料メーカーの実話。
ＴＯＣ（制約条件理論）を実践、成功するまでのドキュメント。

聯想──中国最強企業集団の内幕（上・下）

凌志軍著、漆嶋稔訳
定価：各2310円（税5％込み）

ＩＢＭのパソコン部門を買収、一躍世界的企業に躍り出たLENOVO（レノボ）の成功物語。
中国的混沌から生まれた驚くべき秘密。

好評既刊

ジョイ・オブ・ワーク──組織再生のマネジメント

吉田耕作 著
定価：2520円（税5％込み）

デミング博士の弟子である著者が編み出した成果主義やシックスシグマを超える仕事の方法論。
NTTグループなど企業が続々採用。

イノベーションの本質

野中郁次郎／勝見明 著
定価：1890円（税5％込み）

ヒット商品の現場を訪ね、
イノベーションの生まれる場に存在する暗黙知と形式知、開発者の思い、組織構造の秘密を解明する。

リーン・シンキング

ジェームズ・ウォーマック／ダニエル・ジョーンズ 著、稲垣公夫 訳
定価：2940円（税5％込み）

「リーン生産システム」という言葉を生み出し、世界に普及させた名著。
本書でのトヨタの「発見」が「ザ・トヨタウェイ」に結実した。

GE式ワークアウト

デーブ・ウルリヒ／スティーブ・カー 著、高橋透 他訳
定価：2310円（税5％込み）

GEを再浮上させた風土改革手法のワークアウトを本邦初公開。
ジャック・ウェルチのマジックの秘密がここにある。

ジョン・コッターの企業変革ノート

ジョン・コッター／ダン・コーヘン 著、高遠裕子 訳
定価：2310円（税5％込み）

ハーバードビジネススクールの人気教授が、
「見て、感じて、変化する」8段階企業変革手法を豊富な事例をもとに解説する。

破天荒2　仕事はカネじゃない！

ケビン＆ジャッキー・フライバーグ 著、小幡照雄 訳
定価：1890円（税5％込み）

ロングセラー『破天荒』の著者の第二弾。
社員が活き活きと働いている企業は、やっぱり"破天荒"だった。

好評既刊

ビジネス弁護士大全 2006

日経ＢＰ社編
定価：3780円（税5％込み）

ビジネス弁護士800人を詳細なデータ付きで収録。
有力事務所ガイド、M＆A、ファイナンスなど分野別動向を新たに追加。

ビジネス弁護士ロースクール講義──法律が変わる、社会が変わる

久保利 英明＋大宮法科大学院大学 編
定価：1890円（税5％込み）

ライブドアVSニッポン放送事件の中村直人、銀行税課税訴訟の岩倉正和両弁護士ら
実力派が熱く語った現代弁護士論。

M＆A最強の選択

服部暢達 著
定価：2520円（税5％込み）

ライブドアやソフトバンクのM＆A戦略は何故、駄目なのか。
外資系投資銀行で鳴らした実務者が解き明かす「正しいM＆A」とは。

MBAバリュエーション──日経BP実戦MBA②

森生 明 著
定価：各2520円（税5％込み）

会社の価値をどう測るかは、M＆Aのキーポイント。
邦銀、外資で実践してきたプロが解説する目からウロコの考え方、手法。

MBA財務会計──日経BP実戦MBA③

金子智朗 著
定価：各2520円（税5％込み）

会計って、こんなにロジカルだった！
気鋭の公認会計士が財務会計の基本と全体像をロジカルに解説。事例も多数。

成功するM＆A 失敗するM＆A

ブルース・ワッサースタイン 著、田中志ほり 訳
定価：2520円（税5％込み）

伝説のディールメイカーが、アメリカのM＆Aの歴史をもとに、
攻撃、防御の戦略、戦術を詳細に解説した決定版。

好評既刊

バロンズ金融用語辞典　第五版

ジョン・ダウンズ他編、西村信勝 他監訳
定価：6300円（税5％込み）

本邦初の本格的な金融・投資辞典。
コーポレート・ファイナンス、投資信託、会計、税法、経済学など幅広い分野を網羅。

外資系投資銀行の現場　改訂版

西村信勝 著
定価：2730円（税5％込み）

外銀の花形部門の投資銀行業務の実際を在日外銀トップが明快に解説。
英文も多数収録し、金融英語も学べる。

コーポレート・ファイナンス　第6版（上・下）

R・ブリーリー／S・マイヤーズ 著、藤井眞理子 他監訳
定価：各5250円（税5％込み）

野口悠紀雄教授も絶賛するファイナンスの定番テキスト。
難解な数学を使わず、平易に解説している。待望の日本語版。

BARレモン・ハート　会計と監査

ファミリー企画・古谷三敏 作画、日本公認会計士協会 監修
定価：1050円（税5％込み）

繰延税金資産、減損会計、債務超過などニュースに出てくる会計用語をベストセラー漫画の
Barレモンハートを舞台に解説。

デイトレード――マーケットで勝ち続けるための発想術

オリバー・ベレス 他著、林 康史 監訳
定価：2310円（税5％込み）

「勝者は希望を売り、敗者は希望を買う」。
アメリカのトレーダー養成機関の創立者がデイトレーダーに勝つ秘訣を伝授。

財務とは何か

チャック・クレマー 他著、菊田良治 訳
定価：本体2000円＋税

IBMの企業内大学の校長が編み出したモブレー・マトリックスは、
財務諸表を平易に解説する優れたツールだ。